TELLERIA · APHYLLOPHORALES ESPAÑOLES

BIBLIOTHECA MYCOLOGICA

Herausgegeben von
J. CRAMER

BAND 74

Contribución al estudio de los Aphyllophorales españoles

por

M.T. TELLERIA

con 82 figuras

1980 · J. CRAMER
In der A.R. Gantner Verlag Kommanditgesellschaft
FL-9490 VADUZ

© 1980 A.R. Gantner Verlag K.G., FL-9490 Vaduz
Printed in Germany
by Strauss & Cramer GmbH, 6945 Hirschberg 2
ISBN 3-7682-1274-2

Agradecimientos

Nunca hubiera sido posible la realización de este trabajo, de no haber contado con la desinteresada ayuda y colaboración de las siguientes personas e instituciones, a las que desde aquí quiero expresa mi más profundo agradecimiento: Al Dr. F. D. Calonge, C. S. I. C., por sus consejos, apoyo y dedicación en la dirección de esta memoria doctoral. Al Dr. L. Ryvarden, Universidad de Oslo, que amablemente nos ha ayudado a resolver cuantos problemas taxonómicos se nos ha planteado, así como por su gentileza al corregirnos parte del manuscrito original. A Mª Isabel Aterido por su importante labor mecanográfica y a todos mis compañeros por su cotidiana y desinteresada colaboración. Al C. S. I. C. por haberme concedido las becas de F. P. I. y al Jardín Botánico de Madrid por las facilidades puestas a mi disposición.

Presentación

El trabajo que aquí presentamos sobre el estudio sistemático y corológico del Orden Aphyllophorales en España, ha sido realizado en el Jardín Botánico de Madrid (C. S. I. C.) bajo la dirección del Dr. F. D. Calonge, contando para ello con una beca del F. P. I. del C. S. I. C.

Constituyó el trabajo de memoria doctoral que fue leida el día 28 de Junio de 1978 en la Universidad de Madrid obteniendo la calificación de "Sobresaliente cum laude".

El trabajo de memoria doctoral, lo hemos remodelado para dar al catálogo una ordenación distinta con vistas ha hacerlo más manejable.

Resumen

Durante los últimos cuatro años, se ha realizado un estudio sistemático y corológico del Orden Aphyllophorales en España. Se ha hecho también un examen completo de toda la bibliografía española, sobre el tema, hasta nuestros dias, para así tener una base sólida en nuestras investigaciones.

El método seguido en la recolección del material ha sido uniforme a lo largo de todo este periodo, tomando nota de cuantos datos nos ha sido posible con vistas a una mejor definición ecológica y corológica de las especies.

En cuanto a las campañas botánicas realizadas, diremos que han abarcado una buena parte de la geografía española, siendo el área no explorada Cataluña, Levante, Andalucía oriental, Galicia y Asturias.

En las tecnicas de laboratorio hemos seguido la marcha clásica y comunmente empleada en este tipo de investigaciones; es decir observación macroscópica con ayuda de una lupa binocular y observación microscópica con ayuda de un microscopio óptico, utilizando en la mayoría de los casos el objetivo de inmersión. Para la observación ultramicroscópica hemos utilizado un microscopio electrónico de barrido.

Para la determinación de las especies, se ha empleado una bibliografía lo más extensa y actualizada posible; no obstante mientras que en ciertas familias como Corticiaceae, Hymenochaetaceae, Polyporaceae y Steraceae, se ha realizado un estudio exhaustivo, debido a que disponíamos de un excelente asesoramiento bibliográfico y personal, en otras como Cantharellaceae y Clavariaceae esto no ha sido posible por falta de bibliografía adecuada, siendo muy pocas las especies tratadas, pese a ser estas de las familias de Aphyllophorales que con más citas cuentan en la bibliografía española. Finalmente hay otro grupo de familias (Bondarzewiaceae, Gomphaceae, Punctulariaceae, etc.) que no han sido tratadas en este trabajo por carecer de material español en nuestro herbario.

Para la ordenación del catálogo florístico hemos seguido el trabajo de Donk (1964) aún a sabiendas de que en algunos grupos existen trabajos más modernos, pero hemos preferido sacrificar esto con objeto de dar al trabajo una mayor uniformidad. Guiados por criterios prácticos unicamente, hemos ordenado el catálogo por orden alfabético de familias, género y especies.

Hemos realizado asimismo claves para la determinación de familias, géneros y especies, pero es necesario hacer constar y dejarlo bien claro, de que en estas claves están unicamente incluidos los táxones tratados en el trabajo.

En lo que a la corología se refiere, indicamos las localidades donde hemos recolectado el material que conservamos en el herbario, así como aquellas citas tomadas de la bibliografía, sin haber revisado el material, haciendo constar autor y obra donde aparece citada.

Para la mayoría de las especies nuevas para España, hemos realizado mapas de distribución.

Finalmente exponemos un glosario completo de toda la terminología científicia empleada así como la lista alfabeticamente ordenada de toda la bibliografía citada en el texto.

Para terminar este resumen podemos decir que hemos estudiado un total de 15 familias, 114 géneros y 260 especies de las cuales 81 son nuevas citas para la micoflora española. Proponemos asimismo las tres siguientes combinaciones nuevas.

Phanerochaete ericina (Bourd.) Tellería

Xenasma abietis (Bourd. et Galz.) Tellería

Polyporus meridionalis (David) Tellería

INDICE

Introducción 1
   Objeto de este estudio 1
   Concepto y definición del Orden 2
   Antecedentes históricos 2
   Situación actual 4

Materiales y métodos 5
   Recolección del material 5
   Técnicas de observación 8
   Reactivos químicos 9
   Metodos de conservación y archivo de material 10

Catálogo florístico 11
   Familia Auriscalpiaceae 13
   Familia Bankeraceae 15
   Familia Clavariaceae 24
   Familia Coniophoraceae 32
   Familia Corticiaceae 35
   Familia Fistulinaceae 196
   Familia Ganodermataceae 198
   Familia Hericiaceae 206
   Familia Hydnaceae 209
   Familia Hymenochaetaceae 218
   Familia Polyporaceae 250
   Familia Schyzophyllaceae 355
   Familia Sparassidaceae 358

Familia Steraceae 360

Familia Thelephoraceae 369

Glosario de términos 390

Apéndice de claves en inglés 402

Bibliografía 434

Indice de táxones 446

INTRODUCCION

Objeto de este estudio

Un análisis retrospectivo de la micología española, visto a través de los trabajos que han llegado a nuestro poder, nos indica claramente que dentro del estado de deficiencia en que en general se encuentran los conocimientos actuales sobre los hongos de España, destaca por su casi total abandono el tema relativo a los Aphyllophorales. ¿A qué se debe este hecho?. Son varias las razones que al menos aparentemente podrían justificarlo. En primer lugar, si partimos de la premisa de que dentro del orden Aphyllophorales, se incluyen todos aquellos basidiomicetes holobasidiados no considerados dentro de los Agaricales (Donk, 1964), nos encontramos con que este grupo es completamente artificial y funciona a manera de "cajón de sastre" con un gran maremagnum sistemático. Por otro lado, una gran parte de las especies incluidas dentro de los Aphyllophorales, son de pequeñas dimensiones, apenas resaltan a la vista del observador, y pasan con mucha frecuencia desapercibidas.

Estas consideraciones se pueden tomar como de tipo general; pero al particularizar en el caso concreto de España, las razones del abandono en que se encuentra este grupo se deben esencialmente a motivaciones de tipo práctico y a la eterna carencia de medios económicos y humanos. Es decir, los pocos micólogos profesionales que hemos tenido, ante la enorme gama de problemas micológicos que veían frente a sí, optaron por enfrentarse con aquellos más obvios, tales como los parásitos de plantas (González Fragoso, 1886-1925; Unamuno, 1919-1944; Urries,

1932-1956), o macromicetes con interés en alimentación.

A la vista de estos antecedentes y teniendo en cuenta nuestros contactos, cada vez más estrechos, con especialistas en diversas ramas de los Aphyllophorales, en especial con el Prof. L. Ryvarden de la Universidad de Oslo, pensamos que había llegado el momento de comprobar y actualizar el catálogo de los Aphyllophorales de España. Y es así como se inició este proyecto de investigación, hace cinco años, dirigido al estudio eminentemente sistemático de este complejo grupo de hongos.

Concepto y definición del Orden

Donk (1964) conceptua el orden como artificial y lo define diciendo que comprende todos los Hymenomyces holobasidios a excepción de los Agaricales. Como caracteres del orden destaca que sus carpóforos únicamente presentan el himenio en una cara, a excepción de los de forma clavaroide, que son anfígenos; no desarrollan nunca velo universal ni velo himenial, sucediendo en consecuencia la maduración de las esporas sin protección alguna. El himenóforo puede ser liso, dentado, tubular y en algunas ocasiones imperfectamente lameliforme.

Otra definición más moderna, cronológicamente hablando, pero que no aporta ninguna idea nueva a lo ya dicho anteriormente, es la de Talbot (1973), que se limita unicamente a desarrollar las ideas apuntadas por Donk.

Hasta la actualidad ningún autor ha delimitado perfectamente la separación entre Agaricales y Aphyllophorales, siendo este un punto verdaderamente conflictivo y una de las grandes incógnitas de la moderna micología.

Antecedentes históricos

El estudio de los Aphyllophorales en España, comienza con los trabajos de Lázaro e Ibiza (1916, 1917), que posteriormente fueron recopilados en una obra que tituló "Los poliporaceos de la Flora Española".

En esta obra Lázaro e Ibiza describe 49 especies nuevas de poliporaceos, siendo curioso el hecho que durante muchos años el material tipo estuvo perdido, no conociéndose su paradero. Son Wright y Calonge (1973), quienes dan cuenta del hallazgo de la colección, publicando una lista de las especies de la misma. Tres años más tarde Ryvarden y Calonge (1976), hacen un estudio profundo de estos tipos y llegan a la conclusión de que de las 49 especies descritas por Lázaro e Ibiza, aparte de las tres que se han perdido, 11 son homónimos y 35 especies quedan sinonimizadas; siendo lo único que se ha conservado como válido el género Heteroporus, descrito por él en el año 1916.

Con anterioridad al año 1916 hay que recordar los trabajos de Amo y Mora (1870), Lacoizqueta (1885), Colmeiro (1889), Aranzadi (1897; 1905; 1908) Hernández Pacheco (1901) y Sobrado Maestro (1909). En estos trabajos no se hace un estudio taxonómico, sino que los autores se limitan a dar una lista de especies, sin comentario alguno en la mayoría de los casos.

Es a finales de los años veinte y durante la década de los treinta, cuando la micología española conoce una de sus épocas de máximo esplendor, y es en torno al denominado "Pla quinquenal micologic a Catalunya, 1931-1935" cuando vienen a nuestro país grandes micólogos como Pearson, Heim, Maire, Maublanc y Singer (profesor auxiliar en aquel entonces de la Cátedra de Botánica de la Facultad de Farmacia de Barcelona), que unido a los excelentes micólogos catalanes, da como resultado una serie de trabajos, donde son citados numerosos Aphyllophorales, (Codina y Font Quer, 1930; Maire, Codina y Font Quer, 1933; Heim, Font Quer y Codina, 1934; Maublanc, 1936; Maire, 1937 y Singer, 1947).

Mientras sucedía esto en Cataluña, en la zona centro de España, Benito Martínez, publicaba una serie de trabajos de hongos de la madera (1930, 1931, 1942), incluyendo algunos Aphyllophorales. Durante la década de los años 50 y 60 muy poco hay que destacar en lo que a la cita de Aphyllophorales se refiere, unicamente "El catálogo de setas y hongos de las cercanías de Tolosa" de Ruiz de Gaona y Oñaiticia (1954), donde incluyen algunas especies, los trabajo de Torres Juan (1963, 1965, 1967, 1968) sobre los "Hongos del alcornoque en España" y el trabajo de Benito Martínez y Torres Juan (1965) en el que citan especies que viven sobre madera de coníferas.

Es a finales de los años 60 y en la década actual, cuando comienza a resurgir de nuevo la micología en nuestro país.

Situación actual

Actualmente ocurre lo mismo que ha venido sucediendo desde finales de siglo pasado, es decir, que los trabajos sobre el orden Aphyllophorales se limitan a la enumeración de especies dentro de un catálogo general de hongos, sin hacer un estudio detallado y crítico de las mismas. Dentro de esta línea están los trabajos de Calonge (1970, 1972, 1973), Calonge y Zugaza (1973), García Bona y López Fernández (1973), Catálogo Micológico del Pais Vasco (1973) y Beltrán Tejera (1974).

Entre los trabajos más recientes, en los que se cita mayor cantidad de especies nuevas para el catálogo micológico español, así como algunas especies y combinaciones nuevas, están los de Malençon (1968); Malençon y Bertault (1971, 1972, 1976) y Ryvarden (1972 b, 1974 , 1976 b) en el Archipiélago Canario.

Recientemente se ha inciado un estudio más profundo del Orden que ya ha dado sus primeros frutos, como son los trabajos de Tellería, Moreno y Calonge (1975); Calonge, Ryvarden y Tellería (1976); Tellería, Calonge, de la Torre y Moreno (1976); Tellería y Calonge (1977); Tellería, Calonge y Verde Millán (1978). No hay que olvidar tampoco la obra que sobre hongos de la madera ha realizado García Rollán (1976), donde se incluyen gran cantidad de Aphyllophorales.

MATERIALES Y METODOS

Recolección de material

Un detalle muy importante, dada la semejanza que a nivel macroscópico existe entre las especies de muchas de las familias del Orden Aphyllophorales, es la meticulosidad que se requiere a la hora de la recolección del material.

Con objeto de no mezclar las distintas especies, hecho que después podría dar lugar a lamentables confusiones, es conveniente el guardar cada colección en bolsas separadas. Las más utilizadas son las de papel, que permiten una perfecta transpiración del material e impiden que este se pudra.

El método de recogida de material, seguido por nosotros, ha sido el siguiente: Durante la excursión o campaña botánica, después de elegir el medio adecuado de recolección, es decir procurando buscar bosques en que exista gran cantidad de madera muerta y abandonada, se procedió a la toma de muestras. Cada colección recogida, se iba guardando en una bolsa de papel independiente, dándole un número el cual irá unido para siempre a esa colección.

En el cuaderno de campo, anotamos todos aquellos datos relativos a la localidad donde estamos llevando a cabo la recolección, como pueden ser: nombre del lugar, tipo de vegetación, altitud, etc. Después de cada número y dejando un espacio en blanco, donde irá colocado el nombre de la especie una vez determinada, anotamos el habitat y aquellas características organolépticas que pueden perderse por efecto del desecado como son el color, olor, tamaño, etc. Es muy importante por ejemplo en el caso del género <u>Stereum</u>, el observar si al rozarlo exuda un líquido rojizo, detalle este necesario para la determinación de las especies del género y que sin embargo se pierde por efecto de la desecación.

Una vez recolectado el material, se guarda en cajas de cartón o bolsas de tela para su traslado al laboratorio.

En el caso concreto de la familia <u>Polyporaceae</u> e <u>Hymenochaetaceae</u>, donde los carpóforos de sus especies suelen alcanzar grandes dimensiones, lo que dificulta por un lado el transporte al laboratorio y por otro el secado, se procede a cortarlos en rodajas de 1-3 cm de grosor, después, por supuesto, de anotar detalles como el tamaño total del carpóforo, tipo de crecimiento, etc.

Una vez en el laboratorio se procede al secado del material recolectado, para lo cual empleamos un armario desecador.

Después de esta operación, se desinsecta el material. En algunos géneros de la familia <u>Polyporaceae</u> como son el <u>Trametes</u>, <u>Dichomitus</u>, <u>Pycnoporus</u>, etc., el material suele estar atacado por insectos que resisten perfectamente el desecado y destruyen en pocos días las colecciones.

El método utilizado en la desinsección ha sido muy sencillo, obteniendo además óptimos resultados: Colocamos el material en una cámara herméticamente cerrada, saturada de vapores de para-diclorobenceno, dejandolo ahí un tiempo que oscila entre 24 y 48 horas. El material así desinsectado se guarda en bolsas de papel, poniendo en las cajas de herbario donde estas se introducen naftalina pulverizada con el fin de preservarlo del ataque de nuevos insectos.

Una vez seco, desinsectado y etiquetado, el material se guarda para proceder posteriormente a su paulatina determinación.

El material estudiado por nosotros tiene fundamentalmente tres orígenes, de los que a continuación vamos a hablar:

1. Campañas botánicas

La mayor parte del material sobre el que se ha realizado este trabajo, ha sido recolectado durante las campañas botánicas que hemos realizado en estos cuatro últimos años. Se ha procurado recorrer aquellos bosques más representativos de nuestra flora, intentando buscar medios muy variados, con objeto de recolectar el mayor número posible de especies distintas.

2. Revisión de herbarios

Hemos también revisado parte del material depositado en los herbarios MA, MAF y Mycotheca Hispanica.

En el herbario MA, la mayor parte del material del Orden Aphyllophorales procede de intercambios con el extranjero, y por eso la utilidad que ha tenido para nosotros se ha reducido casi exclusivamente a material de consulta.

En el herbario MAF fungi, se encuentra depositada la colección de poliporáceos de Lázaro e Ibiza, que ya fuera estudiada por Ryvarden y Calonge (1976); hemos hecho en ella una toma de datos con vistas a dar una corología lo más completa posible de cada especie. Por último hemos revisado todo el material del herbario de Mycotheca Hispanica.

3. Material de otras procedencias

En este apartado incluimos todo aquel material que ha sido recolectado o nos ha sido enviado por colaboradores y amigos. El material encuadrado en este apartado, nos ha sido muy util para el estudio corológico de las especies, permitiendo en muchos casos ampliar notablemente el área de distribución de las mismas.

Técnicas de observación

Podemos dividir este apartado en los dos siguientes:

1. Observación macroscópica

Consideramos como tal, la que se realiza hasta los 100 aumentos. Para ello hemos utilizado una lupa binocular marca Reicher nº ser. 351.561. Nos permite este tipo de observación, poder examinar caracteres taxonómicos muy importantes como son el tipo de himenóforo, tipo de margen, presencia o ausencia de rizomorfos etc., necesarios para la correcta determinación de un importante número de especies.

2. Observación microscópica

Incluimos en este apartado las observaciones realizadas a más de 100 aumentos, ha sido de dos tipos:

Microscopía óptica. - Hemos utilizado un microscopio marca Litz Wetzlar, nº ser. 630.776, con micrómetro incorporado, empleando en la mayoría de los casos el objetivo de inmersión.

La observación con el microscopio óptico ha sido el método básico de estudio, ya que muchas de las especies objeto del presente trabajo solo son diferenciables microscópicamente. Para la realización de las fotografías, hemos utilizado un microscopio marca Reicher modelo Zeptopam, con cámara de fotografía automática incorporada.

Para la realización de los dibujos, hemos utilizado un microscopio Reicher modelo Neopan con cámara clara incorporada, trabajando con objetivo de inmersión.

En la observación al microscopio óptico, hemos alcanzado hasta 1.250 aumentos.

Microscopía electrónica. - En los casos que ha sido necesario, para la observación de la superficie de las esporas, cistidios, pelos, etc., hemos utilizado la microscopía electrónica de barrido, empleando un microscopio Super Mini Sem ISI, con un poder de resolución de 100 Å.

La técnica utilizada es muy sencilla; sobre un portamuestras, hemos espolvoreado los fragmentos resultantes de raspar con una cuchilla la zona que queremos observar, himenóforo, contexto, superficie, etc. Las preparaciones así obtenidas se somenten a un metalizado en vacio, utilizando como elemento oro puro. Una vez metalizado el material lo hemos observado y fotografiado, obteniendo como resultado las fotografías que se exponen en este trabajo.

Reactivos químicos

En este apartado vamos a dar una relación de los reactivos químicos que hemos utilizado con más asiduidad durante la realización del trabajo.

Solución de potasa (KOH) al 10%. - Reactivo de suma utilidad para la observación del material seco al microscopio, ya que permite una pronta recuperación del mismo. Da también reacciones coloreadas, por ejemplo con la trama de las especies incluidas en la familia Hymenochaetaceae, ya que en presencia de este reactivo pasan de marrón claro a oscuro, casi negro. Esta reacción se llama "reacción xantocroide". En el género Hapalopilus (familia Polyporaceae) su trama pasa de color gamuza a violeta fuerte. Otro ejemplo lo constituyen algunas especies del género Tomentella, cuyo carpóforo toma color verde.

Es también muy característico el hecho de que la pared de los liocistidios del género Tubulicrinis (familia Corticiaceae), se disuelva en dicho reactivo.

Reactivo Melzer. - También llamado reactivo de cloral iodado, es de suma utilidad para ver el caracter amiloide o dextrinoide del material biológico objeto del estudio.

Azul de Lactofenol. - Es un buen colorante de contraste, además de que nos es de suma utilidad para observar el caracter cianófilo de la pared de las esporas, hifas, basidios, etc.

Hidrato de cloral. - Utilizado en aquel material de observación difícil, ya que da una marcada transparencia a las preparaciones.

Solución de sulfato férrico al 10%.- Colorea de verde intenso la trama de las especies incluidas en el género <u>Clavariadelphus</u>.

Sulfovanillina.- Colorea de rosa violeta el interior de los gloeocistidios y de las denominadas hifas gloeocistidiales.

Métodos de conservación y archivo del material

Una vez determinado, perfectamente seco y desinsectado el material, procedemos a su archivado definitivo. El material lo guardamos en bolsas de papel y junto a él introducimos una etiqueta en la que va: Nombre actual de la especie y sinónimos más usuales, localidad, habitat, fecha de recolección, nombre del recolector y el número de colección así como el nombre de la persona que lo determinó. Todo el material objeto de este estudio, se encuentra depositado en el herbario (MA fungi) del Real Jardín Botánico de Madrid.

CATALOGO FLORISTICO

Para la confección del catálogo florístico, hemos tomado como obra básica el trabajo de Donk (1964) "A conspectus of the famillies of Aphyllophorales". La ordenación del mismo la hemos realizado siguiendo el orden alfabético, con objeto de facilitar su manejo. Se han realizado claves a nivel de familia, género y especie, pero hay que hacer una importante salvedad y es que estas claves unicamente incluyen los táxones tratados en este trabajo.

Clave de familias

1. Esporas con doble pared, el endosporio de color marrón, verrugoso o reticulado y el exosporio hialino y liso .... Ganodermataceae

1'. Esporas sin estas características 2

2. Esporas generalmente de color marrón y presentando siempre su contorno irregular, (sinuosas, angulosas, etc.) lisas u ornamentadas.. Thelephoraceae

2'. Esporas sin estas características 3

3. Himenóforo formado por tubos que se presentan libres desde la base, totalmente independientes unos de otros........... Fistulinaceae

3'. Himenóforo sin estas características........................... 4

4. Esporas de paredes gruesas, fuertemente cianófilas y de color marrón o amarillo oliva............................... Coniophoraceae

4'. Esporas sin estas características 5

5. Contexto dando positiva la reacción xantocroide, hifas generativas sin fíbulas. Haplosetas o asterosetas generalmente presentes en el himenio o trama .... Hymenochaetaceae

5ʹ Sin las características anteriores........................... 6

6. Esporas amiloides, basidiocarpo generalmente pileado o clavaroide.. 7

6ʹ Especies sin todas las características anteriores juntas......... 8

7. Especies con hifas gloeocistidiales o gloeocistidios que no dan positiva la reacción de la sulfovanillina................ Hericiaceae

7ʹ Especies con gloeocistidios que dan positiva la reacción de la sulfovanillina....................................... Auriscalpiaceae

8. Himenóforo dentado, carpóforo carnoso pileado y estipitado...... 9

8ʹ Sin todas las características anteriores juntas 10

9. Hifas con fíbulas, esporas lisas...................... Hydnaceae

9ʹ Hifas sin fíbulas, esporas de paredes lisas o ligeramente verrugosas... Bankeraceae

10. Carpóforo infundibuliforme, carnoso o membranáceo, himenóforo generalmente formado por pliegues, incluso a veces por pseudoláminas...
.... Cantharellaceae

10ʹ Sin estos caracteres juntos................................... 11

11. Basidiocarpo al principio cupuliforme, unido al sustrato por una base que se comprime formando un pequeño pie.... Schizophyllaceae

11ʹ Sin los caracteres anteriores................................. 12

12. Carpóforo estipitado, formado por un pie muy ramificado que acaba en lóbulos flabeliformes y ondulados, de consistencia carnosa a cartilaginosa. Esporas de anchamente elipsoidales a subglobosas... Sparassidaceae

12ʹ Sin las características anteriores juntas..................... 13

13. Carpóforo estipitado, erecto, con el pie simple o ramificado. Himenóforo anfígeno...................................... Clavariaceae

13ʹ Sin los caracteres anteriores juntos.......................... 14

14. Cuerpo fructífero efuso-reflejo o pileado, dimidiado o concoideo. Himenóforo liso raramente tuberculado. Sistema de hifas generalmente dimítico. Contexto dividido en tres zonas. Esporas amiloides o no amiloides.................................... Steraceae

14ʹ Sin todas las características anteriores juntas................ 15

15. Carpóforo resupinado, efuso-reflejo, dimidiado o estipitado. Himenóforo tubular (final de los tubos esteril), irpicoide o laminar. Sistema de hifas mono-, di-, o trimítico................ Polyporaceae

15ʹ Carpóforo generalmente resupinado, alguna vez efuso-reflejo. Himenóforo liso, plegado (formando estos pliegues a veces falsos tubos con el ápice fertil) o dentados. Sistema de hifas monomítico, rara vez dimítico .... Corticiaceae

Familia AURISCALPIACEAE Maas G.
Proc. K. Ned. Akad. Wet. (Ser. C) 66: 426 (1963)

Cuerpo fructífero pileado, estipitado o sesil, la superficie del pileo es vellosa o glabra, el contexto es blanco o marrón, sobre todo en la periferia del pie y en la zona de la superficie del pileo. El himenóforo puede ser hidnoide o pseudolaminar. El sistema de hifas es dimítico, con gloeocistidios que dan positiva la reacción de la sulfovanillina. Las esporas de paredes lisas, verrugosas o equinuladas, son incoloras y amiloides.

Observaciones. - Esta familia está integrada por tres géneros (Donk, 1964), Auriscalpium S.F. Gray, Gloiodon Karst. y Lentinellus Karst., este último tradicionalmente se ha incluido dentro del orden Agaricales, pero debido a las semejanzas que presenta con los otros dos géneros de la familia, Maas Geesteranus lo ha incluido aqui. De estos tres géneros, nosotros unicamente hemos estudiado el primero.

Género AURISCALPIUM S.F. Gray, Nat. Arr. Brit. Pl. 1 : 650 (1821)

Generotipo: Auriscalpium vulgare S.F. Gray, Nat. Arr. Brit. Pl. 1: 650 (1821)

Cuerpo fructífero estipitado, la superficie del pileo y del pie es tomentosa; el himenóforo es hidnoide. El sistema de hifas es dimítico, formado por hifas generativas e hifas esqueléticas, presenta gloeocistidios y las esporas son verrugosas y amiloides.

Observaciones. - Este género está representado en nuestra micoflora por una sola especie.

Auriscalpium vulgare S.F. Gray, Nat. Arr. Brit. Pl. 1: 650 (1821)

Sinónimos: Hydnum auriscalpium L. ex Fr., Syst. Mycol. 1: 406 (1821); Pleurodon auriscalpium (L. ex Fr.) Karst., Rev. Mycol. 3: 20 (1881); Leptodon auriscalpium (L. ex Fr.) Quél., Ench. Fung. pag. 192

(1886)

Cuerpo fructífero estipitado con el pie lateral, tanto la superficie del pileo como la del estipe es de color marrón oscuro y tomentosa; el pileo mide de 1-2 cm y es reniforme, el pie mide de 4-8 x 0,1-0,2 cm. El contexto es de color blanco crema, más oscuro casi marrón en la zona periférica. El himenóforo está formado por agujas cónicas de color marrón que miden de 0,5-3 mm de longitud.

El sistema de hifas es dimítico, las hifas generativas son de paredes delgadas, miden de 1,8-2,2 μm de diámetro y son fibuladas, las hifas esqueléticas miden de 2,2-3,6 μm de diámetro y tienen las paredes gruesas. Presenta gloeocistidios, y lo que Donk (1964) denomina sistema de hifas gloeocistidiales que en realidad son unos gloeocistidios largos con aspecto de hifas, inmersos en la trama, y que dan positiva la reacción de la sulfovanillina. Las esporas son subglobosas, verrugosas y amiloides, miden de 4,5-5,5 x 3,5-5 μm.

Habitat. - Crece siempre sobre conos de pinos, nosotros lo hemos recolectado sobre conos de Pinus sylvestris.

Corología. - MADRID: Pto. de Canencia, 15-5-76, leg. F.D. Calonge; Lozoya, 29-5-77, leg. M.T. Tellería. En la bibliografía aparece citado en Cataluña (Maire, Codina y Font Quer, 1933; Heim, Font Quer y Codina, 1934; Maire, 1937; Singer, 1947) en el País Vasco (Cat. Micol. País Vasco, 1973; García Bona et al. 1973) en Madrid (Calonge, 1972; Calonge y Zugaza, 1973) y en Segovia (Calonge, 1972).

Familia BANKERACEAE Donk

Persoonia 1: 405 (1961)

Cuerpo fructífero pileado y estipitado, el pie puede ser central, excéntrico o lateral; el contexto es carnoso, correoso o leñoso, blanco o coloreado, a veces incluso negro, el himenóforo es hidnoide, de color blanco o gris claro, nunca oscuro. El sistema de hifas es monomítico, las hifas generativas sin fíbulas, en ocasiones se presentan hinchadas. Cistidios y gloeocistidios ausentes. Los basidios son claviformes con 2-4 esterigmas. Las esporas son globosas, de paredes lisas o ligeramente verrugosas, blancas y no amiloides.

Observaciones. - Los dos géneros que constituyen esta familia, estaban antes incluidos en la familia Thelephoraceae. El género Bankera es parecido al género Sarcodon mientras que el Phellodon recuerda a Hydnellum, pero la diferencia fundamental que los separa en dos familias distintas, es la naturaleza de las esporas. La familia Bankeraceae las tiene blancas y de contorno regular y la familia Thelephoraceae de color marrón y contorno irregular, angulosas, onduladas o sinuosas.

Clave de géneros

1. Contexto carnoso y no zonado............................ Bankera
1' Contexto correoso, al secar leñoso, zonado.............. Phellodon

Género BANKERA Coker et Beers ex Pouz., Česká Mykol. 9: 95 (1955)
Generotipo: Hydnum fuligineo-album Schum. ex Fr., Syst. Mycol. 1: 400 (1821) ≡ Bankera fuligineo-alba (Schum. ex Fr.) Pouz., Česká Mykol. 9: 96 (1955)

El caracter más importante de este género que lo separa de Phellodon, es su contexto carnoso y no zonado, a diferencia del género Phellodon que como veremos lo tiene zonado y correoso, a veces incluso leñoso.

Por lo que respecta a otros caracteres del género, podemos decir que son especies estipitadas, con el himenóforo hidnoide y de color claro. Su sistema de hifas es monomítico, con hifas sin fíbulas; las esporas son ligeramente verrugosas y de color blanco.

Bankera violascens (Alb. et Schw. ex Fr.) Pouz., Česká Mykol. 9: 96 (1955)

Sinónimos: Hydnum violascens Alb. et Schw. ex Fr., Syst. Mycol. 1: 401 (1821); Sarcodon violascens (Alb. et Schw. ex Fr.) Quél.,C.R. Ass. Franç. Av. Sci. 11: 399 (1883)

Cuerpo fructífero pileado y estipitado, el pie generalmente central mide de 2-10 x 0,3-1,5 cm y es de color gris violeta, tomando una coloración rojiza en la base; el pileo es redondo, ligeramente infundibuliforme, mide de 3-10 cm de diámetro, su superficie es lisa o muy ligeramente pubescente, de color gris violeta; el himenóforo formado por agujas que miden 2 mm de longitud presenta una coloración blanca grisácea; el contexto es carnoso, fibroso al secar, de color blanco al principio, toma después una coloración rosada.

El sistema de hifas es monomítico, las hifas generativas son ramificadas y carecen de fíbulas. Las esporas son subglobosas, de paredes finamente verrugosas y no amiloides, miden de 3,5-5 x 3,5-4,5 µm.

Habitat. - Lo hemos recolectado creciendo en el suelo de un pinar de Pinus pinaster.

Corología. - SORIA: Almazán, 7-9-76, leg. M.T.Tellería. En la bibliografía está citada en el País Vasco (Cat. Micol. País Vasco, 1973).

Género PHELLODON Karst., Rev. Mycol. 3: 19 (1881)

Generotipo: Hydnum nigrum Fr. ex Fr., Syst. Mycol. 1: 404 (1821)

Cuerpo fructífero pileado y estipitado; tanto el pileo como el pie, están cubiertos por un tomento que en la superficie del pileo se transforma en fibras más o menos anchas. El himenóforo hidnoide, es blanco o gris. El contexto es zonado y correoso; en los ejemplares secos y viejos se torna leñoso. El sistema de hifas es monomítico, las esporas son subglobosas, blancas y equinuladas.

Phellodon niger (Fr. ex Fr.) Karst., Rev. Mycol. 3: 19 (1881)

Sinónimos: **Hydnum nigrum** Fr. ex Fr., Syst. Mycol. 1: 404 (1821); **Calodon niger** (Fr. ex Fr.) Quél., Ench. Fung. pag. 191 (1886)

Cuerpo fructífero pileado y estipitado; la superficie del pileo es al principio tomentosa, después glabra, está surcada concéntricamente y es de color negro teniendo el margen blanco al principio y después concoloro con el resto del carpóforo; el pileo es ligeramente infundibuliforme y mide de 5-7 cm de diámetro. El pie también presenta su superficie tomentosa como la del pileo y concolora con la de él, mide de 1-4 x 0,3-1,2 cm. El contexto es correoso al principio y después leñoso; de color negro, es zonado, presentandose más duro y fibroso en la parte central del pie y más blando y esponjoso en la parte exterior. El himenóforo está formado por agujas de hasta 3 mm de longitud, blancas al principio después de color gris. Los carpóforos crecen en grupos de varios ejemplares unidos por la base y borde del sombrerillo, formando rosetas.

El sistema de hifas es monomítico, las hifas carecen de fíbulas y son ramificadas. Las esporas son de oblongo elipsoidales a subglobosas, de paredes blancas equinuladas y no amiloides, miden de 3,5-4,5 x 2,5-3,5 μm.

Habitat. - El material por nosotros estudiado fue recolectado en el suelo de un pinar.

Corología. - AVILA: Piedralaves, 1-11-77, leg. A. Barra. En la bibliografía está abundantemente citado en Cataluña (Aranzadi, 1908; Codina y Font Quer, 1930; Maire, Codina y Font Quer, 1933; Heim, Font Quer y Codina, 1934; Maire, 1937) y en Asturias (Lázaro e Ibiza, 1907)

Familia CANTHARELLACEAE Schroet.

Krypt. -Fl.Schles. 3 (1): 413 (1888)

Cuerpo fructífero pileado y estipitado, infundibuliforme; el pileo puede ser grueso y de consistencia carnosa o membranáceo, el himenóforo es liso o más generalmente formado por pliegues dispuestos radialmente y ramificándose generalmente en la zona del margen. El sistema de hifas es monomítico, las hifas generativas con o sin fíbulas, llevan las paredes delgadas o gruesas y a veces están hinchadas. Las esporas son incoloras, lisas y no amiloides.

Observaciones. - Dentro de esta familia Donk (1964) incluye cuatro géneros: Cantharellus Fr., Goosensia Heim, Pseudocraterellus Corner y Craterellus Pers., a excepción del género Goosensia, todos están representados en nuestra micoflora, pero nosotros unicamente hemos tenido ocasión de estudiar dos, el Cantharellus y el Craterellus.

Clave de géneros

1. Hifas sin fíbulas, carpóforos desde un principio hueco, tubular..... .... Craterellus
1. Hifas con fíbulas, carpóforo al principio macizo, después en algunas especies infundibuliforme hasta el final del pie ...Cantharellus

Género CANTHARELLUS Fr., Syst. Mycol. 1: 316 (1821)

Generotipo: Cantharellus cibarius Fr., Syst. Mycol. 1: 318 (1821)

Cuerpo fructífero pileado y estipitado, generalmente infundibuliforme, de consistencia carnosa hasta subcoriácea, presenta el margen delgado y recurvado hacia dentro. El himenóforo decurrente sobre el pie, puede ser liso o formado por pliegues que en algunos casos llegan a formar hasta pseudolaminillas. El sistema de hifas es monomítico, las hifas generativas de paredes delgadas o gruesas se presentan hinchadas en algunas ocasiones. No presenta cistidios ni gloeocistidios. Las esporas son lisas, de paredes delgadas y no amiloides, de color blanco amarillo y según

Corner (1966), rosas en algunas ocasiones.

Clave de especies

1. Superficie del pileo y del pie concoloras 2
1'. La superficie del pileo de distinto color que la del pie 3
2. Carpóforo de color amarillo naranja, himenóforo también amarillo naranja. Pie nunca hueco .... C. cibarius
2'. Carpóforo de color marrón a marrón grisáceo, himenóforo gris ceniza, pie a veces hueco hasta la base .... C. cinereus
3. Himenóforo al principio liso, después con pliegues muy tenues, esporas de 10,5-11,5 x 6,5-8 µm .... C. lutescens
3'. Himenóforo con pliegues muy marcados, esporas de 8,5-10 x 6-7,5 µm .... C. tubaeformis

Cantharellus cibarius Fr., Syst. Mycol. 1: 318 (1821)

Sinónimos: Cantharellus vulgaris S.F. Gray, Nat. Arr. Brit. Pl. 1: 636 (1821); Merulius cantharellus Pers., Mycol. Europ. 2: 11 (1825); Craterellus cibarius (Fr.) Quél., Fl. Mycol. pag. 37 (1888); Chanterel cantharelloides Murrill, N. Am. Flora 9: 169 (1910); Cantharellus edulis Sacc., Fl. It. Crypt. Hym. pag. 456 (1916)

Carpóforo pileado y estipitado, la forma del pileo va de plana a infundibuliforme, adelgazándose hacia el margen que en muchos casos está recurvado hacia el himenóforo; de un bonito color amarillo naranja, su superficie es lisa y mide de 2-10 cm de diámetro. El pie concoloro con la superficie del sombrerillo, presenta la zona basal con un tono marrón, el pie ancho por la parte superior va adelgazándose hacia la base, mide de 2,5-7 x 0,5-3 cm y no está hueco por dentro. El himenóforo está formado por pliegues que unas veces se ramifican dicotómicamente y otras irregularmente, de color amarillo naranja también. El contexto es carnoso y de color blanco o amarillo.

El sistema de hifas es monomítico, las hifas generativas llevan fíbulas. Los basidios son claviformes, generalmente con 4 esterigmas. Las esporas son anchamente elipsoidales, de paredes lisas, con abundantes gotas lipídicas en su interior, miden de 8-10 x 5-6,5 µm y tienen un tono amarillento.

Habitat. - Lo hemos recolectado creciendo en el suelo de encinares de Quercus ilex y de Quercus rotundifolia.

Corología. - CACERES: Carretera del Pto. de San Vicente a Alia, 19-2-77, leg. C. Navarro y M. T. Tellería. GUIPUZCOA: Mondragón, 21-2-74, leg. J. L. Tellería y M. T. Tellería. En la bibliografía está citado en Cataluña (Aranzadi, 1905, 1908; Cuatrecasas, 1929; Maublanc, 1936; Singer, 1947; Benito Martínez y Torres Juan, 1965) en Asturias (Lázaro e Ibiza, 1904; Benito Martínez y Torres Juan, 1965) en León (Mayor et al., 1974) en Galicia (Benito Martínez y Torres Juan, 1965; García Rollán, 1971) en el País Vasco (Lacoizqueta, 1885; Cat. Micol. Pais Vasco, 1973) en Madrid (Calonge y Zugaza, 1973) en Avila y Burgos (Benito Martínez y Torres Juan, 1965) y en Canarias (Ryvarden, 1974)

Cantharellus cinereus Fr., Syst. Mycol. 1: 320 (1821)
Sinónimos: Merulius cinereus Pers., Mycol. Europ. 2: 15 (1825); Craterellus cinereus (Fr.) Quél., Fl. Mycol. pag. 36 (1888); Cantharellus hydrolyps Schroet., Cohn Krypt. Fl. Schles. Pilze 1: 509 (1889)

Cuerpo fructífero pileado y estipitado, el pileo de 2-5 cm de diámetro, es infundibuliforme, quedando en algunas ocasiones hueco hasta la base del pie, de color marrón o marrón grisáceo, tiene la superficie ligeramente escamosa, lisa hacia el margen. El pie, ancho en la parte superior del mismo, mide de 2,5-6 x 0,4-0,8 cm. El himenóforo de color gris ceniza es decurrente y está formado por pliegues que se ramifican dicotómicamente, a veces se anastomosan y entonces el himenóforo toma un aspecto reticulado, el contexto es delgado y fibroso, de color grisáceo, luego negro.

El sistema de hifas es monomítico, las hifas generativas presentan fíbulas. Los basidios tienen 4 esterigmas. Las esporas son anchamente elipsoidales, de paredes lisas y con abundantes gotas lipídicas en su interior, miden de 7-11 x 6-7,5 μm.

Habitat. - El material por nosotros estudiado, ha sido recolectado en el suelo de un hayedo.

Corología. - NAVARRA: San Miguel de Aralar, 10-10-77, leg. Soc. Cienc. Nat. Aranzadi. En la bibliografía aparece citado en Cataluña (Aranzadi, 1908) en el País Vasco (Cat. Micol. Pais Vasco, 1973) y en Guadalajara (Carballal, 1974)

Cantharellus lutescens Fr., Syst. Mycol. 1: 320 (1821)
Sinónimos: Merulius xanthopus Pers., Mycol. Europ. 2: 19 (1825);
Craterellus lutescens Fr., Epicr. pag. 532 (1838)

Cuerpo fructífero pileado y estipitado, el pileo de color marrón, es plano o a veces infundibuliforme, con un diámetro de 2-7 cm, el margen es delgado, aparece ondulado y en muchos casos recurvado hacia dentro; el pie mide de 4-8 x 0,6-1 cm, es de un intenso color amarillo naranja, ancho en su parte superior y se va estrechando hacia la base. El himenóforo, decurrente sobre el pie, es al principio liso y después le aparecen unos pequeños pliegues más abundantes en la zona del margen, es de color crema amarillento, nunca llega a tomar los tonos del pie. El contexto es delgado, de color amarillo.

El sistema de hifas es monomítico, formado por hifas generativas fibuladas. Los basidios llevan de 2-4 esterigmas. Las esporas son anchamente elipsoidales, de paredes lisas, hialinas y no amiloides, miden de 10-11,5 x 6,5-8 µm.

Habitat. - El material por nosotros estudiado ha sido recolectado en el suelo de un hayedo.

Corología. - ALAVA: Altube, 29-10-76, leg. E. Pérez del Moral. En la bibliografía está citado en el País Vasco (García Bona y López Fernandez, 1973; Cat. Micol. Pais Vasco, 1973) en la Sierra de Guadarrama (Guinea, 1929 a) y en Cataluña (Calonge y Zugaza, 1973)

Cantharellus tubaeformis Fr., Syst. Mycol. 1: 319 (1821)
Sinónimos: Merulius villosus Pers., Mycol. Europ. 2: 14 (1825); Merulius tubaeformis Secr., Mycol. Suisse 2: 465 (1833); Craterellus tubaeformis (Fr.) Quél., Fl. Mycol. pag. 36 (1888); Cantharellus infundibuli-

formis var. tubaeformis Maire, Treball. Mus. Cienc. Nat. Barc. 15: 44 (1933)

Cuerpo fructífero pileado y estipitado, el pileo plano o infundibuliforme tiene un diámetro de 2-5 cm, es de color marrón oscuro, recubierto por pseudoescamas de color marrón más oscuro que el resto, el margen se presenta recurvado hacia dentro y ligeramente lobulado. El pie es de color amarillo naranja y cilíndrico. El himenóforo es decurrente, de color crema amarillento, está formado por pliegues muy marcados, algunos de los cuales se ramifican dicotómicamente sobre todo hacia la zona del margen. El contexto es delgado, flexible y de color blanco amarillento.

El sistema de hifas es monomítico, formado por hifas generativas de largas células, fibuladas. Las esporas anchamente elipsoidales, son blancas, lisas y no amiloides, miden de 8,5-10 x 6-7,5 μm.

H a b i t a t . - El material por nosotros estudiado, ha sido recolectado en el suelo de un hayedo.

C o r o l o g í a . - NAVARRA: San Miguel de Aralar, 10-10-77, leg. Soc. Cienc. Nat. Aranzadi. En la bibliografía aparece citado en Cataluña (Maire, Codina y Font Quer, 1933; Calonge y Zugaza, 1973) y en el Pais Vasco (Cat. Micol. Pais Vasco, 1973).

Género CRATERELLUS Pers., Mycol. Europ. 2: 4 (1825)

Generotipo: Craterellus cornucopioides (Fr.) Pers., Mycol. Europ. 2: 5 (1825)

Cuerpo fructífero pileado y estipitado, de consistencia carnosa a subcoriacea, el pileo es infundibuliforme y el pie tubular, la superficie del pileo es lisa o suavemente escamosa. El himenóforo es liso o ligeramente rugoso. El sistema de hifas es monomítico, las hifas generativas sin fíbulas, los basidios subcilíndricos llevan de 2-6 esterigmas. No presenta cistidios. Las esporas son lisas, no amiloides y de color blanco o a veces ligeramente amarillentas.

Craterellus cornucopioides (Fr.) Pers., Mycol. Europ. 2: 5 (1825)

Sinónimos: Cantharellus cornucopioides Fr., Syst. Mycol. 1: 230 (1821); Craterellus ochrosporus Burt, Ann. Mo. Bot. Gard. 1: 334 (1914)

Cuerpo fructífero infundibuliforme, el pileo de color marrón muy oscuro, tiene de 3-8 cm de diámetro y la superficie escamosa, el estipe es de color negro, y como hemos dicho es totalmente hueco por dentro, mide de 4-8 x 1-1,5 cm. El contexto es de color negro, fibrilloso y tiene de 1-2 mm de grosor. El himenóforo es decurrente sobre el pie, rugoso y de color gris negruzco.

El sistema de hifas es monomítico, las hifas generativas siempre carecen de fíbulas. Los basidios llevan generalmente 2 esterigmas. Las esporas son oblongo elipsoidales y miden de 11-15 x 7-9 µm.

Habitat. - Lo hemos recolectado en suelos de hayedo y de castañar.

Corología. - ALAVA: Altube, 29-10-76, leg. E. Pérez del Moral. CACERES: Castañar de Ibor, 20-2-77, leg. C. Navarro y M. T. Tellería. En la bibliografía está abundantemente citado en Cataluña (Aranzadi, 1905; Cuatrecasas, 1929; Maublanc, 1936; Calonge y Zugaza, 1973) en el Pais Vasco (Lacoizqueta, 1885; Losa España, 1942; Ruiz de Gaona y Oñaiticia, 1954; Cat. Micol. Pais Vasco, 1973) en Asturias (Mayor et al., 1973) y en Galicia (García Rollán, 1971).

Familia CLAVARIACEAE Chev.

Fl. Env. Paris 1: 102 (1826)

Engloba esta familia una serie de especies caracterizadas todas ellas por tener el cuerpo fructífero erecto, simple o ramificado. Cuando simple es claviforme, cilíndrico o cónico, con el ápice redondo o truncado; cuando ramificado no es típicamente plano. Tanto en un caso como en otro, los carpóforos son estipitados, presentando generalmente una pequeña base. El contexto es de consistencia carnosa, gelatinosa o cartilaginosa y de color blanco o pálido. El himenóforo es liso y anfígeno. El sistema de hifas es mono- o dimítico, en el primer caso formado por hifas generativas con o sin fíbulas, normalmente hinchadas; cuando es dimítico, las hifas generativas no son hinchadas y presenta además hifas esqueléticas. Cistidios raros. Basidios claviformes, con 2-4 esterigmas. Las esporas de color blanco o amarillo claro son de paredes lisas o ligeramente verrugosas.

Observaciones. - De los 17 géneros que Donk (1964) incluye en esta familia, nosotros hemos tenido ocasión de estudiar unicamente dos: El género Clavaria y el Clavariadelphus.

Clave de géneros

1. Especies totalmente ramificadas. Contexto que no cambia de color con el sulfato férrico al 10% .... Clavaria
1: Especies con carpóforos no ramificados, generalmente claviformes. Carne que toma color verde con el sulfato férrico al 10%............
.... Clavariadelphus

Género CLAVARIA Vaill. ex Fr., Syst. Mycol. 1: 465 (1821)

Cuerpo fructífero pileado, estipitado simple o ramificado, siempre crece erecto y su consistencia es carnosa. El sistema de hifas es monomítico generalmente las hifas generativas son fibuladas, presentando a veces hinchazones. Los basidios llevan de 2-4 esterigmas. Las esporas son hialinas o amarillentas, con las paredes no amiloides, lisas o verrugosas.

Clave de especies

1. Esporas lisas, globosas o subglobosas........................ 2
1! Esporas verrugosas, cilíndricas, oblongo elipsoidales o anchamente elipsoidales... 3
2. Cuerpo fructífero simple, crecen en fascículos unidos por la base, la superficie es lisa y de color amarillo.............. Cl. fusiformis
2! Cuerpo fructífero generalmente ramificado, no crece en fascículos, la superficie es rugosa y de color blanco................ Cl. rugosa
3. La superficie del carpóforo y la carne cambian de color al roce, pasando de blanca a verde............................. Cl. abietina
3! Sin las características anteriores............................. 4
4. Carpóforos de color amarillo................................... 5
4! Carpóforos no de color amarillo................................ 6
5. Especies de hasta 10 cm de altura, la carne al corte toma una coloración rojiza... Cl. flava
5! Especie de hasta 14 cm de altura, la carne no cambia de color al corte... Cl. aurea
6. Base del carpóforo de color blanco, ramas rosas salmón y los ápices de las mismas con un ligero tono amarillo. Esporas de oblongo elipsoidales a cilíndricas, miden de 8-12 x 4-6 μm...... Cl. formosa
6! Base del carpóforo blanca, ramas rosas y ápices de color vino. Esporas de oblongo elipsoidales a fusiformes, miden de 13-15 x 4,5-5 μm... Cl. botrytis

<u>Clavaria abietina</u> Pers. ex Fr., Hym. Europ. pag. 671 (1874)

Cuerpo fructífero de 3-4 cm de longitud, ramificado, de color blanco que cambia a verde, al rozarlo o dañarlo. El pie mide 1 cm de longitud y de 0,2-0,4 cm de diámetro.

El sistema de hifas es monomítico formado por hifas generativas fibuladas. Los basidios son claviformes con 4 esterigmas. Las esporas son anchamente elipsoidales, deprimidas cerca del ápice, sus paredes son verrugosas y de color amarillo claro, miden de 9-11 x 4-5 μm.

Habitat. - El material por nosotros estudiado ha sido recolectado sobre acículas de pino.

Corología. - SEGOVIA: Pto. de los Leones, 23-10-77, leg. F. D. Calonge. TOLEDO: Yuncos, 28-11-76, leg. E. Alvarez. En la bibliografía está citada en tres ocasiones y todas en Cataluña (Aranzadi, 1905; Codina y Font Quer, 1930; Heim, Font Quer y Codina, 1934)

<u>Clavaria aurea</u> Schaeff. ex Fr., Hym. Europ. pag. 670 (1874)

Cuerpo fructífero de hasta 14 cm de altura, formado por un pie ancho y corto, de color blanco, del que salen ramificaciones que a su vez van ramificando más y más hacia el ápice, estas son de color amarillo o amarillo naranja.

El sistema de hifas es monomítico, los basidios claviformes con 2-4 esterigmas. Las esporas son oblongo elipsoidales, ligeramente deprimidas cerca del ápice, de paredes amarillentas y finamente verrugosas, miden de 8-12 x 4-4,5 μm.

Habitat. - La hemos recolectado tanto en el suelo de bosque de coníferas (<u>Pinus sylvestris</u>) como de caducifolios (<u>Fagus sylvatica</u>).

Corología. - MADRID: Montejo de la Sierra, 29-10-77, leg. G. Moreno. NAVARRA: San Miguel de Aralar, 10-10-77, leg. M.T. Tellería. SEGOVIA: San Rafael, 10-7-77, leg. E. Alvarez. En la bibliografía aparece citada en Cataluña (Codina y Font Quer, 1930; Maire, Codina y Font Quer 1933; Heim, Font Quer y Codina, 1935; Maire, 1937; Singer, 1947) en el Pais Vasco (Ruiz de Gaona y Oñaiticia, 1954; Cat. Micol. Pais Vasco, 1973) en Galicia (Losa Quintana, 1974) en Guadalajara (Carballal, 1974).

<u>Clavaria botrytis</u> Pers. ex Fr., Syst. Mycol. 1: 466 (1821)

Cuerpo fructífero de 6-12 cm de altura, formado por una base muy ancha y corta de color blanco. Esta base se divide en ramas que a su vez se vuelven a dividir, siendo estas muy cortas de color rosa y con el ápice rosa vino, quedando además apretadas unas con otras.

El sistema de hifas es monomítico, formado por hifas generativas fibuladas. Los basidios son claviformes y llevan de 2-4 esterigmas. Las esporas son de oblongo elipsoidales a fusiformes, deprimidas cerca del ápice, de color amarillento y ligeramente verrugosas, miden de 13-15 x 4,5-5 μm.

Habitat. - La hemos recolectado siempre en suelos de hayedo, pareciendo ser este su habitat más característico.

Corología. - ALAVA: Altube, 23-9-76, leg. E. Perez del Moral. MADRID: Montejo de la Sierra, 29-10-77, leg. G. Moreno. En la bibliografía aparece citada en Cataluña (Maublanc, 1936; Maire, 1937; Heim, Font Quer y Codina, 1935), en el Pais Vasco (Ruiz de Gaona y Oñaiticia, 1954; Cat. Micol. Pais Vasco, 1973) y en Madrid (Lázaro e Ibiza, 1912)

<u>Clavaria flava</u> Tournef. ex Fr., Syst. Mycol. 1: 467 (1821)

El carpóforo tiene hasta 10 cm de altura, está formado por una base ancha y corta de color blanco, que se ramifica varias veces quedando al final unas ramas cilíndricas, delgadas y apretadas unas con otras, de color amarillo limón o amarillo azufre. Su carne enrojece ligeramente al corte.

El sistema de hifas es monomítico, formado por hifas generativas fibuladas. Las esporas son oblongo elipsoidales, miden de 11-13 x 4-5 μm, presentan abundantes gotas lipídicas en su interior y sus paredes son verrugosas y amarillentas.

Habitat. - El material por nosotros estudiado ha sido recolectado en suelos de hayedo.

Corología. - ALAVA: Altube, 23-9-76, leg. E. Perez del Moral. NAVARRA: San Miguel de Aralar, 10-10-77, leg. M. T. Tellería. En la bibliografía aparece citada en Cataluña (Cuatrecasas, 1929; Codina y Font Quer, 1930; Heim, Font Quer y Codina, 1935; Maublanc, 1936; Maire, 1937; Singer, 1947) en el Pais Vasco (Lacoizqueta, 1885; Ruiz de Gaona y Oñaiticia, 1954) y en la zona Centro (Calonge, 1970 a; Calonge y Zugaza, 1973; Carballal, 1974).

<u>Clavaria formosa</u> Pers. ex Fr., Syst. Mycol. 1: 466 (1821)

Cuerpo fructífero de hasta 25 cm de altura. Presenta la base de color blanco, las ramas de color rosa salmón y los ápices de las mismas amarillentos.

El sistema de hifas es monomítico. Las esporas son de oblongo elipsoidales a cilíndricas de 8-12 x 4-6 μm sus paredes son lisas o muy ligeramente verrugosas.

Habitat. - La hemos recolectado en el suelo de un melojar de Quercus pyrenaica.

Corología. - GUADALAJARA: Majalrayo, 19-6-77, leg. F.D. Calonge
Esta especie está abundantemente citada en la bibliografía.

Clavaria fusiformis Sow. ex Fr., Hym. Europ. pag. 674 (1874)

Cuerpo fructífero simple, de claviforme a fusiforme. Los carpóforos que crecen en fascículos unidos por la base, miden de 4-10 cm de altura y presentan un intenso color amarillo.

El sistema de hifas es monomítico. formado por hifas generativas fibuladas. Los basidios llevan 4 esterigmas. Las esporas son globosas, lisas y con una ápicula muy marcada, miden de 5-8 μm de diámetro.

Habitat. - El material por nosotros estudiado crecia en el suelo de un encinar.

Corología. - VIZCAYA· Galdacano, 16-11-73, leg. Peña Sta. Cruz. En la bibliografía aparece citada en Cataluña (Codina y Font Quer, 1930; Heim, Font Quer y Codina, 1935) en el Pais Vasco (Lacoizqueta, 1885; Ruiz de Gaona y Oñaiticia, 1954; Cat. Micol. Pais Vasco, 1973) y en Galicia (Sobrado Maestro, 1909).

Clavaria rugosa Bull. ex Fr., Syst. Mycol. 1: 473 (1821)

Cuerpo fructífero simple o ligeramente ramificado, de color blanco y con la superficie rugosa; mide hasta 12 cm de altura, siendo el tamaño más corriente de 5-6 cm.

El sistema de hifas es monomítico, formado por hifas generativas fibuladas. Los basidios llevan generalmente dos esterigmas. Las esporas son hialinas, lisas, subglobosas con una apícula muy marcada y miden de 9-12 x 7-9 μm.

Habitat. - La hemos recolectado en el suelo de un pinar de Pinus pinea y en un encinar bajo Cistus ladanifer.

Corología. - CACERES: Alia, 19-2-77, leg. C. Navarro y M. T. Tellería; Guadalupe, 19-2-77, leg. C. Navarro y M. T. Tellería; Carretera del Pto. de Miravete a Deleitosa, 20-2-77, leg. C. Navarro y M. T. Tellería. MADRID: Cadarso de los Vidrios, 5-12-76, leg. F. D. Calonge. En la bibliografía aparece citada en Cataluña (Codina y Font Quer, 1930; Maire, Codina y Font Quer, 1933; Heim, Font Quer y Codina, 1935; Maublanc, 1936; Maire, 1937; Malençon y Bertault, 1971) en el Pais Vasco (Cat. Micol. Pais Vasco, 1973) en Madrid (Calonge y Zugaza, 1973) y en Galicia (García Rollán, 1971)

Género CLAVARIADELPHUS Donk, Meded. Bot. Mus. Univ. Utrech 9: 73 (1933)

Generotipo: Clavaria truncata Quél., Ench. Fung. pag. 221 (1886)

Cuerpo fructífero simple, creciendo aisladamente o en grupos, claviforme o a veces también ligulados, con el ápice agudo, obtuso, o en algunas ocasiones tuncado, de color variable, amarillo, ocre, marrón, rosa naranja e incluso lila. La superficie es lisa o rugosa. El himenóforo recubre todo el carpóforo a excepción de la base y el ápice en las especies truncadas. El contexto es esponjoso y blanquecino que pasa a verde en contacto con una solución de sulfato férrico al 10%. El sistema de hifas es monomítico, las hifas generativas son siempre fibuladas. Cistidios nulos. Los basidios son claviformes, largos y con 4 esterigmas. Las esporas son de anchamente elipsoidales a oblongo elipsoidales, hialinas, lisas y con gotas lipídicas en su interior.

Clave de especies

1. Carpóforo claviforme con el ápice redondo. Carne con sabor amargo. Especie no viviendo generalmente bajo coníferas... Cl. pistillaris
1: Carpóforo claviforme, con el ápice truncado. Carne con sabor dulce. Siempre en bosque de coníferas.................... Cl. truncata

Clavariadelphus pistillaris (Fr.) Donk, Meded. Bot. Mus. Univ. Utrecht 9: 73 (1933)

Sinónimo: Clavaria pistillaris L. ex Fr., Syst. Mycol. 1: 477 (1821)

Cuerpo fructífero claviforme con el ápice redondo, mide de 6-15 x 1-3 cm. Al principio el carpóforo es de color crema amarillento con el ápice amarillo, después amarillo marrón; su superficie inicialmente es lisa, después rugosa. El contexto de sabor amargo es blanco, esponjoso en material fresco y fibroso al secar, con una sol. de sulfato férrico al 10% se torna verde.

El sistema de hifas es monomítico, las hifas son fibuladas; los basidios son claviformes, miden de 75-100 x 7,5-13 μm. Las esporas son oblongo elipsoidales, miden de 9-13 x 4,5-6,5 μm, y sus paredes son hialinas y lisas.

Habitat. - La hemos recolectado en el suelo de hayedos y encinares.

Corología. - MADRID: La Cabrera, 5-11-77, leg. J.M. Barrasa. VIZCAYA: Galdacano, 15-11-73, leg. Peña Sta. Cruz. En la bibliografía está citada en Cataluña (Aranzadi, 1905; 1908; Cuatrecasas, 1929; Codina y Font Quer, 1930; Maire, Codina y Font Quer, 1933; Heim, Font Quer y Codina, 1935; Singer, 1947) en Madrid (Calonge y Zugaza, 1973) en el Pais Vasco (Ruiz de Gaona y Oñaiticia, 1954; Cat. Micol. Pais Vasco, 1973).

Clavariadelphus truncatus (Quél.) Donk, Meded. Bot. Mus. Univ. Utrecht 9: 73 (1933)

Sinónimos: Clavaria truncata Quél., Ench. Fung. pag. 221 (1886); Craterellus pistilaris Fr., Epicr. pag. 534 (1838).

Cuerpo fructífero claviforme, con el ápice truncado o deprimido, mide de 9-15 x 3-6 cm. Su color es de rosado marrón a violeta y el ápice es amarillo oro en material fresco, al secar se oscurece pasando a naranja marrón. La superficie es lisa o ligeramente rugosa. El contexto, de blanco a crema, esponjoso cuando el material está fresco y fibroso al secar, con el sulfato férrico al 10% toma coloración verde.

El sistema de hifas es monomítico, formado por hifas generativas fibuladas. Los basidios son claviformes, largos de 80-100 x 10-12 μm. Las esporas son anchamente elipsoidales de paredes lisas, miden de 9-13 x 5-6,5 μm.

Habitat. - Crece en el suelo de bosques de coníferas, nosotros la hemos recolectado en pinares de Pinus sylvestris.

Corología. - MADRID: Cercedilla, 20-10-74, leg. J. Rodriguez; Guadarrama, 29-10-76, leg. F.D. Calonge. SEGOVIA: Rio Moros, 23-10-77, leg. M.T. Tellería. En la bibliografía aparece citada en Cataluña (Heim, Font Quer y Codina, 1935; Maire, 1937) en el Pais Vasco (Cat. Micol. Pais Vasco, 1973) y en la zona Centro (Calonge, 1970 a; Calonge y Zugaza, 1973)

Familia CONIOPHORACEAE Ulbr.

Krypt. Fl. Anfänger I (3 Aufl.): 120 (1928)

Cuerpo fructífero resupinado, efuso-reflejo, en ocasiones pileado, sesil o estipitado, delgado o grueso. El himenóforo de color blanco o coloreado, puede ser liso, tuberculado, dentado o irregularmente plegado lo que le suele dar un aspecto alveolar o poroso. El sistema de hifas es monomítico. Cistidios o gloeocistidios raros. Los basidios claviformes o utriformes llevan de 2-4 esterigmas. Las esporas son de forma variable, ovoide, elipsoidales, fusiformes, amigdaliformes, etc., tienen la pared muy gruesa, según Donk (1964) posiblemente doble, son coloreadas (marrón, amarillo-oliva, etc.) y la pared interna fuertemente cianófila.

Observaciones. - Esta familia cuyo caracter más importante está precisamente en sus esporas de paredes gruesas, fuertemente cianófilas y coloreadas, está integrada por seis géneros: Coniophora, Coniophorella, Jaapia, Suillosporium, Serpula y Podoserpula; Donk (1964) incluye dentro de esta familia el género Leucogyrophana, nosotros siguiendo a Parmasto (1968) lo incluimos dentro de la familia Corticiaceae, para Talbot (1973) la situación de este género está dudosa entre ambas familias.

De estos seis géneros, nosotros solo hemos tenido ocasión de estudiar uno.

Género CONIOPHORA DC. ex Merat, Nouvell Fl. des Environs de Paris I: 172 (1831)

Generotipo: Coniophora membranacea DC. ex Merat, Nouvell Fl. des Environs de Paris I: 172 (1831)

Cuerpo fructífero resupinado, membranáceo, la superficie del himenóforo es lisa u ondulada. El sistema de hifas es monomítico, las hifas tienen las paredes delgadas, hialinas o amarillentas. No presenta ni cistidios ni gloeocistidios. Los basidios son claviformes y las esporas de paredes gruesas, lisas y de color amarillento o amarillento verdoso.

Clave de especies

1. Cuerpo fructífero delgado, de color amarillo azufre a gamuza. Esporas de ovales a elipsoidales de 10-14 x 6,5-9 μm .... C. arida
1'. Cuerpo fructífero grueso y carnoso, de color que varía del crema al ocre oliva o marrón. Las esporas son ovales 10-15 x 6-7 μm ....
....C. puteana

Coniophora arida (Fr.) Karst., Not. F. Fl. Fenn. 9: 360 (1868)

Sinónimo: Thelephora arida Fr., Elench. Fung. I: 197 (1828)

Cuerpo fructífero resupinado, fuertemente unido al sustrato, su himenóforo es liso, de color amarillo azufre al principio, después toma color gamuza u oliva marrón; el borde es bisoide, blanquecino y bastante ancho. El sistema de hifas es monomítico, las hifas de paredes delgadas y amarillentas. Los basidios son claviformes con 4 esterigmas. Las esporas son ovales o anchamente elipsoidales, de paredes gruesas y de color ocre a ocre oliva, miden 10-14 x 6,5-9 μm.

Habitat. - Crece sobre madera muerta de coníferas, nosotros la hemos recolectado sobre Pinus sylvestris.

Corología. - MADRID: Pto. de Canencia, 10-10-76, leg. C. Ladó. SEGOVIA: El Espinar, 6-6-76, leg. M. T. Tellería. En la bibliografía aparece citado en Lugo (Benito Martínez y Guinea, 1931)

Coniophora puteana (Schum. ex Fr.) Karst., Not. F. Fl. Fenn. 9: 360 (1868)

Sinónimo : Thelephora puteana Schum. ex Fr., Syst. Mycol. 1: 448 (1821)

Cuerpo fructífero resupinado, bastante grueso y carnoso, al principio crece en paredes redondos que luego van confluyendo unos con otros. La superficie del himenóforo, ligeramente ondulada es pruinosa y de color variable ya que va desde el crema al ocre oliva u oliva marrón, el margen es ancho, fimbriado, de color blanco y presenta rizomorfos. El himenóforo al secar se resquebraja.

El sistema de hifas es monomítico, las hifas de paredes delgadas, tienen una anchura de 2-6 μm de diámetro. Los basidios son claviformes o utriformes y llevan 4 esterigmas. Las esporas son ovales, tienen las paredes gruesas y lisas, son de color ocre-oliva o marrón oscuro y miden 10-15 x 6-7 μm.

Habitat. - La hemos recolectado sobre Pinus sylvestris

Corología. - TERUEL: Gudar, 7-4-76, leg. M. T. Tellería. En la bibliografía aparece citada en Cataluña (Maire et al. 1933; Maublanc, 1936)

Familia CORTICIACEAE Herter

Kryp. -Fl. Brandenb. 6: 70 (1910)

Cuerpo fructífero generalmente resupinado, himenóforo liso, meruloide o tubular (los bordes de los tubos presentan también himenio), granuloso o dentado. El sistema de hifas es monomítico, raramente dimítico, las hifas pueden ser fibuladas o carentes de fíbulas. Puede presentar cistidios en el himenio y en la trama, así como varios tipos de hifidios, setas siempre ausentes. Los basidios generalmente claviformes, pueden ser también urniformes, utriformes o cilíndricos. El número de esterigmas varía de 2-4-6-8 . Las esporas de contornos lisos, son de paredes delgadas o gruesas, lisas u ornamentadas, amiloides o no, pueden también ser dextrinoides y cianófilas.

Son especies generalmente saprófitas, aunque hay algunas parásitas.

Observaciones. - Un excelente trabajo sobre la sistemática de esta familia, ha sido realizado por Parmasto (1968) en el que la divide en 11 subfamilias distintas. Nosotros hemos preferido no obstante, ordenar el catálogo alfabeticamente, para darle, de este modo, un caracter más práctico.

Clave de géneros

1. Especies con esporas amiloides................................ 2
1´ Especies con esporas no amiloides........................... 13
2. Hifas de paredes anchas, hialinas, que toman una coloración marrón rojiza en Melzer............................. Scytinostroma
2´ Hifas sin estas características 3
3. Especies con liocistidios de base bifurcada y cuyas paredes se disuelven con una solución de KOH al 10%............... Tubulicrinis
3´ Especies sin estos caracteres................................. 4
4. Especies con gloeocistidios y/o acantofisos, dendrohifas e hifas parafisoides.. 5
4´ Especies que no presentan los elementos anteriores............. 9
5. Especies con gloeocistidios...................................... 6

5´. Especies sin gloeocistidios.................................... 8

6. Cuerpo fructífero heterogéneo, formado por dos capas: una basal constituida por hifas generativas de paredes marrones y otra sub himenial, en la que las hifas generativas tienen las paredes hialinas... Laxitextum

6´. Cuerpo fructífero homogéneo, no formado por dos capas. Tanto las hifas basales como las subhimeniales, tienen las paredes hialinas .. 7

7. Himenio con acantofisos, dendrohifas, hifas parafisoides y/o leptocistidios con el ápice moniliforme................... Aleurodiscus

7´. Himenio sin acantofisos, dendrohifas y leptocistidios con el ápice moniliforme .... Gloeocystidiellum

8. Especies sin dendrohifidios pero presentando hifas parafisoides o leptocistidios con el ápice moniliforme. Especies siempre viviendo sobre madera muerta................................ Aleurodiscus

8´. Especies con dendrohifidios, pero sin hifas parafisoides y sin leptocistidios con el ápice moniliforme. Especies que viven siempre sobre árboles vivos.................................. Dendrothele

9. Cuerpo fructífero flabelado, sentado o subestipitado, el himenóforo es plisado y de color verde grisáceo .... Plicatura crispa

9´. Especies sin las características anteriores...................... 10

10. Hifas subhimeniales presentando abundantes hinchazones, las basales, aunque también los presentan, pero en menor cantidad. Esporas oblongo elipsoidales en forma de habichuela.................
.... Melzericium udicolum

10´. Especies sin las características anteriores...................... 11

11. Esporas de estrechamente elipsoidales a alantoides y de paredes delgadas... 12

11´. Esporas elipsoidales, de paredes gruesas; con el Melzer las esporas no toman color azul sino grisaceo, y en algunos casos marrón...
.... Leucogyrophana

12. Especies con esporas alantoides, de hasta 22 x 7 µm..... Vuilleminia

12´. Especies con esporas de estrechamente elipsoidales a alantoides, no sobrepasando las 2,5 µm de anchura............. Amylocorticium

13. Especies con los cistidios largos, generalmente de más de 60 µm de longitud, que presentan la base bi o multirradicada........... 14

13´. Especies cuyos cistidios no presentan las características anteriores todas juntas 16

14. Cistidios cuyas paredes se disuelven con una solución de KOH al 10%... Tubulicrinis

14´. Cistidios cuyas paredes no se disuelven con una solución de KOH al 10% 15

15.	Esporas fusiformes o sigmoideas....................	Subulicistidium
15'.	Esporas globosas de 6-7 μm, de diámetro	Xenasma abietis
16.	Hifas de paredes anchas, que toman una coloración marrón rojiza con el Melzer...................................	Scytinostroma
16'.	Especies sin estas características...........................	17
17.	Especie de consistencia cerea a gelatinosa, con grandes basidios claviformes de hasta 80 μm de longitud. Viviendo siempre sobre el leño, debajo de la corteza que por la presencia del hongo se levanta.....................................	Vuilleminia comedens
17'.	Especies sin estas características todas juntas................	18
18.	Especies con dendrohifas	19
18'.	Especies sin dendrohifas.....................................	23
19.	Dendrohifas de color amarillo marrón (en KOH al 10%) que toman una coloración azul violeta con la sulfovainillina............	Cytidia
19'.	Dendrohifas sin estas características	20
20.	Especies con gloeocistidios y/o lamprocistidios (es decir cistidios de paredes gruesas y fuertemente incrustadas)	Peniophora
20'.	Especies sin estas características...........................	21
21.	Cuerpo fructífero de un intenso color azul, basidios claviformes, a veces con pequeños apendices laterales que recuerdan a las dendrohifas.......................................	Pulcherricium
21'.	Especies sin estas características...........................	22
22.	Basidios claviformes de 20-50 μm de longitud. Especies viviendo siempre sobre madera de arboles vivos	Dendrothele
22'.	Basidios tubulares de 30-100 μm de longitud. Especies viviendo siempre sobre madera muerta.....................	Laeticorticium
23.	Cuerpo fructífero por lo general fuertemente adnado, cereo o gelatinoso, cuando se seca duro y quebradizo, generalmente forman do una película semejante al barniz. Los basidios se situan forman do una densa empalizada	24
23'.	Cuerpo fructífero por lo general, pelicular, membranaceo, coriaceo o costroso, generalmente al secar no forma una película semejante al barniz. Los basidios no se situan formando una densa empalizada...	31
24.	Cuerpo fructífero con el contexto claramente estratificado.......	25
24'.	Cuerpo fructífero con el contexto no estratificado..............	28
25.	Himenóforo liso u ondulado.................................	26
25'.	Himenóforo reticular o tubular..............................	27
26.	Cuerpo fructífero cupuliforme, recubierto externamente de un fiel	

tro blanco, el himenóforo de color marrón claro.... Auriculariopsis

26'. Cuerpo fructífero resupinado o efuso-reflejo. El himenóforo es de
  color rojo violeta..................... Chondrostereum purpureum

27. Himenóforo reticular, formado por alveolos grandes e irregulares...
  .... Merulius

27'. Himenóforo tubular, con poros bien desarrollados redondos y pequeños, de 4-6 por mm .... Gloeoporus

28. Cuerpo fructífero formado por un subículo delgado sobre el que se asienta el himenóforo formado por agujas de 1-3 mm de longitud y de color amarillo................................ Mycoacia

28'. Especies sin estos caracteres 29

29. Especies con esporas alantoides y basidios largos, de hasta 40 μm de longitud y 4 μm de anchura.................. Dacryobolus

29'. Esporas elipsoidales, ovales o subcilíndricas y basidios sin las características anteriores................................... 30

30. Especies con cistidios cuyos ápices van recubiertos de una sustancia resinosa o llevan unos cristales que dan al ápice la apariencia de una estrella................................. Resinicium

30'. Especies con o sin cistidios, cuando llevan cistidios, estos nunca van recubiertos de una sustancia resinosa o cristales en forma de estrella... Phlebia

31. Basidios urniformes, utriformes, cilíndricos cortos o tubulares...
  32

31'. Basidios claviformes, si utriformes o urniformes, nunca llevan más de 4 esterigmas 38

32. Especies con pleurobasidios cilíndricos cortos, con 2-7 esterigmas.. Xenasma

32'. Especies sin pleurobasidios 33

33. Hifas basales más anchas y generalmente de paredes más gruesas que las subhimeniales. Basidios cilíndricos cortos, a veces ligeramente utriformes con (2)-4-8- esterigmas.................. 34

33'. Hifas basales del mismo diámetro que las subhimeniales y de paredes del mismo grosor, basidios urniformes, utriformes o cilíndricos con 4-6 esterigmas....................................... 36

34. Esporas globosas, con la apícula bien marcada, de paredes cianófilas y ornamentadas.......................... Botryohypochnus

34'. Esporas sin todas estas características juntas................. 35

35. Basidios con 2-4 esterigmas. Esporas formando esporas secundarias... Uthatobasidium

35'. Basidios con 4-8 esterigmas. Esporas no formando esporas secun darias..Botryobasidium

36. Especies cuyas hifas generativas llevan hinchazones característicos cerca de algunos septos. Basidios urniformes o cilíndricos. 37

36: Especies cuyas hifas generativas carecen de hinchazones. Basidios tubulares con 6 esterigmas................. Sistotremastrum

37. Basidios urniformes con 6-8 esterigmas. Esporas de paredes lisas ....Sistotrema

37: Basidios urniformes o cilíndricos con 4 esterigmas. Esporas de
paredes lisas u ornamentadas...................... Trechispora

38. Pleurobasidios presentes..................................... 39

38: Pleurobasidios ausentes...................................... 40

39. Cistidios de paredes delgadas, con incrustaciones de una sustancia resinosa de color amarillo marrón en el ápice...... Coronicium

39: Especies con o sin cistidios, cuando presentan cistidios estos no
llevan en el ápice incrustaciones de una sustancia resinosa de co
lor amarillo marrón. Hifas con paredes gelatinosas ...... Xenasma

40. Especies con cistidios o cistidiolos........................... 41

40: Especies sin cistidios ni cistidiolos 51

41. Esporas con paredes gruesas, lisas u ornamentadas........... 42

41: Esporas con paredes delgadas y lisas........................ 44

42. Especies con cistidios metuloides y estado esclerotico presente
(Aegerita) ....Bulbillomyces

42: Especies sin estado de esclerocio , con cistidios presentes, pe
ro estos no son metudoides 43

43. Pared de las esporas no dando reacción positiva al Melzer........
.... Hypochnicium

43: Pared de las esporas que da reacción positiva al Melzer, toman
do una coloración amarillo marrón o gris violeta... Leucogyrophana

44. Basidios cortos, generalmente de hasta 35 µm de longitud...... 45

44: Basidios largos, generalmente de más de 35 µm de longitud..... 49

45. Hifas basales más anchas y de paredes generalmente más gruesas
que las subhimeniales. Carpóforo con un subículo facilmente diferenciable...................................... Phanerochaete

45: Hifas basales sin las características anteriores. Carpóforo sin
subículo facilmente diferenciable............................. 46

46. Esporas amigdaliformes o ligeramente fusiformes. Cistidios de
paredes delgadas con incrustaciones de una sustancia resinosa
marrón, que también se encuentra distribuida por la trama........
.... Coronicium gemmiferum

46. Especies que no presentan las características anteriores todas juntas. Esporas alantoides, elipsoidales o globosas 47

47. Cistidios de paredes delgadas, septadas y fibuladas. Hifas de color amarillo claro. Carpóforo suavemente unido al sustrato y presentando rizomorfos amarillos........................Amphinema

47Ꞌ Cistidios generalmente sin septos ni fíbulas, si presenta cistidios fibulados y septados, estos tienen las paredes gruesas. Carpóforo adnado y sin rizomorfos amarillos......................... 48

48. Esporas pequeñas de hasta 7 μm de longitud...........Hyphodontia

48Ꞌ Esporas grandes de más de 7 μm de longitud.......... Hyphoderma

49. Cuerpo fructífero coloreado, rojo, rosa rojizo, naranja, gris violeta, gris rojizo o marrón. Especies con gloeocistidios y/o cistidios metuloides................................... Peniophora

49Ꞌ Cuerpo fructífero blanco o crema amarillento 50

50. Hifas generativas con gran cantidad de gotas lipídicas en su interior. Esporas de anchamente elipsoidales a piriformes que miden de 10-11,5 x 4,5-5,5 μm............Cylindrobasidium evolvens

50Ꞌ Hifas generativas sin gotas lipídicas en su protoplasma. Esporas elipsoidales, subglobosas o alantoides, no reuniendo las características anteriores................................ Hyphoderma

51. Esporas de paredes gruesas, lisas u ornamentadas............ 52

51Ꞌ Esporas de paredes delgadas y lisas........................ 54

52. Esporas de paredes lisas y dextrinoides...Leucogyrophana mollusca

52Ꞌ Esporas de paredes lisas u ornamentadas pero no dextrinoides... 53

53. Esporas globosas o subglobosas, de 3-5 μm de diámetro, siempre de paredes lisas............................... Byssocorticium

53Ꞌ Esporas subglobosas, de 6-7,5 μm de diámetro, con las paredes ornamentadas........................... Hypochnicium vellereum

54. Hifas parafisoides muy abundantes en el himenio ....Globulicium

54Ꞌ Sin hifas parafisoides en el himenio........................ 55

55. Especies que presentan una diferencia neta entre las hifas basales y las subhimeniales, en el diámetro y/o en el grosor de las mismas 56

55Ꞌ Especies que no presentan estas características 58

56. Especie siempre viviendo sobre madera quemada, hifas basales abundantemente fibuladas y ramificadas en angulo recto, esporas anchamente elipsoidales de 6,5-9 x 4-6 μm...................
.... Hyphoderma antracophyllum

56Ꞌ Especies sin todas las características anteriores a la vez....... 57

57. Himenóforo al principio liso, después meruloide, hifas de la trama generalmente cubiertas de cristales y ramificadas en angulo recto. Esporas cilíndricas........................ Byssomerulius

57.' Himenóforo tuberculado, hifas no cubiertas de cristales ni ramificadas en angulo recto. Esporas elipsoidales....................
.... Phanerochaete tuberculata
(especie no incluida en este trabajo)

58. Basidios de más de 35 μm de longitud........................ 59

58.' Basidios de hasta 30 μm de longitud 61

59. Especies con el himenóforo odontoide, hifas del ápice de las agujas con incrustaciones; hifas generativas siempre sin fíbulas ......
.... Hyphodermella

59.' Especies con el himenóforo liso, odontoide o irpicoide, las hifas del ápice de las agujas (cuando presentes) sin incrustaciones; hifas generativas con fíbulas..................................... 60

60. Basidios provistos de un largo pedúnculo............ Radulomyces

60.' Basidios no provistos de un largo pedúnculo .... Hyphoderma

61. Cuerpo fructífero pelicular, facilmente separable del substrato. Himenóforo liso o ligeramente ondulado. Hifas basales suavemente entretejidas... Athelia

61.' Cuerpo fructífero adnado, himenóforo liso, tuberculado u odontoide. Hifas basales no suavemente entretejidas........ Hyphodontia

Género ALEURODISCUS Rabenh. ex Schroet. in Cohn, Krypt.-Fl. Schles. 3 (1): 429 (1888)

Generotipo: Thelephora amorpha Fr., Elench. Fung. 1: 183 (1828) = Aleurodiscus amorphus (Fr.) Schroet., Krypt. - Fl. Schles. 3(1): 429 (1888)

Sinónimos: Acantophysellum Parm., Eesti NSV Tead. Akad. Toimet. Biol. 16(4): 377 (1967); Acantophysium (Pilát) Cunn., Bull. New. Zeal. Dep. Sci. Ind. Res. 145: 150 (1963)

Cuerpo fructífero resupinado de hasta 3 mm de grosor, el himenóforo es liso, de color que varía del blanco al marrón e incluso en algunos casos amarillo o rosa. El sistema de hifas es monomítico, las hifas son fibuladas o afibuladas y de paredes delgadas o gruesas. Presenta el himenio gran cantidad de elementos estériles, acantofisos, gloeocistidios, dendrohifas, hifas parafisoides, etc. Los basidios tienen 4 esterigmas. Las esporas de elipsoidales a subglobosas tienen las paredes lisas u ornamentadas y son fuertemente amiloides.

Observaciones. - La característica de este género radica en los elementos estériles que presentan en su himenio y en las esporas, de tamaño grande (al menos en proporción con las restantes de la familia Corticiaceae), ya que llegan a medir hasta 32 µm y son fuertemente amiloides. Géneros próximos a este son el Gloeocystidiellum que se diferencia porque no lleva ni acantofisos ni dendrohifas en su himenio y el Globulicium que no tiene las esporas amiloides.

Clave de especies

1. Esporas oblongo elipsoidales, de paredes lisas que miden 10-11 x 5-6 µm .... A. cerussatus
1'. Esporas subglobosas, de paredes verrugosas, que miden 16,5-18 x 12-13,8 µm .... A. disciformis

Aleurodiscus cerussatus (Bres.) v. Höhn. et Litsch., Stizber. Akad. Wiss. Wien, Math.-Nat. Kl. 116: 807 (1907)

Sinónimo: Corticium cerussatum Bres., Fung. Trid. II: 37 (1892)

Cuerpo fructífero resupinado, delgado, de hasta 0,3 mm de grosor, el himenóforo es liso, de color blanco grisáceo y se resquebraja al secar. El sistema de hifas es monomítico, las hifas son dificilmente diferenciables, debido a que se encuentran fuertemente entretejidas. Lleva gloeocistidios abundantes, de forma variable y con el ápice moniliforme en muchas ocasiones, dan positiva la reacción de la sulfovainillina. En la zona himenial lleva gran cantidad de acantofisos que son fuertemente dextrinoides. Los basidios son de claviformes a utriformes y llevan 4 esterigmas. Las esporas anchamente elipsoidales, son lisas y amiloides, miden de 10 -11 x 5-6 μm.

Habitat. - El material por nosotros estudiado, crecía sobre madera de Erica sp. Según Bourdot y Galzin (1928), vive sobre madera muerta de arbustos (tomillo, jara, retama, brezo, etc.) abandonada en sitios secos y soleados.

Corología. - HUELVA: Coto de Doñana, 7-11-76, leg. F. D. Calonge y M. T. Tellería. En la bibliografía aparece citado en la provincia de Málaga (Malençon y Bertault, 1976).

Observaciones. - Existe otra especie el A. lapponicus, muy semejante a esta, que para autores como Eriksson y Ryvarden (1973), no es otra cosa que un ecótipo subalpino boreal del A. cerussatus.

Aleurodiscus disciformis (Fr.) Pat., Bull. Soc.Mycol.Fr. 10: 80 (1894)
Sinónimo: Thelephora disciformis Fr., Syst. Mycol. 1: 443 (1821)

Cuerpo fructífero resupinado, al principio crece en parches redondos que despues confluyen unos con otros formando placas. El himenóforo es liso, de color blanco grisáceo y se resquebraja al secar. El borde es determinado.

El sistema de hifas es monomítico, las hifas basales presentan paredes gruesas, hecho este que a Parmasto (1968) le indujo pensar en un sistema de hifas dimítico. Dispersos por la trama aparecen gran cantidad de cristales. Los gloeocistidios son tubulares, algunos presentan el ápice moniliforme, y miden alrededor de 70 μm de longitud. Las esporas son subglobosas, con una apicula muy marcada, y presentan sus paredes verrugosas y amiloides, miden de 16,8-18,8 × 12-13,8 μm. (Figura 74)

Habitat. - Vive sobre troncos de encinas (Quercus ilex y Quercus rotundifolia) vivas, orientado al sur y a una altura de 2 a 3 m del suelo.

Corología. - AVILA: Cillán, Collado del Mirón y Becedillas, 6-3-77, leg. A. Camina, C. Navarro y M. T. Tellería. CACERES: Carretera del Pto. de San Vicente a Alia, 19-2-77, leg. C. Navarro y M. T. Tellería. MADRID: El Pardo, 11-11-77, leg. M. García Rollán. TOLEDO· El Alamin, 22-2-76, leg. M. T. Tellería. VIZCAYA: Mañaria, 5-7-78, leg. C. Navarro y M. T. Tellería. Citado en Cataluña (Maire, 1937)

Género AMPHINEMA Karst., Bidr. Känn. Finl. Nat. Folk 51: 228 (1892)
Generotipo: Diplonema sordescens Karst., Bidr. Känn. Finl. Nat. Folk 48: 430 (1889)
Sinónimo: Diplonema Karst., Bidr. Känn. Finl. Nat. Folk 48: 430 (1889)

Cuerpo fructífero resupinado, de color amarillo y de consistencia floja, presentando rizomorfos en el margen. El sistema de hifas es monomítico, las hifas son fibuladas y ramificadas, presentan sus paredes de color amarillento. Cistidios presentes, de paredes delgadas, con septos y fíbulas. Los basidios son de suburniformes a claviformes, con 4 esterigmas y fíbula basal. Las esporas son elipsoidales y cianófilas.

Amphinema byssoides (Pers. ex Fr.) Erikss., Symb. Bot. Upsal. 16(1): 112 (1958)
Sinónimos: Thelephora byssoides Pers. ex Fr., Syst. Mycol. 1: 452 (1821); Coniophorella byssoides (Pers. ex Fr.) Bres., Ann. Mycol. 1: 111 (1903); Diplonema sordecens Karst., Bidr. Känn. Finl. Nat. Folk 48: 430 (1889); Amphinema sordecens (Karst.) Karst., Bidr. Känn. Finl. Nat. Folk 51: 228 (1892).

Cuerpo fructífero resupinado, de color amarillo verdoso, es muy delgado, de aprox. 0,2 mm de grosor, su superficie observada a la lupa, tiene aspecto tomentoso, con multitud de surcos y pequeños agujeros que recuerdan a cráteres, el borde presenta largos rizomorfos amarillos.

El sistema de hifas es monomítico, las hifas generativas son de color amarillo pálido, fibuladas y abundantemente ramificadas, tienen las paredes delgadas. Los cistidios septados y fibulados son cilíndricos, delgados y largos de 75-110 x 4-6 μm, con las paredes delgadas e incrustadas con finos cristales en su parte superior. Los basidios de suburniformes a claviformes, llevan 4 esterigmas y miden de 22-25 x 4,5-5 μm. Las esporas son anchamente elipsoidales, de paredes lisas, no amiloides y fuertemente cianófilas, miden 3,6-4,8 x 2-3 μm.

Habitat. - La hemos recolectado sobre madera muerta, a veces incluso quemada, de coníferas: Pinus sylvestris y Pinus insignis sobre todo; así como sobre acículas y conos de pino caídos en el suelo.

Corología. - NAVARRA: San Miguel de Aralar, 10-10-77, leg. M. T. Tellería. SEGOVIA: El Espinar, 6-6-76, leg. M. T. Tellería. VIZCAYA: Axpe, 13-3-76, leg. G. López, C. Navarro y M. T. Tellería; Laga.-Ibarranguelua, 14-3-75, leg. C. Navarro y M. T. Tellería. En la bibliografía aparece citada en Málaga (Malençon y Bertault, 1976), Tenerife (Ryvarden, 1974), y en Vizcaya y Madrid (de la Torre et al., 1976)

Observaciones. - Esta especie es muy próxima a la A. tomentellum (Bres.) Christ., que según Eriksson y Ryvarden (1973) podría ser una forma de la A. byssoides.

Género AMYLOCORTICIUM Pouz., Česká Mykol. 13: 11 (1959)
Generotipo: Corticium subsulphureum Karst., Medd. Soc. F. Fl. Fenn. 6: 12 (1881) ≡ Amylocorticium subsulphureum (Karst.) Pouz., Česká Mykol. 13: 11 (1959)

Cuerpo fructífero resupinado, ateloide, de color blanco o amarillo. El sistema de hifas es monomítico, las hifas generativas son fibuladas y abundantemente ramificadas, saliendo la ramificación siempre desde la fíbula. Los basidios claviformes con 4 esterigmas. Cistidios presentes o ausentes. Las esporas de estrechamente elipsoidales a alantoides, tienen la pared hialina, lisa y fuertemente amiloide.

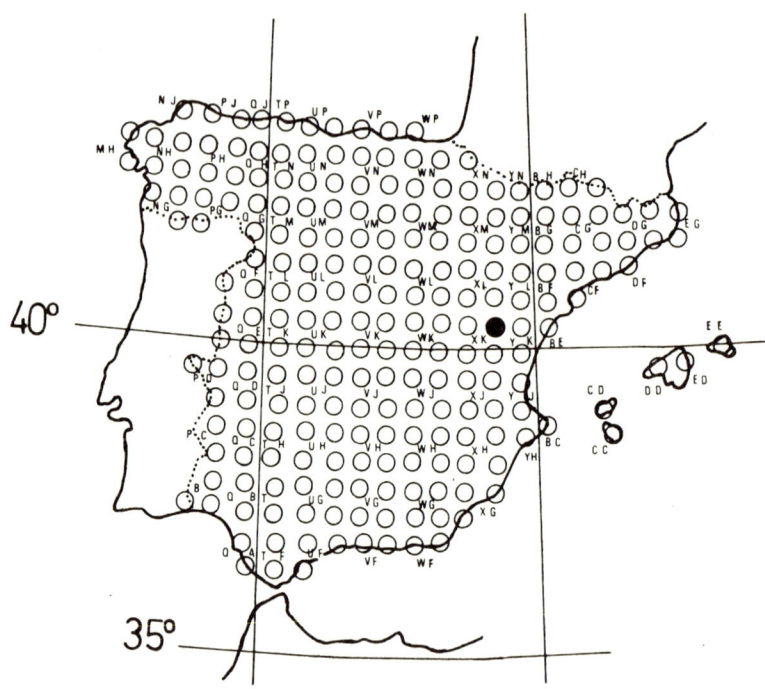

Fig. 1. Amylocorticium cebennense (Bourd.) Pouz.

Amylocorticium cebennense (Bourd.) Pouz., Českà Mykol. 13: 11 (1959)

Sinónimo: Corticium cebennense Bourd., Rev. Sci. Bourb. Centr. Fr. 23: 7 (1910)

Cuerpo fructífero resupinado, formando una delgada película de color blanco en los ejemplares jóvenes, y crema amarillento en los viejos. El himenóforo visto a la lupa es liso.

El sistema de hifas es monomítico, formado por hifas generativas de paredes delgadas con fíbulas y ramificadas, saliendo generalmente la ramificación de la fíbula. Los basidios claviformes tienen 4 esterigmas y miden 30 x 4-6 μm. Las esporas alantoides con la apícula marcada, son lisas, fuertemente amiloides y miden de (5,4)-7,2-7,8 x (1,2)-1,8 μm algunas de ellas llevan dos gotas lipídicas en su interior.

Habitat. - Sobre madera muerta de coníferas, nosotros la hemos recolectado sobre Pinus sylvestris.

Corología. - TERUEL: Pto. de Gudar, 7-4-76, leg. C. Navarro y M. T. Tellería (Figura 1)

Observaciones. - Especie nueva para el catálogo micológico español.

Género ATHELIA Pers. emend. Donk
Persoon, Mycol. Europ. 1: 83 (1822)
Donk, Fungus 27: 12 (1957)
Generotipo: Athelia epiphylla Pers., Mycol. Europ. 1: 84 (1822)

Cuerpo fructífero resupinado, formado por una delgada película de color blanco. El himenóforo, liso o ligeramente ondulado, se asienta sobre un subículo muy poco desarrollado, formado por hifas suavemente entretejidas, constituyendo una maraña poco compacta. El sistema de hifas es monomítico, las hifas generativas son fibuladas o afibuladas. Los basidios claviformes pueden llevar de 2 a 4 esterigmas y su tamaño oscila entre 15 y 20 μm de longitud. Las esporas son lisas y no amiloides.

Observaciones. - Este género citado en una sola ocasión en nuestro país (Julich, 1972), está representado hasta el presente, en nuestra mico flora por 5 especies.

Clave de especies

1. Todas las hifas generativas, tanto basales como subhimeniales sin fí bulas. Esporas elipsoidales de 4,8-6,6 x 3-3,6 µm......A. decipiens

1ʼ Hifas basales con fíbulas, las subhimeniales con ó sin fíbulas.......2

2. Hifas subhimeniales y base de los basidios sin fibulas..............3

2ʼ Hifas subhimeniales y base de los basidios con fíbulas. Esporas de estrechamente elipsoidales a cilíndricas de 8-9,5 x 4-5 µm..........
.... A. fibulata

3. Basidios claviformes, de hasta 30 µm de longitud, con 2 esterigmas..
.... A. arachnoidea

3ʼ Basidios claviformes de hasta 20 µm de longitud, con 4 esterigmas ..
....4

4. Esporas estrechamente elipsoidales, con la base puntiaguda de 4,8-6 x 2,4-2,8 µm .... A. acrospora

4ʼ Esporas estrechamente elipsoidales, con la base redonda 6-9 x 3-4,5 µm .... A. epiphyla

Athelia acrospora Jül., Willd. Beih. 7: 45 (1972)

El cuerpo fructífero está constituido por una delgada película de color blanco, que pasa a crema y se resquebraja al secar; esta película va colo cada sobre un subículo aracnoideo.

El sistema de hifas es monomítico, las hifas generativas subhimeniales carecen de fíbulas y las basales presentan fíbulas escasas. Los basidios son claviformes, sin fíbula basal, llevan 4 esterigmas y miden alrededor de 14 x 4,8 µm. Las esporas son elipsoidales, con la base ligeramente puntiaguda, miden de 4,8-6 x 2,4-2,8 µm sus paredes son lisas, hialinas y no amiloides.

Habitat. - Vive sobre madera muerta tanto de gimnospermas como de angiospermas.

Corología. - MADRID: Pto. de Canencia, 15-5-77, leg. C. Navarro y M. T. Tellería (Figura 2)

Observaciones. - Esta especie, nueva cita para el catálogo micológi co español, está muy próxima a la A. epiphylla, de la que se diferencia

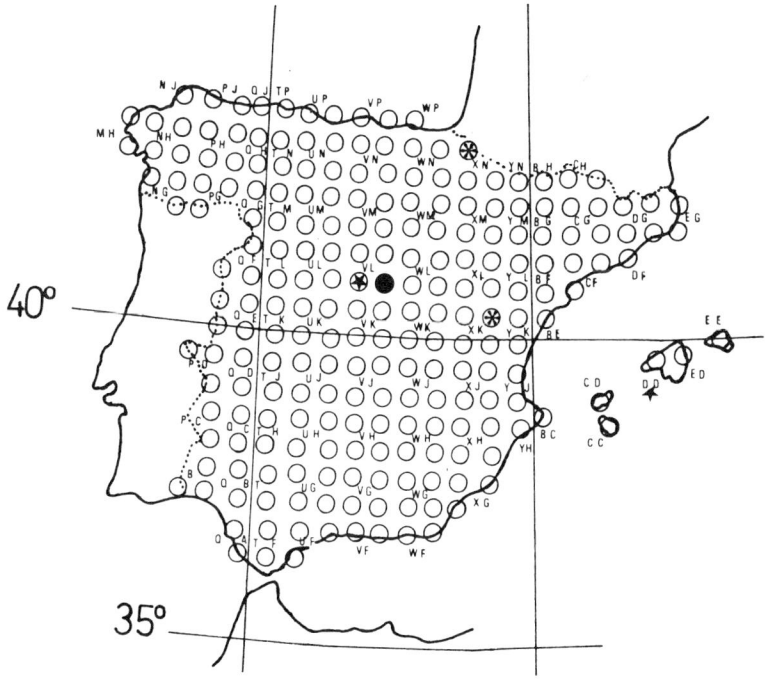

Fig. 2. Athelia acrospora Jül. (✶)
Athelia arachnoidea (Berk.) Jül. (✱)
Athelia fibulata Christ. (●)

unicamente por el tamaño de las esporas y la forma de estas, de base redonda en la A. epiphylla y de base puntiaguda en la A. acrospora. Para algunos autores como Eriksson y Ryvarden (1973) la inclusión de esta especie en el complejo A. epiphylla tiene que ser motivo de futuros estudios.

Athelia arachnoidea (Berk.) Jül., Willd. Beih. 7: 53 (1972)

Sinónimos: Corticium arachnoideum Berk., Ann. Mag. Nat. Hist. 13: 345 (1844); Hypochnus bisporus Schroet., Krypt.- Fl. Schles. 3 (1): 415 (1888); Corticium bisporum (Schroet.) v. Höhn. et Litsch., Ann. Mycol. 4: 288 (1906); Corticium centrifugum ssp. bisporum (Schroet.) Bourd.et Galz., Hym. Fr. pag. 199 (1928); Athelia bispora (Schroet.) Donk, Fungus 27: 12 (1957)

Cuerpo fructífero resupinado, que al igual que en las demás especies de este género, está formado por una delgada película, el himenóforo, que se asienta sobre un subículo formado por hifas suavemente entretejidas.

El sistema de hifas es monomítico, las hifas subhimeniales carecen de fíbulas y las basales más anchas, llevan fíbulas pero en número escaso. Los basidios son bispóricos, bastante grandes en relación con los de las otras especies del género, ya que miden hasta 30 μm de longitud, carecen de fíbula basal. Las esporas son estrechamente elipsoidales y miden 8-10,5 × 4,5 μm.

Habitat.- Según Julich (1972) vive sobre madera muerta de Pinus, Fagus y Quercus, a veces también parasitando líquenes como la Xanthoria parietina, Usnea barbata, etc. Nosotros la hemos recolectado sobre Fagus sylvatica y Pinus sp.

Corología. - NAVARRA: Monte Aezcoa, prox. del Pantano de Irabia, 16-6-76, leg. E. Fuertes, C. Navarro y M. T. Tellería. TERUEL: Gudar, 7-4-77, leg. M. T. Tellería. (Figura 2)

Observaciones.- Especie nueva para el catálogo micológico español, que se separa del complejo A. epiphylla, por el tamaño de sus basidios y su naturaleza bispórica.

Athelia decipiens (v. Höhn. et Litsch.) Erikss., Symb. Bot. Upsal. 16: 86 (1958)

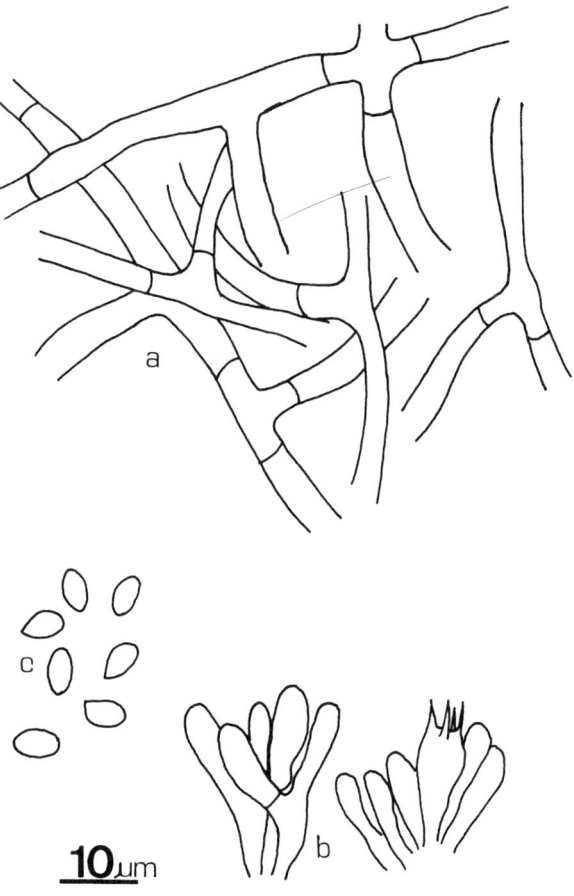

Fig. 3. Athelia decipiens (Höhn. & Litsch.) Erikss., a. -Hifas, b. -Basidios, c. -Esporas

Sinónimos: Corticium decipiens v. Höhn. et Litsch., Stizber. Akad. Wiss. Wien, Math.-Nat. Kl. 117 (1): 1116 (1908); Athelia caucasica Parm. Consp. Syst. Cort. pág. 199 (1968)

En cuanto a sus características macroscópicas son semejantes a las de las otras especies del género.

En lo referente a su microscopía podemos decir, que tanto sus hifas basales como subhimeniales carecen de fíbulas. Los basidios son claviformes, de hasta 16 μm de longitud, tienen 4 esterigmas y carecen de fíbula basal. Las esporas son elipsoidales, miden de 4,8-6,6 x 3-3,6 μm y se encuentran, a menudo, en grupos de dos o cuatro (esparcidos por la preparación) al observarlas al microscopio. (Figura 3)

Habitat. - El material por nosotros estudiado crecía sobre madera de Quercus pyrenaica, Pinus sylvestris, Fagus sylvatica y Rosa sp. así como sobre hojas caidas.

Corología. - CUENCA: Balneario de Solans de Cabras, 3-5-76, leg. M. T. Tellería. MADRID: Montejo de la Sierra, 7-12-75, leg. C. Navarro y M. T. Tellería. NAVARRA: Orbaiceta, 17-12-76, leg. E. Fuertes, C. Navarro y M. T. Tellería. SEGOVIA: El Espinar, 6-6-76, leg. M. T. Tellería. (Figura 4)

Observaciones. - Especie nueva para el catálogo micológico español, que se caracteriza por la ausencia total de fíbulas y el pequeño tamaño de sus esporas. Otra especie que también carece totalmente de fíbulas es la A. pyriforme pero difiere en la forma y tamaño de las esporas.

Athelia epiphylla Pers., Mycol. Europ. I: 84 (1822)

Sinónimos: Thelephora epiphylla (Pers.) Fr., Elench. Fung. I: 226 (1828); Hypochnus epiphyllus (Pers.) Wallr., Fl. Crypt. Germ. II: 310 (1833)

Cuerpo fructífero resupinado, formado por fina película que se asienta sobre un subículo de hifas suavemente entretejidas.

El sistema de hifas es monomítico, las hifas generativas subhimeniales carecen de fíbulas y las basales presentan fíbulas aisladas. Los basidios claviformes con 4 esterigmas miden de 15-20 x 5-6 μm. Sus esporas de es-

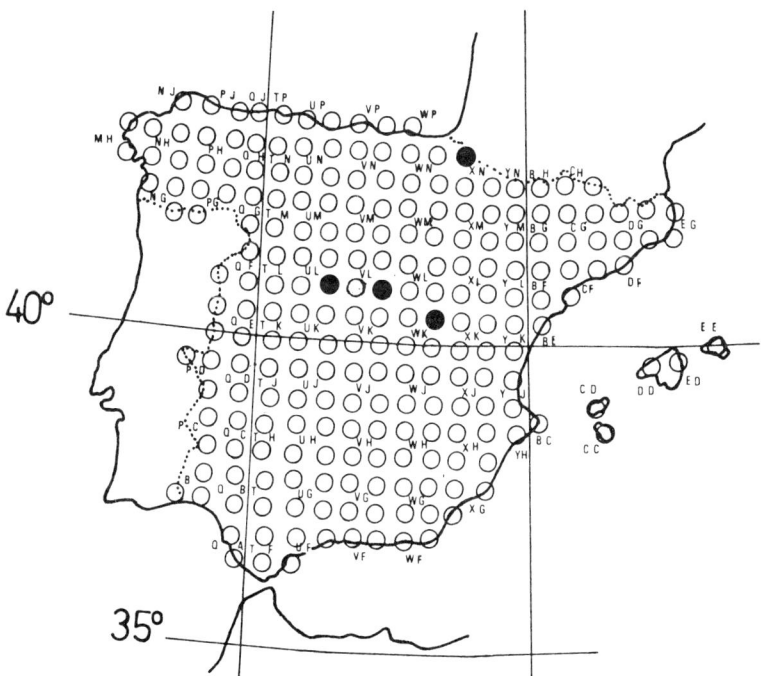

Fig. 4. Athelia decipiens (v. Höhn. et Litsch.) Erikss.

trechamente elipsoidales a ovales miden 6-9 x 3-4 µm.

Habitat. - Vive esta especie sobre madera muerta tanto de angiospermas como de gimnospermas, así como sobre restos de líquenes, hojas, etc. Nosotros la hemos recolectado sobre madera de Pinus sylvestris, Pinus insignis, Quercus pyrenaica y Ulex sp.

Corología. - MADRID: Pto. de Lozoya, 15-5-76, leg. F.D. Calonge; Casa de Campo, 12-3-76, leg. F.D. Calonge y M.T. Tellería; Montejo de la Sierra, 7-12-75, leg. C. Navarro y M.T. Tellería; Carretera del Pardo a Fuencarral, 9-12-76, leg. F.D. Calonge. SEGOVIA: Alquité, Pto. de la Quesera y Riaza, 19-9-76, leg. C. Navarro y M.T. Tellería; El Espinar, 6-6-76, leg. M.T. Tellería. VIZCAYA: Abadiano, 13-3-76, leg. C. Navarro y M.T. Tellería. En la bibliografía aparece citada en Gerona, Tossa de Mar (Julich, 1972)

Observaciones. - El concepto de esta especie varía de unos autores a otros; para Julich (1972) la A. epiphylla Pers., es un complejo que incluye varias especies como son: A. alnicola (Bourd. et Galz.) Jül., A. epiphylla Pers. ss. str., A. macrospora (Bourd. et Galz.) Christ., A. nivea Jül., A. ovata Jül. y A. salicum Pers. Otros autores como Eriksson y Ryvarden (1973) tienen un concepto más amplio y dicen que no hay razones suficientes, ni morfológicas ni ecológicas, para dividir esta especie así. Nosotros hemos seguido a estos últimos.

Athelia fibulata Christ., Dansk Bot. Arkiv 19(2): 148 (1960)

Su cuerpo fructífero está formado por una delgada película de color blanco-grisáceo que se asienta sobre un subículo de hifas suavemente entretejidas.

Microscópicamente se caracteriza porque las hifas generativas, tanto basales como subhimeniales, están abundantemente fibuladas. Los basidios presentan también fíbula basal, son claviformes y miden alrededor de 18 x 6 µm, tienen 4 esterigmas. Las esporas de estrechamente elipsoidales a cilíndricas miden 8-9,5 x 4-5 µm.

Habitat. - Vive sobre madera muerta tanto de gimnosperma como de an-

giospermas, también puede encontrarse sobre musgos y hojas muertas.
(Erikson y Ryvarden, 1973). Nosotros la hemos recolectado sobre Pinus sylvestris.

Corología. - GUADALAJARA: Campillejo, 4-7-76, leg. M. T. Tellería. Según Julich (1972), en Europa está distribuida por los Paises Nórdicos, Alemania, Checoslovaquia, Austria y Suiza. (Figura 2)

Observaciones. - Esta especie, nueva para el catálogo micológico español, está próxima a la A. bombycina, que también tiene sus hifas abundantemente fibuladas, pero la diferencia entre ambas, estriba en el tamaño de las esporas que son más pequeñas en la A. bombycina. La A. epiphylla es semejante en la forma y tamaño de las esporas, pero se diferencia en que la base de los basidios y las hifas subhimeniales carecen de fíbulas.

Género AURICULARIOPSIS Maire, Bull. Soc. Mycol. Fr. 18 (Suppl.): 102 (1902)

Generotipo: Cyphella ampla Lév., Ann. Sci. Nat. III (9) Bot.: 126 (1848)

Cuerpo fructífero cupuliforme, la parte de fuera recubierta de un fieltro blanco y la zona himenial, en material fresco, blanda y gelatinosa, presentándose el himenóforo más o menos plisado. Cuando el material está seco, quedan los carpóforos arrugados hacia dentro. El sistema de hifas es monomítico, y el contexto doble, en la parte externa formado por hifas de paredes gruesas, no ramificadas y suavemente entretejidas, en la zona subhimenial las hifas son fibuladas, fuertemente entretejidas y con las paredes gelatinizadas. Los basidios claviformes con 4 esterigmas, crecen en densa empalizada. Las esporas son alantoides, lisas y no amiloides.

Observaciones. - Este género es, por su aspecto externo, muy parecido al género Cytidia, pero por su microscopia se diferencia totalmente. El himenio de las especies incluidas en Cytidia, no es flebioide (es decir los basidios no forman una densa empalizada) como el de las incluidas en

Auriculariopsis, sino que lleva gran cantidad de dendrohifas entre los ba sidios. La diferencia de Auriculariopsis con Cytidiella, género muy próximo, está en que este no tiene el contexto doble, es decir que las hifas basales y las subhimeniales son iguales.

Auriculariopsis ampla (Lév.) Maire, Bull. Soc. Mycol. Fr. 18 (Suppl.): 102 (1902)

Sinónimo: Cyphella ampla Lév., Ann. Sci. Nat. III (9) Bot.: 126 (1848)

Cuerpo fructífero pileado, cupuliforme, la parte externa está recubierta de un fieltro blanquecino, el himenóforo es plisado, de color marrón claro y gelatinoso en material fresco, el margen levantado y curvado hacia dentro.

El sistema de hifas es monomítico, pero el contexto es doble, es decir, la parte externa está formado por hifas de paredes gruesas, sin fíbulas, no ramificadas y suavemente entretejidas, la zona subhimenial está formada por hifas de paredes gelatinizadas, con fíbulas y fuertemente entretejidas. Los basidios son claviformes, miden de 25-27 x 4 μm y llevan 4 esterigmas, crecen formando una densa empalizada. Sus esporas son alantoides, miden de 7-10 x 2-2,5 μm, son de paredes lisas y no amiloides.

Habitat. - La hemos recolectado sobre ramas muertas de Populus caidas en el suelo. Según Eriksson y Ryvarden (1975) parece crecer preferentemente sobre ramas muertas de Salix y Populus.

Corología. - MADRID: Jardín Botánico de Madrid, 27-10-77, leg. M. T. Tellería. En la bibliografía aparece citado en Cataluña (Malençon y Bertault, 1976)

Género BOTRYOBASIDIUM Donk, Meded. Nederl. Mycol. Ver. 18-20: 116 (1931)

Generotipo: Corticium subcoronatum v. Höhn. & Listch., Stizber. Akad. Wiss. Wien,Math.-Nat. Kl. 116: 822 (1907)

Cuerpo fructífero resupinado, poco compacto, formado por hifas bien diferenciadas, anchas y ramificadas en ángulo recto, con fíbulas o afibuladas. Las hifas basales tienen las paredes más o menos gruesas y las sub

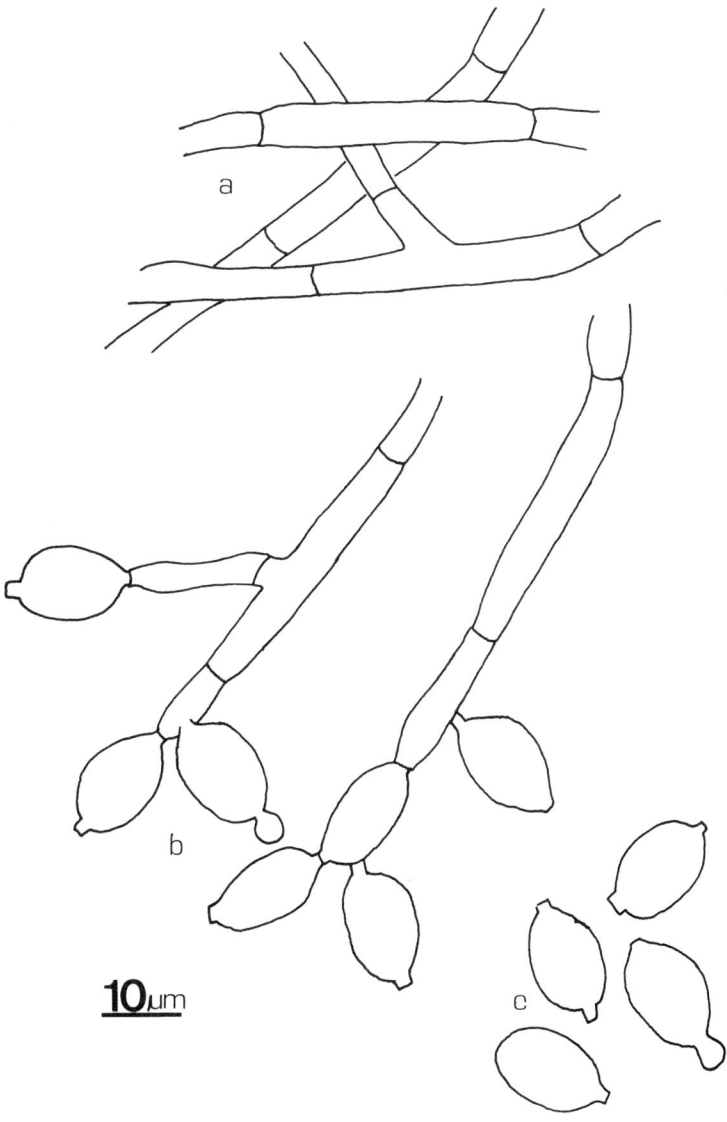

Fig. 5. Oidium aureum Fr., a.-Hifas basales, b.-Conidioforos, c.-Conidios.

himeniales siempre delgadas. Los basidios son de forma variable presentan generalmente de 6 a 8 esterigmas, a veces también 4. Las esporas son lisas, hialinas, cianófilas y no amiloides.

Clave de especies

1. Hifas basales de paredes gruesas y de hasta 20 μm de diámetro. Hifas subhimeniales de paredes delgadas y de hasta 6 μm de diámetro .... B. laeve
1' El diámetro de las hifas basales es igual o a lo sumo el doble del de las hifas subhimeniales.. 2
2. Esporas cimbiformes, que miden de 9-11 x 5 μm. Basidios cilíndricos cortos, 20 x 10 μm. Fase asexual no conocida..... B. botryosum
2' Esporas no cimbiformes.. 3
3. Esporas anchamente elipsoidales, que miden de 6-8 x 3,5-4,5 μm. Fase asexual conocida como Oidium rubiginosum........ B. robustior
3' Esporas anchamente elipsoidales, que miden 8,4-10 x 3-5 μm. Fase asexual desconocida........................... B. obtusisporum

Observaciones. - No hemos incluído en esta clave el Botryobasidium aureum Parm., por haber recolectado y estudiado unicamente la fase asexual del mismo.

Botryobasidium aureum Parm., Eesti NSV Tead. Akad. Toimet. Biol. seer. 14: 220 (1965)

De esta especie unicamente hemos estudiado su fase asexual, es decir, la que se conocía antes como Oidium aureum Fr.; su cuerpo fructífero es hipochnoide y de color amarillo. Los oidios de color amarillo-marrón, tienen forma de limón y miden 16-19 x 9,6-12,6 μm; se forman en cadenas ramificadas. (Figura 5)

Habitat. - Lo hemos recolectado sobre madera podrida de Fagus sylvatica.

Corología. - VIZCAYA: Arrazola, 3-1-76, leg. C. Navarro y M. T. Tellería.

Botryobasidium botryosum (Bres.) Erikss., Symb. Bot. Upsal. 16(1): 53 (1958)

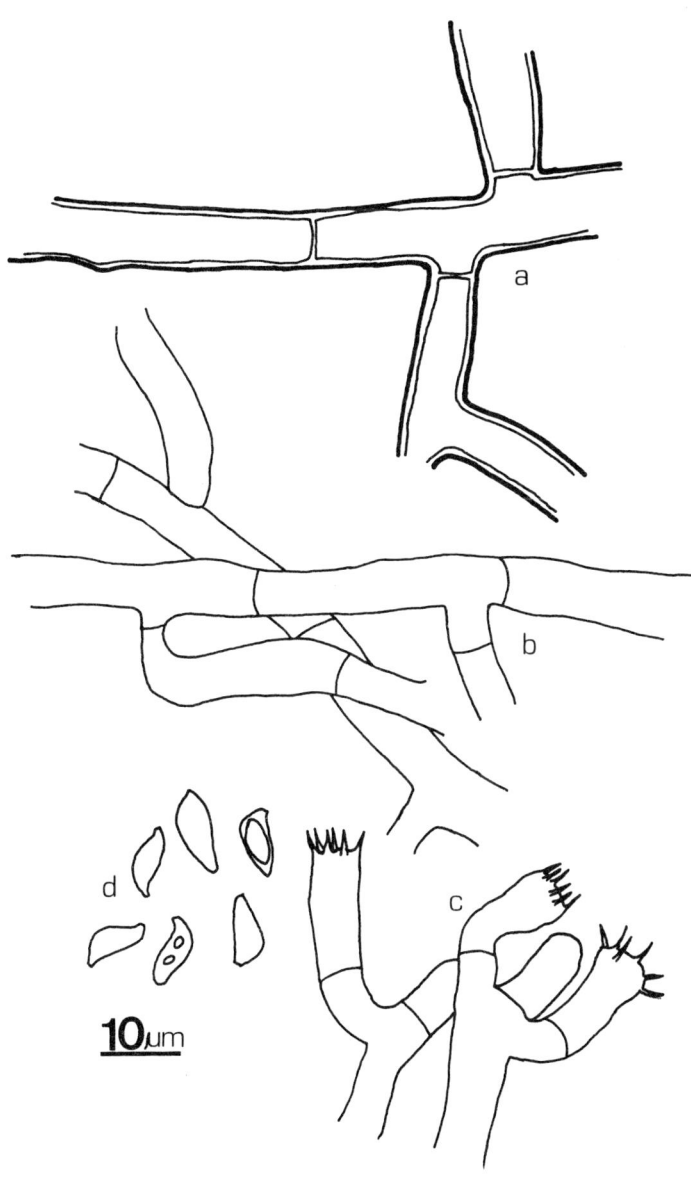

Fig. 6. Botryobasidium botryosum (Bres.) Erikss., a.-Hifas basales, b.-Hifas subhimeniales, c.-Basidios, d.-Esporas.

Sinónimo: Corticium botryosum Bres., Ann. Mycol. 1: 99 (1903)

Cuerpo fructífero resupinado, delgado, hipochnoide, al principio de color blanco grisáceo, después amarillo oro-viejo.

El sistema de hifas es monomítico, las hifas basales de 9-10 µm de anchura, son amarillas, sin fíbulas y con las paredes anchas. Las hifas subhimeniales también afibuladas, tienen una anchura de 5-7 µm son de paredes delgadas, y ambas (basales y subhimeniales) con ramificaciones en ángulo recto. Los basidios son cilíndricos cortos, a veces presentan un estrechamiento en la zona media y miden alrededor de 20 x 10 µm, llevan 6 esterigmas. Las esporas son biapiculadas, cimbiformes, miden 9-11 x 5 µm, sus paredes son lisas, hialinas y cianófilas. (Figura 6)

Habitat. - Vive generalmente sobre madera muerta de coníferas. Nosotros la hemos recolectado sobre Pinus sylvestris y Pinus insignis

Corología. - SEGOVIA: El Espinar, 6-6-76, leg. M. T. Tellería; VIZCAYA: Laga-Ibarranguela, 5-1-76, leg. C. Navarro y M. T. Tellería (Fig. 7)

Observaciones. - Especie nueva para el catálogo micológico español y próxima al B. candicans del que se diferencia por el tamaño de esporas y basidios, aunque no por la forma; así como porque el B. candicans tiene fase asexual conocida y el B. botryosum no. De todos modos son dos especies no muy bien delimitadas, observación esta, ya puesta de manifiesto por Eriksson y Ryvarden (1973).

Botryobasidium laeve (Erikss.) Parm., Eesti. NSV Tead. Akad. Toimet. Biol. seer. 14: 220 (1965)

Sinónimo: Botryobasidium pruinatum (Bres.) Erikss. var. laeve Erikss., Sv. Bot. Tidskr. 52: 10 (1958)

Cuerpo fructífero resupinado, delgado, hipochnoide y de color amarillo grisáceo.

El sistema de hifas es monomítico, las hifas generativas carecen de fíbulas, las basales miden hasta 20µm de anchura y sus paredes son gruesas, las subhimeniales son más estrechas, de hasta 6 µm de anchura y de paredes más delgadas, ambas (basales y subhimeniales) son muy rami-

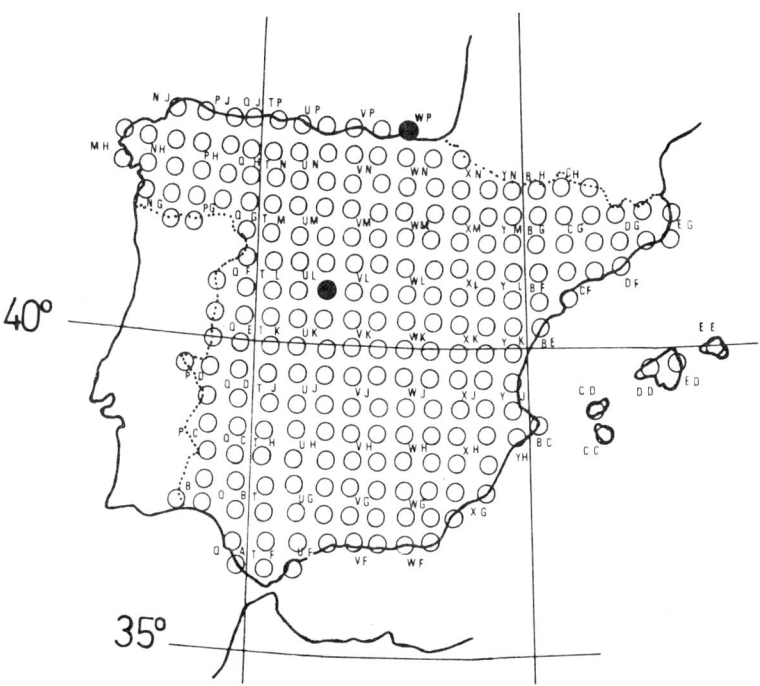

Fig. 7. Botryobasidium botryosum (Bres.) Erikss.

ficadas. Los basidios son cilíndricos cortos, a veces se estrechan en la zona media, miden 18-20 x 7-8 μm y llevan 6 esterigmas. Las esporas oblongo elipsoidales tienen la apícula muy marcada, son hialinas, lisas y miden 6-7,5 x 2,5-3 μm.

Habitat. - Esta especie vive sobre madera muerta de caducifolios, en lugares húmedos (Eriksson y Ryvarden, 1973). La hemos recolectado sobre madera podrida en un lugar muy húmedo donde crecian el Alnus glutinosa y el Quercus canariensis.

Corología. - CADIZ: Subida al Pto. de Galis, desde Alcalá de los Gazules, 3-10-77, leg. C. Navarro y M. T. Tellería. (Fig. 8)

Observaciones. - Especie nueva para el catálogo micológico español. El caracter más importante de esta especie, radica en la anchura de sus hifas basales, y en que las paredes de estas son lisas, hecho este que la diferencia del B. pruinatum (Bres.) Erikss., que tiene las paredes de las hifas basales ornamentadas.

Botryobasidium obtusisporum Erikss., Symb.Bot. Upsal. 16: 57 (1958)

Cuerpo fructífero resupinado, muy delgado, de aspecto semejante al de las especies anteriores, es decir, formado por una serie de hifas suavemente entretejidas, de color amarillo-grisáceo.

El sistema de hifas es monomítico, las hifas tanto basales como subhimeniales son afibuladas y abundantemente ramificadas. Las basales son de color amarillo, tienen hasta 10 μm de diámetro y presentan paredes gruesas. Las subhimeniales son de paredes delgadas, hialinas y tienen hasta 5 μm de diámetro. Los basidios con 6 esterigmas son cilíndricos, anchos y cortos, miden 14-23 x 8-10 μm. Las esporas anchamente elipsoidales, con la apícula muy marcada, son lisas e hialinas, las de nuestro material midieron de 8,4-9,6 x 3-4,8 μm, aunque pueden medir hasta 12 μm de longitud (Eriksson y Ryvarden, 1973).

Habitat. - Lo hemos recolectado sobre madera muerta de Fagus sylvatica, aunque es de ecología amplia, pudiendo vivir tanto sobre angiospermas como sobre gimnospermas.

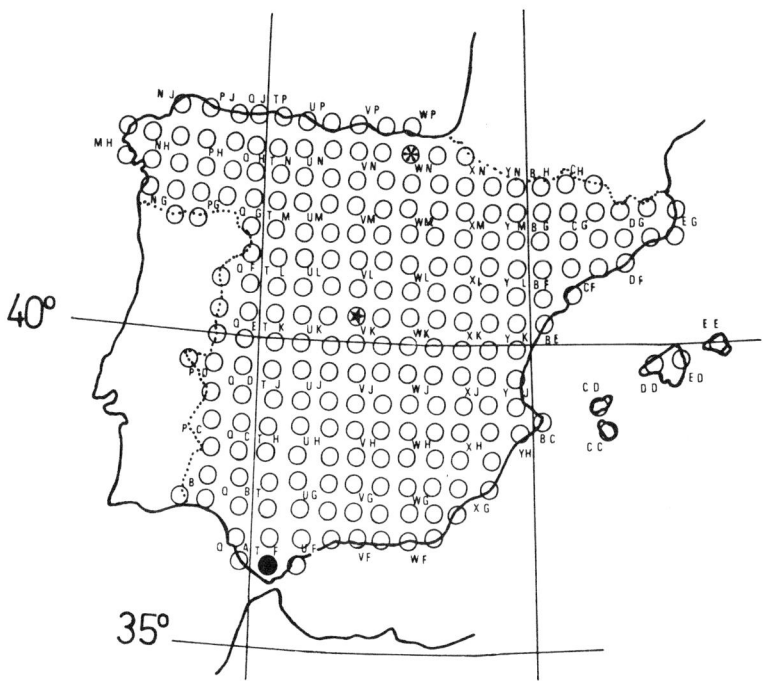

Fig. 8. Botryobasidium laeve (Erikss.) Parm. (●)
Botryobasidium obtusisporum Erikss. (✱)
Botryobasidium robustior Pouz. et Jech. (✶)

Corología. - VIZCAYA: Garay, 28-9-77, leg. C. Navarro y M. T. Tellería. (Figura 8)

Observaciones. - Especie nueva para España. Por la forma de sus esporas puede parecerse al B. laeve, pero la diferencia está en el tamaño de las mismas y en la anchura de las hifas basales.

Botryobasidium robustior Pouz. et Jech., Česká Mykol. 21(2): 69 (1967)

El cuerpo fructífero es resupinado, hipochnoide y de color blanco-crema.

El sistema de hifas es monomítico, las hifas basales son de paredes gruesas, y tienen una anchura de hasta 11 µm. Las hifas subhimeniales de paredes más delgadas, tienen una anchura de hasta 6 µm, ambas (basales y subhimeniales) carecen de fibulas y están ramificadas. Los basidios son cortos y cilíndricos, miden de 15-18 x 7-9 µm, llevan 6 esterigmas. Las esporas son anchamente elipsoidales, hialinas y con una apí cula muy marcada, miden 6-7,8-(9,6) x 3,6-4,2-(4,8) µm, las medidas de nuestro material, sobre todo en la anchura, exceden un poco de las dadas por Pouzar y Jechová (1967), ya que para ellos tienen una anchura de 3,3-3,5 µm.

La fase asexual, llamada Oidium rubiginosum (Fr.) Linder, presenta un cuerpo fructífero, al principio en parches redondos que van uniéndose unos con otros formando grandes placas. Su aspecto es hipochnoide y su color marrón-rojizo. Las hifas basales son de color marrón oscuro y de paredes anchas. Los conidióforos son de color amarillo claro, presentan tanto terminal como lateralmente unos hinchazones globosos, piriformes o claviformes, que presentan un número variable de apículas, es ahí donde se forman los conidios, los cuales son globosos, con una apícula marcada, al principio su pared es hialina; cuando están maduros, esta pared se espesa y toma una coloración marrón.

Habitat. - Vive esta especie sobre madera muerta, caida en el suelo, de Populus y Tilia especialmente. Nosotros la hemos recolectado sobre Populus sp. podrido y en parte quemado.

Corología. - MADRID: Casa de Campo, 12-5-76, leg. F.D. Calonge y

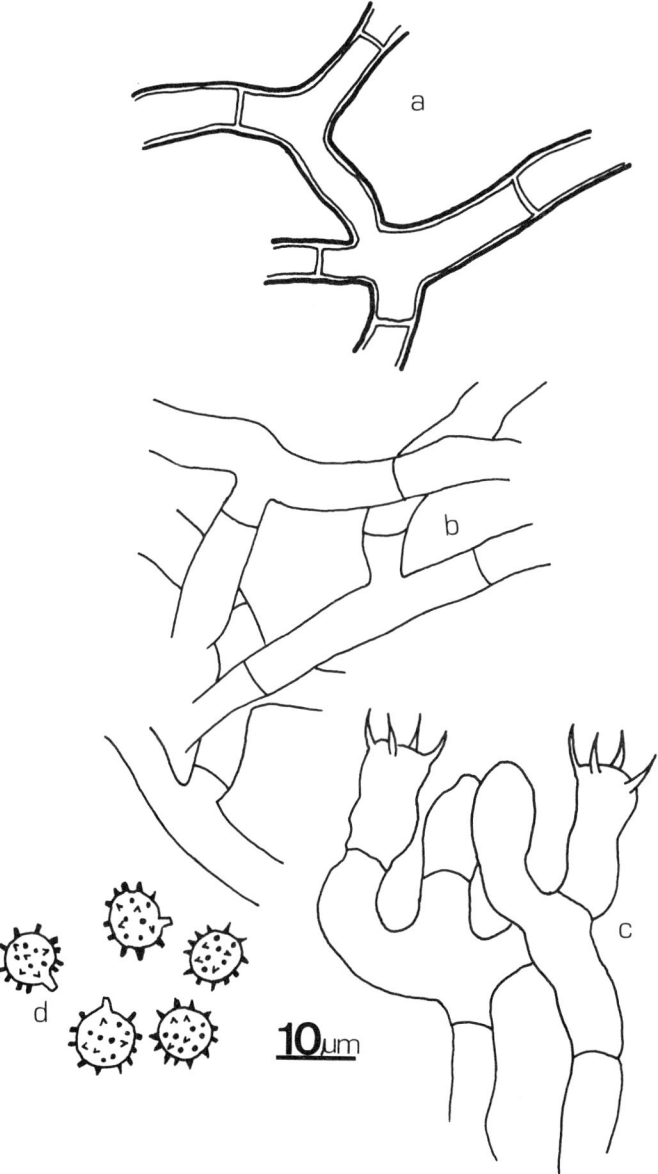

Fig. 9. Botryohypochnus isabellinus (Fr.) Erikss., a.-Hifas basales, b.-Hifas subhimeniales, c.-Basidios, d.-Esporas

M. T. Tellería. (Figura 8)

Observaciones. - Especie nueva para el catálogo micológico español. Sobre un mismo trozo de madera hemos recolectado las dos fases, la asexual y la sexual.

Género BOTRYOHYPOCHNUS Donk, Meded. Nederl. Mycol. Ver. 18-20: 118 (1931)

Generotipo: Thelephora isabellina Fr., Epicr. pág. 544 (1838)

Cuerpo fructífero muy delgado, hipochnoide. Las hifas de paredes delgadas o gruesas, ramificadas en ángulo recto, son anchas y está suavemente entretejidas. Los basidios son cortos, de subglobosos a cilíndricos y llevan 4 esterigmas. Las esporas son globosas, con una apícula muy marcada, de paredes amarillentas, ornamentadas, cianófilas y no amiloides.

Observaciones. - Este género, nuevo para el catálogo micológico español, es muy semejante al gen. Botryobasidium, en lo que respecta a la forma del cuerpo fructífero, naturaleza de las hifas y forma de los basidios así como en el caracter cianófilo de la pared de las esporas; pero se diferencian en la naturaleza de la pared esporal, ornamentada en Botryohypochnus y lisa en Botryobasidium.

Botryohypochnus isabellinus (Fr.) Erikss., Sv. Bot. Tidskr. 52 (1) : 2 (1958)

Sinónimos: Thelephora isabellina Fr., Epicr. pág. 544 (1838)

Cuerpo fructífero hipochnoide, delgado, al principio blanquecino después amarillento verdoso.

El sistema de hifas es monomítico, las hifas basales de 9-10 μm de anchura son de paredes gruesas, las hifas subhimeniales de 6-8 μm de anchura presentan las paredes delgadas; ambas carentes de fíbulas y son ramificadas. Los basidios de subglobosos a cilíndricos cortos, miden alrededor de 18 x 7,5 μm y llevan 4 esterigmas. Las esporas son globosas, llevan una apícula muy marcada y la pared ornamentada con báculos; las de nuestro material medían de 6-7 μm de diámetro, aunque pueden llegar hasta 10 μm. (Figuras 9 y 74)

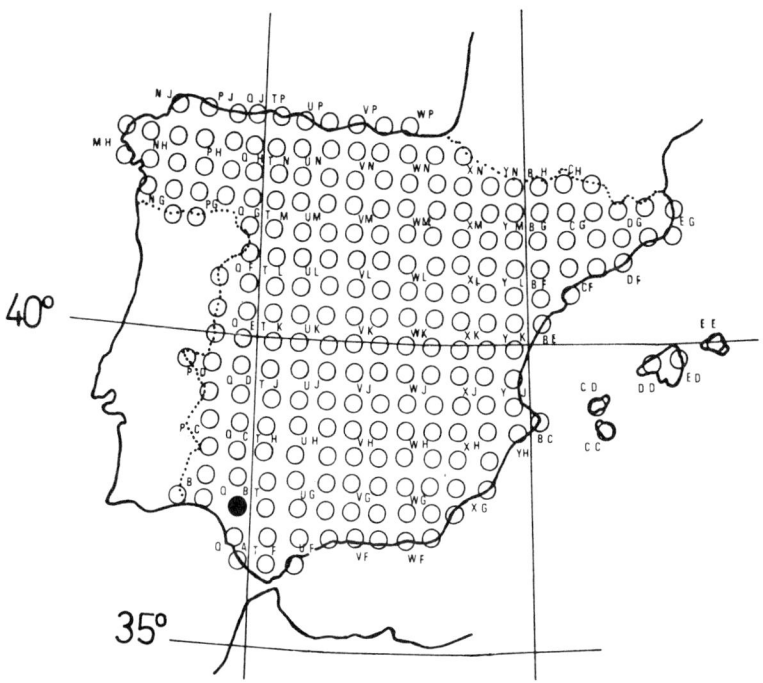

Fig. 10. Botryohypochnus isabellinus (Fr.) Erikss.

Habitat. - Vive sobre todo tipo de madera muerta caida en el suelo. Nosotros la hemos recolectado sobre Fraxinus sp.

Corología. - HUELVA: Coto del Rey. - El Rocío, 3-10-76, leg. F.D. Calonge. (Figura 10)

Observaciones. - Especie nueva para el catálogo micológico español.

Género BULBILLOMYCES Jül., Persoonia 8(1): 69 (1974)

Generotipo: Kneiffia farinosa Bres., Ann. Mycol. I: 105 (1903)

Cuerpo fructífero resupinado, adnado, membranáceo, su superficie es lisa de color gris a ocre y el margen indistinto. El sistema de hifas es monomítico, las hifas son ramificadas, fibuladas y de paredes delgadas. Presenta cistidios de paredes gruesas, con incrustaciones cristalinas. Los basidios son urniformes o suburniformes, con 4 esterigmas y fíbula basal. Las esporas son hialinas, lisas, de paredes delgadas o a veces gruesas y no amiloides. Presenta estado de esclerocio, que antes se situaba en el género Aegerita.

Observaciones. - De la aparición de este género en España, ya hemos dado cuenta en un trabajo anterior (Tellería, 1979)

Bulbillomyces farinosus (Bres.) Jül., Persoonia 8(1): 69 (1974)

Sinónimos: Kneiffia farinosa Bres., Ann. Mycol. 1: 105 (1903); Peniophora aegerita v. Höhn. et Litsch., Stizber Akad. Wiss. Wien, Mat.-Nat. Kl. 116: 810 (1907); para una relación detallada de sinonimias remitimos al trabajo de Tellería (1979).

Cuerpo fructífero resupinado, delgado de 0,1-0,2 mm de grosor, el himenóforo es liso, mirándolo a la lupa se observa la superficie pubescente, son los cistidios que se proyectan sobre ella, su color varía del blanco grisáceo, cuando el material es fresco, a crema ocre en material seco.

El sistema de hifas es monomítico, las hifas son fibuladas y abundantemente ramificadas, están densamente entretejidas por lo que son difíciles de observar. Los cistidios tienen las paredes gruesas e incrustadas con gran cantidad de cristales, son fusiformes y miden de 60-80 × 4-6 μm, en la parte basal llegan a tener hasta 12 μm de anchura. Los basidios son urniformes, con 4 esterigmas y fíbula basal. Las esporas son anchamente elipsoidales, de paredes gruesas y lisas; llevan gotas lipídicas en su protoplasma y miden de 6-9 x 5-6 μm.

El esclerocio, que antes se pensaba era otra especie distinta, a la que se llamaba Aegerita candida Pers. ex Fr., tiene forma globosa o subglobosa y crecen próximos unos a otros, cubriendo grandes extensiones. Su color es blanco cuando el material está fresco y al secar toma una tonalidad amarillenta. Microscópicamente está formado por hifas de células cortas, abundantemente fibuladas y colocadas radialmente unas respecto a otras, muy apretadas entre ellas y acabadas en una célula piriforme.

Habitat. - Lo hemos recolectado sobre madera descortezada de Betula celtiberica.

Corología. - Para ver la distribución de esta especie en nuestro pais, remitimos al trabajo de Tellería (1979)

Género BYSSOCORTICIUM Bond. et Sing. ex Sing., Mycologia 36: 69 (1944)

Generotipo: Thelephora atrovirens Fr., Elench. Fung. I: 202 (1828)
≡ Byssocorticium atrovirens (Fr.) Bond. et Sing. ex Sing., Mycologia 36: 69 (1944)

Cuerpo fructífero resupinado, bisoide, azul-verdoso o amarillo, suavemente unido al sustrato. El himenóforo es liso. Su sistema de hifas es monomítico, formado por hifas generativas suavemente entretejidas; las hifas basales ramificadas en ángulo recto, son estrechas ya que miden de 2,5-3,5 μm de diámetro, y se presentan con o sin fíbulas, las subhimeniales son muy ramificadas y fibuladas. Los basidios son claviformes, llevan 4 esterigmas, y gran cantidad de gotas lipídicas en su interior. Las esporas de subglobosas a globosas, son de paredes anchas, lisas, no amiloides y cianófilas; tienen un tamaño que oscila de 3,5 - 4,5 μm.

Observaciones. - Se reconoce este género por sus hifas basales estrechas y subhimeniales siempre fibuladas, por sus esporas globosas y

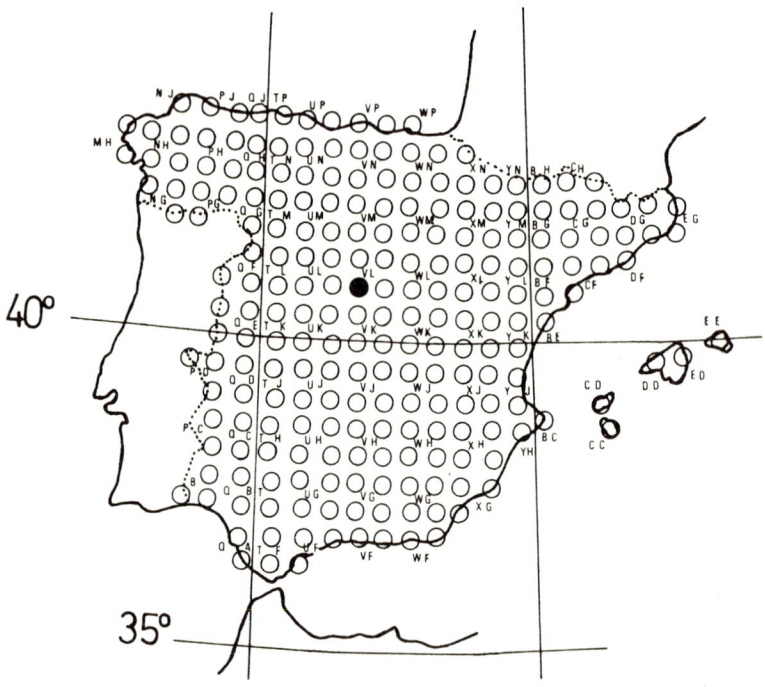

Fig. 11. Byssocorticium lutescens Erikss. et Ryv.

con las paredes anchas. Un género muy próximo a este es el Piloderma, que se diferencia porque en este sus hifas son siempre totalmente afibuladas.

Byssocorticium lutescens Erikss. et Ryv., Cort. North Europ. vol. 2: 185 (1973)

Cuerpo fructífero resupinado, sobre un subículo de color gris amarillento, formado por hifas suavemente entretejidas, se asienta el himenóforo de color amarillo ocre. En el borde presenta rizomorfos de color amarillo claro.

El sistema de hifas es monomítico, las hifas basales son ramificadas y de color amarillo; tienen un diámetro de 2,5-3 μm, presentan fíbulas pero no en todos los septos, las hifas subhimeniales de diámetro semejante, están abundantemente fibuladas y ramificadas, saliendo siempre la ramificación de la fíbula. Los basidios son claviformes, con 4 esterigmas y fíbula basal; miden de 15-22 x 4,5-5 μm. Las esporas son globosas, con paredes gruesas, lisas, presentan una gota lipídica en su interior y miden de 3,5-4,5 μm.

Habitat. - Para Eriksson y Ryvarden (1973), esta especie vive sobre restos de madera, en bosques de Betula, mezclados con coníferas; es en esta ecología donde la hemos recolectado ya que el material por nosotros estudiado, crecía sobre madera muy descompuesta, en un bosque de Betula celtiberica y Pinus sylvestris.

Corología. - MADRID: Pto. de Canencia, 28-3-76, leg. G. Moreno. En Europa, según la bibliografía por nosotros consultada, solo se ha encontrado hasta el momento en Suecia y Dinamarca. (Figura 11)

Observaciones. - Esta especie es nueva para el catálogo micológico español.

Género BYSSOMERULIUS Parm., Eesti NSV Tead. Akad. Toimet. Biol. 16: 383 (1967)

Generotipo: Merulius corium Fr., Elench. Fung. 1: 58 (1828)

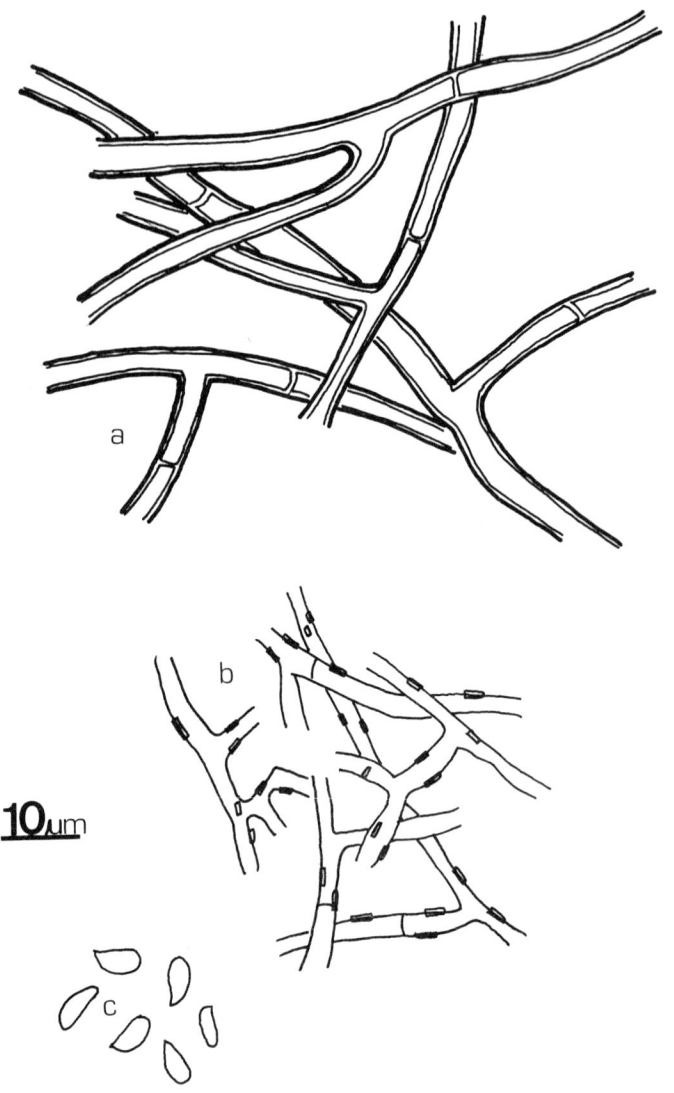

Fig. 12. Byssomerulius corium (Fr.) Parm., a.-Hifas basales, b.-Hifas subhimeniales, c.-Esporas

Cuerpo fructífero resupinado o efuso-reflejo, bastante grueso, de alrededor de 2 mm de espesor. El himenóforo al principio es liso, después meruloide-poroide, de color blanco cuando el carpóforo es joven, pasando a amarillo-marrón en los ejemplares adultos. El sistema de hifas es monomítico, las hifas basales son de paredes gruesas, las subhimeniales de paredes delgadas, ambas sin fíbulas y ramificadas. Basidios claviformes. Las esporas son hialinas, no amiloides y de elipsoidales a cilíndricas.

Byssomerulius corium (Fr.) Parm., Eesti NSV Tead. Akad. Toimet. Biol. 16: 383 (1967)

Sinónimo: Merulius corium Fr., Elench. Fung. 1: 58 (1828)

Cuerpo fructífero al principio resupinado, después efuso-reflejo, con un espesor de 0,5 a 1 mm. El pileo es tomentoso, al principio blanquecino después pasa a gris, el himenóforo es al principio liso y blanco, después meruloide y amarillento-marrón.

El sistema de hifas es monomítico, las hifas basales tienen las paredes gruesas, carecen de fíbulas y son muy ramificadas, las subhimeniales son de paredes delgadas, también sin fíbulas y ramificadas, presentando gran cantidad de cristales incrustados en sus paredes. Los basidios son claviformes y con 4 esterigmas. Las esporas cilíndricas, miden de 5-6 x 2,5-3 µm, son de paredes delgadas, lisas y no amiloides. (Figura 12)

Habitat. - Lo hemos recolectado sobre madera muerta de Fagus sylvatica, Castanea sativa, Quercus ilex, Quercus rotundifolia y Fraxinus sp.

Corología. - CACERES: Castañar de Ibor, 20-2-77, leg. C. Navarro y M. T. Tellería; San Martín de Trevijo, 29-3-77, leg. C. Navarro y M. T. Tellería. CADIZ: Benamahoma, 2-10-76, leg. C. Navarro y M. T. Tellería; CORDOBA: Cordoba, 25-2-77, leg. F. D. Calonge. NAVARRA: Oroqueta, 19-9-76, leg. L. M. García Bona. SALAMANCA: Casas del Conde, 18-2-77, leg. G. Moreno. VIZCAYA: Garay, 31-12-76, leg. C. Navarro y M. T. Tellería; Axpe, 13-3-76, leg. G. López, C. Navarro y M. T. Tellería; Abadiano, 13-3-76, leg. G. López, C. Navarro y M. T. Tellería. En la bibliografía aparece también ampliamente citado, en Cataluña (Pearson, 1931; Maublanc, 1936; Torres Juan, 1967), en la región Valenciana (Malençon y Bertault, 1971) y en Andalucía (Malençon y Bertault, 1976)

Género CORONICIUM Erikss. et Ryv., Cort. North Europ. vol. 3: 295 (1975)

Generotipo: <u>Corticium gemmiferum</u> Bourd. et Galz., Bull. Soc. Mycol. Fr. 22: 250 (1911)

Cuerpo fructífero resupinado, fuertemente unido al sustrato, de color rojizo. El sistema de hifas es monomítico, las hifas practicamente indiferenciables debido a que están fuertemente entretejidas. Presenta cistidios cónicos, que en el ápice llevan a veces incrustaciones de una sustancia resinosa de color rojo o amarillento oro, otras veces lo que presentan es una bola apical. Los basidios son claviformes con 4 esterigmas. Las esporas son de paredes lisas y no amiloides, pero al igual que los basidios, cistidios e hifas son cianófilas.

Observaciones. - Género nuevo para la micoflora española. Según sus autores, Eriksson y Ryvarden (1975), la posición de este género dentro de la familia es incierta, ya que por un lado, y debido a que algunas veces presenta sus basidios pleurobasidiados, puede relacionarse con géneros como <u>Tubulicrinis</u> o <u>Xenasma</u>, pero estos autores, dicen que el carácter no es suficiente y además no es constante; por otro lado, y debido a la sustancia resinosa que presenta en el ápice de sus cistidios, se puede relacionar con el género <u>Hyphoderma</u>, pero la composición química de ambas sustancias es diferente.

<u>Coronicium gemmiferum</u> (Bourd. et Galz.) Erikss. et Ryv., Cort. North Europ. vol. 3: 297 (1975)

Sinónimos: <u>Corticium gemmiferum</u> Bourd. et Galz., Bull. Soc. Mycol. Fr. 22: 250 (1911)

Cuerpo fructífero resupinado, delgado, de color rosa grisáceo; al observarlo a la lupa se ve que su superficie está plagada de unos puntos rojos, son las incrustaciones que llevan en el ápice los cistidios.

El sistema de hifas es monomítico, las hifas son indiferenciables y repartidas entre ellas aparecen gran cantidad de gotas de una sustancia resino-

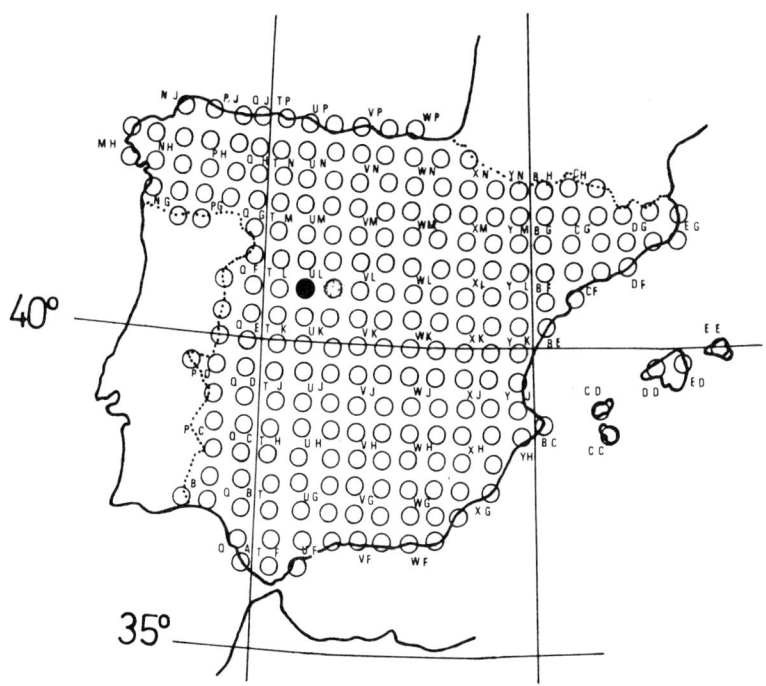

Fig. 13. Coronicium gemmiferum (Bourd. et Galz.) Erikss. et Ryv.

sa de color ambar rojizo. Presenta en el himenio gran cantidad de cistidios fusiformes, de paredes delgadas; algunos llevan en el ápice incrustaciones resinosas de color amarillento, otros por el contrario llevan el ápice desnudo y acabado en una bola producida por un estrechamiento brusco. Los basidios son claviformes con 4 esterigmas, miden de 17-25 x 4-5,5 μm. Las esporas son amigdaliformes o ligeramente fusiformes, con la apícula muy marcada, su pared es lisa, hialina, cianófila y no amiloide, miden de 7-9 x 4-4,5 μm.

H a b i t a t . - Lo hemos encontrado sobre ramas muertas de Quercus rotundifolia

C o r o l o g í a . - AVILA: Cillán, 6-3-77, leg. A. Camina, C. Navarro y M. T. Tellería. (Figura 13)

O b s e r v a c i o n e s . - Especie nueva para el catálogo micológico español.

Género CYLINDROBASIDIUM Jül., Persoonia 8(1): 72 (1974)

G e n e r o t i p o : Thelephora evolvens Fr. ex Fr., Syst. Mycol. 1: 441 (1821)

Cuerpo fructífero resupinado, rara vez efuso-reflejo, membranáceo, con el margen más o menos fimbriado, el himenóforo es liso y de color crema. El sistema de hifas es monomítico, las hifas son fibuladas, ramificadas, de paredes hialinas o ligeramente amarillentas. Presenta cistidiolos fusiformes. Los basidios bastante largos (40-80 μm de longitud) son de cilíndricos a estrechamente claviformes, con fíbula basal y 4 esterigmas. Las esporas son hialinas de paredes delgadas, lisas y no amiloides.

Cylindrobasidium evolvens (Fr.) Jül., Persoonia 8(1): 72 (1974)

S i n ó n i m o s : Thelephora evolvens Fr. ex Fr., Syst. Mycol. 1: 441 (1821). Para una relación exacta de sinonimias remitimos al trabajo de Jülich (1974)

Cuerpo fructífero resupinado, aunque en ocasiones también puede ser efuso-reflejo, el himenóforo es liso, al secar se resquebraja totalmente. De color blanco grisáceo en los más jóvenes y blanco crema en los ejemplares ya maduros.

El sistema de hifas es monomítico, las hifas basales están colocadas paralelas al sustrato, son de paredes delgadas, de color amarillento y están fibuladas, las subhimeniales, son perpendiculares al sustrato, están densamente entretejidas y son más difíciles de observar individualmente; tanto las unas como las otras, llevan gran cantidad de gotas lipídicas en su protoplasma. Lleva cistidiolos fusiformes con una fíbula basal. Los basidios, son claviformes, estrechos, sinuosos, miden de 40-50 x 5-5,5 μm llevan 4 esterigmas y presentan también fíbula basal. Las esporas son de anchamente elipsoidales a piriformes, de paredes delgadas, lisas y no amiloides, llevan una apícula muy marcada y están deprimidas cerca del ápice, miden de 10-11,5 x 4,5-5,5 μm.

Habitat. - De las tres veces que hemos recolectado esta especie, solo de una podemos precisar con exactitud su habitat, sobre corteza de Fagus sylvatica, las otras dos al haberlo encontrado en un medio muy heterogéneo, y sobre madera podrida, no podemos especificar a que especie pertenecía dicha madera.

Corología. - AVILA: La Adrada, 16-11-77, leg. M. García Rollán. MADRID: Villaviciosa de Odón, 25-4-76, leg. F. D. Calonge. NAVARRA: Valle de Belabarza, 17-12-76, leg. E. Fuertes, C. Navarro y M. T. Tellería. En la bibliografía aparece citado en Cataluña (Pearson, 1931; Maire, Codina y Font Quer, 1933)

Género CYTIDIA Quél., Fl. Mycol. Fr. pag. 25 (1888)
Generotipo: Thelephora salicina Fr., Syst. Mycol. 1: 442 (1821)

Cuerpo fructífero resupinado unido al sustrato por la parte central, y presentando los márgenes sueltos, cuando el material está fresco tiene aspecto gelatinoso, al secar se torna duro; es de color rojo violeta. El sistema de hifas es monomítico, las hifas son fibuladas y ramificadas, presenta en el himenio dendrohifas de color amarillo marrón que con la sulfo vanillina toman un color azul violeta. Los basidios tienen 4 esterigmas y las esporas son alantoides, lisas y no amiloides.

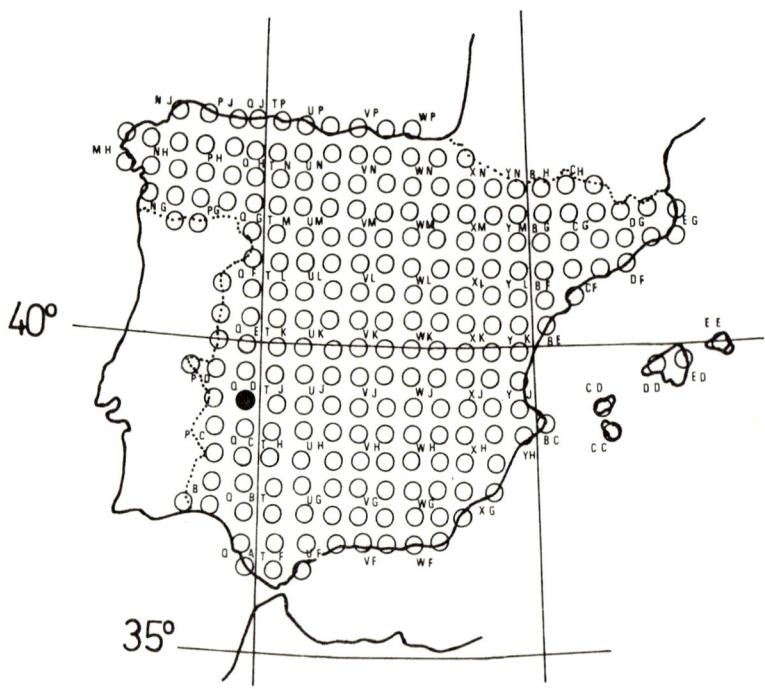

Fig. 14. Cytidia salicina (Fr.) Burt.

<u>Cytidia salicina</u> (Fr.) Burt., Ann. Miss. Bot. Gard. 11: 10 (1924)

Sinónimos: <u>Thelephora salicina</u> Fr., Syst. Mycol. 1: 442 (1821)

Cuerpo fructífero resupinado o cupuliforme, es decir está unido al sustrato unicamente por la parte central, los bordes quedan libres y se vuelven hacia dentro, lo que le da un aspecto de copa. Cuando el material está fresco, es gelatinoso pero al secar se hace duro y brillante, de color violeta rojizo. El himenóforo es liso al principio, al secar se torna más o menos ondulado.

El sistema de hifas es monomítico, las hifas son fibuladas y ramificadas, las basales se encuentran aglutinadas, unidas por una sustancia gelatinosa, toman al igual que las dendrohifas himeniales, una coloración azul violeta con la sulfovanillina. Los basidios son muy largos, de hasta 100 μm de longitud, y presenta 4 esterigmas largos y curvados. Las esporas anchamente alantoides miden de 12-17 x 4-5 μm, son lisas hialinas y no amiloides.

Habitat. - La hemos encontrado en una sola ocasión, creciendo junto a la <u>P. violaceolivida</u> y <u>Laeticorticium roseum</u>, según Eriksson y Ryvarden (1975) parece ser esta una asociación de hongos muy característica.

Corología. - BADAJOZ: Cerro Carija. - Prox. de Mérida, 29-3-77, leg. M.T.Tellería. (Figura 14)

Observaciones. - Especie nueva para el catálogo micológico español.

Género CHONDROSTEREUM Pouz., Česká Mykol. 13: 7 (1959)

Generotipo: <u>Thelephora purpurea</u> Fr., Syst. Mycol. 1: 440 (1821)

Este género ha sido segregado de <u>Stereum</u>. La diferencia fundamental entre ambos géneros, que incluso los sitúa en dos familias distintas, está en la naturaleza del himenio y de los basidios, que en el gen. <u>Chondrostereum</u> se presentan situados en densa empalizada, lo que le asemeja al género <u>Phlebia.</u>

<u>Chondrostereum purpureum</u> (Fr.) Pouz., Česká Mykol. 13: 17 (1959)

Sinónimo: <u>Thelephora purpurea</u> Fr., Syst. Mycol. 1: 440 (1821)

Cuerpo fructífero efuso-reflejo, el himenóforo es liso, de color violeta oscuro, la superficie del sombrerillo es híspida, de color gris blanquecino y de consistencia flexible en material fresco, que pasa a dura al secar. El sistema de hifas es monomítico, aunque el carpóforo aparece dividido en varios estratos distintos; la zona que constituye el tomento del sombrerillo está formada por hifas sueltas, de paredes anchas y fibuladas; después viene una zona formada por hifas apretadas de paredes también gruesas y paralelas unas respecto a otras, seguidamente una capa de hifas también paralelas pero de paredes delgadas, y a continuación una zona de hifas escasas pero de abundantes vesículas; después la zona subhimenial formada por hifas apretadas y la zona himenial que lleva cistidios de paredes delgadas, fusiformes y con incrustaciones cristalinas. Los basidios son claviformes, llevan 4 esterigmas y están situados en densa empalizada. Las esporas de alantoides a subcilíndricas, miden de 5-8,5 x 2,5-3,5 μm, son de paredes lisas y no amiloides.

Habitat. - Esta especie la hemos recolectado sobre madera de Pinus insignis, Pinus sylvestris, Betula sp., Salix sp., Quercus robur, Quercus pyrenaica, Crataegus monogina, Fagus sylvatica, Aesculus hippocastanun.

Corología. - ALAVA: Pantano de Albiña, 26-12-76, leg. C. Navarro, J.L. Tellería y M.T. Tellería; Faldas del Gorbea, 26-12-76, leg. C. Navarro, J.L. Tellería y M.T. Tellería. GUIPUZCOA: Aránzazu, 13-4-76, leg. J.L. Tellería y M.T. Tellería. MADRID: Villaviciosa de Odón, 13-11-76, leg. F.D. Calonge; Pto. de Canencia, 10-10-76, leg. C. Ladó; Subida al Pto. de Canencia desde Miraflores de la Sierra, 15-5-77, leg. M.T. Tellería; Jardín Botánico de Madrid, 4-2-77, leg. A. Barra; Parque del Retiro de Madrid, 30-5-76, leg. M. García Rollán. NAVARRA: Monte Aezcoa, 17-12-76, leg. E. Fuertes, C. Navarro y M.T. Tellería; Alto de Urbasa, 16-12-76, leg. E. Fuertes, C. Navarro y M.T. Tellería. VIZCAYA: Mañaria, 30-12-76, leg. C. Navarro y M.T. Tellería; Baquio, 6-4-76, leg E. Perez del Moral. En la bibliografía aparece abundantemente citado por toda la península.

Género DACRYOBOLUS Fr. emend. Oberw.

Fries, Summa Veg. Scand. pag. 404 (1849)

Oberwinkler, Zeitschr. Pilzk. 31: 40 (1965)

Generotipo: Hydnum sudans Fr., Syst. Mycol. 1: 425 (1821)

Cuerpo fructífero resupinado, el himenóforo es liso u odontoide. El sistema de hifas es monomítico o parcialmente dimítico. Las hifas generativas son fibuladas. Siempre presenta cistidios, que en algunos casos, emergen del fondo de la trama. Los basidios son largos, estrechos y situados en densa empalizada. Las esporas son alantoides, lisas y no amiloides.

Observaciones. - Quizá el caracter más importante de este género, esté en sus basidios, largos y muy estrechos. Para Parmasto (1968) este género se asemeja, por sus hifas, al gen. Phlebia, del que difiere por la forma de los basidios y esporas.

Clave de especies

1. Himenóforo tuberculado, cistidios de paredes gruesas que se hinchan con KOH al 10% .... D. karstenii
1'. Himenóforo odontoide, cistidios de paredes delgadas que no se hinchan en la sol. de KOH al 10% .... D. sudans

Dacryobolus karstenii (Bres.) Oberw. ex Parm., Consp. Syst. Cort. pag. 98 (1968)

Sinónimo: Stereum karstenii Bres., Atti. I.R. Accad. Agiati III (3): 109 (1897)

Cuerpo fructífero resupinado de color crema amarillento, tiene hasta 1 mm de espesor, al principio crece en parches redondos que luego van confluyendo unos con otros, tomando una forma irregular, el himenóforo es tuberculado, y al secar se resquebraja.

El sistema de hifas es dimítico, la zona del cuerpo fructífero próxima al sustrato, presenta dos tipos de hifas, unas las hifas generativas fibuladas y ramificadas y otras, las hifas esqueléticas de paredes gruesas que

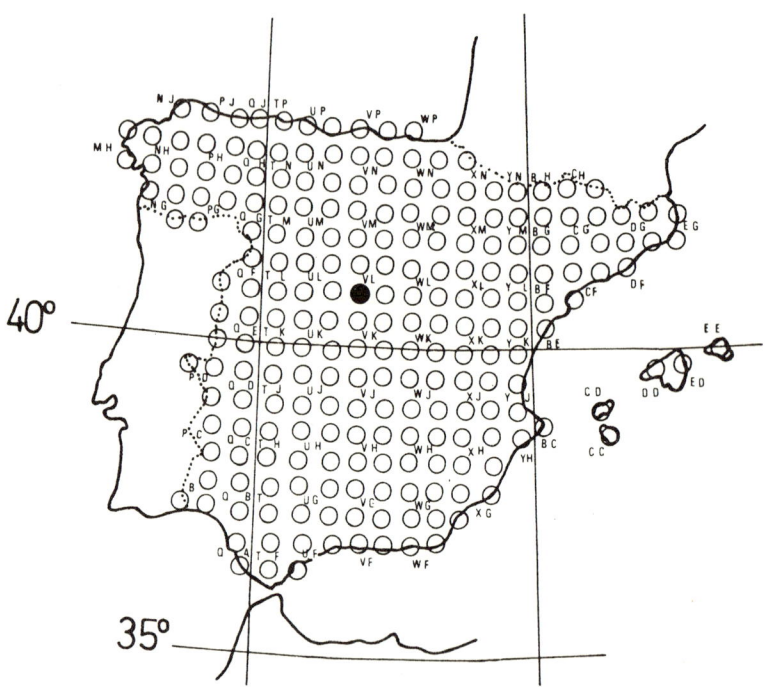

Fig. 15. Dacryobolus karstenii (Bres.) Oberw. ex Parm.

se hinchan en presencia de KOH al 10%, la capa comprendida entre la zona basal y el himenio está formada unicamente por hifas generativas y cruzada por largos cistidios de paredes gruesas. Los cistidios son de dos tipos, unos de paredes delgadas, cilíndricos, con ligeras incrustaciones cristalinas y que sólo están situados en la zona himenial, (miden de 40-70 x 3-4 µm) y otros muy largos, (de hasta 250 µm de longitud) que penetran en la trama, y teniendo las paredes gruesas en la parte inferior van estrechándose hacia el ápice que es obtuso; estas paredes se hinchan en KOH al 10%. Los basidios son cilíndricos, largos y estrechos miden de 30-40 x 2-3,5 µm, en la parte superior presentan un estrechamiento para luego ancharse bruscamente en la zona donde van situados los esterigmas en número de cuatro; presentan estos basidios fíbula basal. Las esporas son alantoides, hialinas, de paredes delgadas, las de nuestro material median 7,2-8,4 x 1,8 µm.

Habitat. - Según Eriksson y Ryvarden (1975), vive sobre madera (en el leño) de coníferas, preferentemente Pinus sylvestris. Nosotros la hemos recolectado precisamente en este habitat.

Corología. - MADRID: Pto. de Canencia, 15-5-77, leg. C. Navarro y M. T. Tellería. (Figura 15)

Observaciones. - Especie nueva para el catálogo micológico español. Pese a que en la descripción hemos dicho que sus sistema de hifas es dimítico, basándonos en la interpretación dada por Eriksson y Ryvarden (1975), pensamos que a la presencia de estas "hifas" puede dársele otro significado, no considerándolas como hifas esqueléticas, sino como la base de los largos cistidios de paredes gruesas que salen del fondo de la trama, apoyando esta interpretación el hecho de que la pared de estas hifas en presencia de KOH al 10% se hincha al igual que la de los cistidios. De ser así, el sistema de hifas no sería dimítico sino monomítico.

Dacryobolus sudans (Fr.) Fr., Summa Veg. Scand. pag. 404 (1849)
Sinónimo: Hydnum sudans Fr., Syst. Mycol. 1: 425 (1821)

Cuerpo fructífero resupinado, de color que va del blanco al crema ocráceo, el himenóforo es odontoide, visto a la lupa, está formado por pequeños dientes que en material fresco exudan un líquido viscoso que al secar toma tonalidades ocres.

El sistema de hifas es monomítico; las hifas basales están abundantemente ramificadas, fibuladas, y son fácilmente diferenciables, en contraposición a las de la zona subhimenial donde están fuertemente entretejidas y son difíciles de observar. Presenta esta especie dos tipos de cistidios, unos en el himenio, poco abundantes, que son cilíndricos de paredes delgadas y recubiertos sobre todo en la parte superior de una sustancia viscosa; el otro tipo es el de los que constituyen los dientes, crecen estos en grupos, tienen las paredes delgadas presentan septos y son muy largos, miden de 150-200 µm de longitud, y los fascículos que forman, aparecen a veces, rodeados de una sustancia viscosa. Los basidios son cilíndricos, largos y delgados, miden 25-27 x 2,5-3,5 µm y llevan 4 esterigmas. Las esporas son alantoides, con una gota lipídica en su interior, son de paredes delgadas y no amiloides y miden 5-6,5 x 1,5 µm.

Habitat. - Crece sobre madera descortezada de coníferas. Nosotros lo hemos recolectado sobre <u>Abies pinsapo</u>, las otras dos veces que aparece citado en la bibliografía en nuestro país, es también en esta ecología.

Corología. - CADIZ: Benamahoma, 2-10-76, leg. C. Navarro y M. T. Tellería. Citado en Andalucia (Malençon, 1968; Malençon y Bertault, 1976)

Género DENDROTHELE v. Höhn. et Litsch., Stizber. Akad. Wiss. Wien, Math.-Nat. Kl. 116 (1): 819 (1907)

Generotipo: <u>Dendrothele papillosa</u> v. Höhn. et Litsch., Stizber. Akad. Wiss. Wien, Math.-Nat. Kl. 116 (1): 820 (1907) = <u>Corticium griseo -canum</u> Bres., Fung. Trid. II: 58 (1892) ≡ <u>Dendrothele griseo-cana</u> (Bres.) Bourd. et Galz., Bull. Soc. Mycol. Fr. 28: 354 (1913)

Cuerpo fructífero resupinado, fuertemente unido al sustrato, de color blanco, gris u ocre; el himenóforo es liso. El sistema de hifas es monomítico, con abundantes cristales en la trama. El himenio lleva gran cantidad de dendrohifas, los cistidios en menor cantidad, tienen el ápice alargado, sencillo o ramificado como las dendrohifas. Los basidios son claviformes llevan de 2-4 esterigmas y miden de 20-50 µm de longitud. Las esporas

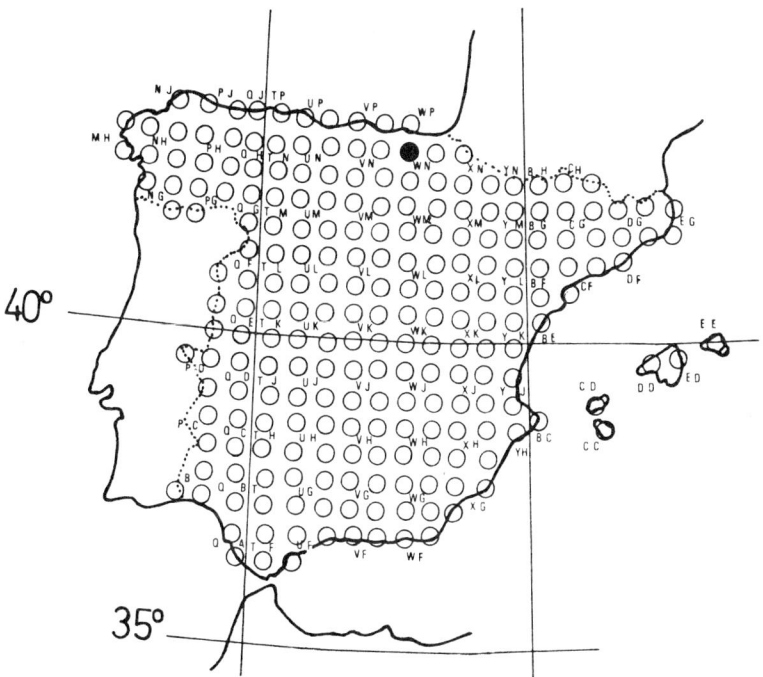

Fig. 16. Dendrothele alliacea (Quél.) Lemke

de oblongo elipsoidales a anchamente elipsoidales, tienen las paredes gruesas y cianófilas.

Observaciones. - Las especies de este género viven sobre troncos vivos de Alnus, Quercus, Acer,etc.; por su aspecto externo recuerdan a líquenes crustáceos, aunque no presentando nunca tonos verdes.

Dendrothele alliacea (Quél.) Lemke, Persoonia 3(3): 366 (1965)

Sinónimo: Corticium alliaceum Quél., C.R.Ass. Franç. Sci. 12: 505 (1884)

Cuerpo fructífero resupinado, al principio crece en parches redondos, que después van confluyendo unos con otros, de color blanco a gris, el margen es perfectamente diferenciable.

El sistema de hifas es monomítico, totalmente recubierto de cristales, lo que dificulta mucho la observación de las hifas. El material estudiado por nosotros no presentaba cistidios, aunque si abundantes dendrohifas en el himenio. Los basidios de claviformes a cilíndricos presentan 4 esterigmas largos. Las esporas son anchamente elipsoidales, de paredes lisas, gruesas e hialinas; no amiloides (en el material por nosotros estudiado) y miden de 11,5-14 x 6-6,5 μm.

Habitat. - La hemos recolectado sobre un tronco de encina viva (Quercus ilex.)

Corología. - GUIPUZCOA: Udala.-Mondragón, 3-7-78, leg. M.T. Tellería. (Figura 16)

Observaciones. - Especie nueva para el catálogo micológico español.

Género GLOBULICIUM Hjortst., Sv. Bot. Tidskr. 67: 108 (1973)

Generotipo: Corticium hiemale Laurila, Ann. Bot. Soc. Zool.-Bot. Vanamo 14 (4): 4 (1938)

Cuerpo fructífero resupinado, liso, al principio orbicular luego confluyendo y quedando extendido. El sistema de hifas es monomítico, presenta gran cantidad de hifas parafisoides en el himenio, los basidios son largos, con 4 esterigmas, las esporas son globosas, de paredes lisas, no amiloi-

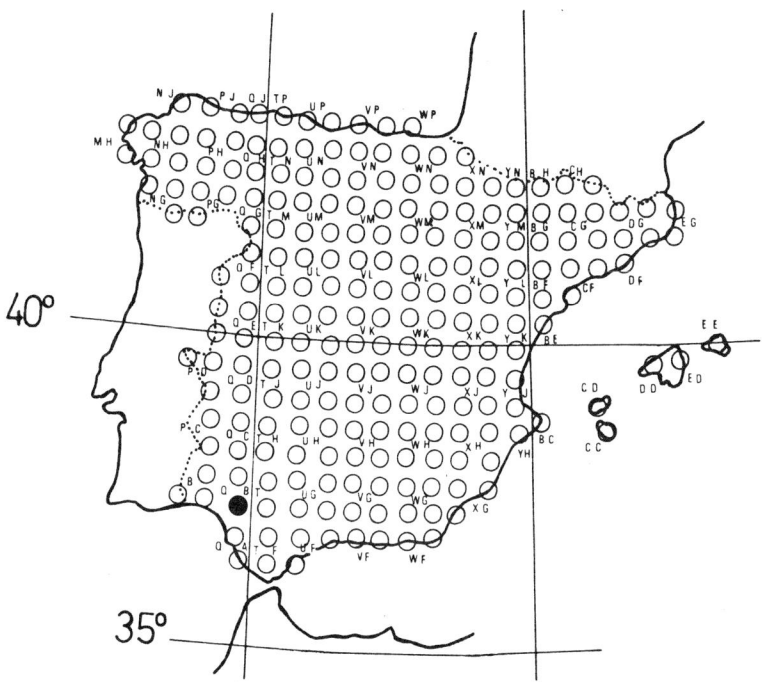

Fig. 17. Globulicium hiemale (Laurilia) Hjortst.

des, dextrinoides ni cianófilas.

Observaciones. - Género nuevo para la micoflora española.

Globulicium hiemale (Laurilia) Hjortst., Sv. Bot. Tidskr. 67: 109 (1973)
Sinónimo: Corticium hiemale Laurilia, Ann. Bot. Soc. Zool.-Bot. Vanamo 14 (4): 4 (1938)

Cuerpo fructífero resupinado, delgado, al principio en parches redondos que después confluyen unos con otros, de color blanco o crema tiene la superficie lisa y al secar se resquebraja ligeramente.

El sistema de hifas es monomítico, las hifas generativas son fibuladas y ramificadas. Cistidios ausentes, pero en su himenio, entre los basidios, presenta gran cantidad de hifas parafisoides, algunas de las cuales tienen el ápice bifurcado, otras mazudo y otras lleva un capuchón de cristales alargados. Los basidios son claviformes, miden de 50-60 x 8-12 μm y llevan 4 esterigmas. Las esporas son de globosas a subglobosas, llevan gotas lipídicas en su interior y miden 7,2-8,4 x 5,4-7,2 μm, para Eriksson y Ryvarden (1975) las esporas miden de 9-14 μm de diámetro.

Habitat. - Lo hemos recolectado sobre madera muerta de Fraxinus sp.

Corología.- HUELVA: Coto del Rey, 3-10-76, leg. F. D. Calonge (Fig. 17)

Observaciones. - Especie nueva para el catálogo micológico español

Género GLOEOCYSTIDIELLUM Donk emend. Donk
Donk, Meded. Nederl. Mycol. Ver. 18-20: 156 (1931)
Donk, Fungus 26: 8 (1956)
Generotipo: Corticium porosum Berk. et Curt. in Berk. et Br., Ann. Mag. Nat. Hist. ser 5 (3): 211 (1879)

Cuerpo fructífero resupinado, de grosor variable. El himenóforo es liso y de colores claros, su consistencia es cerea en material húmedo y membranácea en material seco. El sistema de hifas es monomítico, en algunas especies las hifas están suavemente entretejidas, mientras que en otras, están fuertemente entretejidas siendo en este caso difíciles de observar. Siempre lleva gloeocistidios, tubulares o sinuosos. Puede presentar o no lamprocistidios. Los basidios son claviformes, con 4 esterigmas. Las esporas lisas u ornamentadas son siempre amiloides.

Observaciones. - Este género engloba un grupo heterogéneo de especies caracterizadas todas ellas por presentar gloeocistidios y la pared de las esporas amiloides. Géneros próximos a él son: Laxitextum, que se diferencia porque sus hifas basales tienen las paredes de color marrón oscuro, y Aleurodiscus que si bien lleva gloeocistidios y la pared de sus esporas es amiloide, se diferencia porque en el himenio presenta acantofisos que en el género Gloeocystidiellum nunca están presentes.

Clave de especies

1. Pared de las esporas lisa..2
1'. Pared de las esporas verrugosa...............................5
2. Esporas globosas, gloeocistidios que no dan positiva la reacción de la sulfovanillina .... Gl. citrinum
2'. Esporas anchamente elipsoidales o anchamente alantoides, gloeocistidios que si dan positiva la reacción de la sulfovanillina 3
3. Esporas anchamente elipsoidales............................... 4
3'. Esporas anchamente alantoides.................... Gl. leucoxanthum
4. Hifas parafisoides abundantes en el himenio. Esporas anchamente elipsoidales con abundantes gotas lipídicas en su interior de 6-7 × 4-4,5 μm. .... Gl. lactescens
4'. Sin hifas parafisoides en el himenio, o de estar presentes, muy escasas. Esporas anchamente elipsoidales sin gotas lipídicas en su interior, de 7-10 × 4,5-5,5 μm. .... Gl. luridum
5. Trama formada por hifas fuertemente entretejidas que forman un pseudoparenquima. Esporas de 6-7 × 3,5-4,5 μm. .... Gl. karstenii
5'. Trama formada por hifas suavemente entretejidas, hifas fibuladas y ramificadas. Esporas de 4,5-6 × 2,5-3,5 μm.......... Gl. porosum

Gloeocystidiellum citrinum (Pers.) Donk, Fungus 26: 9 (1956)
Sinónimos: Thelephora citrina Pers., Mycol. Europ. 1: 136 (1822); Thelephora radiosa Fr. ex Pers., Mycol. Europ. 1: 130 (1822)

Cuerpo fructífero resupinado, de 0,5 mm de grosor, el himenóforo es liso o ligeramente tuberculado y se resquebraja al secar, el color varía del material fresco que es amarillo al material seco que es crema u ocre naranja. El margen es blanco y fibrilloso en aquellas zonas, donde mejor está desarrollado el carpóro.

El sistema de hifas es monomítico, las hifas generativas carecen de fíbulas y están suavemente entretejidas. Los gloeocistidios no dan positiva la reacción de la sulfovanillina, los de la zona basal son muy anchos, mientras que los de la zona subhimenial son estrechos y alargados con abundantes gotas lipídicas en su interior. Los basidios son claviformes, miden de 30-50 x 5-7 μm y lleva 4 esterigmas. Las esporas son lisas, globosas, con la apícula muy marcada, miden de 4-5 μm de diámetro y su pared es amiloide. (Figura 74)

Habitat. - Sobre madera muerta y caida en el suelo de Quercus rotundifolia.

Corología. - GUADALAJARA: Retiendas, 13-3-77, leg. M. T. Tellería. En la bibliografía aparece citado en Andalucía (Malençon y Bertault, 1976).

Observaciones. - Para Eriksson y Ryvarden (1975) la posición de esta especie dentro del género es incierta, ya que el contenido de sus gloeocistidios no da positiva la reacción de la sulfovanillina.

Gloeocystidiellum karstenii (Bourd. et Galz.) Donk, Fungus 26: 9 (1956)
Sinónimo : Gloeocystidium karstenii Bourd. et Galz., Hym. Fr. pag. 254 (1928)

Cuerpo fructífero resupinado, de grosor variable, ya que a veces presenta varias capas, una por cada año, la superficie es lisa, cuando el material está seco aparece fuertemente resquebrajada, su color varia del crema al ocre.

El sistema de hifas es monomítico, las hifas están densamente entretejidas, formando un pseudoparénquima, lo que hace casi imposible diferenciarlas. Los gloeocistidios son tubulares, flexuosos, llegando a medir hasta 90 μm de longitud y 12 μm de anchura. Los basidios son claviformes y llevan 4 esterigmas. Las esporas anchamente elipsoidales son verrugosas y amiloides, miden de 6-7,5 x 3,5-4,5 μm.

Habitat. - Lo hemos recolectado sobre madera muerta de Betula celti-

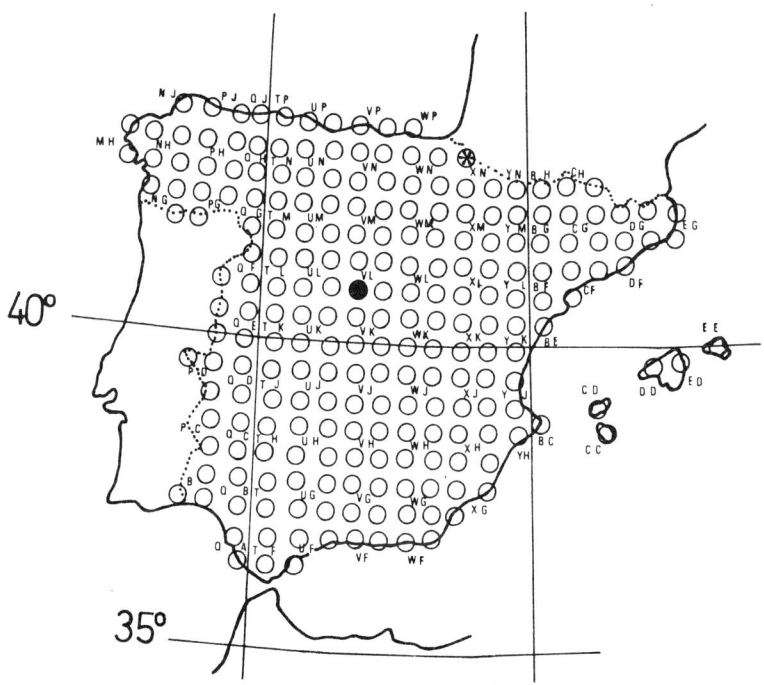

Fig. 18. Gloeocystidiellum karstenii (Bourd. et Galz.) Donk (●)
Gloeocystidiellum lactescens (Berk.) Boid. (✱)

berica.

Corología. - MADRID: Pto. de Canencia, 15-5-77, leg. C. Navarro y M. T. Tellería. (Figura 18)

Observaciones. - Especie nueva para el catálogo micológico español, muy próxima al G. ochraceum del que se diferencia por la pared de las esporas, ya que en G. ochraceum es lisa y en G. karstenii como acabamos de decir verrugosa.

Gloeocystidiellum lactescens (Berk.) Boid., C. R. Acad. Sci. Paris 233: 1668 (1951)

Sinónimo: Thelephora lactescens Berk. in Smith, English Fl. 5 (2): 169 (1836)

Cuerpo fructífero resupinado, adnado, de 0,5-1 mm de grosor, de color blanco grisáceo que al secar, pasa a amarillento. El himenóforo es irregular formado por abultamientos y depresiones que no siguen una dirección determinada, al secar se resquebraja.

El sistema de hifas es monomítico, las hifas generativas carecen de fíbulas, tienen las paredes delgadas, y están ramificadas, en la zona himenial hay abundantes hifas parafisoides. Los gloeocistidios son largos, tubulares y sinuosos, llegan a medir hasta 200 μm de long., y dan positiva la reacción de la sulfovanillina. Los basidios son claviformes, presentando una base muy estrecha, lo que puede recordarnos a un pedúnculo, tienen 4 esterigmas. Las esporas son anchamente elipsoidales, lisas y amiloides, con abundantes gotas lipídicas en su interior, miden de 6-7 x 4-4,5 μm.

Habitat. - Lo hemos recolectado sobre madera muerta y descortezada de Fagus sylvatica.

Corología. - NAVARRA: Pantano de Irabia, 17-12-76, leg. E. Fuertes, C. Navarro y M. T. Tellería. (Figura 18)

Observaciones. - Especie nueva para el catálogo micológico español. Un caracter que diferencia muy bien a esta especie es la presencia de gran cantidad de hifas parafisoides en el himenio.

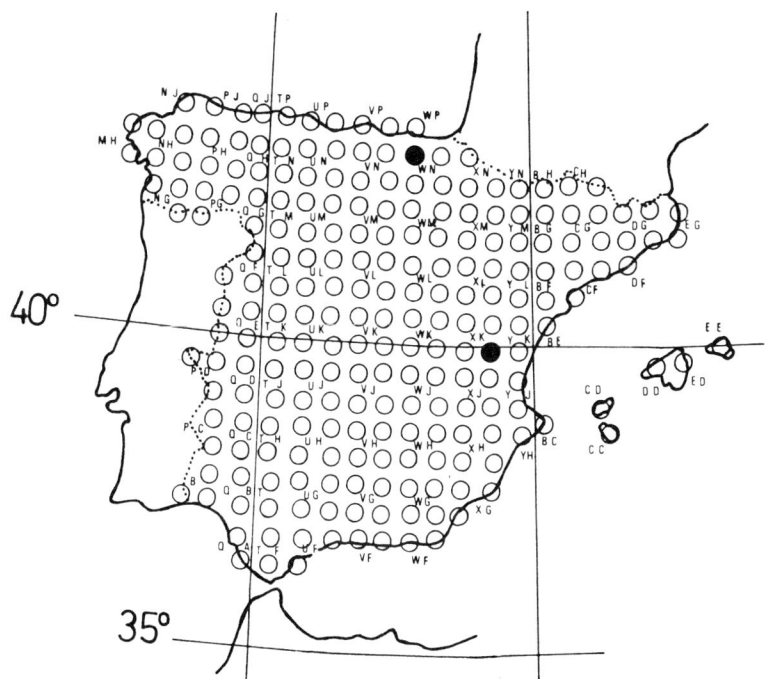

Fig. 19. Gloeocystidiellum leucoxanthum (Bres.) Boid.

Gloeocystidiellum leucoxanthum (Bres.) Boid., C.R.Acad. Sci. Paris 233: 825 (1951)

Sinónimo: Corticium leucoxanthum Bres., Fung. Trid. 2: 57 (1892)

Cuerpo fructífero resupinado, de hasta 1 mm de grosor;el himenóforo es al principio liso, después rimoso, su color va del blanco al crema grisáceo.

El sistema de hifas es monomítico, las hifas generativas tienen paredes delgadas, o a veces gruesas, son fibuladas y abundantemente ramificadas. Los gloeocistidios son tubulares, algunos de ellos presentan multitud de estrechamientos y ensanchamientos lo que les da un aspecto moniliforme en la zona apical; dan positiva la reacción de la sulfovanillina. Los basidios son claviformes, miden de 40-60 x 6-8 μm, llevan 4 esterigmas. Las esporas son anchamente alantoides, lisas y amiloides, miden 12-20 x 4,5-7 μm. (Figura 75)

Habitat. - Lo hemos recolectado sobre madera de Fagus sylvatica y Acer monspesulanum.

Corología. - TERUEL: Javalambre, 5-4-76, leg. C. Navarro y M. T. Tellería. VIZCAYA: Urquiola, 19-4-76, leg. C. Navarro y M. T. Tellería. (Figura 19)

Observaciones. - Especie nueva para el catálogo micológico español.

Gloeocystidiellum luridum (Bres.) Boid., C.R.Acad. Sci. Paris 233: 1668 (1951)

Sinónimo: Corticium luridum Bres., Fungi Trid. 2: 59 (1892)

Cuerpo fructífero resupinado, al principio liso, después ligeramente tuberculado, de color blanco crema o en los ejemplares viejos crema naranja, el margen no está claramente diferenciado.

El sistema de hifas es monomítico, aunque las hifas son practicamente indiferenciables, debido a que están densamente entretejidas. Presenta abundante cantidad de gloeocistidios tubulares, sinuosos, algunos de ellos presentan el ápice moniliforme, miden de 100-140 x 6-12 μm. Los basidios son claviformes, con 4 esterigmas y miden de 50-60 x 5-7 μm. Las esporas son lisas, anchamente elipsoidales y amiloides, miden de 7-9 x

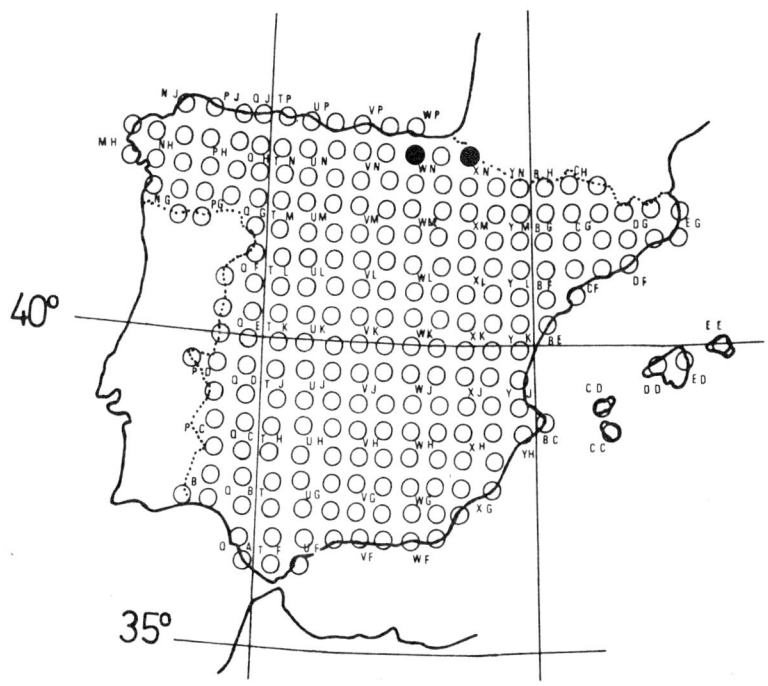

Fig. 20. Gloeocystidiellum porosum (Berk. et Curt.) Donk

4,5-5,5 μm. (Figura 75)

Habitat. - Lo hemos recolectado sobre madera muerta de Fagus sylvatica, Castanea sativa y Quercus rotundifolia.

Corología. - AVILA: Gallegos de Sobrinos y Cillán, 6-3-77, leg. A. Camina, C. Navarro y M. T. Tellería. CACERES: Pto. de San Vicente, 19-2-77, leg. C. Navarro y M. T. Tellería; Castañar de Ibor, 20-2-77, leg. C. Navarro y M. T. Tellería. NAVARRA: Pantano de Irabia, 17-12-76, leg E. Fuertes, C. Navarro y M. T. Tellería; Urbasa, 16-12-76, leg. E. Fuertes, C. Navarro y M. T. Tellería. En la bibliografía se encuentra citado en Andalucía (Malençon y Bertault, 1976)

Gloeocystidiellum porosum (Berk. et Curt.) Donk, Meded. Nederl. Mycol. Ver. 18-20: 156 (1931)

Sinónimo: Corticium porosum Berk. et Curt. in Berk. et Br., Ann. Mag. Nat. Hist. ser. 5 (3) : 211 (1879)

Cuerpo fructífero resupinado, de color blanco o crema, liso, resquebrajado al secar, el margen no está especialmente diferenciado.

El sistema de hifas es monomítico; las hifas generativas son de paredes delgadas, llevan fíbulas y están ramificadas, las basales van colocadas paralelas al sustrato. Los gloeocistidios son tubulares, sinuosos, algunos ensanchados en la base que se presenta ramificada en dos partes. Los basidios son claviformes y tienen 4 esterigmas. Las esporas anchamente elipsoidales, con paredes verrugosas y amiloides, miden de 4,6-6 x 2,5-3,5 μm. (Figura 75)

Habitat. - Lo hemos recolectado sobre madera muerta de Fagus sylvatica y Quercus robur.

Corología. - ALAVA: Villareal de Alava, 13-3-76, leg. G. López, C. Navarro y M. T. Tellería. GUIPUZCOA: Arlabán, 2-1-77, leg. J. L. Tellería y M. T. Tellería; Aránzazu, 13-4-76, leg. M. T. Tellería. NAVARRA: Carretera de Aribe a Orbaiceta, 17-12-76, leg. E. Fuertes, C. Navarro y M. T. Tellería; Pto. de Lizarraga, 16-12-76, leg. E. Fuertes, C. Navarro y M. T. Tellería; Urbasa, 16-12-76, leg. E. Fuertes, C. Navarro y M.

T. Tellería; Berruete, 17-9-77, leg. L.M. García Bona. (Figura 20)

Observaciones. - Especie nueva para el catálogo micológico español.

Género GLOEOPORUS Mont. in de la Sagra, Hist. Cuba 9: 385 (1842)

Generotipo: Gloeoporus conchoides Mont. in de la Sagra, Hist. Cuba 9: 385 (1842)

Cuerpo fructífero resupinado o efuso-reflejo, de consistencia gelatinosa en material fresco que al secar se endurece. Presenta el himenóforo tubular. La trama es doble, lleva una línea basal, formada por hifas sueltas, que tiene aspecto esponjoso, a continuación de esta hay una capa gelatinosa formada por hifas ramificadas, fibuladas; las colocadas en las paredes de los tubos son paralelas unas respecto a otras y van recubiertas de una sustancia gelatinosa. Los basidios claviformes, van colocados en densa empalizada. Las esporas son cilíndricas, muy pequeñas, de paredes delgadas, lisas y no amiloides.

Observaciones. - Hay algunos autores como Domanski (1972) que incluyen este género dentro de la familia Polyporaceae, otros como Donk (1964) y Parmasto (1968) lo incluyen dentro de la familia Corticiaceae. Nosotros pensamos que esta propuesta es adecuada, pues si bien su himenóforo es tubular, sus basidios en densa empalizada, su trama doble y su himenio continuo, es decir que son fértiles los bordes de los tubos, nos lo sitúan perfectamente dentro de esta familia en la que ahora está incluido al lado de géneros como Merulius o Phlebia. Este género es nuevo para la micoflora española.

Gloeoporus pannocinctus (Romell) Erikss., Symb. Bot. Upsal. 16(1): 136 (1958)

Sinónimo: Polyporus pannocinctus Rommell, Ark. T. Bot. 11 (3): 20 (1911)

Cuerpo fructífero resupinado, al principio crece en parches redondos que después van confluyendo unos con otros. El margen es estéril y ancho y el himenóforo tubular, de color amarillo azufre en el borde hacia el centro va tomando un color rosa salmón.

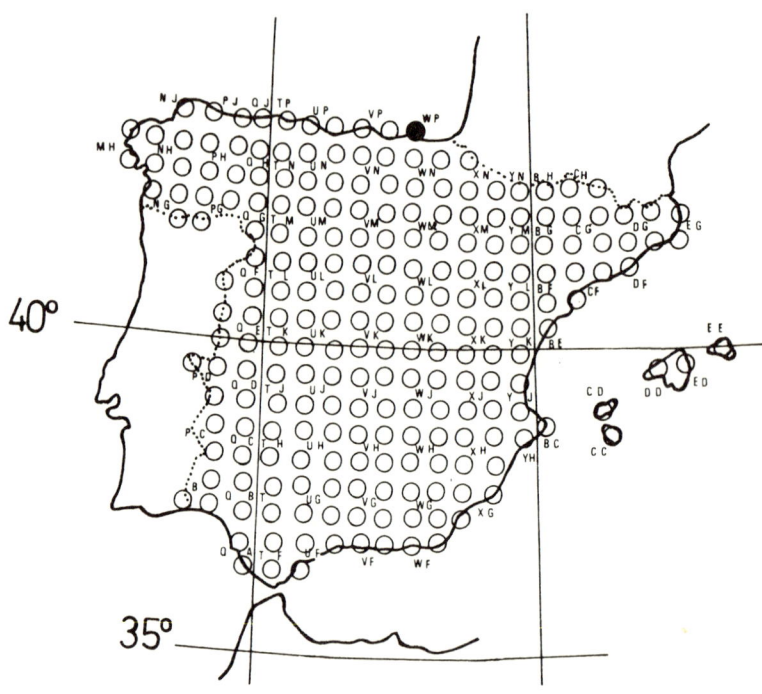

Fig. 21. Gloeoporus pannocinctus (Romell) Erikss.

El sistema de hifas es monomítico, la trama es heterogenea, la zona basal está formada por hifas de paredes anchas, suavemente entretejidas, tiene un aspecto algodonoso, la zona siguiente por el contrario tiene un aspecto gelatinoso, está formada también por hifas fibuladas y recubiertas de una sustancia gelatinosa, esta capa ocupa también la parte central de la pared de los tubos. Los basidios son claviformes, con 4 esterigmas, miden 12-15 x 3-4 μm y están colocados en densa empalizada. Las esporas son alantoides y muy pequeñas ya que miden de 3,5-4 x 0,7 μm.

Habitat. - Lo hemos recolectado sobre madera de Pinus insignis. Según Domanski (1972) vive sobre la corteza y el leño de Fagus y Carpinus y menos frecuentemente en coníferas, sobre especies de los géneros Pinus y Abies.

Corología. - VIZCAYA: Ibarranguelua, 14-3-76, leg. C. Navarro y M. T. Tellería. (Figura 21)

Observaciones. - Especie nueva para el catálogo micológico español.

Género HYPHODERMA Wallr. emend. Donk
Wallroth, Fl. Crypt. Germ. 2: 576 (1833)
Donk, Fungus 27: 13 (1957)
Generotipo: Thelephora setigera Fr., Elench. Fung. 1: 208 (1828)

Cuerpo fructífero resupinado, en unas especies extendido y en otras orbicular, membranáceo o cereo, con el himenóforo liso, tuberculado, hidnoide o poroso reticulado, de color blanquecino o amarillento. El sistema de hifas es monomítico, las hifas generativas son ramificadas, de paredes anchas o delgadas, con un diámetro de 3-4 μm, todas las especies excepto una, provistas de fíbulas en todos los septos. Cistidios, cistidiolos o gloeocistidios presentes en muchas especies, estos son de forma y tamaño variables. Los basidios bastante largos son de claviformes a suburniformes, sinuosos y con un estrechamiento en la parte media, presentan el protoplasma rico en gotas lipídicas, los esterigmas en número de 4, son largos y más o menos curvados. Las esporas de paredes delgadas, no amiloides, son de elipsoidales a alantoides, con su protoplasma lleno de gotas lipídicas, miden generalmente más de 7 μm.

Observaciones. - Este género es muy próximo a los géneros Hypochnicium e Hyphodontia. La diferencia con Hypochnicium hay que buscarla en la pared de las esporas, que en este género son gruesas y cianófilas. Más conflictiva es la separación con el género Hyphodontia; para Julich (1974) mantener ambos géneros separados, es en el fondo una cuestión de conveniencia, él así lo hace, aceptando como único caracter diferencial entre ambos el tamaño de los basidios. Por otro lado Parmasto (1968), los considera tan separados que dentro de la misma subfamilia los incluye en dos tribus distintas. La última palabra sobre el tema, hasta el momento, la han dado Eriksson y Ryvarden (1975, 1976) que consideran que si bien la delimitación del género no es muy clara, está más cerca de la verdad Parmasto que Julich, y consideran como caracteres diferenciables de ambos géneros: El tamaño de basidios y esporas más pequeño, hifas más estrechas y fructificaciones fibrosas en Hyphodontia. Según lo que hemos podido observar, estamos de acuerdo con Eriksson y Ryvarden ya que estos caracteres que ellos dan como diferenciales, son perfectamente válidos para incluir con acierto a las espécies en uno u otro género.

Clave de especies

1. Himenóforo raduloide, el tamaño de los dientes varia de 1-3 mm de long. .... H. radula
1'. Himenóforo liso, granuloso u odontoide, en este caso el tamaño de los dientes no sobrepasa los 0,5 mm de longitud. 2

2. Sin cistidios ni cistidiolos. Hifas basales de paredes gruesas y ramificadas en ángulo recto. Siempre viviendo sobre madera quemada. .... H. antracophyllum
2'. Con cistidios o cistidiolos. Hifas basales de paredes delgadas y no ramificadas en ángulo recto. No viviendo sobre madera quemada. 3

3. Cistidiolos acabados en una cabeza redonda, e hifas parafisoides presentes en el himenio. Cistidios ausentes. Esporas cilíndricas 10,8-12 x 2,5-3 μm. .... H. transiens
3'. Especies sin todas las caracteristicas anteriores juntas. 4

4. Estefanocistos presentes. .... H. praetermissum

4'. Estefanocistos ausentes.. 5

5. Cistidios fusiformes, de paredes gruesas y fuertemente incrustadas, miden hasta 100 µm de longitud................... H. puberum

5'. Sin este tipo de cistidios.. 6

6. Apice de algunos cistidios recubiertos con una sustancia resinosa
amarilla o marrón rojiza... 7

6'. Cistidios sin este tipo de incrustaciones. Cuando presentan incrus
taciones estas son cristalinas................................... 8

7. Superficie del carpóforo de color rosa o marrón claro. Especie
con cistidios cilíndricos y esporas alantoides de 11-15 x 4-5 µm.....
.... H. medioburiense

7'. Superficie del carpóforo de color blanco grisáceo. Especie con
dos tipos de cistidios unos fusiformes no incrustados y otros ca-
pitados, generalmente inmersos en la trama y recubiertos con una
sustancia resinosa marrón. Esporas anchamente elipsoidales de
8-11 x 4-5 µm.. H. tsugae

8. Cistidios cilíndricos, de paredes gruesas, con septos y fíbulas,
incluídos en la trama y presentando incrustaciones cristalinas.
Esporas de cilíndricas a oblongo elipsoidales 7-10 x 3-4,5 µm......
.... H. setigerum

8'. Cistidios de paredes delgadas y forma variable desde fusiformes a
subcilíndricos, algunos acabados en un ápice globoso; pueden presentar incrustaciones cristalinas de aspecto redondeado. Las espo
ras anchamente elipsoidales de 5, 4-6 x 3-4 µm.......... H. sambuci

Hyphoderma antracophyllum (Bourd.) Jül., Persoonia 8(1): 80 (1974)

Sinónimo: Corticium antracophyllum Bourd., Rev. Sci. Bourb. 23: 9 (1910)

Cuerpo fructífero resupinado, cereo, fuertemente unido al sustrato, de color que va del crema al amarillo rojizo, el borde es pubescente y blanquecino, al secar la superficie queda profundamente resquebrajada. Observándola a la lupa, la superficie se ve recubierta de un tomento blanquecino.

El sistema de hifas es monomítico, las hifas basales, de paredes gruesas, son fibuladas y ramificadas en ángulo recto, es quizá este el caracter más destacable, las hifas subhimeniales también fibuladas, tienen las paredes delgadas. Los basidios son claviformes con 4 esterigmas y las esporas anchamente elipsoidales miden de 6, 5-9 x 4-6 µm.

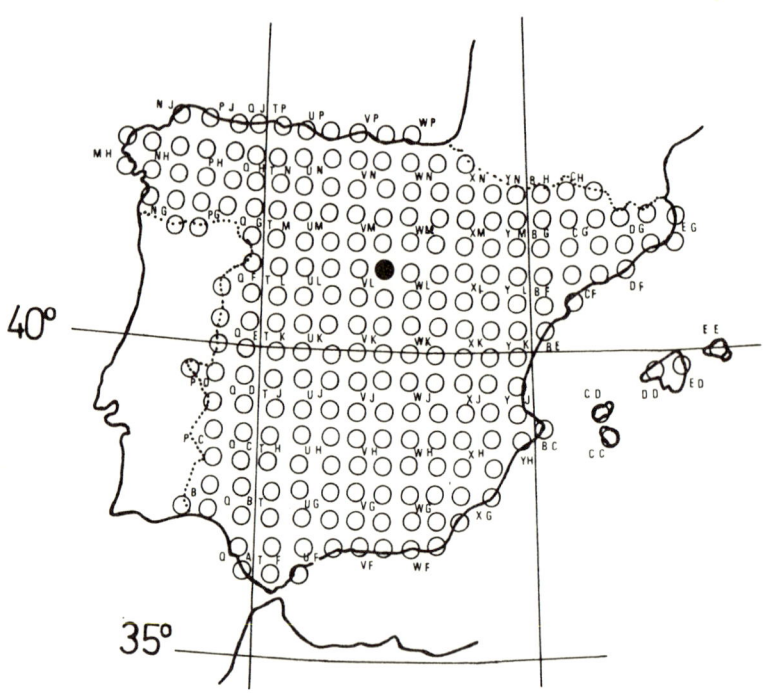

Fig. 22. Hyphoderma medioburiense (Burt) Donk

Habitat. - Siempre crece sobre madera quemada, esta especie puede ser considerada como pirófila estricta.

Corología. - AVILA: Mijares, 26-9-76, leg. C. Navarro y M. T. Tellería. MADRID: Villaviciosa de Odón, 17-2-77, leg. F. D. Calonge, M. T. Tellería y L. Verde. En la bibliografía aparece citada en la provincia de Madrid (de la Torre, et al., 1976)

Hyphoderma medioburiense (Burt) Donk, Fungus 27: 15 (1957)

Sinónimos: Peniophora medioburiense Burt , Ann. Miss. Bot. Gard. 12: 328 (1925); Gloeocystidiellum argillaceum v. Höhn. et Litsch., Wiesner Festchr. pag. 67 (1908); Gloeocystidiellum subargillaceum Litsch., Glasnik, Bull. Soc. Scienc. Skolje 18 (6): 181 (1938)

Cuerpo fructífero resupinado, extendido, liso, de color rosa en material fresco que al secar pasa a marrón claro; observándolo a la lupa se ve la superficie ligeramente tomentosa, viéndose también unas pequeñas gotas de color amarillento (sustancia resinosa que recubre los ápices de algunos cistidios).

El sistema de hifas es monomítico, las hifas generativas son de paredes delgadas, fibuladas y ramificadas. Presenta cistidios cilíndricos de paredes delgadas, algunos de ellos llevan un capuchón de sustancia resinosa de color amarillento claro, presentan los cistidios fíbula basal y miden de 30-60 x 7-8,5 μm. Las esporas son cilíndricas, hialinas, de paredes delgadas, lisas y no amiloides, con gotas lipídicas en su interior y miden de 11-15 x 4-5 μm.

Habitat. - Lo hemos recolectado sobre madera descortezada de Quercus pyrenaica.

Corología. - SEGOVIA: Pto. de la Quesera, 19-9-76, leg. C. Navarro y M. T. Tellería. (Figura 22)

Observaciones. - Especie nueva para el catálogo micológico español, se diferencia de la H. roseocremeum, especie muy próxima, por el tamaño de las esporas que es en esta especie más pequeño, ya que miden normalmente de 8-10 μm.

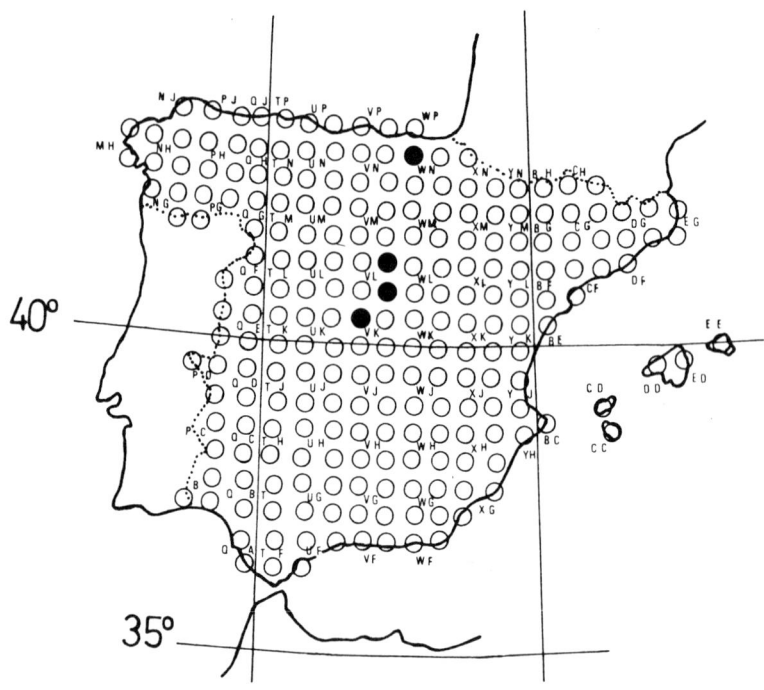

Fig. 23. Hyphoderma praetermissum (Karst.) Erikss. et Strid

Hyphoderma praetermissum (Karst.) Erikss. et Strid , Cort. North
Europ. 3: 505 (1975)

Sinónimos: Corticium praetermissum Karst., Bidr. Känn. Finl.
Nat. Folk. 48: 423 (1889); Gloeocystidiellum praetermissum (Karst.)
Bres., Ann. Mycol. 1: 100 (1903)

Cuerpo fructífero resupinado, delgado, margen ligeramente bisoide aun
que no especialmente diferenciado, la superficie es lisa y de color blanco
al principio, que luego pasa a crema amarillento.

El sistema de hifas es monomítico, las hifas basales son fibuladas, de
paredes delgadas y ramificadas, las subhimeniales son difíciles de diferenciar unas de otras, ya que están densamente entretejidas. Presenta
gloeocistidios inmersos en la trama con abundante contenido amarillento
en su interior, presenta estefanocistidios que están también inmersos en
la trama, su número es variable de unas especies a otras, lleva asimismo
cistidios fusiformes o cilíndricos, con el ápice redondo, su tamaño es variable, va de 10-80 x 6-10 µm, hay algunos que están inmersos en la trama y se proyectan en el himenio y otros aparecen en la zona himenial entre los basidios. Los basidios, son claviformes, presentan fíbula basal,
llevan 4 esterigmas largos de hasta 5,4 µm de long., presentan abundante cantidad de gotas lipídicas en su protoplasma y miden de 22-24 x 6,5-7,5 µm. Las esporas son oblongo elipsoidales, de paredes lisas, hialinas y no amiloides, llevan gran cantidad de gotas lipídicas en su interior,
miden de 8,5-10 x 4-5 µm.

Habitat. - Lo hemos recolectado sobre madera de Fagus sylvatica,
Quercus pyrenaica, Quercus rotundifolia y Populus sp.

Corología. - GUADALAJARA: Retiendas, 13-3-77, leg. M. T. Tellería
MADRID: Fuente de la Reina. - El Escorial, leg. M.T. Tellería. SEGOVIA: Pto. de la Quesera, 19-9-76, leg. C. Navarro y M. T. Tellería. VIZCAYA: Urculeta, 24-12-75, leg. C. Navarro y M. T. Tellería. (Figura 23)

Observaciones. - Especie nueva para el catálogo micológico español.

Hyphoderma puberum (Fr.) Wallr., Fl. Crypt. Germ. pag. 576 (1833)

Sinónimo: Thelephora pubera Fr., Elench. Fung. I: 295 (1828); Peniophora pubera (Fr.) Sacc., Syll. Fung. VI: 646 (1888)

Cuerpo fructífero resupinado, fuertemente unido al sustrato, de color blanco, en las partes más viejas toma una coloración marrón amarillenta, la superficie vista a la lupa es ligeramente tomentosa.

El sistema de hifas es monomítico, las hifas basales abundantemente fibuladas y ramificadas, tienen una anchura de 3,5-4 μm, las subhimeniales están fuertemente entretejidas. Presenta abundantes cistidios fusiformes, de paredes muy gruesas y fuertemente incrustados, estos se presentan tanto inmersos en la trama como en el himenio y miden de 60-100 x 10-12 μm. Los basidios son claviformes, presentando estrechamientos sobre todo en la zona media, llevan fíbula basal y 4 esterigmas, miden de 23-27 x 5-6 μm. Las esporas son oblongo elipsoidales, de paredes lisas e hialinas, las de nuestro material medían 9 x 4,2 μm, pero según Eriksson y Ryvarden (1975), puede variar las medidas de 7-10 x 3,5-5 μm.

Habitat.- La hemos recolectado sobre madera muerta y descortezada de Pinus insignis.

Corología.- VIZCAYA: Abadiano, 13-3-76, leg. C. Navarro y M.T. Tellería. Citada en Andalucia (Malençon, 1968)

Observaciones.- Esta especie es muy fácil de distinguir por los cistidios tan característicos que presenta.

Hyphoderma radula (Fr.) Donk, Fungus 27: 15 (1957)

Sinónimos: Hydnum radula Fr., Syst. Mycol. 1: 422 (1821); Basidioradulum radula (Fr.) Nobles, Mycologia 59: 192 (1967)

Cuerpo fructífero resupinado, orbicular al principio, después estos parches redondos van confluyendo unos con otros y al final queda en placas extendidas, su color es de crema amarillento a amarillo claro, el borde más claro es ligeramente fimbriado, el himenóforo es hidnoide, formado por dientes más o menos esparcidos que miden de 1-3 mm de longitud.

El sistema de hifas es monomítico, las hifas basales y las de la parte

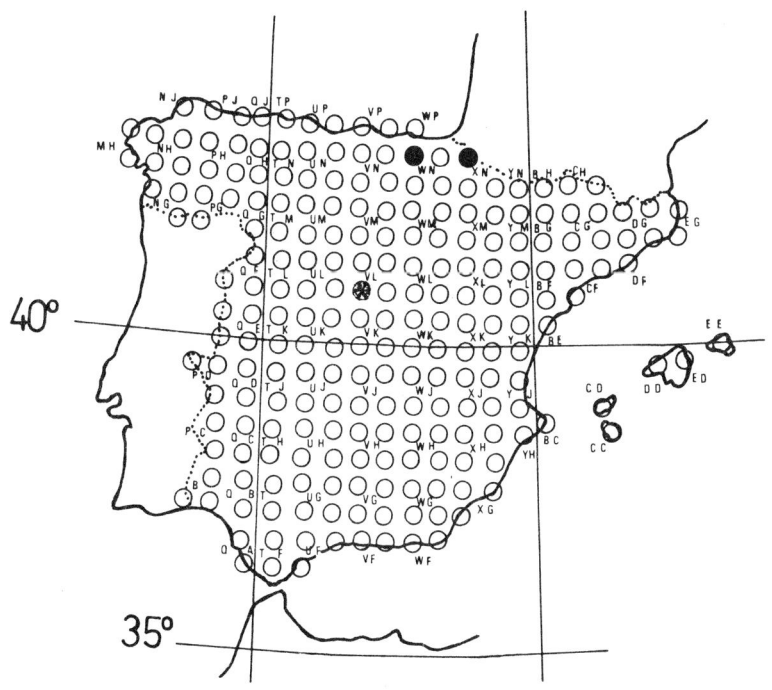

Fig. 24. Hyphoderma radula (Fr.) Donk (●)
Hyphoderma tsugae (Burt.) Erikss. et Strid (✱)

central de los dientes son ramificadas y fibuladas, las subhimeniales están fuertemente entretejidas y son difíciles de diferenciar. Presenta cistidios, de paredes delgadas, con abundantes estrechamientos, algunos de ellos monoliformes, son difíciles de observar ya que no sobresalen en el himenio más de la altura de los basidios. Los basidios son de claviformes a cilíndricos, con estrechamiento en la zona media, y miden de 22-26 x 5-6 μm. Las esporas son de cilíndricas a alantoides, miden de 8,5-10 x 2,5-3 μm, tienen las paredes lisas, no amiloides y son hialinas.

Habitat. - La hemos recolectado sobre corteza de madera muerta de Fagus sylvatica y Pinus insignis.

Corología. - NAVARRA: Echarri-Aranaz, 7-10-77, leg. Soc. Cienc. Nat. Aranzadi. VIZCAYA: Abadiano, 13-3-76, leg. G. Lopez, C. Navarro y M. T. Tellería. (Figura 24)

Observaciones. - Especie nueva para el catálogo micológico español. Nobles (1967) creó el género Basidioradulum utilizando esta especie como tipo; en la discusión para separar este género de Hyphoderma da las siguientes razones: Crece formando parches redondos sobre la corteza; las esporas no tienen gotas lipídicas en su interior, y el himenio crece desde un principio de modo homogéneo; este caracter parece ser el único diferente del resto de las especies del género Hyphoderma, ya que por ejemplo H. setigerum (especie con la cual está tipificado el género) crece orbicularmente sobre la corteza de la madera, y con respecto al caracter de la ausencia del contenido lipídico en las esporas, hay especies como H. mutatum que tampoco lo llevan.

Hyphoderma sambuci (Pers.) Jül., Persoonia 8(1): 80 (1974)
Sinónimos: Thelephora sambuci Pers., Mycol. Europ. I: 152 (1822); Corticium hariotii Bres., Ann. Mycol. 18: 48 (1920); Pheniophora thujae Burt., Ann. Miss. Bot. Gard. 12: 236 (1925)

Cuerpo fructífero resupinado, de color blanco en material fresco, que toma por algunos sitios coloración amarillenta al secar, la superficie ligeramente granulosa y resquebrajada al secar.

El sistema de hifas es monomítico, las hifas generativas de paredes del gadas, son abundantemente fibuladas y ramificadas, llevan incrustados cristales redondos en sus paredes. Los cistidios colocados en la zona himenial, tienen las paredes delgadas, su forma es variable, desde fusiforme hasta subcilíndricos, con el ápice acabado en una cabeza redonda, presentan tanto los unos como los otros abundantes estrechamientos y llevan algunos incrustaciones de cristales semejantes a los de las hifas de la trama. Los basidios son subclaviformes y llevan estrechamientos en la zona media, con 4 esterigmas y fíbula basal, miden de 20-30 x 4-5 µm. Las esporas son anchamente elipsoidales, con la apícula bien marcada y gotas lipídicas en su interior, miden de 5,4-6 x 3-4 µm, sus paredes son hialinas, lisas y no amiloides.

Habitat. - El material por nosotros estudiado crecia sobre madera de Quercus pyrenaica, Fraxinus angustifolia y Rubus sp.

Corología. - MADRID: Robledo de Chavela, 22-2-76, leg. C. Navarro, J. L. Tellería y M. T. Tellería; Campamento, 23-3-77, leg. M. Garcia Rollán. SEGOVIA: Riaza, 19-9-76, leg. C. Navarro y M. T. Tellería. TOLEDO: San Pablo de los Montes, 25-3-77, leg. G. Moreno. En la bibliografía aparece citada en Andalucía (Malençon y Bertault, 1976)

Hyphoderma setigerum (Fr.) Donk, Fungus 27: 15 (1957)

Sinónimo: Thelephora setigera Fr., Elench. Fung. 1: 208 (1828)

Cuerpo frutífero resupinado, al principio crece en parches redondos que al crecer van uniéndose unos con otros formando una placa extendida, su grosor es variable y su superficie también, ya que va de lisa a tuberculada; al principio es de color blanco, que luego pasa a amarillo o marrón claro, el margen es ancho y fimbriado.

El sistema de hifas es monomítico, las hifas generativas son fibuladas y ramificadas, con un diámetro de 3-4,5 µm. Presenta cistidios muy largos de 70-150 µm de longitud, inmersos en la trama y que sobresalen mucho del himenio; de paredes muy gruesas excepto en el ápice, con septos y fíbulas y con incrustaciones cristalinas octaédricas. Los basidios son claviformes con 4 esterigmas, miden de 25-30 x 6-6,5 µm, presentan un estrechamiento en la zona media y llevan fíbula basal. Las esporas son de ci líndricas a oblongo elipsoidales, miden de 7-10 x 3-4, 5 μm, de paredes hialinas, lisas y no amiloides. (Figura 76)

Habitat. - Lo hemos recolectado creciendo sobre madera de Fagus sylvatica, Quercus robur, Tamarix sp. y sobre carpóforos de Hypoxylon fragiforme que a su vez crecía sobre madera de Fagus sylvatica.

Corología. - ALAVA: Alto de Cruceta, 27-12-75, leg. M. T. Tellería. MADRID: Casa de Campo, 17-2-77, leg. F. D. Calonge, M. T. Tellería y L. Verde. NAVARRA: Echarri-Aranaz, 7-10-77, leg. Soc. Cienc. Nat. Aranzadi. VIZCAYA: Garay, 10-10-75, leg. C. Navarro y M. T. Tellería. En la bibliografía aparece citado en Cataluña (Maire, 1937); y en Valladolid (Benito Martínez y Torres Juan, 1965). De esto ya dábamos cuenta en el trabajo de Tellería y Calonge (1979)

Observaciones. - Esta especie, se caracteriza por el tipo de cistidios que presenta. El Hypochnicium polonense presenta también cistidios de este tipo, es decir de paredes gruesas, con septos y fíbulas e incrustaciones cristalinas, pero las incrustaciones son distintas, mucho más pequeñas y no tienen además formas octaédricas, esto además de otras diferencias como hifas, esporas, etc. hace que ambas especies sean muy difíciles de confundir.

Hyphoderma transiens (Bres.) Parm., Consp. Syst. Cort. pag. 114 (1968)
Sinónimo: Odontia transiens Bres., Torr. Basid. Lisb. et S. Fiel 72 (1913)

Cuerpo fructífero resupinado, delgado, de color crema con tonalidades rosas, por algunos lados, el himenóforo es liso o cubierto por pequeñas agujas de hasta 0, 5 mm de longitud.

El sistema de hifas es monomítico, las hifas presentan paredes delgadas , son fibuladas y ramificadas. Presenta cistidiolos en el himenio, acabados en una cabeza redonda que llega a medir hasta 5 μm de diámetro, presenta asimismo hifas parafisoides en el himenio. Los basidios son claviformes, con 4 esterigmas. Las esporas son cilíndricas, de paredes delgadas, lisas, hialinas, miden de 10,8-12 x 2,5-3 μm.

Habitat y corología. - Desconocemos ambas, puesto que el material procedía de la exposición micológica de San Sebastián, lo único que podemos decir con seguridad es que procede del País Vasco.

Observaciones. - Especie nueva para el catálogo micológico español.

Hyphoderma tsugae (Burt) Erikss. et Strid , Cort. North Europ. 3: 541 (1975)

Sinónimo: Corticium tsugae Burt, Ann. Miss. Bot. Gard. 13· 276 (1926)

Cuerpo fructífero resupinado, delgado, de color blanco grisáceo, visto a la lupa su superficie presenta unas gotas de color marrón. El sistema de hifas es monomítico, las hifas son ramificadas, fibuladas y de paredes delgadas. Presenta dos tipos de cistidios, unos fusiformes y de paredes delgadas y otros cilíndricos acabados en una cabeza redonda y que suelen llevar incrustada una sustancia resinosa marrón. Los basidios son claviformes, con 4 esterigmas y fíbula basal, miden aproximadamente 32 x 5 μm. Las esporas son anchamente elipsoidales, de paredes lisas, con abundantes gotas lipídicas en su interior, miden 8-10, 5 x 3, 6- 5 μm.

Habitat. - La hemos recolectado sobre madera muerta y descortezada de Pinus sylvestris.

Corología. - MADRID: Pto. de Lozoya, 15-5-76, leg. F. D. Calonge (Fig. 24)
Observaciones. - Especie nueva para el catálogo micológico español.

Género HYPHODERMELLA Erikss. et Ryv. , Cort. North Europ. 4: 579 (1976)

Generotipo: Grandinia corrugata Fr. , Hym. Europ. pag. 625 (1874).

Cuerpo fructífero resupinado, extendido, de color blanco o crema, himenóforo odontoide, con agujas pequeñas, al principio escasas, pero que cubren toda la superficie en las partes viejas; estas agujas presentan (al observarlas a la lupa) sobre todo en la zona apical, un tomento que le da una apariencia característica, en realidad no es otra cosa que las hifas incrustadas que lleva y que se proyectan hacia el exterior. El sistema de hifas es monomítico, las hifas generativas sin fíbulas, carece también de cistidios, los basidios son claviformes, pero con la base delgada que le da la apariencia de un pedúnculo. Las esporas son elipsoidales, de paredes lisas, delgadas y no amiloides.

Observaciones. - Género muy próximo a Hyphoderma, del que se diferencia por la forma de los basidios y ausencia total de fíbulas.

Hyphodermella corrugata (Fr.) Erikss. et Ryv., Cort. North Europ. 4: 549 (1976)

Sinónimos: Grandinia corrugata Fr., Hym. Europ. pag. 625 (1874); Odontia corrugata (Fr.) Bourd. et Galz., Hym. Fr. pag. 433 (1928)

Cuerpo fructífero resupinado, extendido, el himenóforo es odontoide de color crema ocre, el borde de color blanco es fibrilloso, la superficie del carpóforo se resquebraja al secar.

El sistema de hifas es monomítico, las hifas generativas, carecen de fíbulas, tienen aproximadamente 3 µm de diámetro. En la zona apical de las agujas, las hifas aparecen fuertemente incrustadas de cristales, tomando apariencia de cistidios. Los basidios son claviformes, en la parte basal se estrechan bruscamente lo que les da el aspecto de podobasidios, miden de 30-40 x 5-6 µm y llevan 4 esterigmas. Las esporas son anchamente elipsoidales, de paredes hialinas, lisas y no amiloides miden de 7-9 x 4-6 µm, llevan gran cantidad de gotas lipídicas en su protoplasma.

Habitat. - Lo hemos recolectado viviendo sobre madera de Quercus robur, Quercus ilex y Fagus sylvatica.

Corología. - CADIZ: Benamahoma, 2-10-76, leg. C. Navarro y M. T. Tellería. CUENCA: Solans de Cabras, 1-5-76, leg. G. López, C. Navarro y M. T. Tellería. NAVARRA: Carretera de Aribe a Orbaiceta, 17-12-76, leg. E. Fuertes, C. Navarro y M. T. Tellería. VIZCAYA: Axpe, 14-4-76, leg. C. Navarro y M. T. Tellería. En la bibliografía aparece citado en Andalucía (Malençon, 1968) y en el País Vasco (Cat. Micol. País Vasco, 1973)

Género HYPHODONTIA Erikss., Symb. Bot. Upsal. 16(1): 101 (1958)

Generotipo: Gonatobotrys pallidula Bres., Ann. Mycol. 1: 127 (1903)

Cuerpo fructífero resupinado, extendido, fibroso, blanquecino o pálido ocráceo, el himenóforo es variable, ya que puede ser liso, finamente tuberculado u odontoide, con agujas que pueden ser pequeñas y cónicas o largas y más o menos cilíndricas. El sistema de hifas es monomítico, las hifas tienen alrededor de 3 µm de anchura, sus paredes pueden ser delgadas o gruesas, pero siempre abundantemente ramificadas y fibuladas. El himenio puede presentar cistidios o cistidiolos. Los basidios son de claviformes a subclaviformes o subcilíndricos, pequeños, ya que miden generalmente de 10-20 µm de longitud, y llevan 4 esterigmas. Las esporas son de forma variable, van desde globosas a alantoides, pero siempre son lisas y no amiloides.

Observaciones. - Este género está intimamente relacionado con el género Hyphoderma, los caracteres diferenciales ya los dimos al hablar de él, y esquemáticamente los podemos resumir en : Hifas más estrechas, basidios y esporas más pequeños y cuerpo fructífero fibroso en Hyphodontia. Un género intimamente relacionado, en lo que a la estructura de las hifas generativas se refiere, es el género Schizopora (Polyporaceae) en el que las ramificaciones,tamaño y aspecto de las hifas generativas es idéntico, pero se diferencia en que el género Schizopora tiene el himenóforo poroide y el sistema de hifas dimítico, formado además de las hifas generativas, por hifas esqueléticas.

Clave de especies

1. Cistidios largos, tubulares o cilíndricos, de paredes gruesas excepto en el ápice, que tienen paredes delgadas y es obtuso. Esporas alantoides de 6-8 x 1,5-2 µm.................. H. subalutacea
1'. Sin este tipo de cistidios.. 2
2. Himenóforo liso, cistidios fusiformes de paredes delgadas, esporas oblongo elipsoidales que miden de 4,8-6 x 2-3 µm..... H. hastata
2'. Himenóforo odontoide.. 3

3. Himenóforo formado por agujas que tienen de 1-3 mm de longitud.... .... H. quercina

3' Himenóforo formado por agujas de menos de 1 mm de longitud....... 4

4. Hifas acabadas en un ápice esférico presentes en el himenio, en algunas ocasiones excretan una sustancia resinosa................. 5

4' Hifas con el ápice agudo presentes en el himenio........ H. crustosa

5. Esporas anchamente elipsoidales que miden de 5,5-6 x 3,6-4 µm..... .... H. aspera

5' Esporas de cilíndricas a oblongo elipsoidales que miden de 4,5-6 x 2-3 µm... H. nespori

Hyphodontia aspera (Fr.) Erikss., Symb. Bot. Upsal. 16(1): 104 (1958)

Sinónimo: Grandinia aspera Fr., Hym. Europ. pag. 627 (1874)

Cuerpo fructífero resupinado, de color que va del blanco crema al crema amarillento. El himenóforo, observándolo a la lupa, se ve que está formado por pequeñas agujas bastante anchas y esparcidas, entre las agujas es liso.

El sistema de hifas es monomítico, las hifas generativas presentan fíbulas en todos los septos, los basales son de paredes más gruesas que las subhimeniales; las que forman la parte interna de la aguja, crecen fasciculadas y llevan incrustaciones cristalinas, situandose paralelas unas respecto a otras y perpendiculares al sustrato. No lleva cistidios en el himenio pero si cistidiolos acabados en una cabeza redonda. Los basidios son de claviformes a subcilíndricos, algunos de ellos sinuosos, con 4 esterigmas, miden de 16-18 x 4-5 µm. Las esporas son anchamente elipsoidales, hialinas, con gotas lipídicas en su interior, de paredes lisas y no amiloides, miden 5,5-6 x 3,6-4 µm.

Habitat. - La hemos recolectado sobre madera muerta de Quercus rotundifolia.

Corología. - CACERES: Carretera del Pto. de San Vicente a Alia, 19-2-77, leg. C. Navarro y M. T. Tellería. (Figura 25)

Observaciones. - Especie nueva para el catálogo micológico español.

Hyphodontia crustosa (Fr.) Erikss., Symb. Bot. Upsal. 16(1): 104 (1958)

Sinónimo: Hydnum crustosum Fr., Syst. Mycol. 1: 419 (1821)

Cuerpo fructífero resupinado, al principio crece en parches redondos que después confluyen unos con otros hasta formar placas extendidas, de color crema amarillento; su himenóforo es odontoide, al secar la superficie del carpóforo se resquebraja, el margen es estéril, fibrilloso y más claro que el resto del cuerpo fructífero.

El sistema de hifas es monomítico, las hifas fibuladas y ramificadas, están colocadas perpendiculares al sustrato, tienen una anchura de 3 μm. No lleva cistidios pero si hifas que se proyectan en el himenio, con el ápice agudo y muy delgadas. Los basidios son de claviformes a cilíndricos, con un estrechamiento en la zona media, llevan 4 esterigmas y miden 18 x 4-5 μm. Las esporas son de subcilíndricas a oblongo elipsoidales, tienen las paredes lisas, hialinas y no amiloides y miden aproximadamente 6 x 3 μm.

Habitat. - La hemos recolectado sobre madera descortezada de Fagus sylvatica, Quercus pyrenaica, Quercus rotundifolia, Pinus sylvestris y Juniperus sp.

Corología. - AVILA: Molinos de Zorita, 14-5-77, leg. C. Navarro y M. T. Tellería. CACERES: San Martín de Trevijo, 30-3-77, leg. M. T. Tellería. MADRID: Cercedilla, 29-10-76, leg. F. D. Calonge y M. T. Tellería. NAVARRA: Alto de Urbasa, 16-12-76, leg. E. Fuertes, C. Navarro y M. T. Tellería. TERUEL: Javalambre, 7-4-76, leg. C. Navarro y M. T. Tellería; Gudar, 7-4-76, leg. C. Navarro y M. T. Tellería, Barranco del Tajal 6-4-76, leg. C. Navarro y M. T. Tellería. En la bibliografía aparece citada unicamente en Cataluña (Maire, 1937; Malençon y Bertault, 1976)

Hyphodontia hastata (Litsch.) Erikss., Symb. Bot. Upsal. 16(1): 104 (1958)

Sinónimo: Peniophora hastata Litsch., Österr. Bot. Zeitschr. 72(2): 130 (1928)

Cuerpo fructífero resupinado, delgado, suavemente unido al sustrato,

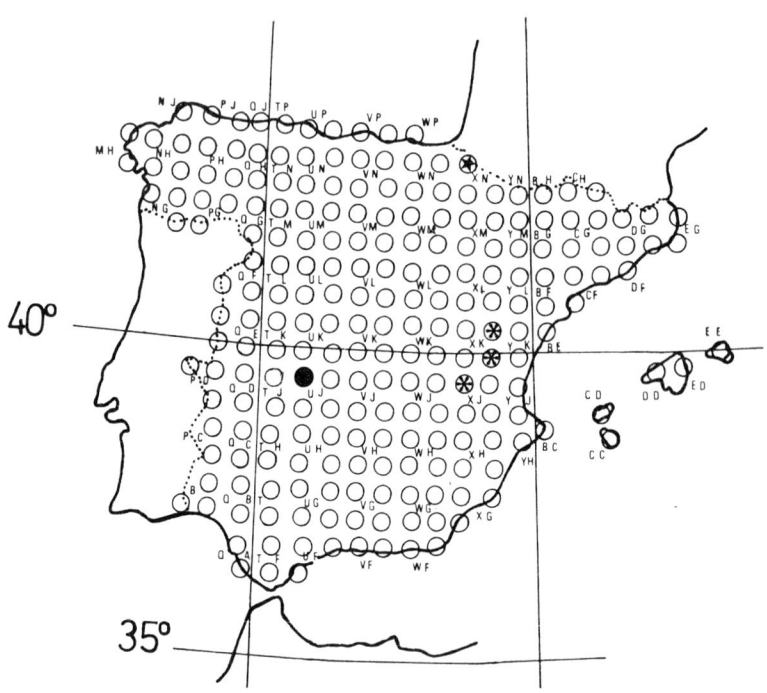

Fig. 25. Hyphodontia aspera (Fr.) Erikss. (●)

Hyphodontia hastata (Litsch.) Erikss. (✲)

Hyphodontia nespori (Bres.) Erikss. et Hjortst. (✶)

de color blanco crema, observándolo a la lupa se ve que su superficie está tapizada por un fino tomento, son los cistidios que se proyectan sobre ella; el margen presenta pequeños rizomorfos.

El sistema de hifas es monomítico, las hifas basales con las paredes más gruesas que las subhimeniales, llevan fíbulas en todos los septos y están abundantemente ramificadas, tienen una anchura de 3 µm, las subhimeniales están fuertemente entretejidas y son más difíciles de observar. Los cistidios son fusiformes, de paredes delgadas, se presentan en la zona himenial y también inmersos en la trama, miden de 20-40 x 3-6 µm. Los basidios son de claviformes a cilíndricos, presentando a veces un estrechamiento en la zona media, llevan 4 esterigmas y fíbula basal, miden 14-20 x 4-5 µm. Las esporas son oblongo elipsoidales, con una apícula bien marcada, lisas, hialinas y no amiloides, miden de 4,8-6 x 2-3 µm

Habitat. - Siempre lo hemos recolectado sobre madera muerta de coníferas: Pinus clusiana, Pinus pinaster, Pinus sylvestris.

Corología. - CUENCA: Proximidades de Garaballos y ermita de San Miguel, 1-5-76, leg. G. López, C. Navarro y M. T. Tellería. TERUEL: Javalambre, 5-4-76, leg. C. Navarro y M. T. Tellería; Pto. de Peñarroya, 7-4-76, leg. C. Navarro y M. T. Tellería. (Figura 25)

Observaciones. - Especie nueva para el catálogo micológico español.

Hyphodontia nespori (Bres.) Erikss. et Hjortst., Cort. North Europ. 4: 655 (1976)

Sinónimo: Odontia nespori Bres., Ann. Mycol. 18(1-3): 43 (1920)

Cuerpo fructífero resupinado, de color blanco crema o blanco grisáceo, el himenóforo está formado por pequeñas agujas que cubren densamente la superficie, observándolas a la lupa, se ve que estas agujas tienen el ápice fimbriado, en realidad son las hifas que forman la parte interna de la aguja y se proyectan al exterior, al secar la superficie se resquebraja.

El sistema de hifas es monomítico, las hifas presentan fíbulas en todos los septos y están abundantemente ramificadas. Las hifas del subículo, y las del interior de las agujas, tienen las paredes ligeramente gruesas y están suavemente entretejidas, se proyectan en la zona apical de la aguja (dándole el aspecto fimbriado que presenta) y ahí van incrustadas sus paredes con unos cristales redondos, las hifas subhimeniales son de paredes más finas y están densamente entretejidas. No presenta cistidios, pero en el himenio se proyectan algunas veces hifas que tienen el ápice capitado. Los basidios son subcilíndricos, presentando estrechamientos en su zona central, lo que les da un aspecto urniforme, miden de 15-20 x 4-4,5 μm y llevan 4 esterigmas. Las esporas son de cilíndricas a oblongo elipsoidales, con gotas lipídicas en su protoplasma, de paredes lisas, hialinas y no amiloides, miden 4,5-5,5 x 2-3 μm.

Habitat. - Lo hemos recolectado sobre madera podrida de Quercus robur.

Corología. - NAVARRA: Echarri-Aranaz, 7-10-77, leg. Soc. Cienc. Nat. Aranzadi.(Figura 25)

Observaciones. - Especie nueva para el catálogo micológico español.

Hyphodontia quercina (Fr.) Erikss., Symb. Bot. Upsal. 16(1): 105 (1958)

Sinónimo: **Hydnum quercinum** Fr., Syst. Mycol. 1: 423 (1821)

De todas las especies de este género, esta es la más citada en la bibliografía micológica de nuestro país; a grandes rasgos podemos decir que su cuerpo fructífero es resupinado y tiene el himenóforo odontoide, formado por agujas de cónicas a cilíndricas y de 2-3 mm de longitud, su color es al principio blanquecino y después crema.

El sistema de hifas es monomítico, las hifas son fibuladas, con paredes delgadas y ramificadas. En el himenio aparecen hifas acabadas en una cabeza redonda. Los basidios con 4 esterigmas, son de claviformes a cilíndricos, con un estrechamiento en la zona media, miden de 20-25 x 4,5-5 μm. Las esporas de cilíndricas a oblongo elipsoidales, llevan abundantes gotas lipídicas en su interior y miden de 5-6,5 x 2,4-3 μm.

Habitat. - Nosotros la hemos recolectado sobre madera de Quercus pyrenaica.

Corología. - CACERES: Pto. de San Martín de Trevijo, 30-3-77, leg.

M. T. Tellería. En la bibliografía aparece citada en Cataluña (Codina y Font Quer, 1930; Maire, Codina y Font Quer, 1933; Malençon y Bertault, 1971) en Madrid (Benito Martínez, 1930) en Huelva (Torres Juan, 1963) y en Cádiz (Malençon y Bertault, 1976)

Hyphodontia subalutacea (Karst.) Erikss., Symb. Bot. Upsal. 16(1): 104 (1958)

Sinónimo: Corticium subalutaceum Karst., Medd. Soc. F. Fl. Fenn. 9: 65 (1883)

Cuerpo fructífero resupinado, delgado, de color crema o amarillo claro, cuando el material está fresco; en material seco y viejo, se oscurece.

El sistema de hifas es monomítico, las hifas basales abundantemente ra mificadas y fibuladas, las subhimeniales más densamente entretejidas y di fíciles de observar. Presenta numerosos cistidios de hasta 150 μm de longitud, cilíndricos con el ápice obtuso, de paredes gruesas en la base que van estrechándose hacia el ápice, donde las paredes son delgadas. Los basidios son de claviformes a cilíndricos con estrechamientos en la zona media, tienen 4 esterigmas y miden 12-18 x 3-4 μm. Las esporas son alantoides, lisas, de paredes delgadas y miden de 6-8 x 1,5-2 μm.

Habitat. - La hemos recolectado sobre madera muerta de Pinus pinaster, Pinus sylvestris y Populus sp.; a veces crece sobre también madera quemada (de la Torre et al., 1976)

Corología. - CUENCA: Utiel, 1-5-76, leg. G. López, C. Navarro y M. T. Tellería. Citado en la bibliografía en Teruel (de la Torre et al., 1976)

Género HYPOCHNICIUM Erikss., Symb. Bot. Upsal. 16(1): 100 (1958)
Generotipo: Thelephora bombycina Sommerf., Fl. Lapp. suppl. pag. 284 (1826) ≡ Corticium bombycinum (Sommerf.) Karst., Hedwigia 32: 120 (1893) ≡ Hypochnicium bombycinum (Sommerf.) Erikss., Symb. Bot. Upsal. 16(1): 101 (1958)

Cuerpo fructífero resupinado, de color blanco, amarillo o rosa, la superficie es lisa, tuberculada u odontoide, vista a la lupa es glabra o ligeramente tomentosa, no presenta rizomorfos. El sistema de hifas es mono mítico, las hifas son fibuladas. Cistidios presentes o ausentes, si presentes, pueden tener las paredes delgadas o gruesas, lisas o incrustadas de cristales. Los basidios son de claviformes a suburniformes y llevan 4 esterigmas. Las esporas son de anchamente elipsoidales a subglobosas, con paredes gruesas, cianófilas, ornamentadas o lisas.

Observaciones. - Este género está muy próximo al Hyphoderma y al Bulbillomyces. Del género Hyphoderma se diferencia por la pared de las esporas, delgada y acianófila en este, y gruesa y cianófila en Hypochnicium. La diferencia con el género Bulbillomyces está en los cistidios, ya que este género los tiene metuloides y el Hypochnicium no.

Clave de especies

1. Cistidios presentes.. 2
1: Cistidios ausentes. Esporas ornamentadas, globosas, midiendo de 6-7,5 μm de diámetro. Conidios presentes............ H. vellereum
2. Cistidios de paredes gruesas, incrustados de cristales, con septos y fíbulas. Esporas oblongo elipsoidales de 5-6 x 3,5-4,2 μm.... .... H. polonense
2: Cistidios de paredes delgadas, sin incrustaciones ni septos ni fíbulas. Esporas globosas de 4,6-6 μm de diámetro. .H. sphaerosporum

Hyphochnicium polonense (Bres.) Strid , Wahlenb. 1: 68 (1975)

Sinónimos: Kneiffia polonensis Bres., Ann. Mycol. 1: 103 (1903); Hyphoderma polonense (Bres.) Donk, Fungus 27: 15 (1957)

Cuerpo fructífero resupinado, delgado de 0,2-0,3 mm de grosor, de color blanco crema, en las partes más rozadas toma color marrón, la superficie es lisa, vista a la lupa está cubierta de pelos, que no son otra cosa que la proyección de los cistidios, el margen no está diferenciado.

El sistema de hifas es monomítico, las hifas basales con fíbulas abundantes y ramificadas en ángulo recto, tienen las paredes gruesas y un diámetro de 6-10 μm, las subhimeniales están tan apretadas las unas a las otras que son difíciles de diferenciar, no obstante tienen las paredes delgadas. Presenta gran cantidad de cistidios de 100-200 x 6-10 μm, de paredes gruesas, con septos y fíbulas, así como abundantes incrustaciones

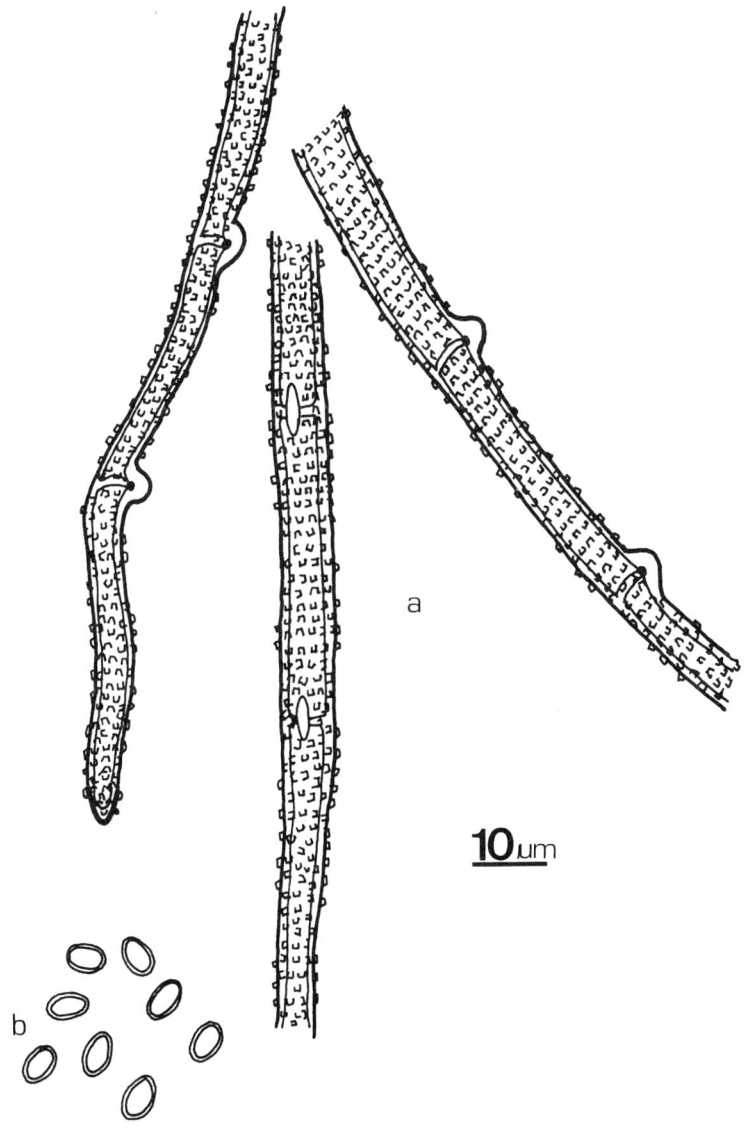

Fig. 26. Hypochnicium polonense (Bres.) Strid a.-Cistidio, b.-Esporas

cristalinas. Los basidios son suburniformes, presentan fíbula basal y llevan 4 esterigmas, miden de 19-30 x 4-5 μm. Las esporas son oblongo elipsoidales, algunas con una apícula muy marcada, las paredes son gruesas y cianófilas, miden de (4,8)-5, 4-6 x 3,6-4,2 μm. (Figuras 26 y 76)

Habitat. - La hemos recolectado viviendo sobre madera muerta de Fagus sylvatica.

Corología. - NAVARRA: Echarri-Aranaz, 7-10-77, leg. Soc. Cienc. Nat. Aranzadi. (Figura 27)

Observaciones. - Esta especie es nueva para el catálogo micológico español. El tamaño de las esporas de nuestro material es mucho más pequeño de el dado por Eriksson y Ryvarden (1976) ya que según ellos, miden de 7-8-(12) x (3,5)-4-6-(7) μm, aunque añaden que tanto el tamaño como la forma de las esporas, en esta especie, es muy varible. Esta especie se caracteriza por la forma de los cistidios y basidios unido a la anchura y grosor de la pared que presentan las hifas basales. Al hablar de la Hyphoderma setigerum ya dimos los caracteres diferenciales de ambas especies, que por la forma de los cistidios podrían confundirse.

Hyphochnicium sphaerosporum (v. Höhn. et Litsch.) Erikss., Symb. Bot. Upsal. 16(1): 101 (1958)

Sinónimo: Peniophora sphaerospora v. Höhn. et Litsch., Stizber, Akad. Wiss. Wien, Math.-Nat. Kl. 115 (1): 1600 (1906)

Cuerpo fructífero resupinado, al principio crece en parches pequeños que luego van confluyendo unos con otros para formar una costra, de color blanco amarillento.

El sistema de hifas es monomítico, las hifas son de paredes delgadas, fibuladas y ramificadas; aparecen densamente entretejidas formando una maraña, lo que hace bastante dificil su observación. Los cistidios son de cilíndricos a subfusiformes, tienen las paredes delgadas y se encuentran inmersos en la trama, no sobresaliendo en el himenio, lo que hace bastante difícil su observación, miden de 60-90 x 6-10 μm. Los basidios son de cilíndricos a claviformes, presentan un estrechamiento en la zona media, llevan 4 esterigmas y miden de 25-30 x 6-7 μm. Las esporas son glo-

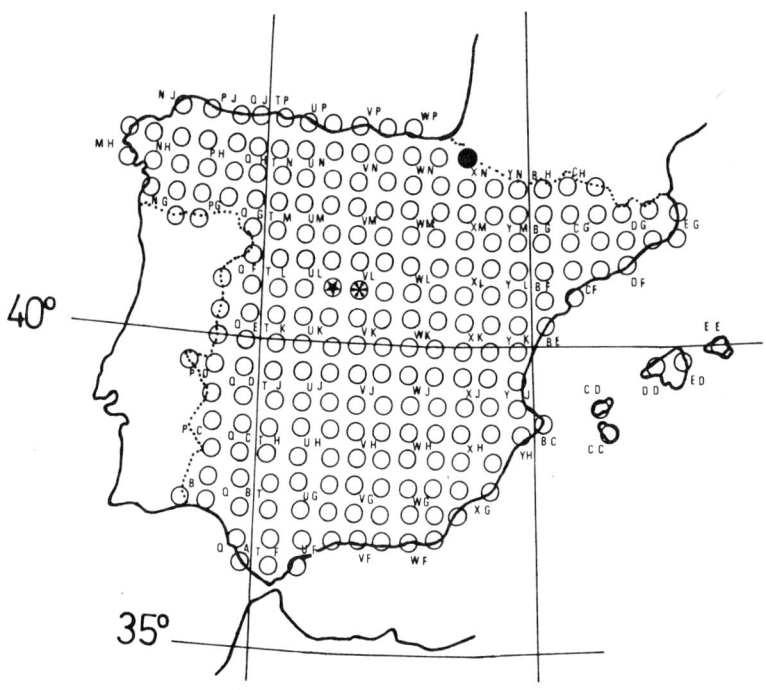

Fig. 27. Hypochnicium polonense (Bres.) Strid (●)
Hypochnicium sphaerosporum (v. Höhn. et Litsch.) Erikss. (✻)
Hypochnicium vellereum (Ell. et Crag.) Parm. (✶)

bosas, de paredes lisas, gruesas, con una apícula muy marcada y abundantes gotas lipídicas en su protoplasma, miden de 4,6-6 μm de diámetro.

Habitat. - Nosotros lo hemos recolectado sobre madera muerta y descortezada de Pinus sylvestris. Según Eriksson y Ryvarden (1976), puede crecer también sobre Fagus, Alnus, Betula y Quercus.

Corología. - SEGOVIA: Alto de los Leones, 5-6-77, leg. F.D. Calonge. (Figura 27)

Observaciones. - Después de haber consultado toda la bibliografía a nuestro alcance, parece ser una especie nueva para el catálogo micológico español.

Hypochnicium vellereum (Ell. et Crag.) Parm., Consp. Syst. Cort. pag. 116 (1968)

Sinónimo: Corticium vellereum Ell. et Crag. in Crag., Bull. Washburn Coll. Lab. Nat. Hist. 1: 66 (1885)

Cuerpo fructífero resupinado, delgado de 0,1 mm de grosor; su superficie es lisa, de color crema con tinte rosado.

El sistema de hifas es monomítico, las hifas son de paredes delgadas, aunque en la zona basal algunas tienen las paredes ligeramente gruesas. Los basidios son de tubulares a cilíndricos, sinuosos, con abundantes gotas lipídicas en su interior, llevan 4 esterigmas y miden de 40-50 x 6-7,5 μm. Las esporas son globosas, con una apícula muy marcada, de paredes ornamentadas, gruesas y cianófilas, con abundantes gotas lipídicas en su protoplasma miden de 6-7,5 μm. Presenta conidios que pueden formarse apicalmente en cuyo caso son redondos o intercalarmente en este caso son ligeramente fusiformes, son de paredes gruesas cianófilas y dextrinoides y miden de 8-9,5 x 6-8 μm. (Figura 76)

Habitat. - El material por nosotros estudiado crecia en un tronco podrido de Populus sp.

Corología. - AVILA: Prox. de Ojos Albos, 14-5-77, leg. C. Navarro y M.T. Tellería. (Figura 27)

Observaciones. - Especie nueva para el catálogo micológico español

Género LAETICORTICIUM Donk , Fungus 26: 16 (1956)

Generotipo: Thelephora rosea Pers. ex Fr., Syst. Mycol. 1: 451 (1821) =

Laeticorticium roseum (Pers. ex Fr.) Donk, Fungus 26: 17 (1956)

Sinónimo: Dendrocorticium Larsen et Gilbers., Norw. Jour. Bot. 21(3): 225 (1974)

Cuerpo fructífero resupinado, liso, delgado, con un grosor de 0,1-0,5 mm, de color variable ya que va del crema al rosa violeta. El sistema de hifas es monomítico, presenta dendrohifas en el himenio; los basidios, anchos en la base, son después tubulares, con 4 esterigmas. Las esporas son lisas, elipsoidales o en ocasiones anchamente alantoides.

Observaciones. - Este género es nuevo para la micoflora española. Próximo a los géneros Aleurodiscus y Dendrothele, hasta tal punto que algunas especies de este, han estado incluidas en dichos géneros, pero aunque Laeticorticium lleve dendrohifas, le faltan otros elementos como los gloeocistidios, acantofisos, etc., así como el caracter amiloide de la pared de las esporas, típicos de Aleurodiscus; del género Dendrothele se diferencia fundamentalmente por la forma y tamaño de los basidios, más cortos y anchos en Dendrothele que en Laeticorticium.

Clave de especies

1. Cistidios presentes, esporas anchamente alantoides de 18-20 x 5-6 μm... L. macrosporum
1: Sin cistidios, esporas anchamente elipsoidales u ovales........... 2
2. Cuerpo fructífero de color lila, basidios tubulares sin presentar hinchazones en la base, esporas anchamente elipsoidales 7-8,5 x 4-4,5 μm.. L. ionides
2: Cuerpo fructífero de color rosa fuerte. Basidios tubulares con hinchazones en la base, esporas de anchamente elipsoidales a ovoides, miden 9-16 x 5,5-10 μm.......................... L. roseum

Laeticorticium ionides (Bres. ex Brinkm.) Donk, Fungus 26 (1956)

Sinónimos: Corticium ionides Bres. ex Brinkm., Jahresber. Westfal. Prov. Ver. Wissen. Kunst. 26: 128 (1892); Dendrocorticium ionides (Bres. ex Brinkm.) Larsen et Gilbers.,   Norw. Jour. Bot. 21 (3): 225

(1974)

Cuerpo fructífero resupinado, al principio crece en parches redondos que luego van uniéndose unos con otros hasta formar placas más o menos grandes. Su color es lila al principio, después se va decolorando hacia blanco grisáceo, quedando en el material seco de color gris lila. El himenóforo es liso, se resquebraja al secar y al observarlo a la lupa, se ve que es pubescente.

El sistema de hifas es monomítico, las hifas son fibuladas y ramificadas, presentan incrustaciones cristalinas. En el himenio hay gran cantidad de dendrohifas, abundantemente ramificadas y con las paredes incrustadas de cristales, no lleva cistidios. Los basidios son tubulares con 4 esterigmas. Las esporas son anchamente elipsoidales, lisas, no amiloides ni dextrinoides y miden de 7-8,5 x 4-4,5 µm.

Habitat. - El material por nosotros estudiado lo hemos recolectado sobre madera muerta de Quercus rotundifolia y Fagus sylvatica.

Corología. - AVILA: Collado del Mirón, 6-3-77, leg. A. Camina, C. Navarro y M. T. Tellería. CACERES: Carretera de Alia a Guadalupe, 19-2-77, leg. C. Navarro y M. T. Tellería. VIZCAYA: Orozco, 10-11-77, leg. F. D. Calonge. Especie citada ya en la bibliografía por Malençon y Bertault (1976).

Observaciones. - El L. polygonioides (Karst.) Donk, muy próxima a esta, prácticamente sin ninguna diferencia, para Eriksson y Ryvarden (1976) el complejo L. polygonioides-ionides es una sola especie pero muy variable. Nuestro material ha sido confirmado por el Dr. Ryvarden.

Laeticorticium macrosporum (Bres.) Erikss. et Ryv., Cort. North Euro 4: 767 (1976)

Sinónimos: Corticium acerinum (Pers. ex Fr.) Romell var. macrospora Bres., Ann. Mycol. 1: 97 (1903); Corticium macrosporum (Bres.) Bres., Ann. Mycol. 6: 43 (1908); Aleurocorticium macrosporum (Bres.) Lemke, Cann. Jour. Bot. 42: 756 (1964); Dendrothele macrospora (Bres Lemke, Persoonia 3(3): 366 (1965)

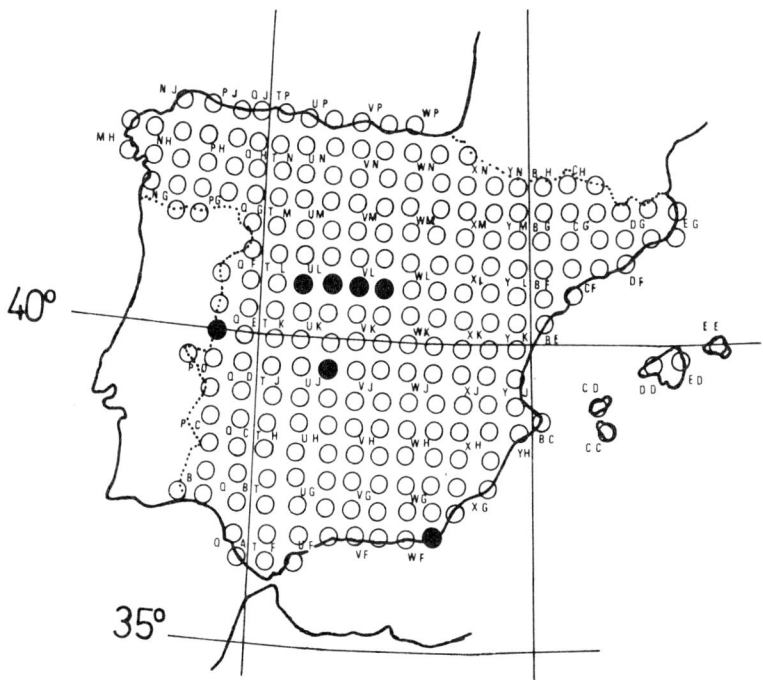

Fig. 28. Laeticorticium macrosporum (Bres.) Erikss. et Ryv.

Cuerpo fructífero resupinado, de color blanco grisáceo, al principio crece en parches redondos que después confluyen unos con otros.

El sistema de hifas es monomítico, la trama está formada por hifas que no se pueden diferenciar unas de otras (al observarla en KOH al 10%) ya que lleva gran cantidad de cristales. Presenta gran cantidad de cistidios tubulares, con los ápices redondos y con las paredes gruesas, miden de 60-110 x 6-8,5 μm. Presenta dendrohifas muy ramificadas en el himenio, y llevan sus paredes incrustadas con cristales. Los basidios son de claviformes a tubulares, sinuosos, estrechandose en la zona basal; miden 70-80 x 6-8 μm y presentan 4 esterigmas anchos y cortos. Las esporas son anchamente alantoides, lisas, hialinas y no amiloides, miden de 12-15 x 5-6 μm; según Eriksson y Ryvarden (1976) pueden llegar a medir has ta 20 μm.

Habitat. - La hemos recolectado sobre madera de <u>Quercus rotundifolia</u> <u>Erica scoparia</u> y <u>Erica umbellata</u>.

Corología. - ALMERIA: Sierra de la Alhamilla, 19-3-76, leg. M.T. Te llería. AVILA: Molinos de Zorita, 14-5-77, leg. C. Navarro y M.T. Telle ría; Ojos Albos, 14-5-77, leg. C. Navarro y M.T. Tellería; Gallegos de Sobrinos, 6-3-77, leg. A. Camina, C. Navarro y M.T. Tellería; Cillan, 6-3-77, leg. A. Camina, C. Navarro y M.T. Tellería. CACERES: Pto. de Perales, 3-3-77, leg. M.T. Tellería; Carretera de Alia a Guadalupe, 1¿ -2-77, leg. C. Navarro y M.T. Tellería. GUADALAJARA: Retiendas, 13- 3-77, leg. M.T. Tellería. MADRID: Carretera de la Cabrera a Valdemac 4-6-77, leg. C. Navarro y M.T. Tellería. (Figura 28)

Observaciones. - Especie nueva para el catálogo micológico españo que se caracteriza por la forma y tamaño de sus esporas así como por la presencia de cistidios muy desarrollados.

<u>Laeticorticium roseum</u> (Pers. ex Fr.) Donk, Fungus 26: 17 (1956)

Sinónimo: <u>Thelephora rosea</u> Pers. ex Fr., Syst. Mycol. 1: 451 (182

Cuerpo fructífero resupinado, con un grosor de 0,1-0,5 mm, liso, de color rosa fuerte cuando el material está fresco, después pasa a rosa p

lido y al final ocre, la superficie al secar se resquebraja.
El sistema de hifas es monomítico, las hifas basales son de paredes
gruesas, fibuladas y ramificadas, las subhimeniales, de paredes más delgadas, son más difíciles de diferenciar porque están fuertemente entretejidas. No tiene cistidios y presenta numerosas dendrohifas en la zona himenial, con incrustaciones cristalinas abundantes. Los basidios son tubulares, sinuosos y en la base presenta unos abultamientos en algunas ocasiones; llevan 4 esterigmas y miden de 40-55 x 5-7 µm. Las esporas son de anchamente elipsoidales a ovales, de paredes lisas y no amiloides; las de nuestro material medían por término medio 9, 2 x 5, 6 µm.

Habitat. - La hemos recolectado sobre madera de Alnus glutinosa, Olea europaea y Salix atrocinerea. Una de las veces lo hemos encontrado viviendo junto a la Peniophora violaceolivida y a la Cytida salicina, hecho este que debe ser bastante frecuente, pues también hablan de él Eriksson y Ryvarden (1976)

Corología. - AVILA: Mijares, 26-9-76, leg. C. Navarro y M. T. Tellería. BADAJOZ: Prox. de Mérida, 29-3-77, leg. M. T. Tellería. CACERES: Carretera de Las Mestas a La Alberca, 31-3-77, leg. M. T. Tellería. CADIZ: El Bosque, 2-10-76, leg. F. D. Calonge y M. T. Tellería; Pto. de Galis, 3-10-76, leg. C. Navarro y M. T. Tellería. En la bibliografía aparece citada en Málaga (Malençon y Bertault, 1976)

Género LAXITEXTUM Lentz, U. S. Depart. Agric. , Monogr. 24: 18 (1955)
Generotipo: Thelephora bicolor Pers. ex Fr. , Syst. Mycol. 1: 438 (1821)

Cuerpo fructífero resupinado, formado por dos partes, una zona basal, el subículo, de color marrón oscuro y consistencia algodonosa sobre la que se asienta el himenóforo que es membranáceo, liso y blanco. El sistema de hifas es monomítico, las hifas del subículo son de paredes marrones y fibuladas, tienen una anchura de 2-4 µm, las hifas subhimeniales son hialinas; presenta multitud de gloeocistidios inmersos en la trama que no dan positiva la reacción de la sulfovanillina , las esporas son de paredes

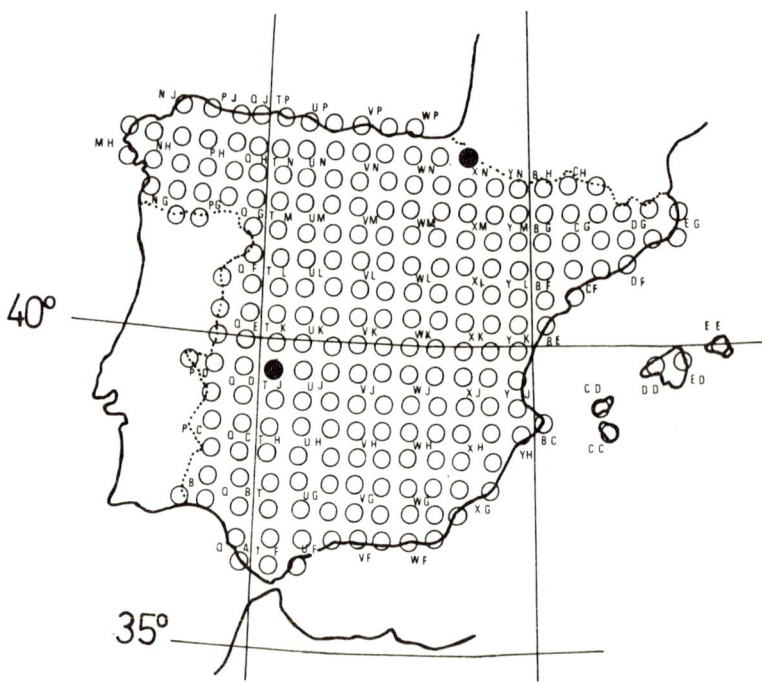

Fig. 29. Laxitextum bicolor (Fr.) Lentz

verrugosas y amiloides.

Observaciones. - La situación taxonómica de este género, nuevo para la micoflora española, es incierta, ya que los autores no se ponen de acuerdo a la hora de encuadrarlo en la familia correspondiente, así Donk (1964) lo coloca en la familia Hericiaceae, mientras que Parmasto (1968) en la familia Corticiaceae. Nosotros seguimos a Parmasto (1968) al parecernos este lugar el más adecuado para este género, próximo al género Gloeocystidiellum al cual se parece.

Laxitextum bicolor (Fr.) Lentz, U.S. Depart. Agric. Monogr. 24: 18 (1955)

Sinónimos: Thelephora bicolor Pers. ex Fr., Syst. Mycol. 1: 438 (1821); Stereum bicolor (Fr.) Fr., Epicr. pag. 549 (1838).

Cuerpo fructífero resupinado o en algunas ocasiones efuso-reflejo, formado por un subículo marrón de aspecto algodonoso sobre el que se asienta el himenóforo liso y de color blanco que se resquebraja al secar, dejando entrever el subículo marrón.

El sistema de hifas es monomítico, las hifas del subículo, son de color marrón oscuro, presentan fíbulas y estan suavemente entretejidas, tienen un diámetro de 2,5-4 µm; las hifas subhimeniales son hialinas, fibuladas y ramificadas. Los gloeocistidios, inmersos en la trama y también situados en la zona himenial, no dan positiva la reacción a la sulfovanillina, en algunos casos presentan el ápice moniliforme. Los basidios son claviformes y con 4 esterigmas. Las esporas son anchamente elipsoidales, finamente verrugosas y amiloides, miden 4,5 x 2,5 µm.

Habitat. - Lo hemos recolectado sobre madera de Quercus suber y Fagus sylvatica.

Corología. - CACERES: Prox. del Pto. de Miravete, 20-2-77, leg. C. Navarro y M.T. Tellería. NAVARRA: San Miguel de Aralar, 10-10-77, leg. M.T. Tellería. (Figura 29)

Observaciones. - Especie nueva para el catálogo micológico español.

Género LEUCOGYROPHANA Pouz. emend. Parm.

Pouzar, Česká Mykol. 12: 32 (1958)

Parmasto, Consp. Syst. Cort. pag. 77 (1968)

Generotipo: Merulius molluscus Fr., Syst. Mycol. 1: 329 (1821)

Cuerpo fructífero resupinado, formado por una delgada película de color variable, blanca, amarilla o incluso naranja en algunas ocasiones; el himenóforo es liso o meruloide. El sistema de hifas es monomítico, formado por hifas generativas fibuladas, siendo las subhimeniales abundantemente ramificadas y las basales con ramificaciones más esparcidas; puede presentar cistidios o no, en caso afirmativo estos son cilíndricos y de paredes delgadas. Los basidios claviformes llevan 4 esterigmas. Las esporas son elipsoidales, de paredes gruesas y lisas, cianófilas, también reaccionan al Melzer tomando un color amarillo marrón o gris violeta, según las especies, pero no dando una clara reacción amiloide, es lo que Parmasto (1968) llama pseudoamiloide.

Observaciones. - Como caracteres de este género podemos destacar, su cuerpo fructífero ateloide, sus hifas fibuladas, sus esporas elipsoidales, de paredes gruesas y cianófilas, que presentan algún tipo de reacción al Melzer; Eriksson y Ryvarden (1976) piensan que la delimitación de este género en el sentido de Parmasto (1968) no es muy clara, y si bien en principio la aceptan, piensan que se hace necesaria una nueva estructuración.

Leucogyrophana mollusca (Fr.) Pouz., Česká Mykol. 12: 32 (1958)

Sinónimo: Merulius molluscus Fr., Syst. Mycol. 1: 329 (1821)

El cuerpo fructífero es resupinado, ateloide y suavemente unido al sustrato; el himenóforo es liso o meruloide, variando su color desde amarillo en los ejemplares jóvenes a naranja en los adultos. El borde es fibrilloso y a veces, de color más claro.

El sistema de hifas es monomítico, tanto las hifas basales como las subhimeniales ampliamente fibuladas y ramificadas, saliendo las ramificaciones de las fíbulas; las basales aparecen incrustadas con cristales.

Los basidios son claviformes con 4 esterigmas y fíbula basal, miden 15-22 x 4-5 μm. Las esporas son elipsoidales, de paredes anchas, dextrinoides y cianófilas, miden 4-5 x 3-3,5 μm.

Habitat. - Vive siempre sobre madera en avanzado estado de descomposición, lo que dificulta bastante la determinación de la especie que constituye el sustrato. De las dos veces que la hemos recolectado, una de ellas no podemos precisar el tipo de madera, y otra era de Betula celtiberica.

Corología. - MADRID: Pto. de Canencia, 5-10-75, leg. G. López y M. T. Tellería. PONTEVEDRA: Tuy, 4-11-77, leg. M. García Rollán. En la bibliografía aparece citado en la prov. de Madrid (Guinea, 1929 b)

Género MELZERICIUM Hauersl., Friesia 10(4-5): 316 (1974)

Generotipo: Corticium udicolum Bourd., Rev. Sci. Bourd. 23: 8 (1910)

Cuerpo fructífero resupinado, de color blanco. El sistema de hifas es monomítico, las hifas son de paredes delgadas, fibuladas, ramificadas y presentan hinchazones en algunos puntos. Los basidios son a veces pleurobasidiados y siempre con 4 esterigmas. Las esporas son de paredes delgadas, lisas y amiloides.

Observaciones. - La posición de este género dentro de la familia no está bien definida, aunque por la presencia de pleurobasidios puede situarse próximo al género Xenasma, para Eriksson y Ryvarden (1976), esta afinidad no es convincente; para ellos el género más próximo es el Hyphoderma del que se diferencia fundamentalmente por la pared amiloide de sus esporas.

Melzericium udicolum (Bourd.) Hauersl., Friesia 10(4-5): 316 (1974)

Sinónimos: Corticium udicolum Bourd., Rev. Sci. Bourd. 23: 8 (1910); Amylocorticium udicolum (Bourd.) Malençon et Bertault, Act. Phyt. Barc. 19: 31 (1976)

Cuerpo fructífero resupinado, que presenta un subículo algodonoso y un himenóforo membranoso cereo, ambos de color blanco; el margen es indistinto.

El sistema de hifas es monomítico, las hifas son fibuladas y ramificadas, las subhimeniales abundantemente hinchadas y las basales aunque presentan hinchazones estos estan en menor cantidad. Los basidios aunque en su mayoría son claviformes, algunos aparecen ligeramente pedicelados y otros pleurobasidiados presentando siempre fibula basal, miden alrededor de 20 x 6 μm y llevan 4 esterigmas de aproximadamente 7,2 μm de longitud. Las esporas son oblongo elipsoidales, tienen forma de alubia, llevan gran cantidad de gotas lipídicas en su interior y sus paredes son lisas y amiloides, miden 6,5-8,5 x 3-4 μm.

Habitat. - Lo hemos recolectado sobre ramas muertas de Cytisus purgans.

Corología. - SEGOVIA: Pto. de Los Leones, 23-10-77, leg. C. Navarro y M. T. Tellería. En la bibliografía está citado en Cádiz (Malençon y Bertault, 1976).

Género MERULIUS Fr., Syst. Mycol. I: 326 (1821)

Generotipo: Merulius tremellosus Fr., Syst. Mycol. I: 327 (1821)

Se ha querido utilizar como caracter de este género la presencia de un himenóforo formado por pliegues que se entrecruzan unos con otros dándole un aspecto reticulado o incluso porado. Eriksson y Ryvarden (1976), ven el caracter diferencial, en la trama doble que presentan los carpóforos de las especies pertenecientes a este género, formada por hifas basales de paredes gruesas, fibuladas y suavemente estretejida e hifas subhimeniales de paredes delgadas que se presentan fuertemente entretejidas. Así especies como Phlebia rufa, pese a tener el himenóforo meruloide, no se encuentran actualmente dentro del género Merulius por no presentar la trama heterogenea.

Merulius tremellosus Fr., Syst. Mycol. I: 327 (1821)

Cuerpo fructífero de resupinado a efuso-reflejo; el himenóforo está formado por pliegues que se entrecruzan formando alveolos irregulares, tiene un color naranja rojizo en material fresco que pasa a marrón cuando se seca. La superficie del pileo es híspida y de color blanco grisáceo. En material fresco tiene consistencia cartilaginosa que al secar se torna dura.

El sistema de hifas es monomítico, y como hemos dicho anteriormente la trama es heterogenea; las hifas basales tienen una anchura de 4-5,5 µm y las subhimeniales de 2-3 µm; en la zona subhimenial, las hifas están abundantemente ramificadas y fuertemente entretejidas. Los basidios son claviformes y con 4 esterigmas, miden de 19-23 x 4-5 µm crecen en apretada empalizada. Las esporas son alantoides, con gotas lipídicas en su interior y miden de 4-5 x 1,2 µm, son de paredes lisas, hialinas y no amiloides.

Habitat. - Lo hemos recolectado sobre madera muerta de Fagus sylvatica, Betula celtiberica y Quercus ilex.

Corología. - MADRID: Pto. de Canencia, 5-10-75, leg. G. López y M. T. Tellería. VIZCAYA: Baquio, 29-10-76, leg. E. Perez del Moral; Mañaria, 30-12-76, leg. C. Navarro y M. T. Tellería. En la bibliografía aparece citado en Cataluña (Codina y Font Quer, 1930; Maire, Codina y Font Quer, 1933; Heim, Font Quer y Codina, 1934; Maire, 1937; Malençon y Bertault, 1976) y en el Pais Vasco (García Bona y López Fernández, 1973; Cat. Micol. Pais Vasco, 1973)

Género MYCOACIA Donk, Meded. Nederl. Mycol. Ver. 18-20: 150 (1931)
Generotipo: Hydnum fuscoatrum Fr., Syst. Mycol. I: 416 (1821)

Cuerpo fructífero resupinado, formado por su subículo delgado sobre el que se asienta el himenóforo constituido por agujas de 1-3 mm de longitud; cónicas o cilíndricas, a veces presentan los bordes dentados. El sistema de hifas es monomítico, las hifas son de paredes delgadas, fibuladas y ramificadas, y miden de 2-3 µm de anchura; las que constituyen la trama de las agujas están en posición paralela unas respecto a otras. Cistidiolos a veces presentes en el himenio, tienen paredes delgadas y en ocasiones llevan incrustaciones cristalinas. Los basidios son estrechamente claviformes y crecen formando una densa empalizada. Las esporas son subci-

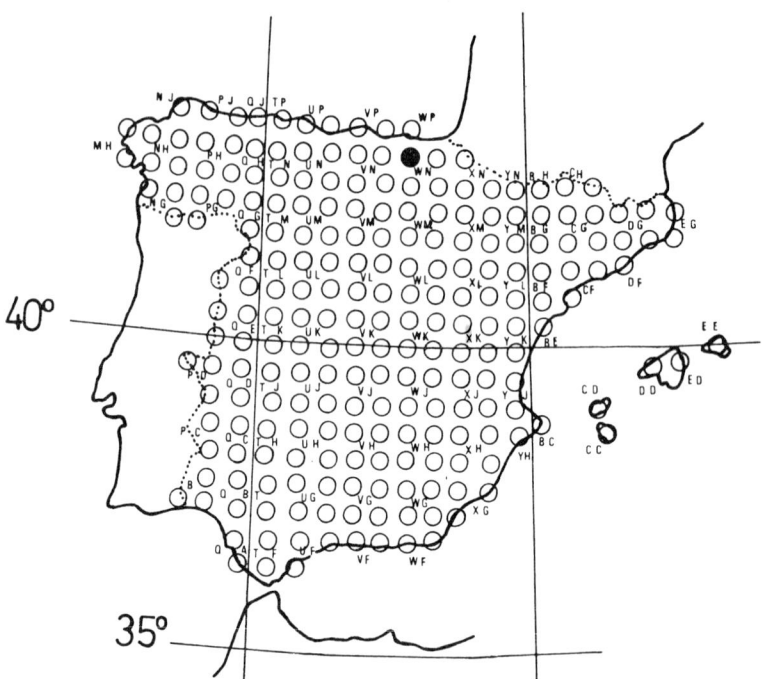

Fig. 30. Mycoacia aurea (Fr.) Erikss. et Ryv.

líndricas, estrechamente elipsoidales o alantoides, de paredes lisas e hia
linas.

Clave de especies

1. Cuerpo fructífero de color amarillento, que en contacto con KOH
al 10% pasa a rojo.. 2

1: Cuerpo fructífero de color amarillento, que no pasa a rojo en contacto con KOH al 10%. Esporas de cilíndricas a alantoides que mi
den 4,2 × 2,4 μm.. M. aurea

2. Las hifas que constituyen las agujas del himenóforo con muchas in
crustaciones en el ápice. Cistidiolos fusiformes con el ápice agudo ....M. fuscoatra

2: Las hifas que constituyen las agujas del himenóforo, con pocas in
crustaciones en el ápice. Cistidiolos subfusiformes con el ápice
obtuso... M. uda

Mycoacia aurea (Fr.) Erikss. et Ryv., Cort. North Europ. 4: 877 (1976)
Sinónimos: Hydnum aureum Fr., Elench. Fung. I: 137 (1828); Mycoacia stenodon (Pers.) Donk, Meded. Nederl. Mycol. Ver. 18-20: 151 (1931)
Hydnum membranaceum Fr. form. stenodon Pers., Mycol. Europ. 2: 188
(1825); Odontia stenodon (Pers.) Bres., Ann. Mycol. 1: 86 (1903); Acia
stenodon (Pers.) Bourd. et Galz., Bull. Soc. Mycol. Fr. 30: 256 (1914)

Cuerpo fructífero resupinado, formado por un subículo blanquecino sobre el que se asienta el himenóforo, constituido por agujas amarillentas o
amarillento-ocráceas; en las partes más viejas, estas agujas son aserradas, es decir presentan pequeños salientes laterales.

El sistema de hifas es monomítico, las hifas son fibuladas y ramificadas, las de la zona subhimenial son indiferenciables, es decir están fuertemente entretejidas, se asientan sobre las de la parte central de la aguja, que son diferenciadas y paralelas. No presenta cistidios ni cistidiolos. Los basidios son claviformes, crecen en densa empalizada, llevan 4 esterigmas y presentan fíbula basal, miden 12-15 × 4-5 μm. Las esporas son de cilín
dricas a alantoides, miden de 4-5 × 2-2,5 μm, son de paredes lisas y no
amiloides.

Habitat. - La hemos recolectado creciendo sobre madera de Salix.

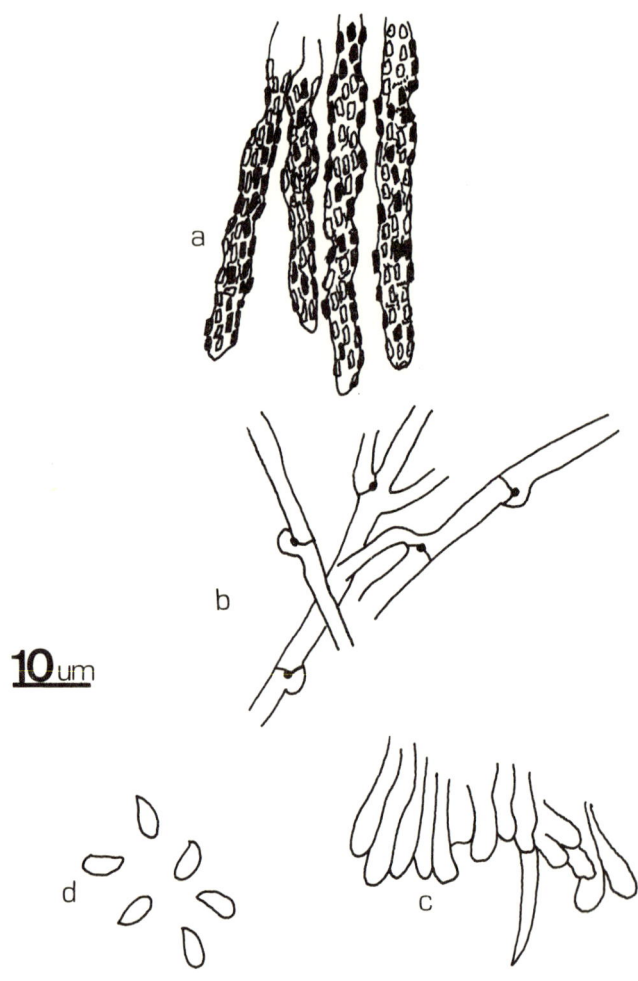

Fig. 31. Mycoacia fuscoatra (Fr.) Donk, a. -Hifas que forman los ápices de las agujas del himenóforo, b. -Hifas, c. -Himenio con cistidio lo, d. -Esporas

Corología. - VIZCAYA: Abadiano, 26-12-76, leg. C. Navarro y M. T. Tellería. (Figura 30)

Observaciones. - Especie nueva para el catálogo micológico español.

Mycoacia fuscoatra (Fr.) Donk, Meded. Nederl. Mycol. Ver. 18-20:150(1931)

Sinónimo: Hydnum fuscoatrum Fr., Syst. Mycol. I: 416 (1821)

Cuerpo fructífero resupinado, constituido por un subículo delgado, sobre el que se asienta el himenóforo formado por agujas de color amarillo azufre, que en las partes viejas pasa a amarillo ocre; al añadirle una gota de KOH al 10%, toma color rojo. Las agujas pueden ser simples o estar ramificadas en la zona apical y crecen aisladas o fasciculadas en la base.

El sistema de hifas es monomítico, las hifas son fibuladas y ramificadas, las de la zona subhimenial no se encuentran densamente entretejidas, por lo tanto son perfectamente diferenciables; las que forman la parte central de la aguja se disponen paralelamente unas respecto a otras y presentan gran cantidad de incrustaciones cristalinas en la zona apical. Presenta cistidiolos fusiformes en el himenio, tienen las paredes delgadas y fíbula basal, miden de 30-40 x 4-5 µm. Los basidios son claviformes, con 4 es terigmas y fíbula basal. Las esporas son cilíndricas, ligeramente deprimidas cerca del ápice, con las paredes delgadas, lisas y no amiloides, miden de 5-5,5 x 2-2,5 µm. Al observar al microscopio la preparación,montada en KOH al 10% se ven unas gotas de naturaleza lipídica, forma irregular y color amarillo ambar. (Figura 31)

Habitat. - La hemos recolectado sobre madera muerta de Fagus sylvatica y Quercus ilex.

Corología. - NAVARRA: San Miguel de Aralar, 1-10-77, leg. F. D. Calonge. VIZCAYA: Garay, 31-12-76, leg. C. Navarro y M. T. Tellería. (Figura 32)

Observaciones. - Especie nueva para el catálogo micológico español.

En las hifas fuertemente incrustadas, se han querido ver cistidios, y en estos, junto con la forma de himenóforo hidnoide, un nexo de unión con el género Stecherinum pero este tiene el sistema de hifas dimítico, por tan-

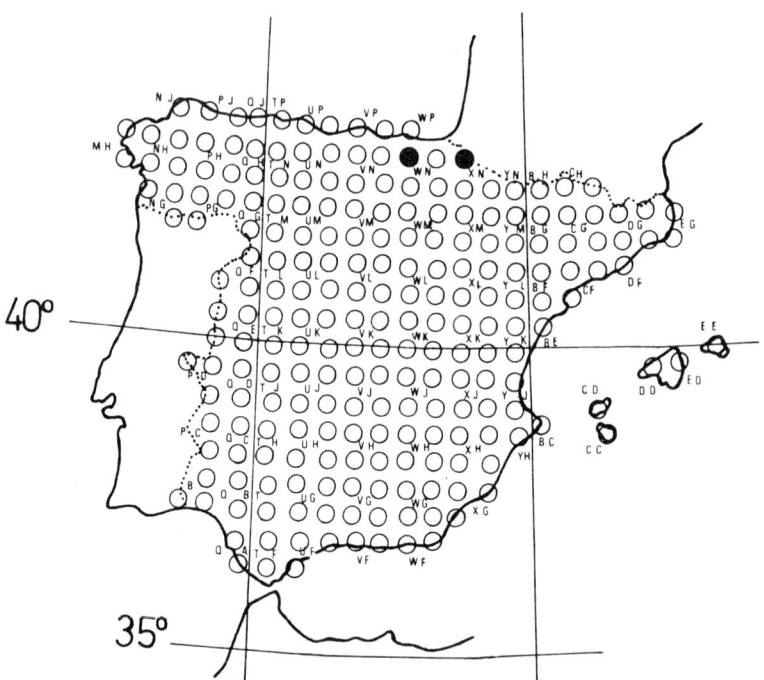

Fig. 32. Mycoacia fuscoatra (Fr.) Donk

Mycoacia uda (Fr.) Donk, Meded. Nederl. Mycol. Ver. 18-20: 151 (1931)

Sinónimo: **Hydnum udum** Fr., Syst. Mycol. I: 422 (1821)

Para una descripción completa y detallada de esta especie, bastante corriente en nuestro país, remitimos al trabajo de Eriksson y Ryvarden (1976), nosotros nos vamos a limitar a dar diferencias con las especies próximas. De la **M. fuscoatra** se diferencia porque la **M. uda**, no tiene las terminaciones de las hifas que forman las agujas, fuertemente incrustadas de cristales, sus cistidiolos son subfusiformes y llevan los ápices con un capuchón de una sustancia no cristalina y las esporas son oblongo elipsoidales. De la **M. aurea** se diferencia porque el cuerpo fructífero toma un intenso color rojo con el KOH al 10% y por las esporas, que son de cilíndricas a alantoides en la primera a diferencia de la **M. uda** que como acabamos de decir son oblongo elipsoidales.

Habitat. - La hemos recolectado sobre madera de **Quercus robur** y **Quercus pyrenaica.**

Corología. - GUIPUZCOA: Tolosa, 18-9-75, leg. M. García Rollán. SEGOVIA: Prox. de San Rafael, 27-10-77, leg. M. García Rollán. En la bibliografía aparece citada en Cataluña (Maublanc, 1936; Maire, 1937) en Valencia (Malençon y Bertault, 1971) y en el Pais Vasco (Cat. Micol. del Pais Vasco, 1973)

Género PENIOPHORA Cooke emend. Donk
Cooke, Grevillea 8: 20 (1879)
Donk, Fungus 27: 15 (1957)
Generotipo: **Thelephora quercina** Pers. ex Fr., Syst. Mycol. 1: 442 (1821)

Cuerpo fructífero generalmente resupinado, a veces levantandose los bordes, lo que le puede dar un aspecto de efuso-reflejo; membranáceo céreo. El himenóforo es liso. El sistema de hifas es monomítico, las hifas son de paredes delgadas o gruesas, se encuentran formando una densa ca pa, por lo cual, son difíciles de observar individualmente, la línea basal presenta a veces un color marrón oscuro. Puede presentar lamprocistidios, gloeocistidios y dendrohifas. Los basidios son claviformes, estrechos, de paredes delgadas, algunos llevan paredes gruesas, con 4 esterigmas y en muchas especies con fíbula basal. Las esporas son de cilíndricas a elipsoidales, de paredes lisas, hialinas y no amiloides.

Clave de especies

1. Especies con dendrohifas..2
1'. Especies sin dendrohifas...4
2. Dendrohifas hialinas con incrustaciones cristalinas................3
2'. Dendrohifas marrones, carentes de incrustaciones cristalinas.......
....P. versiformis
3. Lamprocistidios subcilíndricos. Esporas de 7-8 x 2,5-3,5 μm......
....P. meridionalis
3'. Lamprocistidios de subesféricos a claviformes. Esporas de 9-12 x 3,5-4,5 μm... P. lycii
4. Especies con gloeocistidios..................................... 5
4'. Especies sin gloeocistidios 7
5. Gloeocistidios muy largos, de hasta 200 μm de longitud. Esporas oblongo elipsoidales de 7,8-10 x 3,5-4,5 μm.......... P. incarnata
5'. Gloeocistidios cortos, no superando los 70 μm de longitud........ 6
6. Esporas alantoides de 6-8 x 2-2,5 μm. Especie viviendo sobre Pinus...P. pini
6'. Esporas de 7,5-9 x 2-3 μm. Especies no viviendo sobre madera de Pinus.. 7
7. Gloeocistidios muy abundantes, con una anchura aproximada de 20 μm...P. nuda
7'. Gloeocistidios poco abundantes, con una anchura inferior a 10 μm....
.... P. violaceolivida
8. Himenóforo gris violeta, bordes del carpóforo vueltos hacia arriba y de color negro. Hifas basales diferenciables y situadas paralelas al sustrato. Esporas de 7,5-10 x 2,4-4 μm............ P. quercina
8'. Himenóforo gris azulado, carpóforo totalmente resupinado y sin zona basal de hifas paralelas. Esporas de 7,5-9 x 2,5-3 μm..........
....P. cinerea

Peniophora cinerea (Fr.) Cooke, Grevillea 8: 20 (1879)

Sinónimos: Thelephora cinerea Fr., Syst. Mycol. 1: 453 (1821); Corticium cinereum (Fr.) Fr., Epicr. pag. 563 (1838); Kneiffia cinerea (Fr.) Bres., Ann. Mycol.1: 104 (1903); Thelephora tiliae Pers., Mycol. Europ.1: 147 (1822); Thelephora obscura Pers., Mycol. Europ. 1: 146 (1822)

Cuerpo fructífero resupinado, fuertemente unido al sustrato, al principio aparece en parches redondos que luego van confluyendo unos con otros. La superficie es lisa y de color variable, que oscila del gris azulado a veces con un tinte rojo a azul oscuro en los ejemplares viejos.

El sistema de hifas es monomítico, pero estas forman una maraña tan apretada, que resulta difícil observarlas individualmente. Presentan, en conjunto y vistas al microscopio, un color marrón. Los cistidios son fusiformes y de paredes gruesas, se encuentran al menos en la mitad superior, fuertemente incrustados con cristales, y los encontramos tanto en la zona himenial como inmersos en la trama; presenta también entre los basidios,cistidiolos fusiformes de paredes delgadas. Los basidios de cilíndricos a claviformes, llevan 4 esterigmas. Las esporas son hialinas,cilíndricas y ligeramente curvadas, miden 7,5-9 x 2,5-3 μm. Eriksson (1950) dice que la esporada tiene un tinte rosa.

Habitat. - La hemos recolectado sobre madera de Fagus sylvatica, Quercus robur, Quercus ilex, Quercus rotundifolia y Cistus ladanifer.

Corología. - ALAVA: Villareal de Alava, 13-3-76, leg. G. López, C. Navarro y M.T. Tellería. AVILA: Cillán, Gallego de Sobrinos, Arevalillo y Collado del Mirón, 6-3-77, leg. A. Camina, C. Navarro y M.T. Tellería. CACERES: Pto. de San Vicente y Prox. de Guadalupe, 19-2-77, leg. C. Navarro y M.T. Tellería. GUIPUZCOA: Tolosa, 28-9-75, leg. M. García Rollán; Aránzazu, 13-4-76, leg. J.L. Tellería y M.T. Tellería. NAVARRA: Bajada del Pto. de Lizarraga a Lezaum, 16-12-76, leg. E. Fuertes, C. Navarro . VIZCAYA: Arrazola, 3-1-77, leg. C. Navarro y M. T. Tellería; Abadiano, 13-3-76, leg. C. Navarro y M.T. Tellería; Ispaster 25-7-77, leg. J.L. Tellería y M.T. Tellería. En la bibliografía aparece citada en Cataluña (Codina y Font Quer , 1930; Maire, Codina y Font Quer,

1933; Benito Martínez y Torres Juan, 1965; Malençon y Bertault, 1976) en Andalucía (Malençon y Bertault, 1976) y en el País Vasco (Cat. Micol. del País Vasco, 1973).

Observaciones. - Macroscópicamente esta especie se parece a la P. violaceolivida y a la P. nuda, pero se diferencia de ellas a nivel microscópico, ya que estas dos poseen gloeocistidios y la P. cinerea no.

Peniophora incarnata (Pers. ex Fr.) Karst., Hedwigia 28: 27 (1889)

Sinónimos: Thelephora incarnata Pers. ex Fr., Syst. Mycol. 1: 444 (1821); Corticium incarnatum (Pers. ex Fr.) v. Höhn. et Litsch., Stizber. Akad. Wiss. Wien, Math. -Nat. Kl. 116: 816 (1907); Kneiffia incarnata (Pers. ex Fr.) Bres., Ann. Mycol. 1: 104 (1903); Thelephora fallax Pers., Mycol. Europ. 1: 131 (1822); Thelephora lateritia Pers., Mycol. Europ. 1: 139 (1822); Peniophora aemulans Karst., Bidr. Känn. Finl. Nat. Folk 48: 425 (1889).

Cuerpo fructífero resupinado, fuertemente unido al sustrato; el himenóforo de color rojo naranja es liso, el margen es de color blanco en los ejemplares jóvenes, en los más viejos carece de margen diferenciado.

El sistema de hifas es monomítico, las hifas están densamente entretejidas, por lo que son difíciles de observar aisladamente. Presenta gloeocistidios muy largos (de hasta 200 µm de longitud) y flexuosos, con un contenido amarillento homogéneo y dando positiva la reacción de la sulfovanillina. Presenta también cistidios fusiformes, de paredes gruesas e incrustadas de cristales. Los basidios son de claviformes a cilíndricos, miden 30 x 5-6 µm. Las esporas son oblongo elipsoidales, hialinas, lisas y no amiloides, miden 7,8-10 x 3,5-4,4 µm. (Figura 77)

Habitat. - Lo hemos recolectado sobre madera muerta de: Corylus avellana, Betula celtiberica, Salix atrocinerea, Fagus sylvatica, Quercus ilex, Quercus rotundifolia, Castanea sativa, Quercus pyrenaica y Juniperus thurifera,

Corología. - Abundantemente repartida por toda España. En la bibliografía aparece citada en Cataluña (Maire, Codina y Font Quer, 1933; Mai re, 1937; Malençon y Bertault, 1976) y en Canarias (Ryvarden, 1974)

Observaciones. - Esta especie que por la presencia de los gloeocistidios tan desarrollados, puede parecer un representante del género Gloeocistidiellum, se diferencia de él, porque la pared de sus esporas no es amiloide.

Peniophora lycii (Pers.) v. Höhn. et Litsch.,Stizber. Akad. Wiss. Wien, Math.-Nat. Kl. 116: 747 (1907)

Sinónimos: Thelephora lycii Pers., Mycol. Europ. 1: 148 (1822); Thelephora cinerea Pers., Mycol. Europ. 1: 148 (1822); Corticium caesium Bres., Fung. Trid. II: 39 (1892)

Cuerpo fructífero resupinado, fuertemente unido al sustrato, la superficie es lisa de color gris azulado, observándola a la lupa, se ve que está recubierta de una pruina gris azulada.

El sistema de hifas es monomítico, las hifas son indiferenciables, debido a lo compacta que es la maraña que forman. Presenta lamprocistidios de subesféricos a claviformes que miden de 25-35 x 12-20 μm. En el himenio, entre los basidios, aparecen dendrohifas hialinas y con incrustaciones cristalinas. Los basidios son de cilíndricos a claviformes, con 4 esterigmas. Las esporas son cilíndricas, de paredes lisas e hialinas, miden de 9-12 x 3,5-4,5 μm.

Habitat. - La hemos recolectado sobre madera muerta de Quercus rotundifolia, Crataegus monogina y Fraxinus sp.

Corología. - BADAJOZ: Fuente de Cantos, 16-11-76, leg. F.D.Calonge y M.T.Tellería. MADRID: Robledo de Chavela, 22-2-76, leg. M.T.Tellería. NAVARRA: Sierra de Andiz, 16-12-76, leg. E.Fuertes, C.Navarro y M.T.Tellería. En la bibliografía aparece citada en Cataluña (Malençon y Bertault, 1971; 1976) en Andalucía (Malençon y Bertault, 1976) y en el País Vasco (Cat. Micol. Pais Vasco, 1973)

Observaciones. - Boidin (1958) y Eriksson y Ryvarden (1978) hablan de gloeocistidios en esta especie. En un trabajo anterior, Eriksson (1950) dice que son las terminaciones de las hifas en la zona del himenio las que pueden tener apariencia de gloeocistidios, no incluyendo la presencia de estos en su descripción de la especie.

El todo el material estudiado por nosotros, hemos de decir que tampoco hemos observado la presencia de gloeocistidios.

Peniophora meridionalis Boid. , Bull. Soc.Mycol.Fr.74(4): 456 (1958)

Cuerpo fructífero resupinado, formado al principio por pequeños parches redondos, que después confluyen unos con otros ; de color marrón claro, al observarla a la lupa, se ve que está recubierta de una pruina blanca.

El sistema de hifas es monomítico, las hifas indiferenciables, presentan sus paredes de color marrón amarillento. Los cistidios de paredes gruesas y fuertemente incrustadas (lamprocistidios) son cilíndricos y miden de 40-50 x 9-15 μm; presenta también gloeocistidios, difíciles de observar, pero que dan positiva la reacción de la sulfovainillina y abundantes dendrohifas con pequeñas incrustaciones cristalinas en sus paredes. Las esporas son cilíndricas, deprimidas lateralmente, miden de 7-8 x 2,5-3,5 μm.

Habitat. - Según Boidin (1958) esta especie crece sobre madera de encinas (Quercus ilex, coccifera y pubescens) Malençon y Bertault (1971, 1976) la han recolectado en nuestro pais sobre Pistacia lentiscus, Castanea sativa, Pinus halepensis, Populus sp. , Quercus suber y Ulex baeticus. Nosotros la hemos recolectado sobre madera de Quercus ilex.

Corología. - GUIPUZCOA: Mondragón, 4-7-78, leg. M.T.Tellería. En la bibliografía se encuentra citada por Malençon y Bertault (1971, 1976)

Observaciones. - Especie próxima a la P. lycii, de la que se diferencia fundamentalmente por la forma y tamaño de los lamprocistidios, así como por el tamaño de las esporas.

Peniophora nuda (Fr.) Bres. , Atli. I.R.Accad. Agiati, Ser. 3 vol. 3 (I-II) : 114 (1897)

Sinónimos: Thelephora nuda Fr., Syst. Mycol. I: 447 (1821); Penio-

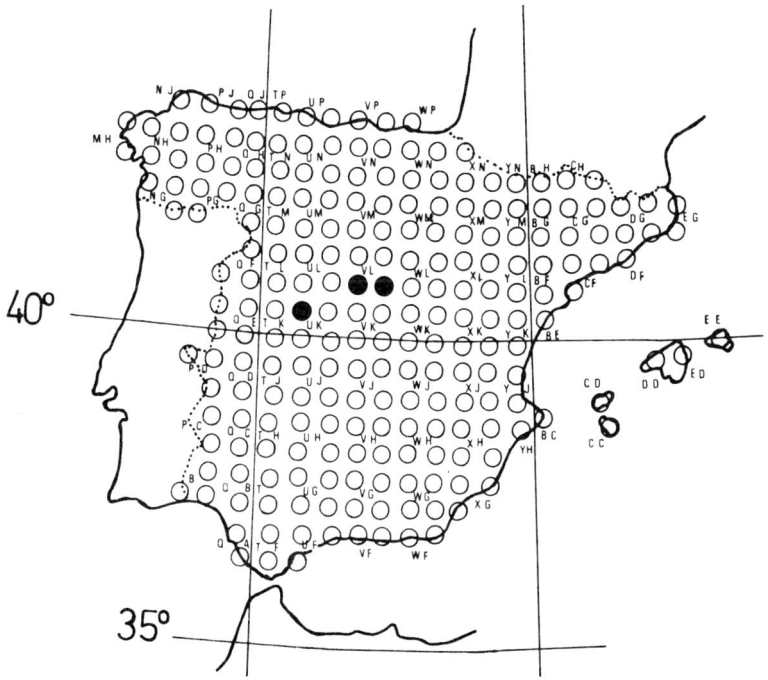

Fig. 33. Peniophora nuda (Fr.) Bres.

phora syringae (Karst.) Karst.,Bidr.Känn.Finl.Nat.Folk 48:425 (1889)

Cuerpo fructífero resupinado, fuertemente unido al sustrato y de color gris rojizo; la superficie del carpóforo es lisa y el margen es de color más claro que el himenóforo, en los ejemplares jóvenes bisoide.

El sistema de hifas es monomítico, las hifas son indiferenciables. Cistidios fusiformes de paredes gruesas y fuertemente incrustadas de cristales en su mitad superior, presentes tanto en la zona himenial como inmersos en la trama, miden de 15-30 x 5-7 µm. Presenta también gran cantidad de gloeocistidios, de forma globosa a subclaviforme y que miden más de 20 µm de anchura dando positiva la reacción de la sulfovanillina. Los basidios son de cilíndricos a claviformes con 4 esterigmas. Las esporas son cilíndricas hialinas y lisas, miden 7,5-9 x 2-3 µm.

Habitat. - Lo hemos recolectado sobre madera muerta de Quercus rotundifolia.

Corología. - AVILA: Mijares, 26-9-76, leg. C. Navarro y M. T. Tellería. GUADALAJARA: Retiendas, 13-3-77, leg. M. T. Tellería. MADRID: Carretera de la Cabrera a Valdemanco, 4-5-77, leg. C. Navarro y M. T. Tellería. (Figura 33)

Observaciones. - Especie nueva para el catálogo micológico español muy parecida macroscópicamente a la P. cinerea y a la P. violaceolivida; de la primera se diferencia porque presenta gloeocistidios, mientras que la P. cinerea no; de la P. violaceo-livida, por la anchura de los gloeocistidios, mucho más anchos y abundantes en P. nuda.

Peniophora pini (Schleich. ex Fr.) Boid., Rev. Mycol. 21: 123 (1956)
Sinónimos: Thelephora pini Schleich. ex Fr., Syst. Mycol. 1: 443 (1821); Stereum pini (Schleich. ex Fr.) Fr., Epicr. pag. 533 (1838); Xerocarpus pini (Schleich. ex Fr.) Karst., Bidr. Känn. Finl. Nat. Folk 37: 135 (1882); Sterellum pini (Schleich. ex Fr.) Karst., Bidr. Känn. Finl. Nat. Folk 48: 405 (1889)

Cuerpo fructífero resupinado, al principio crece en parches redondos que después confluyen unos con otros hasta formar una costra extendida, los bor des suelen estar sueltos, presentándose unido el carpóforo al sustrato por la zona central. El himenóforo es liso, al principio de color rosa, después de color gris rosado, el margen es ligeramente más claro que el resto del carpóforo.

El sistema de hifas es monomítico, las hifas son indiferenciables y se ven al microscopio con un color amarillento. Presenta gloeocistidios de formas variables, desde redondos a alargados, dan positiva la reacción de la sulfovanillina y se encuentran siempre inmersos en la trama; los lamprocistidios son fusiformes con incrustaciones cristalinas en el ápice encontrandose situados en la zona himenial. Los basidios son claviformes, con 4 esterigmas. Las esporas son alantoides e hialinas, miden de 6,5-7,2-8 x 2-2,5 µm.

Habitat. - Lo hemos recolectado sobre raiz de Pinus sylvestris, siendo al parecer este,su habitat característico.

Corología. - MADRID: Subida de Lozoya al Pto. de Navafria, 6-2-77, leg. F. D. Calonge. En la bibliografía está citado en Málaga (Malençon y Bertault, 1976), Cataluña, Galicia y Avila (Benito Martínez y Torres Juan, 1965)

Observaciones. - Esta especie se diferencia de la P. incarnata, a la que se parece por el color y presencia de gloeocistidios y cistidios, por la forma y tamaño de los gloeocistidios así como por la forma de las esporas, alantoides en la P. pini y oblongo elipsoidales en la P. incarnata.

Peniophora quercina (Pers. ex Fr.) Cooke, Grevillea 8: 20 (1879)
Sinónimos: Thelephora quercina Pers. ex Fr.,Syst.Mycol. 1:442(1821)
Thelephora ciliata Fr. , Elench. Fung. I: 186 (1828); Corticium corticale Bull. ex Quél. ,Fl. Mycol. pag. 10 (1888);Xerocarpus carneus Karst. , Bidr. Känn. Finl. Nat. Folk 37: 134 (1882);

Cuerpo fructífero resupinado, al principio muy unido al sustrato, después los bordes van levantándose y enrollándose, quedando al descubierto la base del carpóforo que tiene color negro, la superficie del himenófo ro es lisa o ligeramente tuberculada, de color gris violeta.

El sistema de hifas es monomítico, la zona basal es fácilmente diferenciable ya que las hifas crecen paralelas al sustrato. Los cistidios son fusiformes, de paredes gruesas con abundantes incrustaciones cristalinas en la mitad superior (lamprocistidios), miden de 40-60 x 10-14 µm. Los basidios, de cilíndricos a claviformes, miden de 30-35 x 5-6,5 µm y llevan 4 esterigmas. Las esporas son cilíndricas, lisas, hialinas y no amiloides, miden 7,5-10 x 2,4-4 µm.

Habitat. - La hemos recolectado sobre madera de Quercus robur, Quercus ilex, Quercus rotundifolia, Quercus pyrenaica, Fagus sylvatica y Castanea sativa.

Corología. - Especie esta, abundantemente distribuida por todo el país.

Peniophora versiformis (Berk. et Curt.) Bourd. et Galz., Hym. Fr. pag. 327 (1928)

Sinónimos: Stereum versiforme Berk. et Curt. in Berk., Grevillea 1: 164 (1873); Peniophora ellisii Massee, Linn. Soc. Journ. Bot. 25: 144 (1890).

Cuerpo fructífero resupinado, al principio crece en pequeños parches redondos que después confluyen unos con otros; la superficie del himenóforo es lisa y de color marrón oscuro, vista a la lupa está recubierta de un ligero tomento, el margen es estéril y más claro.

El sistema de hifas es monomítico, las hifas son indistintas. Presenta cistidios de paredes gruesas y fuertemente incrustadas de cristales, su tamaño oscila entre 30-60 x 10-20 µm. Presenta tanto en el himenio como en la trama abundantes dendrohifas de color marrón oscuro, siempre ramificadas dicotómicamente. Las esporas son cilíndricas arqueadas, miden de 5,5-7 x 2-2,5 µm.

Habitat. - La hemos recolectado sobre madera de Quercus pyrenaica, Castanea sativa, Quercus rotundifolia y Cistus ladanifer quemado.

Corología. - ALMERIA: Sierra de la Alamilla, 19-3-76, leg. C. Nav.

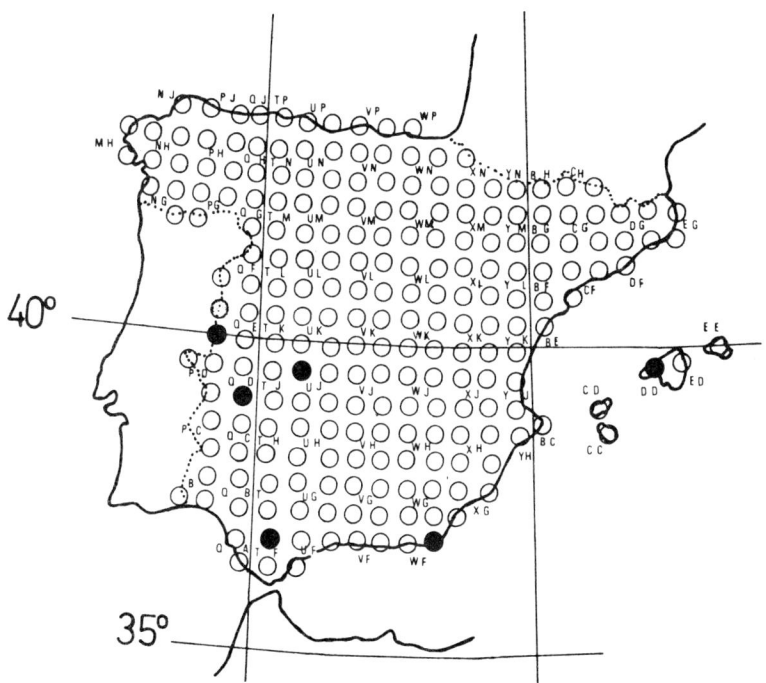

Fig. 34. Peniophora versiformis (Berk. et Curt.) Bourd. et Galz.

rro y M. T. Tellería; BADAJOZ: Cerro Carija. - Prox. de Mérida, 7-3-77, leg. M. T. Tellería; BALEARES: Palma de Mallorca, 7-10-77, leg. J. Rey; CADIZ: Carretera de Grazalema a Ronda, 4-10-76, leg. M. T. Tellería; CACERES: Pto. de San Vicente, 19-2-77, leg. C. Navarro y M. T. Tellería; Carretera de Alia a Guadalupe, 19-2-77, leg. C. Navarro y M. T. Tellería; Pto. de San Martín de Trevijo, 30-3-77, leg. M. T. Tellería.

Observaciones. - Especie nueva para el catalogo micológico español, se caracteriza por el color marrón intenso de sus dendrohifas, lo que la diferencia de la P. lycii y P. meridionalis que tambien presentan dendrohifas pero hialinas. Esta especie, hasta el momento, siempre se ha encontrado en la mitad sur de España. (Figura 34)

Peniophora violaceolivida (Sommerf.) Massee, Linn. Soc. Journ. Bot. 25: 152 (1890)

Sinónimos: Thelephora violaceolivida Sommerf., Fl. Lapp. Supp. pag. 283 (1826); Corticium cinctulum Quél., Assoc. Fr. l'Avanc. Sci. pag. 401 (1883).

Cuerpo fructífero resupinado; la superficie del himenóforo es lisa o a veces ligeramente tuberculada, de color gris rojizo o gris violeta, presenta un margen que no está especialmente diferenciado.

El sistema de hifas es monomítico, las hifas no son diferenciables ya que se encuentran formando una maraña muy fuertemente entremezcladas. Presenta cistidios fusiformes de paredes gruesas, con abundantes incrustaciones cristalinas al menos en su mitad superior, tienen un tamaño de 15-25 x 5-7,5 μm. Presenta, también gloeocistidios de fusiformes a claviformes con una anchura no superior a 11 μm. Los basidios son de cilíndricos a claviformes y llevan 4 esterigmas. Las esporas son cilíndricas de paredes lisas y no amiloides miden de 7,5-8,5 x 2,5-3 μm.

Habitat. - La hemos recolectado sobre madera muerta de Quercus rotundifolia y Salix atrocinerea.

Corología. - AVILA: Mijares, 26-9-76, leg. C. Navarro y M. T. Tellería; Arevalillo, Gallego de Sobrinos, Cillán, 6-3-77, leg. A. Camina,

C. Navarro y M. T. Tellería. BADAJOZ· Cerro Carija. -Prox. de Mérida, 29-3-77, leg. M.T.Tellería; Fuente de Cantos, 16-11-76, leg. F.D. Calonge y M. T. Tellería.

Observaciones. - Esta especie parece ser nueva para el catálogo micológico español, muy semejante macroscópicamente a la P. cinerea y a · la P. nuda, de las diferencias entre ellas ya hablamos al describir estas dos especies.

Género PHANEROCHAETE Karst. emend. Donk

Karsten, Bidr. Känn. Finl. Nat. Folk 48: 426 (1889)

Donk, Persoonia 2(2): 223 (1962)

Generotipo: Corticium decolorans Karst., Bidr. Känn. Finl. Nat. Folk 37: 144 (1882)

Sinónimo: Membranicium Erikss., Symb. Bot. Upsal. 16(1): 115 (1958)

Cuerpo fructífero resupinado, de consistencia cerea cuando el carpóforo está húmedo y membranacea en material seco, de color variable ya que puede ser blanco, crema, amarillento, rojo o incluso con tonos marrones. Presenta el himenóforo liso o a veces tuberculado. El subiculo está generalmente muy desarrollado y el margen diferenciado, presentando rizomorfos en algunas especies. El sistema de hifas es monomítico, con una clara diferencia entre hifas basales y subhimeniales, las primeras más anchas y/o de paredes más gruesas que las segundas. Cistidios presentes o ausentes; basidios estrechamente claviformes y esporas de alantoides a elipsoides, lisas, hialinas y no amiloides.

Clave de especies

1. Especies con cistidios de paredes delgadas...................2
1' Especies con cistidios de paredes gruesas....................3
2. Carpóforo de color rojo con la edad, tiñendo el substrato también de rojo. Presenta largos rizomorfos, concoloros con el carpóforo. Viviendo generalmente sobre madera de coníferas .... Ph. sanguinea
2' Carpóforo de color blanco amarillento a marrón rojizo con la edad; no tiñe el substrato de rojo. Vive sobre madera de Erica, Thymus, Cistus y Buxus ....Ph. ericina

3. Cistidios con ápice agudo. Cuerpo fructífero de color crema rojizo ligeramente resquebrajado al secar. Esporas de 5-7 x 2,5-3,5 μm... .... Ph. laevis

3.' Cistidios con el ápice obtuso 4

4. Superficie del carpóforo de color blanco, gris o rosado, y recubierta de un suave tomento. Esporas de 5-8 x 2-3 μm ...... Ph. velutina

4.' Superficie del carpóforo de color blanco crema a gamuza, no recubierta de tomento. Esporas de 4,5-7,5 x 2,5-3 μm ...... Ph. sordida

Phanerochaete ericina (Bourd.) Tellería, comb. nov.

Basiónimo: Peniophora ericina Bourd., Rev. Sci. Bourb. 23: 12 (1910)

Cuerpo fructífero resupinado, adherido al sustrato, formado por un subículo algodonoso, sobre el que asienta el himenóforo que es liso, de color blanco amarillento al principio que luego pasa a marrón rojizo, al secar se resquebraja y en material seco tiene un aspecto brillante.

El sistema de hifas es monomítico, las hifas basales son de paredes anchas, y tienen un diámetro de 5 μm por término medio, las subhimeniales son de paredes más delgadas y de 3,6 μm de diámetro. Presenta gran cantidad de cristales dispersos por la trama. Los cistidios de cilíndricos a fusiformes tienen las paredes delgadas y apenas son perceptibles, miden de 40-50 x 3-4,5 μm y sobresalen muy poco del resto del himenio. Los basidios son claviformes, ligeramente sinuosos y con un pedicelo bastante marcado. Las esporas son anchamente elipsoidales, con una gota lipídica en su interior miden de 6-8,5 x 3,5-5 μm, sus paredes son hialinas, lisas y no amiloides.

Habitat. - La hemos recolectado sobre madera de Erica arborea. Según Boudot y Galzin (1928) esta especie crece sobre especies de Erica, Thymus, Cistus y Buxus.

Corología. - CACERES: Carretera del Pto. de San Vicente a Alía, 19-2-77, leg. C. Navarro y M. T. Tellería. (Figura 35)

Observaciones. - Especie nueva para el catálogo micológico español. El incluir la especie Peniophora ericina Bourd., en el género que ahora nos ocupa, es un asunto indiscutible, que ya fué puesto de manifiesto por

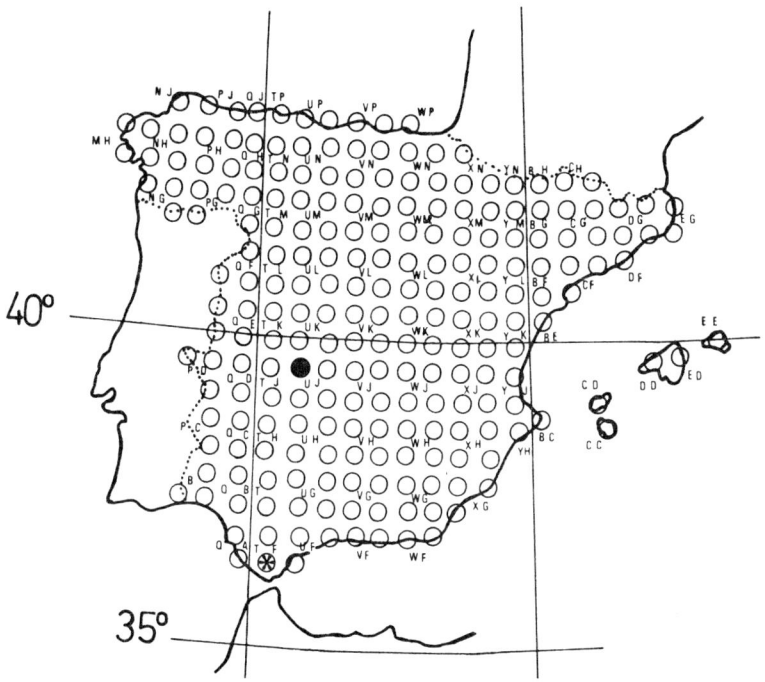

Fig. 35. Phanerochaete ericina (Bourd.) Telleria (●)
Phanerochaete laevis (Fr.) Erikss. et Ryv.(✱)

Parmasto (1968), pero sin hacer la pertinente nueva combinación; por esto, y puesto que según la bibliografía consultada, está aún sin publicar, la proponemos nosotros aquí.

Phanerochaete laevis (Fr.) Erikss. et Ryv., Cort. North Europ. 5: 1007 (1978)

Sinónimos: Thelephora laevis Fr., Syst. Mycol. I: 451 (1821); Peniophora laevis (Fr.) Burt in Peck, N.Y.St. Mus. Bull. 54: 954 (1902); Peniophora affinis Burt, Ann. Miss. Bot. Gard. 12: 226 (1926); Membranicium affinis (Burt) Erikss., Symb.Bot. Upsal. 16(1): 116 (1958)

Cuerpo fructífero resupinado, bastante coriáceo, de hasta 0,5 mm de grosor, el himenóforo es liso y de color crema rojizo, resquebrajandose ligeramente al secar.

El sistema de hifas es monomítico, las hifas basales de hasta 8 μm de diámetro, tienen las paredes gruesas con fíbulas escasas y están ramificadas en ángulo recto, las subhimeniales de paredes finas, son más delgadas midiendo hasta 4 μm de diámetro. Presenta cistidios fusiformes que miden de 50-70 x 5-6 μm, tienen las paredes generalmente gruesas, con o sin incrustaciones cristalinas. Los basidios son claviformes, con 4 esterigmas, miden 20-30 x 4,5-6 μm. Las esporas son elipsoidales, con gotas lipídicas en su interior, de paredes lisas y no amiloides, miden de 5-7 x 2,5-3,5 μm.

Habitat. - Lo hemos recolectado sobre madera de Alnus glutinosa.

Corología. - CADIZ: Pto. de Galis, 3-10-76, leg. C. Navarro y M.T. Tellería. (Figura 35)

Observaciones. - Especie nueva para el catálogo micológico español.

Phanerochaete sanguinea (Fr.) Pouz., Česká Mykol. 27(1): 26 (1973)

Sinónimo: Thelephora sanguinea Fr., Elench. Fung. I: 203 (1828)

Cuerpo fructífero resupinado, suavemente unido al sustrato; sobre un súbiculo fibrilloso se asienta el himenóforo que es liso; al principio de color que varia de crema pálido a rosa después rojo oscuro. El borde presenta largos rizomorfos de color rojo sangre.

El sistema de hifas es monomítico, las hifas basales de paredes anchas, ramificadas en ángulo recto y con un diámetro de 3-9 μm; las subhimeniales de paredes delgadas, tienen un diámetro de 3-4 μm. Presenta cistidios cilíndricos, de paredes delgadas y lisas, que miden de 40-60 x 4-6 μm Los basidios claviformes tienen 4 esterigmas. Las esporas oblongo elipsoidales miden 4,5-6 x 2,5-3,5 μm, tienen paredes lisas y no amiloides.

Habitat. - Lo hemos recolectado sobre madera de Pinus sylvestris.

Corología. - SEGOVIA: San Rafael, 22-10-77, leg. M. T. Tellería.

En la bibliografía aparece citada en el Catálogo Micológico del País Vasco (1973)

Observaciones. - Es fácilmente reconocible por el color rojo sangre de sus rizomorfos.

Phanerochaete sordida (Karst.) Erikss. et Ryv., Cort. North Europ. 5: 1023 (1978)

Sinónimos: Corticium sordidum Karst., Medd. Soc. F. Fl. Fenn. 9: 65 (1882); Grandiniella livescens Karst., Hedwigia 34: 8 (1895); Corticium cremeum Bres., Fungi Trid. 2: 63 (1898); Membranicium cremeum (Bres.) Erikss., Symb. Bot. Upsal. 16(1): 116 (1958)

El cuerpo fructífero es resupinado, membranáceo y bastante grueso. El himenóforo es liso, de color blanco crema a gamuza y se resquebraja al secar. El margen es estrecho y pubescente.

El sistema de hifas es monomítico, las hifas basales son de paredes gruesas y ramificadas en ángulo recto, tiene un diámetro de 4-8 μm, las subhimeniales son de paredes delgadas, y su diámetro es de 3-4 μm. Los cistidios de cilíndricos a fusiformes, tienen las paredes gruesas en la parte inferior y van estrechándose hacia el ápice que es obtuso, presentan incrustaciones cristalinas y miden de 80-120 x 5-7 μm. Los basidios son claviformes, miden de 16-22 x 4-5 μm y llevan 4 esterigmas. Las esporas son oblongo elipsoidales, tienen las paredes lisas y no amiloides y miden 4,5-7,5 x 2,5-3 μm.

Habitat. - Lo hemos recolectado sobre madera de Fagus sylvatica y Quercus pyrenaica. Según Bourdot y Galzin (1928), puede vivir sobre todo tipo de madera incluso madera quemada.

Corología. - GUADALAJARA: Campillejos, 4-7-76, leg. C. Navarro y M. T. Tellería. GUIPUZCOA: Aránzazu, 13-4-76, leg. J. L. Tellería y M. T. Tellería. MADRID: La Barranca de Navacerrada, 11-11-77, leg. M. Garcia Rollán. VIZCAYA: Alto de Urquiola, 19-4-76, leg. C. Navarro y M. T. Tellería; Ispaster, 25-7-77, leg. M. T. Tellería. En la bibliografía aparece citado en la provincia de Cádiz (Malençon, 1968)

Phanerochaete velutina (D C. ex Fr.) Karst., Krit. Öfvers. Finl. Basidsv. Tillägg III: 33 (1848)

Sinónimos: Thelephora velutina D C. ex Fr., Elech. Fung. I: 203 (1828); Athelia velutina D C. ex Pers., Mycol. Europ. I: 85 (1822); Corticium decolorans Karst., Bidr. Känn. Finl. Nat. Folk 37: 144 (1882)

Es extraño el hecho, de que pese a ser la publicación de Persoon anterior a la de Fries, se considere la de este último autor como la válida; asf lo hacen constar Eriksson et al. (1978), nosotros al carecer de la bibliografía adecuada, por no disponer de la obra de Persoon, si de la de Fries, no nos podemos pronunciar al respecto.

Cuerpo fructífero resupinado, suavemente unido al sustrato, de membranáceo a cereo presenta color blanco, gris o rosado. Su superficie, vista a la lupa, es ligeramente tomentosa, su margen es bisoide y frecuentemente provisto de largos rizomorfos.

El sistema de hifas es monomítico, las hifas basales son de paredes gruesas tienen un diámetro de 5-8 μm, las subhimeniales de paredes más delgadas tienen 3-4 μm, de diámetro. Los cistidios son de cilíndricos a subfusiformes, de paredes gruesas y generalmente incrustadas de cristales. Los basidios son claviformes y con 4 esterigmas. Las esporas son oblongo elipsoidales, miden 5-8 x 2-3 μm y tienen las paredes lisas y no amiloides.

Habitat. - Lo hemos recolectado sobre madera muerta de Abies pinsapo, Betula celtiberica y Quercus pyrenaica.

Corología. - CADIZ: Benamahoma, 26-3-75, leg. F.D. Calonge y G. López; MADRID: Pto. de Canencia, 5-10-75, leg. G. López y M.T. Tellería. SEGOVIA: Pto. de la Quesera, 19-9-76, leg. C. Navarro y M.T. Tellería. En la bibliografía se encuentra citada en Cataluña (Maire, 1937)

Género PHLEBIA Fr. emend. Donk

Fries, Syst. Mycol. 1: 426 (1821)

Donk, Fungus 27: 8 (1957)

Generotipo: Phlebia radiata Fr., Syst. Mycol. 1: 427 (1821)

Cuerpo fructífero resupinado, fuertemente unido al sustrato, aunque a veces al secar se separa de este por los bordes. De aspecto gelatinoso o cereo en estado fresco, al secar se endurece y torna quebradizo formando a veces una película que recuerda por su aspecto al barniz. Presenta el himenóforo liso, ondulado o a veces granuloso, de color blanco o coloreado. El sistema de hifas es monomítico. Cistidios presentes o ausentes, en caso afirmativo, estos pueden ser de paredes delgadas (leptocistidios) o de paredes gruesas y fuertemente incrustados (lamprocistidios). Los basidios son claviformes y crecen formando una densa empalizada. Las esporas son elipsoidales, ovales o subcilíndricas, de paredes hialinas, lisas y no amiloides.

Clave de especies

1. Cuerpo fructífero fuertemente coloreado, himenóforo con pliegues radiales o formando retículo. Esporas de cilíndricas a alantoides... 2
1'. Sin las características anteriores............................. 3
2. Cuerpo fructífero de color rojo violeta, himenóforo con pliegues radiales, margen concoloro, fimbriado. Esporas que miden 4, 5-6 x 1, 5-2, 5 μm..Ph. radiata
2'. Cuerpo frúctífero de color amarillo a rojo marrón, himenóforo con pliegues entrecruzados. Borde blanquecino. Esporas 4, 5-6, 5 x 1, 5 -2 μm..Ph. rufa
3. Himenóforo liso 4
3'. Himenóforo hidnoide (a la lupa)................................. 5

4. Cuerpo fructífero recubierto de un tomento. Esporas oblongo elipsoidales 3,5-6 x 2,5-3,5 μm .... Ph. roumegueri

4'. Superficie del cuerpo fructífero no recubierta de tomento. Esporas oblongo elipsoidales 5-7,5 x 2,5-3,5 μm .... Ph. gigantea

5. Cuerpo fructífero de color blanco crema. Esporas de oblongo elipsoidales a ovales que miden de 3,5-6 x 2-3 μm .... Ph. queletii

5'. Cuerpo fructífero de color gris azulado. Esporas de cilíndricas a oblongo elipsoidales que miden de 3-5 x 1-2,5 μm ..... Ph. hydnoides

Phlebia gigantea (Fr.) Donk, Fungus 27: 12 (1957)

Sinónimos: Thelephora gigantea Fr., Syst. Mycol. I: 448 (1821); Thelephora pergamenea Pers., Mycol.Europ. I: 150 (1822)

Cuerpo fructífero resupinado, extendido, pudiendo llegar a ocupar grandes superficies; fuertemente unido al sustrato, aunque al secar los bodes pueden curvarse hacia arriba. Cuando el material está fresco es de consistencia cerea, pero al secar se torna coriáceo. La superficie es lisa, de color blanco crema en material fresco y amarillenta al secar. El margen es bisoide.

El sistema de hifas es monomítico, las hifas tienen las paredes gruesas y son difíciles de observar ya que están fuertemente entretejidas. Presenta numerosos cistidios fusiformes, con las paredes gruesas y fuertemente incrustadas en su mitad superior, miden 50-100 x 10-20 μm. Los basidios son claviformes, llevan 4 esterigmas y miden 12-22 x 4-5 μm. Las esporas son oblongo elipsoidales, de paredes delgadas, lisas e hialinas, miden 5-7,5 x 2,5-3,5 μm.

Habitat. - Vive sobre madera de coníferas. Nosotros lo hemos recolectado sobre Pinus insignis.

Corología. - VIZCAYA: Garay, 31-12-76, leg. C. Navarro y M. T. Tellería; Axpe, 3-12-75, leg. C. Navarro y M. T. Tellería. En la bibliografía aparece citada en Cuenca y Valladolid (Benito Martínez y Torres Juar 1965) y en Navarra (García Bona, 1978)

Phlebia hydnoides (Cooke et Massee) Christ., Dansk Bot. Ark. 19(2): 175 (1960)

Sinónimo : Peniophora hydnoides Cooke et Massee in Massee, Mond. pag. 154 (1889)

Cuerpo fructífero resupinado, delgado, de color gris azulado, el himenóforo visto a la lupa se presenta hidnoide formado por unos dientes pequeños y delgados.

El sistema de hifas es monomítico, las hifas crecen muy apretadas, haciendo imposible su visión individualizada, ya que lo único que se observa al microscopio es una masa compacta. Presenta numerosos cistidios de forma cilíndrica o fusiforme, con las paredes gruesas y fuertemente incrustadas de cristales al menos en su mitad superior. Los basidios claviformes presentan de 2 a 4 esterigmas. Las esporas son de cilíndricas cortas a oblongo elipsoidales, deprimidas lateralmente, miden de 3-5 x 1-2,5 μm.

Habitat. - El material estudiado por nosotros lo hemos recolectado sobre Abies pinsapo y Betula celtiberica.

Corología. - MADRID: Pto. de Canencia, 25-4-76, leg. C. Navarro y M.T. Tellería. En la bibliografía aparece citado en la prov. de Cádiz: Benamahoma (Calonge, Ryvarden y Tellería, 1976)

Phlebia queletii(Bourd. et Galz.) Christ., Dansk Bot. Ark. 19(2): 176 (1960)

Sinónimo: Odontia queletii Bourd. et Galz., Bull. Soc.Mycol.Fr. 30: 270 (1914); Metulodontia queletii (Bourd. et Galz.) Parm., Consp. Syst. Cort. pag. 118 (1968)

Cuerpo fructífero resupinado de color blanco crema, fuertemente adherido al sustrato, al principio crece en parches redondos que después van confluyendo unos con otros, al secar se resquebraja. El himenófo visto a la lupa resulta hidnoide.

El sistema de hifas es monomítico, las hifas son dificilmente diferenciables, por encontrarse formado una maraña muy apretada, presenta cistidios fusiformes que miden de 30-90 x 6-10 μm, con las paredes gruesas y fuertemente incrustadas. Los basidios claviformes miden de 12-20 x 3-4

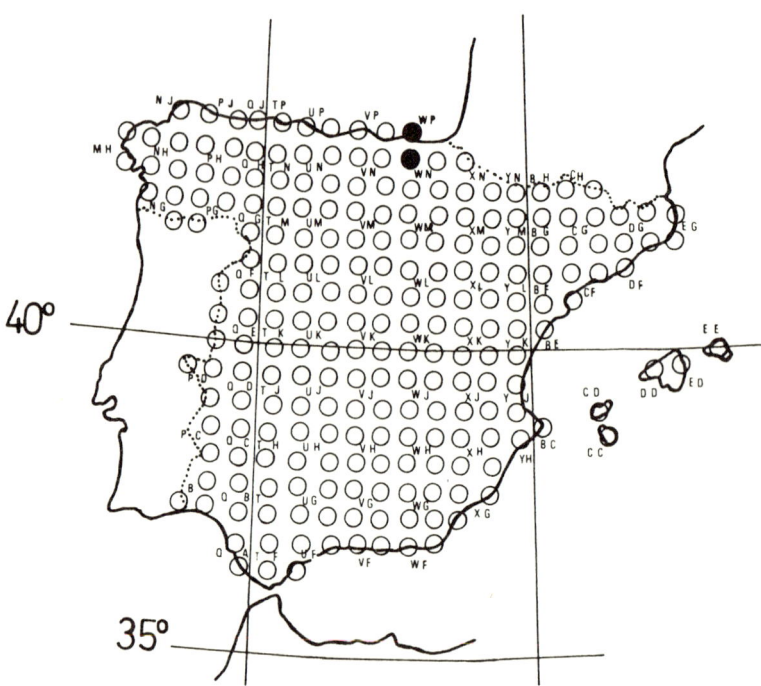

Fig. 36. Phlebia queletii (Bourd. et Galz.) Christ.

µm, nosotros los hemos visto siempre con 4 esterigmas, aunque pueden llevar también sólo 2 (Christiansen, 1960). Las esporas son de oblongo elipsoidales a ovales, miden 3,5-6 x 2-3 µm, tienen las paredes lisas y no amiloides.

Habitat. - Lo hemos recolectado sobre madera de Pinus insignis

Corología. - VIZCAYA: Baquio, 2-1-76, leg. E. Perez del Moral; Orozco, 17-10-75, leg. F. D. Calonge; Garay, 10-10-75, leg. C. Navarro y M. T. Tellería; Abadiano, 13-3-76, leg. G. López, C. Navarro y M. T. Tellería; Urquiola, 19-4-76, leg. C. Navarro y M. T. Tellería; Urculeta, 24-12-75, leg. C. Navarro y M. T. Tellería. (Figura 36)

Observaciones. - Esta especie parece ser nueva para España.
Phlebia radiata Fr., Syst. Mycol. 1: 427 (1821)

Sinónimos: Phlebia merismoides Fr., Syst. Mycol. I: 427 (1821); Phlebia contorta Fr., Syst. Mycol. I: 427 (1821); Thelephora bolaris Pers., Mycol. Europ. I: 138 (1822); Phlebia cinnabarina Schw., Amer. Phil. Soc. Trans. 4: 165 (1832)

Cuerpo fructífero resupinado, al principio crece en parches redondos que luego confluyen unos con otros. El himenóforo es ondulado, los pliegues son radiales y persisten en el material seco, su color es rojo violeta. El margen es fimbriado.

El sistema de hifas es monomítico, formado por hifas de paredes delgadas, fibuladas y ramificadas. Cistidios escasos, fusiformes y de paredes delgadas. Los basidios son claviformes y miden de 30-35 x 4-5 µm. Las esporas son de cilíndricas a alantoides, hialinas y de paredes delgadas, lisas y no amiloides, miden de 4,5-6 x 1,5-2,5 µm.

Habitat. - La hemos recolectado sobre madera de Fagus sylvatica y Betula celtiberica.

Corología. - LA CORUÑA: Santiago de Compostela, 2-6-77, leg. L. Freire. GUIPUZCOA: Alto de Arlaban, 2-1-77, leg. J. L. Tellería y M. T. Tellería. MADRID: Pto. de Canencia, 19-9-76, leg. M. García Rollán. NAVARRA: Carretera de Aribe a Orbaiceta, 17-12-76, leg. E. Fuertes, C. Navarro y M. T. Tellería; San Miguel de Aralar, 10-10-77, leg. M. T.

Tellería. En la bibliografía aparece citado en el Catálogo Micológico del País Vasco. (1973).

Phlebia roumeguerii (Bres.) Donk, Fungus 27: 2 (1957)

Sinónimos: Corticium roumeguerii Bres., Fung. Trid. 2: 36 (1892)

Cuerpo fructífero resupinado, fuertemente adherido al sustrato, la superficie vista a la lupa, está recubierta de un tomento, es de color blanco crema y al secar se endurece y resquebraja.

El sistema de hifas es monomítico, las hifas generativas son difíciles de observar, ya que están fuertemente entretejidas unas con otras. Presenta cistidios situados tanto en la trama como en el himenio, son cónicos o fusiformes, tienen las paredes gruesas y con abundantes incrustaciones cristalinas. Los basidios son claviformes, llevan 4 esterigmas. Las esporas son oblongo elipsoidales, de paredes lisas, miden de $3,5-6 \times 2,5-3,5$ μm.

Habitat. - La hemos recolectado sobre madera de Quercus ilex y Quercus rotundifolia.

Corología. - CADIZ: Benamahoma, 2-10-76, leg. C. Navarro y M. T. Tellería. SALAMANCA: Carretera de Las Mestas a la Alberca, 31-3-77, leg. M. T. Tellería. En la bibliografía aparece citado en Cataluña (Maire, 1937) y en Cádiz (Malençon, 1968)

Phlebia rufa (Pers. ex Fr.) Christ., Dansk Bot.Arkiv 19(2): 164 (1960)

Sinónimo: Merulius rufus Pers. ex Fr., Syst. Mycol. I: 327 (1821).

Cuerpo fructífero resupinado, adherido al sustrato, de consistencia cerea carnosa. El himenóforo es ondulado, los pliegues se entrecruzan unos con otros, dándole un aspecto reticulado; de color crema amarillento al principio, pasa después a rojizo marrón. El margen más o menos ancho, es estéril, blanquecino y fibroso.

Las hifas de la trama, de paredes delgadas, están fuertemente entrecruzadas. No presenta cistidios. Los basidios claviformes miden de $20-30 \times 3-6$ μm, y llevan de 2 a 4 esterigmas. Las esporas son de cilíndricas a alantoides, tienen las paredes delgadas, lisas y no amiloides, y miden de

4,5-6,5 x 1,5-2 µm.

H a b i t a t . - Lo hemos recolectado sobre madera de Quercus robur y
Quercus pyrenaica.

C o r o l o g í a . - GUIPUZCOA: Tolosa, 19-9-76, leg. M. García Rollan.
SEGOVIA: Pto. de la Quesera, 19-9-76, leg. C. Navarro y M. T. Tellería.
En la bibliografía aparece citado en Cataluña (Maublanc, 1936), y en el
Catálogo Micológico del País Vasco (1973).

Género PLICATURA Peck, Ann. Rep. New York St. Mus. 24: 75 (1872)
G e n e r o t i p o : Merulius niveus Fr. ,Elench. Fung.I:59(1828) ≡ Plicatura
nivea (Fr.) Karst., Bidr. Känn. Finl. Nat. Folk 48: 342 (1889)

Cuerpo fructífero sub-estipitado, flabeliforme o dimidiado, en algunos
casos incluso resupinado. El himenóforo está formado por pliegues lameliformes. El sistema de hifas es monomítico. Las esporas alantoides, son
amiloides o pseudoamiloides.

Plicatura crispa (Fr.) Rea
S i n ó n i m o : Trogia crispa Fr., Hym.Europ.pag. 492 (1874)

Cuerpo fructífero flabeliforme, sub-estipitado o sentado. La cara superior de color marrón, sub-zonada y recubierta de un suave tomento; la
inferior o himenial de color verde grisáceo, formada por pliegues lameli
formes. El margen del carpóforo es festoneado y obtuso.

El sistema de hifas es monomítico, las hifas generativas son fibuladas;
los basidios claviformes con 4 esterigmas y las esporas alantoides, de
paredes amiloides y lisas, miden 3,5-5 x 1-2 µm.

H a b i t a t . - Siempre la hemos recolectado sobre madera de Fagus sylvatica.

C o r o l o g í a . - GUIPUZCOA: Alto de Arlaban, 2-1-77, leg. J.L.Tellería
y M. T. Tellería; NAVARRA: Embalse de Leurza, 16-10-76, leg. F.D.Ca
longe; Selva del Irati, 17-12-76, leg. E.Fuertes, C.Navarro y M.T. Tellería. En la bibliografía aparece citada en el Pais Vasco (Cat. Micol.
Pais Vasco, 1973; Tellería, Moreno y Calonge, 1975) y en Cataluña (Co-

dina y Font Quer, 1930)

Género PULCHERRICIUM Parm., Consp. Syst. Cort. pag. 132 (1968)

Generotipo: Thelephora caerulea Fr., Elench. Fung. 1: 202 (1828)

Cuerpo fructífero resupinado o efuso-reflejo, presentando el himenóforo liso y de un intenso color azul añil. El sistema de hifas es monomítico, las hifas son de paredes gruesas, fibuladas y de color azul. Carece de cistidios y gloeocistidios pero presenta dendrohifas. Los basidios son claviformes con 4 esterigmas, llevan fíbula basal y algunos presentan unos apéndices laterales. Las esporas son hialinas, de oblongo elipsoidales a anchamente elipsoidales, de paredes delgadas, lisas y no amiloides.

Pulcherricium caeruleum (Fr.) Parm., Consp. Syst. Cort. pag. 133 (1968)

Sinónimo: Thelephora caerulea Fr., Elench. Fung. 1: 202 (1828)

Cuerpo fructífero resupinado, en algunas ocasiones puede presentarse como efuso-reflejo; el himenóforo es liso y presenta al igual que todo el cuerpo fructífero un intenso color azul añil.

El sistema de hifas es monomítico, formado por hifas de paredes gruesas, de color azul, con fíbulas y con un diámetro de 4-5,5 µm. Presenta en la zona himenial dendrohifas abundantes. Los basidios son claviformes, con 4 esterigmas y fíbula basal, miden de 30-50 x 5,5-8 µm, en algunas ocasiones presentan apéndices laterales. Las esporas son anchamente elipsoidales, miden de 8-12 x 5-7 µm, tienen las paredes lisas, hialinas, no amiloides ni dextrinoides.

Habitat. - Lo hemos recolectado sobre madera muerta de: Quercus suber, Castanea sativa, Quercus ilex, Quercus pyrenaica y Fraxinus sp. A veces lo hemos recolectado sobre madera quemada, pero no es pirófilo estricto.

Corología. - AVILA: Mijares, 26-9-76, leg. C. Navarro y M. T. Tellería; CACERES: Castañar de Ibor, 20-2-77, leg. C. Navarro y M. T. Tellería; MADRID: Villaviciosa de Odón, 7-4-77, leg. M. García Rollán; Fuente de la Reina. -El Escorial, 29-10-77, leg. M.T. Tellería; Robledo de Chavela, 24-2-77, leg. M.T. Tellería. MALAGA: Montejaque, 25-3-76, leg. F.D. Calonge y G. López. VIZCAYA: Ispaster, 25-7-77, leg. J.L. Tellería y M.T. Tellería. En la bibliografía está citado en Cataluña (Cuatrecasas, 1929; Codina y Font Quer, 1930; Maire et al., 1933; Heim et al. 1935; Malençon y Bertault, 1971) en Andalucía (Malençon, 1968; Malençon y Bertault, 1976) en el Pais Vasco (Lacoizqueta, 1885; Ruiz de Gaona y Oñaiticia, 1954). Según Jülich (1974) esta especie en Europa es de dispersión meridional.

Observaciones. - Especie muy fácil de reconocer, por el intenso color azul añil que presentan sus carpóforos.

Género RADULOMYCES Christ. emend. Parm.

Christiansen, Dansk Bot. Arkiv 19(2): 230 (1960)

Parmasto, Consp. Syst. Cort. pag. 109 (1968)

Generotipo: Thelephora confluens Fr. ex Fr., Syst. Mycol. I: 447 (1821)

Cuerpo fructífero resupinado, membranáceo o ligeramente cereo, normalmente adherido al sustrato, de color blanco crema, a veces presenta un tinte rojizo. El himenóforo es liso, tuberculado o bien raduloide. El sistema de hifas es monomítico, las hifas generativas son fibuladas, ramificadas, de paredes delgadas a ligeramente gruesas, con un diámetro de 2-5 μm. Sin cistidios ni gloeocistidios. Los basidios son largamente claviformes, con un pedúnculo diferenciado, más o menos flexuoso, presentan fíbula basal y gotas lipídicas en su interior. Las esporas son de elipsoidales a globosas, grandes de 7-14 μm de longitud, son hialinas, de paredes delgadas, lisas y no amiloides, a veces llevan gotas lipídicas en su interior.

Observaciones. - El caracter más importante de este género, radica en la base pedunculada y flexuosa que presentan sus basidios.

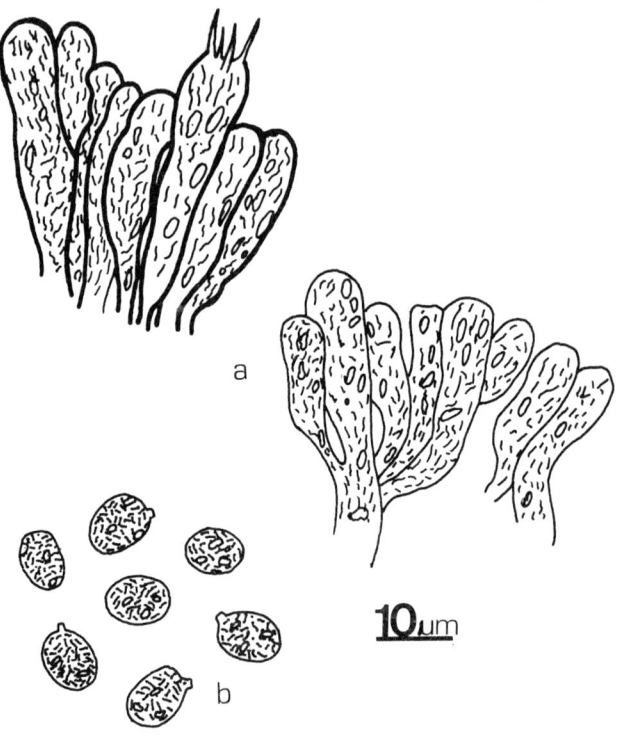

Fig. 37. Radulomyces confluens (Fr.) Christ., a.-Basidios, b.-Esporas

Clave de especies

1. Himenóforo liso... 2
1' Himenóforo raduloide, con dientes que crecen irregularmente dispersos y miden de 1-2 mm de longitud................... R. molais
2. Cuerpo fructífero formado por una placa uniforme, margen indistinto, que al secar se enrolla hacia arriba. Esporas de anchamente elipsoidales a globosas, de 7-8,5 x 6-7 μm............ R. rickii
2' Cuerpo fructífero que al principio crece en parches redondos, con el margen bisoide, que luego confluyen unos con otros. Esporas anchamente elipsoidales, de 7-10 x 6-8 μm.............. R. confluens

Radulomyces confluens (Fr. ex Fr.) Christ., Dansk Bot. Arkiv 19(2): 231 (1960)

Sinónimo: Thelephora confluens Fr. ex Fr., Syst. Mycol. I: 447 (1821)

Cuerpo fructífero resupinado, adnado, al principio crece en parches redondos que luego van confluyendo unos con otros, presenta el margen fimbriado y de color más claro que el himenóforo, que es liso y de color crema o gamuza en algunas zonas.

El sistema de hifas es monomítico, las hifas generativas son de paredes delgadas, fibuladas, tienen una anchura de 2,5-4,5 μm. Los basidios son largos, claviformes, con un pie bien diferenciado y flexuoso, sus paredes son delgadas, presentan fíbula basal, lleva 4 esterigmas y a veces pequeñas gotas lipídicas en su interior. Las esporas son anchamente elipsoidales, lisas y no amiloides, presentan una apícula bien marcada y contenido lipídico en su interior, miden de 7-10 x 6-8 μm. (Figura 37)

Habitat. - Lo hemos recolectado sobre madera de Fagus sylvatica y Populus sp.

Corología. - NAVARRA: Bajada del Pto. de Lizarraga a Lezaum, 16-12-76, leg. E. Fuertes, C. Navarro y M. T. Tellería. MADRID: Casa de Campo, 12-2-77, leg. F. D. Calonge, M. T. Tellería y L. Verde. (Fig. 38)

Observaciones. - Especie nueva para el catálogo micológico español.

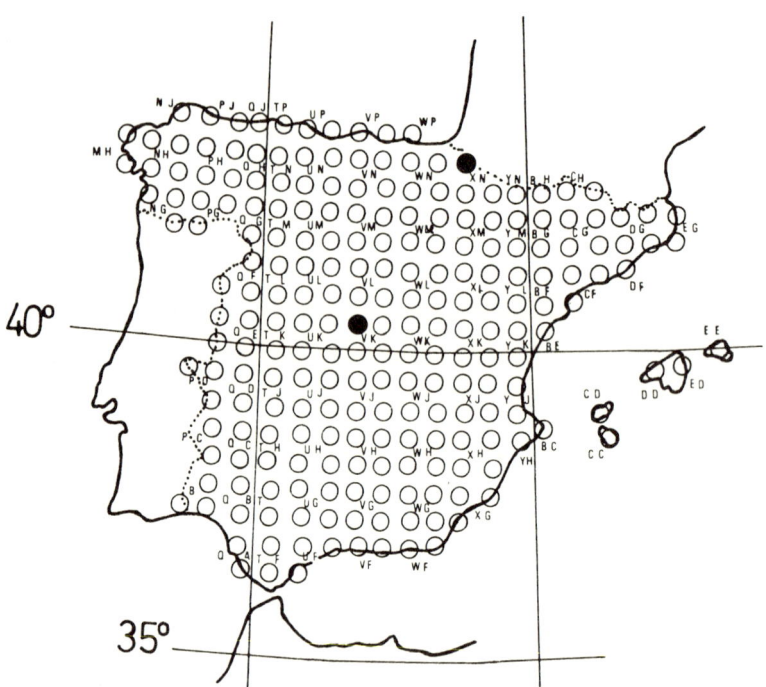

Fig. 38. Radulomyces confluens (Fr. ex Fr.) Christ.

Radulomyces molaris (Chaill. ex Fr.) Christ., Dansk Bot. Arkiv 19(2):
232 (1960)

Sinónimos: Hydnum molare Chaill. ex Fr., Elench. Fung. I: 151
(1828); Radulum orbiculare var. molaris (Chaill. ex Fr.) Quél., Fl. Mycol. Fr. pag. 437 (1888); Sistotrema rude Pers., Mycol. Europ. 2: 192
(1825)

Cuerpo fructífero resupinado, formado por parches redondos, con el margen bisoide. El himenóforo es raduloide, con dientes dispersos, de 1-2 mm de longitud, de color crema amarillento a ocre.

El sistema de hifas es monomítico, las hifas generativas son fibuladas, presentandose a veces cerca de los septos ligeramente hinchadas, son ramificadas, saliendo la ramificación generalmente desde la fíbula. Los basidios son largos, claviformes, con un largo pedúnculo basal, llevan 4 esterigmas y fíbula basal, miden 35-45 x 6-7 μm. Las esporas son achamente elipsoidales, de paredes lisas, hialinas y no amiloides, llevan una apícula bien marcada y miden de 8,5-12 x 5,5-7 μm.

Habitat. - Lo hemos recolectado sobre Fagus sylvatica, Quercus suber, Quercus ilex y Quercus canariensis.

Corología. - BADAJOZ: Badajoz, 2-11-76, leg. J. Izco. CACERES: Carretera del Pto. de Miravete a Deleitosa, 20-2-77, leg. C. Navarro y M. T. Tellería. CADIZ: Pto. de Galis, 3-10-76, leg. C. Navarro y M. T. Tellería. HUELVA: Coto del Rey, 3-10-76, leg. F. D. Calonge. VIZCAYA: Mañaria, 30-12-76, leg. C. Navarro y M. T. Tellería; Garay, 17-10-75, leg. C. Navarro y M. T. Tellería. En la bibliografía aparece citado en Cataluña (Maire, 1937; Malençon y Bertault, 1971) y en Andalucía (Malençon, 1968; Malençon y Bertault, 1976)

Radulomyces rickii (Bres.) Christ., Dansk Bot. Arkiv 19(2): 128 (1960)
Sinónimo: Corticium rickii Bres. in Rick, Österr. Bot. Zeitschr. pag. 2 (1868)

Cuerpo fructífero resupinado, delgado, membranáceo. El himenóforo es iso, de color crema con un ligero tinte rosado. El margen es indistinto

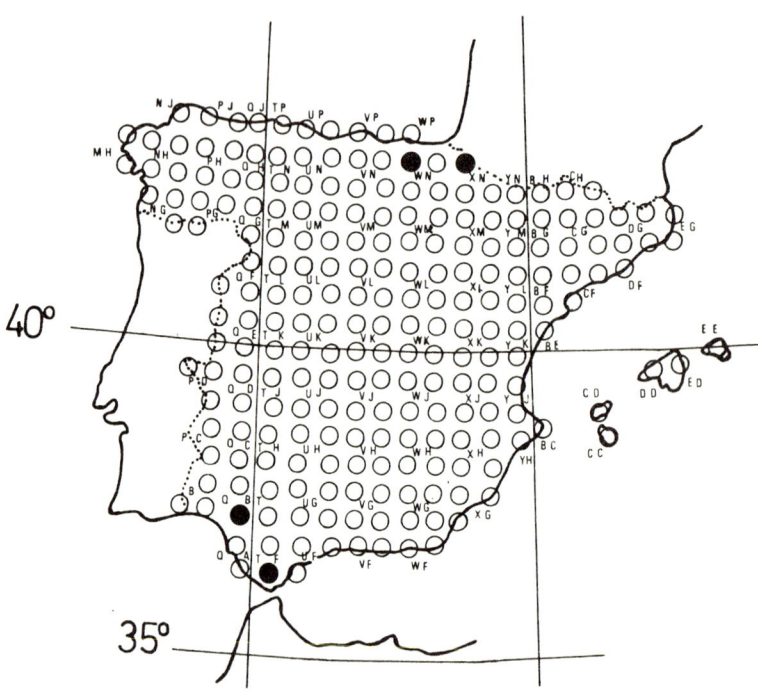

Fig. 39. Radulomyces rickii (Bres.) Christ.

y al secar se levanta y enrolla.

El sistema de hifas es monomítico, las hifas son de paredes delgadas y fibuladas. En la zona himenial aparecen unas hifas flexuosas, para Christiansen (1960) no está clara su naturaleza, pues piensa que pueden ser o bien elementos estériles, o basidios sinuosos jóvenes. Los basidios son claviformes, estrechándose en la base, formando un pedunculo basal, lle van 4 esterigmas. Las esporas son de anchamente elipsoidales a globosas de paredes lisas y miden de 7-8,5 x6-7 μm.

Habitat. - Lo hemos recolectado sobre madera de Pinus insignis, Quercus canariensis y Buxus sempervirens.

Corología. - CADIZ: Pto. de Galis, 3-10-76, leg. C. Navarro y M. T. Tellería. HUELVA: El Barranco. -Coto de Doñana, 24-2-77, leg. F. D. Calonge. NAVARRA: Valle de Belabarza, 17-12-76, leg. E. Fuertes, C. Navarro y M. T. Tellería. VIZCAYA: Abadiano, 13-3-76, leg. C. Navarro y M. T. Tellería. (Figura 39)

Observaciones. - Esta especie parece ser nueva para el catálogo micológico español.

Género RESINICIUM Parm., Consp. Syst. Cort. pag. 97 (1968)
Generotipo: Hydnum bicolor Fr., Syst. Mycol. 1: 417 (1821)

Cuerpo fructífero resupinado, delgado, fuertemente unido al sustrato. Cuando el material es fresco, se presenta blando y cereo, al secar se endurece y torna quebradizo. El himenóforo es farináceo, granuloso o con pequeñas agujas de color blanco, crema o gris amarillento. El borde es al principio farinaceo, después indeterminado. El sistema de hifas es monomítico, las hifas son de paredes delgadas, fibuladas y ramificadas. Presenta cistidios de paredes delgadas, subcilíndricos o fusiformes; cerca del ápice, que es capitado, presentan un estrechamiento, el ápice va recubierto de cristales o por una sustancia resinosa. Los basidios son claviformes o ligeramente utriformes, llevan de 2 a 4 esterigmas. Las esporas son elipsoidales o cilíndricas, deprimidas lateralmente, de paredes lisas, hialinas, ni amiloides ni dextrinoides.

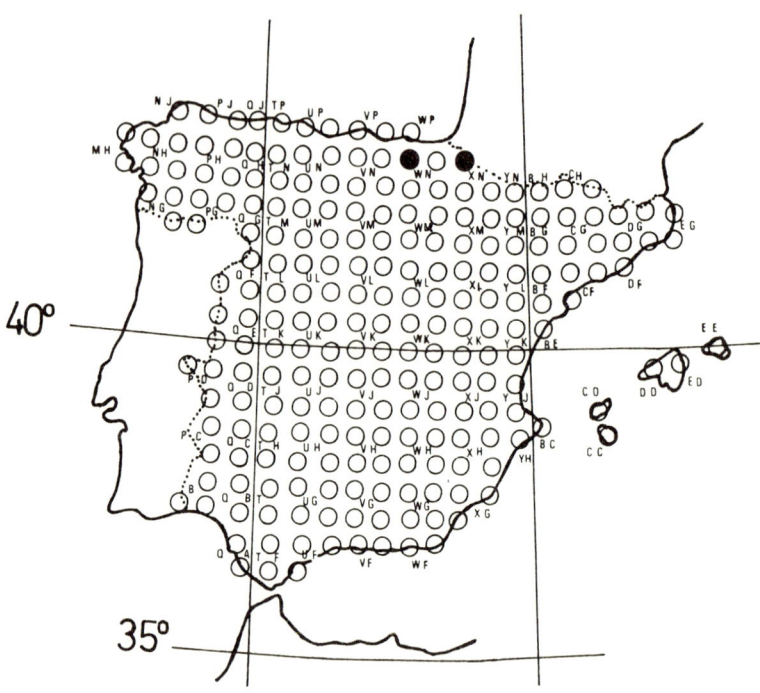

Fig. 40. Resinicium bicolor (Fr.) Parm.

Observaciones. - Género nuevo para la micoflora española, se caracteriza por la forma peculiar de sus cistidios, y su himenóforo hidnoide.

Resinicium bicolor (Fr.) Parm., Consp. Syst. Cort. pag. 98 (1968)
Sinónimo : Hydnum bicolor Fr., Syst. Mycol. 1: 417 (1821)

Cuerpo fructífero resupinado, delgado, de color blanco crema. El himenóforo es hidnoide, los dientes de 0,1 mm de longitud aproximadamente, están esparcidos por toda la superficie.

El sistema de hifas es monomítico. Los cistidios son de subcilíndricos a fusiformes y acaban en un ápice globoso, que aparece recubierto de cristales agudos que recuerdan a una estrella o de una sustancia resinosa marrón amarillenta. Los basidios son claviformes, miden de 12-20 x 3,5-4,5 μm y llevan 4 esterigmas. Las esporas son oblongo elipsoidales de paredes lisas y delgadas, no amiloides ni dextrinoides, con gotas lipídicas en su interior, miden 5,4-7 x 3-3,6 μm.

Habitat. - Lo hemos recolectado sobre madera de Fagus sylvatica y Buxus sempervirens.

Corología. - NAVARRA: Valle de Belabarza, 17-12-76, leg. Fuertes, C. Navarro y M. T. Tellería. VIZCAYA: Ochandiano, 5-1-77, leg. C. Navarro y M. T. Tellería. (Figura 40)

Observaciones. - Especie nueva para el catálogo micológico español.

Género SCYTINOSTROMA Donk, Fungus 26: 19 (1956)
Generotipo: Corticium portentosum Berk. et Curt. in Berk., Grevilea 2: 3 (1873)

Cuerpo fructífero resupinado, extendido, el himenóforo es liso o tuberculado de color blanco o pálido. El sistema de hifas está formado por hifas generativas de paredes hialinas fibuladas o afibuladas, y unas hifas de paredes anchas y dextrinoides, que Parmasto (1970) considera esqueléticas. Gloeocistidios presentes o ausentes. Los basidios son cilíndricos y llevan de 2-4 esterigmas. Las esporas son de paredes lisas u orna mentadas, amiloides o no.

Observaciones. - La situación de este género dentro de la familia Corticiaceae es incierta, así Donk (1964) lo considera próximo a Gloeocystidiellum y Eriksson (1958) a Laeticorticium, alegando que la forma como se desarrollan los basidios de ambos géneros es semejante.

Por otro lado, para Donk (1964), este género presenta también semejanzas con Vararia (Hymenochaetaceae), quizás basandose en esto, Reid (1965) secundado después por Parmasto (1968, 1970) crea la familia Lachnochadiaceae, donde además de Vararia y Scytinostroma incluye tam bién el género Asterostroma, Lachnocladium, Dichopleuropus, y Dichantarellus estos tres últimos de dispersión tropical.

Nosotros, aún a sabiendas de esto, y por seguir la clasificación de Donk (1964), que es, como ya hemos dicho la utilizada para la ordenación de este catálogo, lo incluimos en la familia Corticiaceae.

Scytinostroma portentosum (Berk. et Curt.) Donk, Fungus 26: 20 (1956)
Sinónimos: Corticium portentosum Berk. et Curt. in Berk., Grevillea 2: 3 (1873); Stereum portentosum (Berk. et Curt.) v. Höhn. et Litsch., Stizber. K. Akad. Wiss. Wien, Math.-Nat. Kl. I (116): 743 (1907); Vararia portentosa (Berk. et Curt.) Cunningh., Proc. Linnean Soc. New South Wales 77: 290 (1953); Corticium diminuens Berk. et Curt. in Berk. Grevillea 2: 3 (1873); Corticium penetrans Cke. et Masee., Grevillea 19: 90 (1891); Corticium graminicum Henn., Engler's Bot. Jahrb. 38: 106 (1905)

Cuerpo fructífero resupinado, fuertemente unido al sustrato; el himenóforo liso y de color blanco al principio, después pasa a crema amarillento.

El sistema de hifas formado por dos tipos de hifas, unas de paredes delgadas, hialinas y con septos simples, y otras de paredes gruesas y dextrinoides. Presenta aunque en número escaso, gloeocistidios, que miden de 30-60 x 3-5 μm. Los basidios al principio redondos después de cilíndricos a claviformes, llevan 4 esterigmas. Las esporas son globosas, con una apícula bien marcada, llevan gotas lipídicas en su interior, son de paredes lisas hialinas y amiloides, miden de 5-6 μm de diámetro.

H a b i t a t . - Lo hemos recolectado sobre madera de Quercus ilex.

C o r o l o g í a . - CADIZ: Benamahoma, 2-10-76, leg. C. Navarro y M. T. Tellería. En la bibliografía está citado en Andalucía (Malençon, 1968; Malençon y Bertault, 1976).

Género SISTOTREMA Fr. emend. Donk

Fries, Syst. Myc. 1: 426 (1821)

Donk in Rogers, Univ. Iowa Stud. Nat. Hist. 17(1): 19 (1935)

Generotipo: Sistotrema confluens Fr., Syst. Mycol. 1: 426 (1821)

Cuerpo fructífero resupinado, aracnoide, subcereo, pelicular o ligeramente membranaceo, el himenóforo es liso, granular o poroide. El sistema de hifas es monomítico, las hifas son de paredes delgadas, abundantemente fibuladas, y a menudo presentan hinchazones cerca de los septos. Los basidios, al principio globosos, son después urniformes y llevan (4) -6-8 esterigmas, delgados y recurvados en el ápice. Las esporas son hialinas, de paredes lisas y no amiloides.

Observaciones. - Difiere este género del género Sistotremastrum en los basidios, que en este no son urniformes sino tubulares.

Clave de especies

1. Gloeocistidios ausentes..2
1: Gloeocistidios presentes. Basidios de 6-8 esterigmas, y esporas de oblongo elipsoidales a subcilíndricas, 4-6 x 1,5-3 μm..........
....S. coroniferum
2. Cuerpo fructífero de color blanco o crema. Los basidios urniformes tienen una anchura de 4-5 μm....................S. comune
2: Cuerpo fructífero de color blanco-grisáceo o amarillo sucio. Basidios urniformes con una anchura de 5-7 μm.........S. brinkmanii

Sistotrema brinkmanii (Bres.) Erikss., K. Fysiogr. Sällsk. Lund Förh. 18 (8) (1948)

S i n ó n i m o : Grandinia brinkmanii Bres., Ann. Mycol. 1 (1): 88 (1903)

Cuerpo fructífero resupinado, de color blanco-grisáceo a amarillo sucio, con el margen diferenciado; el himenóforo es liso o granular.

El sistema de hifas es monomítico, las hifas generativas son de paredes delgadas, abundantemente fibuladas, y a veces hinchadas cerca de los septos. Los basidios son urniformes, miden de 10-22 x 5-7 µm, y llevan de 6 a 8 esterigmas con el ápice recurvado. Las esporas son oblongo elipsoidales, deprimidas lateralmente, miden 3,5-5 x 2-2,5 µm, tienen las paredes hialinas, lisas y no amiloides.

Habitat. - Lo hemos recolectado sobre madera de Salix atrocinerea, Fagus sylvatica, Pinus insignis y carpóforos de Polyporus varius.

Corología. - AVILA: Mijares, 26-9-76, leg. C. Navarro y M. T. Tellería. SALAMANCA: Estribaciones del Pto. del Portillo, 31-3-77, leg. M. T. Tellería. VIZCAYA: Abadiano, 13-3-76, leg. C. Navarro y M. T. Tellería.

Observaciones. - Especie citada ya por Tellería y Calonge (1979). Es muy próxima a la Sistotrema diademiferum, de la que se diferencia por las esporas, ya que en esta última son globosas en vez de oblongo elipsoidales.

Sistotrema comune Erikss., Sv.   Bot. Tidskr. 43 (2-3): 312 (1949)

Sinónimo: Corticium muscicola Bres., Ann. Mycol. 1(2): 97 (1903), no Sistotrema muscicola (Pers.) Lundell in Lundell et Nannf.

Cuerpo fructífero resupinado suavemente unido al sustrato presentando el himenóforo liso o tuberculado, de color crema blanquecino.

El sistema de hifas es monomítico, las hifas generativas son fibuladas y ampulosas, hialinas y ramificadas. Los basidios uniformes miden de 12-16 x 4-5 µm y tienen de 6 a 8 esterigmas. Las esporas son elipsoidales, con una apícula marcada y un poco deprimidas cerca de esta, miden de 4-5,5 x 2-2,5 µm.

Habitat. - Lo hemos recolectado sobre Quercus rotundifolia.

Corología. - AVILA: En el Km 10 de la carretera 501, 14-5-77, leg. C. Navarro y M. T. Tellería. (Figura 41)

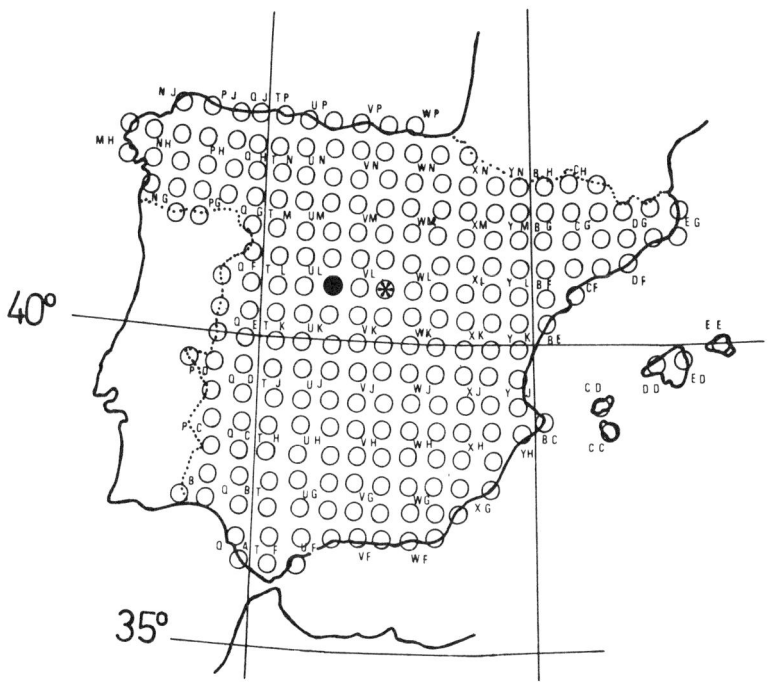

Fig. 41. Sistotrema comune Erikss. (●)
Sistotrema coroniferum (v. Höhn. et Litsch.) Donk (✱)

Observaciones. - Especie nueva para el catálogo micológico español, su característica diferencial más importante radica en la forma de sus esporas.

Sistotrema coroniferum (v. Höhn. et Litsch.) Donk, Fungus 26: 4 (1956)
Sinónimo: Gloeocystidiellum coroniferum v. Höhn. et Litsch., Sitzber. Akad. Wiss. Wien,Math.-Nat. Kl. 1(116): 740 (1907)

Cuerpo fructífero resupinado, membranaceo, visto a la lupa, finamente granuloso. Facilmente separable del sustrato cuando el material es fresco; de color blanco, que pasa después a crema. El margen es ancho y aracnoide.

Las hifas generativas son fibuladas, y a veces ampulosas cerca de los septos. Los basidios son urniformes y miden 16-23 x 4-6 μm, tienen de 6 a 8 esterigmas. Presenta esta especie gloeocistidios,con contenido amarillento en su interior que da positiva la reacción de la sulfovanillina, tomando una coloración lila. Las esporas de oblongo-elipsoidales a subcilíndricas presentan una fuerte depresión lateral, y miden de 4-6 x 1,5-3 μm.

Habitat. - Lo hemos recolectado sobre madera de Fagus sylvatica.

Corología. - MADRID: Montejo de la Sierra, 7-12-75, leg. C. Navarro y M. T. Tellería. (Figura 41)

Observaciones. - Especie nueva para España, se caracteriza por los gloeocistidios que presenta. Existe otra especie de este género la S. senanderi (Litsch.) Donk (no encontrada hasta ahora en España), que tiene gloeocistidios, pero que se diferencia de esta porque sus basidios son estrechamente urniformes, presenta solo de 2 a 4 esterigmas, y sus esporas no están deprimidas lateralmente.

Género SISTOTREMASTRUM Erikss. emend. Oberw.
Eriksson, Symb. Bot. Upsal. 16 (1): 62 (1958)
Oberwinkler, Sydowia 19: 19 (1965)
Generotipo: Sistotremastrum suecicum Litsch. ex Erikss., Symb.

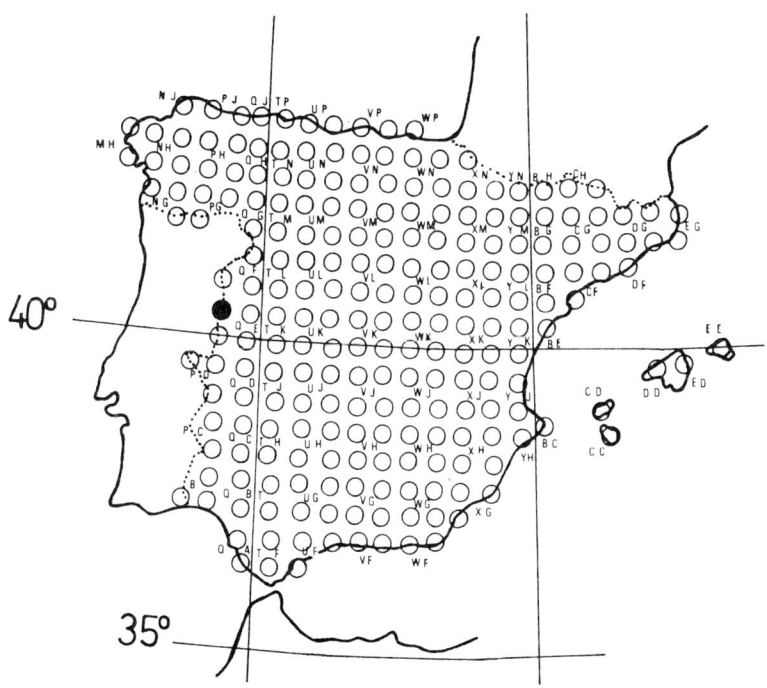

Fig. 42. Sistotremastrum niveocremeum (v. Höhn. et Litsch.) Erikss.

Bot. Upsal. 16 (1): 62 (1958)

El cuerpo fructífero resupinado y fuertemente adnado, de color blanquecino. El sistema de hifas monomítico, con hifas generativas fibuladas, los basidios son tubulares con 6 esterigmas, siendo este su caracter diferencial más importante. Las esporas son lisas, hialinas y no amiloides.

Observaciones. - Género muy próximo al Sistotrema; el estudio comparativo de ambos se hizo al hablar de este último.

Sistotremastrum niveocremeum (v. Höhn. et Litsch.) Erikss., Symb.Bot. Upsal. 16 (1): 62 (1958)

Sinónimo: Corticium niveocremeum v. Höhn. et Litsch., Stizber. Akad. Wien,Math. -Nat. Kl. I (117):1117 (1908)

Cuerpo fructífero resupinado, muy delgado, de 160 μm apróximadamente de grosor, de color crema-grisáceo, visto a la lupa presenta el himenóforo poroso-reticulado.

Las hifas generativas son fibuladas y tienen las paredes delgadas. Los basidios son tubulares, algunos sinuosos y con un pedicelo basal, miden aproximadamente 20 x 6,5 μm y llevan 6 esterigmas. Las esporas son hialinas, de cilíndricas a oblongo elipsoidales, curvadas, y con una apícula muy marcada, miden 7-9 x 3-3,5 μm.

Habitat. - La hemos recolectado sobre Castanea sativa.

Corología. - CACERES: Castañar de San Martín de Trevijo, 30-3-77, leg. C. Navarro, C. Pardo y M. T. Tellería. (Figura 41)

Observaciones. - Especie nueva para el catálogo micológico español. Próxima a Sistotremastrum suecicum, de la que se diferencia por el tamaño más pequeño de sus esporas, ya que miden de 5,5-6 x 2,4 μm (Christiansen, 1960).

Género SUBULICYSTIDIUM Parm., Consp. Syst. Cort., pag. 120 (1968)
Generotipo: Hypochnus longisporus Pat., Jour. Bot. (Paris) 8: 221 (1894)

Cuerpo fructífero resupinado, muy delgado, aracnoide, poco adherido al sustrato, de color blanco, con el himenóforo liso; al observarlo a la lupa, ligeramente pubescente, son los cistidios que se proyectan sobre él. El sistema de hifas es monomítico, las hifas de paredes delgadas o ligeramente gruesas, presentan fíbulas y son ramificadas. Los cistidios son cilíndricos con la base bifurcada, y el ápice agudo, sus paredes son gruesas y están cubiertas de cristales. Los basidios son de cortamente cilíndricos a ligeramente utriformes, con 4 o 6 esterigmas. Las esporas son fusiformes o sigmoideas, de paredes delgadas, hialinas y no amiloides.

Observaciones. - Este género nuevo para la micoflora española, se caracteriza por la forma peculiar de sus cistidios y esporas. Julich (1974) habla de que los basidios presentan repetición. Parmasto (1968) en la descripción original no habla de ello; en el material que hemos estudiado, nosotros tampoco lo hemos observado.

<u>Subulicystidium longisporum</u> (Pat.) Parm., Consp. Syst. Cort. pag. 121 (1968)

Sinónimo: <u>Hypochnus longisporus</u> Pat., Jour. Bot. (Paris) 8: 221 (1894)

Cuerpo fructífero resupinado, aracnoide, ligeramente unido al sustrato, con himenóforo liso y de color blanquecino a gris claro.

El sistema de hifas es monomítico, las hifas generativas de paredes delgadas o gruesas, presentan fíbulas en todos los septos y son ramificadas. Los cistidios son cilíndricos con el ápice muy agudo, sus paredes son gruesas, presentando incrustaciones de cristales, situados en una fila a lo largo de toda la pared, miden de 40-70 x 4-6 μm, y la base generalmente bifurcada. Los basidios son cilíndricos o ligeramente utriformes, con 4 esterigmas y fíbula basal, miden de 18-25 x 4-6 μm. Las esporas son estrechamente fusiformes o sigmoideas, de paredes delgadas, lisas y no amiloides, miden de 10-15 x 1,5-3 μm.

Habitat. - Lo hemos recolectado sobre madera muerta y podrida de <u>Pinus insignis</u>.

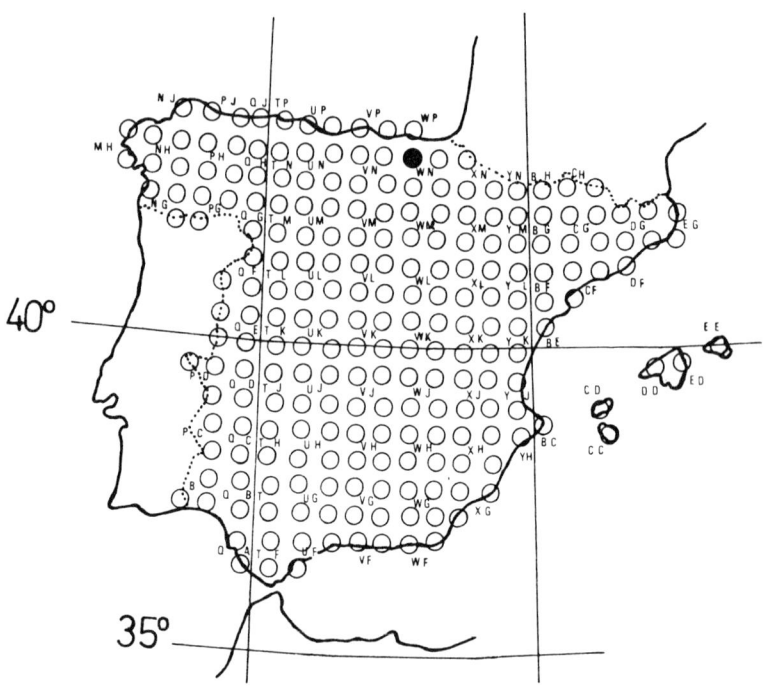

Fig. 43. Subulicistidium longisporum (Pat.) Parm.

Corología. - VIZCAYA: Abadiano, 26-12-75, leg. C. Navarro y M. T. Tellería. (Figura 43)

Observaciones. - Especie nueva para el catálogo micológico español.

Género TRECHISPORA Karst. emend. Liberta

Karsten, Hedwigia 29: 147 (1890)

Liberta, Taxon 15: 317 (1966)

Generotipo: Trechispora onusta Karst., Hedwigia 29: 147 (1890)

Cuerpo fructífero resupinado, ligeramente adherido al sustrato, presentando su himenóforo liso, hidnoide o poroide. El sistema de hifas es monomítico, las hifas generativas con fíbulas y ampulosas en la proximidad de algunos septos, los basidios son cilíndricos cortos o urniformes y llevan 4 esterigmas. Las esporas son pequeñas, de paredes hialinas, lisas u ornamentadas, blancas o ligeramente amarillentas.

Observaciones. - Casi simultaneamente con este trabajo, hemos realizado un completo estudio de este género en España (Tellería, 1980); por lo cual nos vamos a limitar aquí a dar la clave de especies, remitiendo al trabajo anteriormente citado, al lector interesado en una información más detallada.

Clave de especies

1. Esporas lisas... 2
1! Esporas ornamentadas 3
2. Esporas de subglobosas a ovales, con una gota lipídica en su interior y apícula marcada. Miden 3-5 x 2,4-4 μm .... T. confinis
2! Esporas triangulares. Miden 3-4 x 2-3 μm ...... T. subsphaerospora
3. Cuerpo fructífero de color amarillo azufre a amarillo marrón, que en contacto con una sol. al 10% de KOH toma color vino tinto ......
.... T. vaga
3! Sin las características anteriores 4
4. Cuerpo fructífero con el himenóforo poroide, poros de 0,3 a 1 mm de diámetro .... T. mollusca
4! Cuerpo fructífero con el himenóforo farináceo o granular en los ejemplares jóvenes, e hidnoide en los desarrollados ... T. farinacea

Género TUBULICRINIS Donk, Fungus 26: 13 (1956)

Generotipo: Corticium glebulosum (Fr.) Bres., Fungi Trid. 2: 61 (1898)

Macroscopicamente este género tiene pocos caracteres diferenciales, ya que su cuerpo fructífero es blanquecino y visto a la lupa se presenta como pubescente. Los caracteres diferenciales están en su microscopía, ya que presenta liocistidios con base bifurcada y cuyas paredes se disuelven en una solución KOH al 10%. Tanto la pared de estos liocistidios, como la de las esporas, basidios e hifas pueden ser amiloides o no amiloides. Los basidios son claviformes. Las esporas de paredes lisas, tienen forma variable ya que van desde globosas a cilíndricas o incluso alantoides.

Clave de especies

1. Apice de los liocistidios obtuso; cuerpo fructífero de color madera, fuertemente resquebrajado al secar. Esporas que miden de 8-10 x 1,8-2,5 μm...T. glebulosus
1'. Apice de los liocistidios agudo y con incrustaciones cristalinas. Esporas que miden 7-8 x 1-2 μm .... T. subulatus

Tubulicrinis glebulosus (Fr.) Donk, Fungus 26: 14 (1956)

Sinónimos: Thelephora calcea Fr. var. glebulosa Fr., Elench. Fung. I: 215 (1828); Corticium glebulosum (Fr.) Bres., Fungi Trid. 2: 61 (1898)

Cuerpo fructífero resupinado, bastante grueso, de color crema amarillento, visto a la lupa su superficie es pubescente y se resquebraja al secar.

El sistema de hifas es monomítico. Los liocistidios tienen el ápice obtuso, sus paredes al igual que en todas las especies del género se disuelven en KOH al 10% y no son amiloides. Los basidios claviformes miden de 16-25 x 4 μm. Las esporas son de cilíndricas a alantoides, miden de 8-1 x 1,8-2,5 μm, son lisas y no amiloides. Las paredes de los basidios y de las hifas tampoco son amiloides.

Habitat. - Nosotros la hemos recolectado sobre madera de Pinus sylvestris.

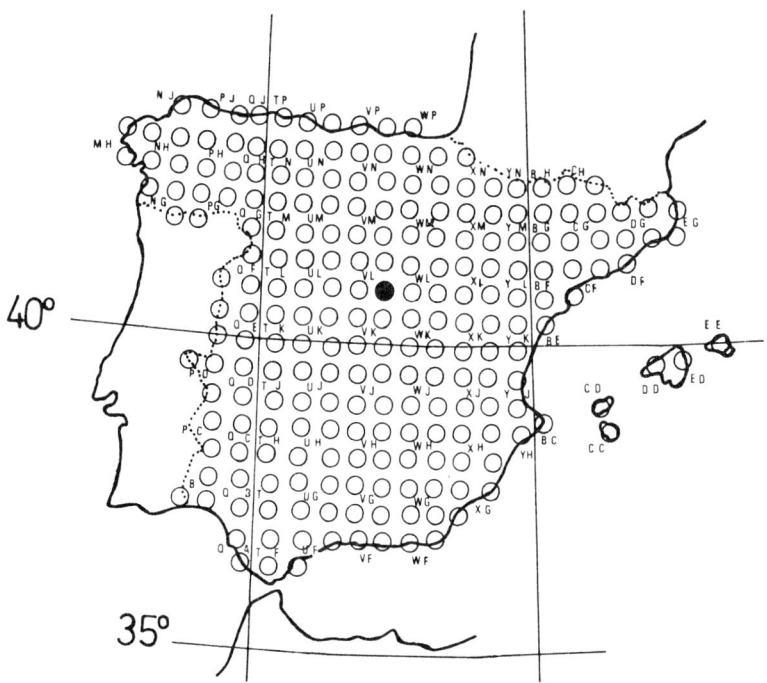

Fig. 44. Tubulicrinis glebulosus (Fr.) Donk

Corología. - MADRID: Pto. de Canencia, 25-4-76, leg. C. Navarro, J. L. Tellería y M. T. Tellería. (Figura 44)

Observaciones. - Esta especie es próxima al T. borealis y al T. calotrix, de las que se diferencia por tener su cuerpo fructífero más grueso los liocistidios con el ápice obtuso y sus paredes junto a las de las hifas de la trama y basidios no son amiloides.

Tubulicrinis subulatus (Bourd. et Galz.) Donk, Fungus 26: 14 (1956)
Sinónimo: Peniophora subulata Bourd. et Galz., Bull. Soc. Mycol. Fr. 28: 385 (1912)

Cuerpo fructífero de color crema blanquecino, himenóforo liso, visto a la lupa cubierto de un tomento, son los cistidios.

El sistema de hifas es monomítico, las hifas son muy difíciles de observar, ya que están fuertemente entretejidas. Los liocistidios, con ápices agudos, llevan incrustaciones cristalinas. Los basidios son claviformes, miden 24 x 4 µm y llevan 4 esterigmas. Las esporas son alantoides y miden de 7-8 x 1-2 µm. La pared de los cistidios, basidios, hifas y esporas no es amiloide. (Figura 77)

Habitat. - Lo hemos recolectado sobre Pinus sylvestris y Pinus insignis.

Corología. - MADRID: Pto. de Canencia, 28-3-76, leg. G. Moreno. TERUEL: Pto. de Peñarroya, 5-4-76, leg. C. Navarro y M. T. Tellería. VIZCAYA: Axpe, 13-3-76, leg. C. Navarro y M. T. Tellería. (Figura 45)

Observaciones. - Esta especie es nueva para el catálogo micológico español.

Género UTHATOBASIDIUM Donk, Reinwardtia 3: 376 (1956)
Generotipo: Hypochnus fusisporus Schroet. (1888)

Cuerpo fructífero resupinado, formado por hifas suavemente entretejidas lo que le da un aspecto hipochnoide, aunque a veces llega a ser submembranaceo. Los basidios son de globosos a cilíndricos cortos, y crecen en

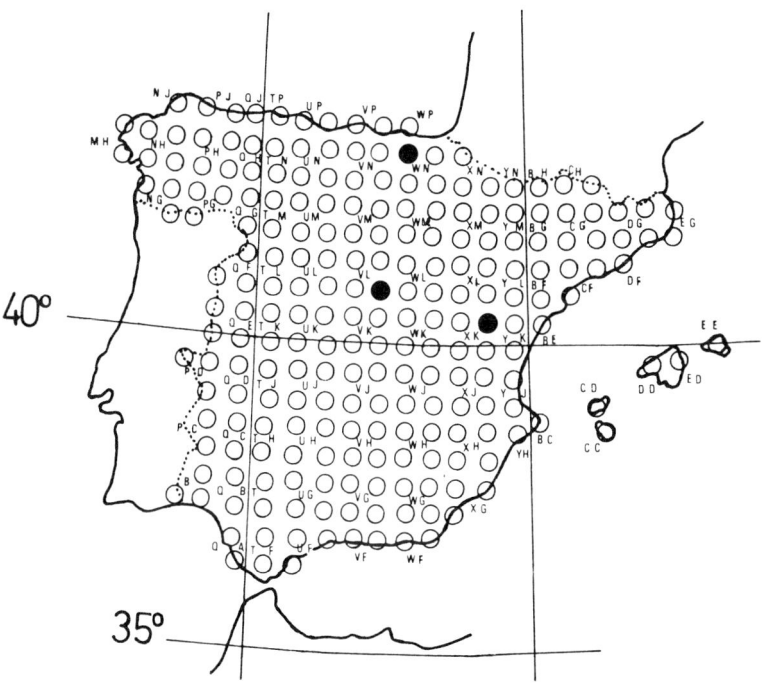

Fig. 45. Tubulicrinis subulatus (Bourd. et Galz.) Donk

grupos, sobre hifas erectas y ramificadas. Las esporas son hialinas, lisas, no amiloides y forman esporas secundarias.

Observaciones. - Este género, nuevo para España, es próximo al género Botryobasidium del que se diferencia porque forma esporas secundarias. Se encuentra hasta el momento representado por una sola especie en nuestra micoflora.

Uthatobasidium fusisporum (Schroet.) Donk, Fungus 28: 22 (1958)

Sinónimo: Hypochnus fusisporus Schroet. (1888)

Cuerpo fructífero resupinado, hipochnoide, su himenóforo visto a la lupa presenta un aspecto poroso reticulado. Es de color gris-amarillento.

El sistema de hifas es monomítico, formado por hifas generativas de paredes delgadas, hialinas, abundantemente septadas pero carentes de fíbulas y con una anchura de hasta 10 μm. Los basidios subglobosos al principio son después cilíndricos cortos llevando cuatro esterigmas. Las esporas son hialinas, de paredes delgadas y lisas, podriamos decir que su forma, anchamente fusiforme con dos apiculas bien marcadas, recuerda a la de un limón, miden 10,5-14,5 x 6-8 μm y forman esporas secundarias.

Habitat. - Lo hemos recolectado sobre madera muerta y descortezada de Pinus insignis. Aunque según Christiansen (1960), puede también crecer sobre madera de frondosas.

Corología. - VIZCAYA: Abadiano, 13-3-76, leg. G. López, C. Navarro y M. T. Tellería. (Figura 46)

Observaciones. - Especie nueva para el catálogo micológico español. En esta especie es característica la forma y tamaño de sus esporas. El U. citriforme, presenta también las esporas con forma de limón, pero su tamaño es mucho más pequeño, ya que nunca sobrepasa 5,5 x 4,5 μm.

Género VUILLEMINIA Maire, Bull. Soc. Mycol. Fr. 18 (Suppl.): 81 (1902)
Generotipo: Thelephora comedens Nees ex Fr., Syst. Mycol. 1: 447 (1821)

Cuerpo fructífero resupinado, cereo. El sistema de hifas es monomítico

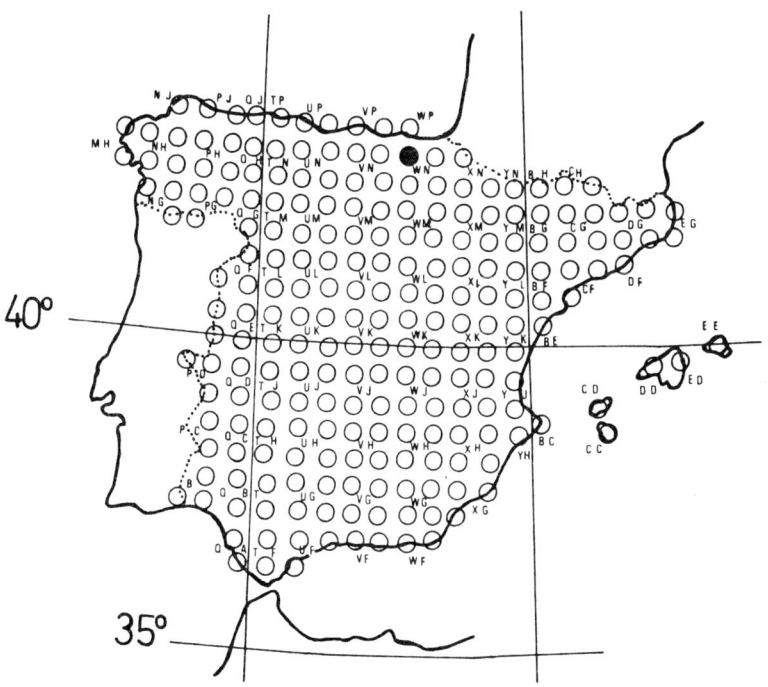

Fig. 46. Uthatobasidium fusisporum (Schroet.) Donk

las hifas son hialinas y de paredes delgadas, los basidios son muy largos y estrechamente claviformes. Las esporas son hialinas, alantoides, grandes (de hasta 22µm de longitud) y de paredes no amiloides, o a veces según Christiansen (1960) muy ligeramente amiloides.

Vuilleminia comedens (Nees ex Fr.) Maire, Bull. Soc. Mycol. Fr. 18 (Suppl.): 81 (1902)

Sinónimo: Thelephora comedens Nees ex Fr., Syst. Mycol. 1: 447 (1821)

Cuerpo fructífero resupinado, fuertemente unido al sustrato con aspecto cereo o gelatinoso cuando está humedo, al secar forma un barniz; de color blanco grisáceo al principio y después toma coloraciones marrón amarillentas.

El sistema de hifas es monomítico. Los basidios son claviformes, largos de hasta 80 µm de longitud, con 2 ó 4 esterigmas. Las esporas son de alantoides a cilíndricas, lisas, con abundante contenido en su interior, miden de 14-20 x 4,2-6,5 µm, de no amiloides a muy ligeramente amiloides, este caracter lo hace constar Christiansen (1960) pero nosotros no lo hemos observado en nuestro material.

H a b i t a t. - Vive esta especie sobre el leño, debajo de la corteza, que por la presencia del hongo se va levantando. La hemos recolectado sobre madera muerta de Quercus pyrenaica, Quercus ilex, Quercus rotundifolia, Acer monspesulanum, Fagus sylvatica, Salix atrocinerea y Rosa sp.

C o r o l o g í a. - Especie ampliamente distribuida por nuestro pais. En la bibliografía aparece citado en Andalucía (Malençon y Bertault, 1976) y en el Pais Vasco (Cat. Micol. Pais Vasco, 1973)

Género XENASMA Donk, Fungus 27: 25 (1957)

Generotipo: Corticium rimicolum Karst. (1896) ≡ Xenasma rimicolum (Karst.) Donk, Fungus 27: 26 (1957)

Cuerpo fructífero resupinado, delgado; cuando el material está fresco, es blando, de cereo a gelatinoso y al secar se hace duro y fuertemente adherido al sustrato, formando una especie de barniz. El sistema de hifas es monomítico, las hifas tienen las paredes delgadas y generalmente gelatinizadas. Cistidios presentes o ausentes. Los basidios (pleurobasidios) son de anchamente claviformes a cilíndricos cortos, llevan de 2 a 7 esterigmas bastante anchos en la base y generalmente curvados. Las esporas son de globosas a anchamente elipsoidales, hialinas, no amiloides y de paredes lisas o rugosas, esta rugosidad puede desaparecer al observar el material en KOH al 10%.

Observaciones. - Próximo a este género está el género Pseudoxenasma Larsen & Hjortst. que se diferencia por presentar esporas con una fuerte reacción amiloide.

Clave de especies

1. Cistidios fusiformes, de paredes anchas y fuertemente incrustados. Esporas globosas, con un diámetro de 6-8 µm. Sobre madera de coníferas.. X. abietis
1'. Cistidios de paredes delgadas y no incrustadas. Esporas anchamente elipsoidales que miden de 6-6,5 x 3-3,5 µm.......... X. pruinosum

Xenasma abietis (Bourd. et Galz.) Tellería, comb. nov.

Basiónimo: Peniophora abietis Bourd. et Galz., Bull. Soc. Mycol. Fr. 28: 383 (1912)

Cuerpo fructífero resupinado, muy delgado, de color blanco grisáceo, visto a la lupa es pubescente, son los cistidios que se proyectan sobre el himenóforo.

El sistema de hifas es monomítico, las hifas son indiferenciables. Presenta gran cantidad de cistidios fusiformes, de paredes gruesas, incrustados de cristales y con la base bifurcada, miden de 60-90 x 8-12 µm. Los basidios son anchamente elipsoidales, con 4 esterigmas de 5-7 µm de longitud. Las esporas son globosas, con gotas lipídicas en su interior, de paredes lisas o muy ligeramente verrugosas y de 6-7 µm de diámetro.

Habitat. - La hemos recolectado sobre madera podrida de Abies pinsapo. Según Christiansen (1960), es esta una especie que crece exclusivamente sobre madera de coníferas.

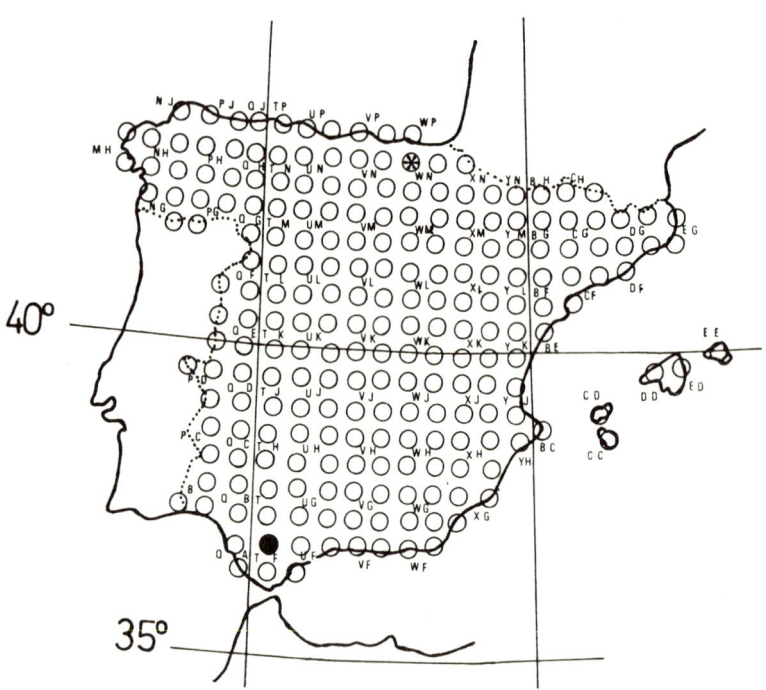

Fig. 47. Xenasma abietis (Bourd. et Galz.) Tellería (●)
Xenasma pruinosum (Pat.) Donk (✱)

Corología. - CADIZ: Benamahoma, 2-10-76, leg. C. Navarro y M. T. Tellería. (Figura 47)

Observaciones. - Especie nueva para el catálogo micológico español. El incluir la especie Peniophora abietis Bourd. et Galz., en este género, fue ya propuesto por Parmasto (1968), pero sin realizar la pertinente nueva combinación; después de consultada la bibliografía parece que está aún sin realizar, es por esta razón por la que nosotros la proponemos aquí.

Xenasma pruinosum (Pat.) Donk, Fungus 27: 25 (1957)

Cuerpo fructífero resupinado, cuando el material está fresco presenta un aspecto gelatinoso, que al secar se transforma en un barniz fuertemente unido al sustrato de color blanco grisáceo.

El sistema de hifas es monomítico, las hifas con fíbulas llevan las paredes gelatinizadas y son difíciles de observar ya que están fuertemente entretejidas. Presenta cistidios de dos tipos: Unos que son anchos en la parte basal, se estrechan más o menos bruscamente en la parte media y acaban en un ápice, capitado o no, y otros que son cilíndricos y acaban en 4 ó 5 lóbulos cortos; ambos presentan las paredes delgadas. Los basidios de anchamente claviformes a cilíndricos cortos, miden alrededor de 22 × 6,5 μm y llevan de 2-4 esterigmas. Las esporas son oblongo elipsoidales miden de 6-6,5 × 3-3,5 μm, sus paredes son lisas, hialinas y no amiloides.

Habitat. - Nuestro material lo hemos recolectado sobre madera descortezada, podrida y húmeda de Fagus sylvatica.

Corología. - VIZCAYA: Garay, 28-9-77, leg. C. Navarro y M. T. Tellería. (Figura 47)

Observaciones. - Especie nueva para el catálogo micológico español.

Familia FISTULINACEAE Lotsy

Vortr. Bot. Stammesgesch 1: 695, 704 (1907)

Carpóforo anual, pileado y estipitado, tienen una pequeña base lateral por la que se une al sustrato. El himenóforo es tubular, pero los tubos son desde su base independientes unos de otros, la consistencia del carpóforo es carnosa, fibrosa, el sistema de hifas es monomítico, las hifas generativas son de paredes delgadas o ligeramente gruesas, con o sin fíbulas, a veces presenta hifas vasculares, las cuales contienen una sustancia rojo naranja en su interior. Cistidios y gloeocistidios ausentes, basidios claviformes con 4 esterigmas. Esporas hialinas o ligeramente coloreadas, de paredes delgadas o gruesas, lisas y no amiloides.

Observaciones. - La característica más importante de esta familia, representada en nuestra micoflora por un sólo género monoespecífico Fistulina, es el himenóforo, formado por tubos totalmente independientes unos de otros.

Género FISTULINA Bull. ex. Fr., Syst. Mycol. 1: 396 (1821)

Generotipo: Fistulina hepatica Schaeff. ex Fr., Syst. Mycol. 1: 396 (1821)

Cuerpo fructífero pileado y estipitado, el pie es lateral y corto, la superficie glabra y lisa y el contexto carnoso fibroso exuda un líquido rojo naranja. El himenóforo es tubular, formado por tubos libres desde su base. El sistema de hifas es monomítico, las hifas generativas sin fíbulas. En la trama existen unas hifas de células anchas que contienen una sustancia rojo naranja en su interior. Los basidios son claviformes. Las esporas son ovales de paredes delgadas, hialinas, lisas, ciánofilas y no amiloides, de color amarillento.

Fistulina hepatica Schaeff. ex Fr., Syst. Mycol. 1: 396 (1821)

Sinónimos: Hypodrys hepaticus (Schaeff. ex Fr.) Pers., Mycol. Europ. 2: 148 (1825); Ceriomyces hepaticus (Schaeff. ex Fr.) Sacc., Syll.

Fung. 6: 388 (1888)

Cuerpo fructífero pileado y estipitado, el pileo de flabeliforme a reniforme con el margen obtuso y el estipe pequeño y colocado lateralmente. La superficie del carpóforo es lisa y de color rojo carne, al igual que el contexto que es carnoso y fibroso; mide el carpóforo de 10-20 x 2-6 cm. El himenóforo es tubular, los tubos independientes desde su base, son de color amarillo, y se tornan rojos cuando envejecen o se rozan.

El sistema de hifas es monomítico, las hifas generativas son de paredes delgadas, septadas y con fíbulas, existen también hifas formadas por células cortas y anchas que lleva un contenido rojizo. Los basidios son claviformes, con 4 esterigmas y las esporas anchamente elipsoidales, de paredes hialinas o amarillentas miden de 4-5,5 x 2,5-3,5 µm.

Habitat. - La hemos recolectado sobre madera de Quercus robur y Castanea sativa.

Corología. - ASTURIAS: Pto. del Conio, 15-11-77, leg. F. D. Calonge, L. Ryvarden, M. T. Tellería. VIZCAYA· Abadiano, 10-4-76, leg. C. Navarro y M. T. Tellería. En la bibliografía está abundantemente citada en Cataluña (Cuatrecasas, 1929; Codina y Font Quer, 1930; Heim, Font Quer y Codina, 1934; Maire, 1937) en Galicia (Sobrado Maestro, 1909; Losa España, 1942; García Rollán, 1971) en el Pais Vasco (Ruiz de Gaona y Oñaiticia, 1954; Cat. Micol. Pais Vasco, 1973) en Madrid (Calonge y Zugaza, 1973). Colmeiro la cita en Aragón, y en el herbario MAF fungi hay material procedente de Salinas de Avilés (Asturias) MAF fungi 124.

Familia GANODERMATACEAE Donk

Bull. Gdns. Buitenz III (17): 474 (1948)

Cuerpo fructífero pileado, sesil o estipitado, anual o perenne, el himenóforo puede estar en una sola línea o estratificado, el contexto suberoso fibroso puede ser de color marrón claro o marrón rojizo oscuro. El sistema de hifas es trimítico, formado por hifas generativas con fíbulas, hifas esqueléticas e hifas envolventes difíciles estas últimas de observar. Los basidios son cortos, hinchados y con 4 esterigmas. Las esporas de ovoides a elipsoidales tienen doble pared, el endosporio es grueso y verrugoso, de color marrón o amarillento, el exosporio es delgado e hialino y se ajusta perfectamente a las verrugosidades del endosporio

Observaciones. - Las especies de esta familia han estado durante mucho tiempo incluidas en la familia Polyporaceae, pero la diferencia fundamental con ella radica en las esporas, que en Ganodermataceae tienen la pared doble y esto no sucede nunca en Polyporaceae.

Género GANODERMA Karst. emend. Pat.

Karsten, Rev. Mycol. 3(9): 17 (1881)

Patouillard, Bull. Soc. Mycol. Fr. 5: 67 (1889)

Generotipo: Polyporus lucidus W. Curt. ex Fr., Syst. Mycol. I: 353 (1821)

Karsten creó el género Ganoderma para incluir en él una sola especie, el Polyporus lucidus W. Curt. ex Fr. y lo caracterizó por su "pileo stipesque laccati", es decir por presentar la superficie del pie y del sombrerillo lacadas. Patouillard da un sentido más amplio al género, y lo caracteriza no ya por la naturaleza de la capa que recubre el carpóforo, sino por las esporas de las que hace la siguiente descripción: "las esporas son ovales, obtusas en el ápice y atenuadas en la base que es truncada y escotada por la contracción que sufre esta parte de la pared cuando se suelta del esterigma. Están formadas por una membrana espesa y colo reada de marrón o amarillo más o menos fuerte (endosporio) sobre la que se observan a menudo pequeñas verrugas apretadas. El episporio es delgado, hialino y se moldea exactamente sobre las asperezas del endosporio. El episporio es el que se escota y forma una punta incolora en la base de la espora".

Vamos a hablar un poco de como se forma esta escotadura en la base de la espora, y para ello, nos vamos a basar en un trabajo de Coleman (1928) y en uno más reciente de Steyaert (1967). El proceso de formación de la espora es como sigue: En primer lugar se forma el episporio que encierra en su interior un glóbulo de materia refrigente, en el interior del episporio hay multitud de puntos verrugosos. Este glóbulo de materia refrigente crece y cuando se ha desarrollado del todo, se rodea de una membrana de color marrón o marrón amarillento, el endosporio. Este se une al episporio, excepto en el ápice, por numerosos apéndices largos y filiformes, las espinas o equinulas. El endosporio sigue creciendo hasta que llega a la maduración total, entonces, como en el ápice del episporio no hay espinas, al secarse, el endosporio se hunde dando de este modo el aspecto trucado que presentan estas esporas.

Observaciones. - Actualmente hay descritas alrededor de 300 representantes de este género entre especies y variedades, de ellas solo hay 7 en Europa (Donk 1974), el resto son tropicales. Las 7 representantes de este género en Europa son: Ganoderma lucidum (W. Curt. ex Fr.) Karst., Ganoderma applanatum (S. F. Gray) Pat., Ganoderma pfeifferi Bres. in Pat., Ganoderma australe (Fr.) Pat., Ganoderma resinaceum Boud. in Pat., Ganoderma valesiacum Boud., Ganoderma carnosum Pat.

Esta última solo ha sido encontrada una vez, en los Pirineos franceses por Patouillar en 1889, sobre tronco de abeto. La Ganoderma valesiacum ha sido recolectada en Europa una sola vez, según referencia tomada de Pilát (1939). Aparece no obstante citada, en el Catálogo Micológico del Pais Vasco (1973), y por Benito Martínez y Torres Juan (1965) en Cataluña citas estas que de confirmarse, serían muy interesantes. Es esta una especie bastante frecuente en Norte América. De las 5 especies restantes, todas están representadas en nuestra micoflora.

Clave de especies:

1. Especies con la superficie barnizada, que al acercarles el calor de una llama la superficie hierve y se torna brillante............... 2
1: Especies sin estas características............................ 4
2. Especies estipitadas................................ G. lucidum
2: Especies sesiles.. 3
3. Carne de aspecto fibroso y de color marrón rojizo...... G. pfeifferi
3: Carne de aspecto suberoso y de color marrón corcho ....
.... G. resinaceum
4. Corteza de la superficie del cuerpo fructífero, gruesa de 1-4 mm. Esporas que miden de 9-12 x 6-7,5 µm. .... G. australe
4: Corteza de la superficie del cuerpo fructífero delgada, de 0,4-1 mm. Esporas que miden 7-9 x 5-6 µm.....................G. applanatum

Ganoderma applanatum (S. F. Gray) Pat., Bull. Soc. Mycol. Fr. 5: 67 (1889)

Sinónimos: Polyporus applanatus S.F. Gray, Nat. Arr. Brit. Pl. (1821); Ganoderma leucophaeum (Mont.) Pat., Bull. Soc. Mycol. Fr., 5: 73 (1889); Ganoderma rubiginosum (Schrad.) Bres., Fung. Hung. Kmet. 74 (1897); Fomes nigroporus Láz.-Ibiza, Rev. Real Acad. Cienc. Exact. Fisic. Nat. Madrid, 14: 665 (1916); Ungulina subganodermica Láz.-Ibiza Rev. Real Acad. Cienc. Exact. Fisic. Nat. Madrid 14: 679 (1916).

Especie muy parecida a la G. australe, un estudio comparativo de ambas especies, en el que dan una larga lista de caracteres diferenciables, fué realizado por Kotlaba & Pouzar en 1971.

El cuerpo fructífero de esta especie es sesil, puede medir hasta 45 cm de longitud, de forma dimidiada, su superficie es de color variable que va del marrón tabaco al gris. La corteza que cubre la superficie es delgada, mide hasta 1 mm de espesor solamente. El color de la trama no e homogéneo, en la zona inmediatamente superior a los tubos es de color marrón oscuro, a medida que nos vamos acercando a la corteza se va aclarando, llegando a ser en la parte superior de color marrón claro. Las capas de tubos pueden no presentar una continuidad, apareciendo una zona de trama, entre los estratos de tubos.

Pasando al estudio microscópico de esta especie, vemos que las hifas esqueléticas de la corteza que recubre el carpóforo, son abundantemente ramificadas, a diferencia de la G. australe que son poco ramificadas. Las esporas miden de 7-9 x 5-6, 6 μm., siendo este el carácter más importante para separar esta especie de la G. australe. (Figuras 79 y 80)

Habitat. - Vive generalmente sobre caducifolios, principalmente sobre Fagus, aunque también sobre Populus, Fraxinus, Quercus y Betula.

Corología. - ASTURIAS: Covadonga, 28-9-73, leg. G. López. CADIZ: Benamahoma, 26-3-75, leg. F.D. Calonge y G. López. MADRID: Fuente de la Reina. -El Escorial, 11-11-77, leg. F.D. Calonge. NAVARRA: San Miguel de Aralar, 10-10-77, leg. M.T. Tellería. VIZCAYA: Garay, 17-10-76, leg. C. Navarro y M.T. Tellería. En el herbario MAF fungi, hay material procedente de Cibea (Asturias) MAF fungi 60, 67, 73. En la bibliografía aparece abundantemente citada por toda España.

Ganoderma australe (Fr.) Pat., Bull. Soc. Mycol. Fr. 5: 71 (1889)
Sinónimos: Polyporus australis Fr., Elench. Fung. 1 : 108 (1828); Polyporus adspersus Schulz., Flora Jena 61: 11 (1878); Ganoderma adspersum (Schulz.) Donk, Proc. K. Ned. Akat. Wet (C) 72: 273 (1969); Polyporus linhartii Kalchbr., Fung. Hung. nº 252 (1884); Ganoderma linhartii (Kalchbr.) Igmandy, Act. Phytotax. Ac. Joc. Hung. 3: 237 (1968) Ganoderma europaeum Steyaert, Bull. Jard. Bot. Brux. 31 (1): 70 (1961); Fomes undatus Láz. -Ibiza, Rev. Real Acad. Cienc. Exact. Fisic. Nat. Madrid 14: 661 (1916); Ungulina quercina Láz. -Ibiza, Rev. Real Acad. Cienc. Exact. Fisic. Nat. Madrid 14· 679 (1916)

Cuerpo fructífero es sesil, aplanado de hasta 40 cm de longitud, con la superficie de color marrón e incluso negra en algunas ocasiones. La corteza que cubre la superficie no está barnizada y es muy gruesa, mide de 1-3,6 mm de grosor. La trama de color uniforme es marrón oscura, apareciendo debajo de la corteza una capa delgada de color amarillo intenso. Los estratos de tubos crecen continuos, no presentando ninguna capa de tejido de separación entre ellos.

En lo que a características microscópicas se refiere podemos decir que las hifas esqueléticas de la corteza que cubre el carpóforo, son muy poco ramificadas. Las esporas son ovoide elipsoidales, truncadas en el ápice, miden de 9-12 x 6-7,5 µm. (Figuras 78 y 80)

Habitat. - Su habitat reviste unas características especiales ya que es una especie que crece sobre todo en árboles de avenidas, parques, jardines, etc., sólo en contadas ocasiones aparece en comunidades de bosques, así Koltaba & Pouzar (1971) dicen que en Checoslovaquia solamente una vez la han encontrado en bosque.

Corología. - CASTELLON: Villareal de los Infantes, 20-3-73, leg. F. Bastida. LA CORUÑA: Santiago de Compostela, 6-7-77, leg. M.T. Tellería. HUELVA: Encinillas Altas. - Coto de Doñana, 25-5-77, leg. F.D. Calonge, C. Navarro y M.T. Tellería. En el herbario MAF fungi hay material de Cartes (Santander) MAF fungi 17, Cibea (Asturias) MAF fungi 18, Covadonga (Asturias) MAF fungi 92 y en Oviedo (Asturias) MAF fungi 151. En la bibliografía está citada en Andalucía (Muñoz Medina y Serrano Sanchez, 1947; Benito Martínez y Torres Juan, 1965) en Canarias (Webb y Berthelot, 1850; Wildpret et al., 1969, Ryvarden, 1974) y en Cataluña (Benito Martínez y Torres Juan, 1965)

<u>Ganoderma lucidum</u> (W. Curt. ex Fr.) Karst., Rev. Mycol. 3(9): 17 (1881) Sinónimos: <u>Polyporus lucidus</u> W. Curt. ex Fr., Syst. Mycol. 1: 353 (1821); <u>Fomes lucidus</u> (W. Curt. ex Fr.) Sacc., Syll. Fung. 6: 157 (1888); <u>Placodes lucidus</u> (W. Curt. ex Fr.) Quél., Fl. Mycol. pag. 399 (1888); <u>Ganoderma ostreatum</u> Láz.-Ibiza, Rev. Real Acad. Cienc. Exact. Fisic. Nat. Madrid 15: 110 (1916).

Presenta esta especie el cuerpo fructífero estipitado, con pie excentrico o lateral, siendo este el caso más frecuente; algunos autores como Pilát (1936) dicen que puede también ser sesil, la razón de esto está, en que él dentro de esta especie incluye tres subespecies; la ssp. <u>typicum</u> con pie y la ssp. <u>valesiacum</u> y la ssp. <u>resinaceum</u> sin pie, actualmente se las considera a todas como especies independientes, la var. <u>typicum</u> es la <u>Ganoderma lucidum</u> y las otras dos la <u>Ganoderma valesiacum</u> y <u>Ganoderma resinaceum</u> respectivamente, sesiles ambas. El cuerpo fructífero se encuentra recubierto todo él, tanto lo que podríamos denominar sombrerillo como pie, de una corteza barnizada cuyo color va del amarillo-rojizo en los ejemplares jóvenes a marrón rojizo en los adultos y llegando incluso a negro en los más viejos. La superficie de los poros está al principio recubierta por una pruina blanca que desaparece con la edad y el roce,tomando una coloración marrón grisácea. La carne,de color claro,va del crema al ocre. Según Steyaert (1967), los ejemplares nórdicos tienen la trama y la capa de tubos casi incolora, a medida que van siendo más meridionales, se va oscureciendo, llegando a adquirir incluso una coloración marrón; estas variaciones en el color de la carne, las achaca prova blemente a factores climáticos.

El sistema de hifas es trimítico, siendo las hifas envolventes extraordinariamente ramificadas. Es característica la construcción de la corteza barnizada, que está formada en primer lugar por una capa de hifas claviformes que forman una empalizada, después una capa de hifas esqueléticas marrones e hifas generativas hialinas y por último antes de llegar al contexto una capa de hifas generativas. Las esporas que miden 7-12 x 6-8 μm., son como todas las del género truncadas en el ápice y con la base obtusa. (Figuras 78 y 80)

H a b i t a t . - Crece frecuentemente sobre distintas especies del género Quercus como Quercus robur, suber, ilex y rotundifolia.

C o r o l o g í a . - CADIZ: Benamahoma, 2-10-76, leg. M. T. Tellería. MADRID: Valverde del Fresno, 9-10-77, leg. A. Pastrana; El Pardo, 10-11-76, leg. M. T. Tellería. NAVARRA: Echarri-Aranaz, 12-10-74, leg. F. D. Calonge; San Miguel de Aralar, 27-10-74, leg. F. D. Calonge. En la bibliografía está abundantemente citada por toda España.

Ganoderma pfeifferi Bres. in Pat. , Bull. Soc.Mycol.Fr. 5: 70 (1889) S i n ó n i m o s : Polyporus cupreolaccatus Kalchbr. in Wettst.,ÖsterrBot. Zeitschr. (1885); Ganoderma cupreolaccatum (Kalchbr.) Igmandy, Act. Phyt. Ac. Sci. Hung. 3: 234 (1968); Polyporus laccatus Kalchbr. in Wettst. , Öst. Bot. Zeitschr.5: 70 (1889); Ganoderma laccatum (Kalchbr.) Bourd. et Galz. , Hym. Fr. , pag. 612 (1928)

Especie de gran tamaño, puede llegar a medir hasta 45 cm de longitud, sus carpóforos sentados, tienen la superficie recubierta por una corteza barnizada que presenta colores que van del marrón grisáceo al marrón rojizo. Los poros presentan al principio un tono blanco amarillento, que al rozarlos o dañarlos pasa a marrón, en los ejemplares viejos son marrones. La carne tiene un espesor de hasta 7 cm, es de un color marrón rojizo intenso y de aspecto fibroso; aquí está la diferencia macroscópica más importante de esta especie con la G. resinaceum, con la que sin duda se ha venido confundiendo.

El sistema de hifas es trimítico, sus esporas miden 9-11,5 x 6-9 μm. En esta especie las verrugas del endosporio se unen entre sí formando un retículo. (Figura 79)

Habitat. - La hemos recolectado siempre sobre madera de Fagus sylvatica.

Corología. - ALAVA: Cantera del Gorbea, 26-12-74, leg. C. Navarro J. L. Tellería y M. T. Tellería. GUIPUZCOA: Aránzazu, 24-12-75, leg. J. L. Tellería y M. T. Tellería; Alto de Arlabán, 20-3-75, leg. J. L. Tellería y M. T. Tellería. En la bibliografía aparece citada en el Pais Vasco (Tellería et al., 1975)

Ganoderma resinaceum Boud. in Pat., Bull. Soc. Mycol. Fr. 5: 72 (1889) Sinónimos: Fomes resinaceus (Boud.) Sacc., Syll. Fung. 9: 179 (1891); Ganoderma lucidum (W. Curt. ex Fr.) Karst. ssp. resinaceum (Boud.) Bourd. et Galz., Hym. Fr. pag. 610 (1928); Mensularia vernicosa Láz.-Ibiza, Rev. Real Acad. Cienc. Exact. Fisic. Nat. Madrid 14: 740 (1916)

El cuerpo fructífero, sesil, dimidiado o reniforme, mide hasta 40 cm de longitud. La superficie del carpóforo está recubierta con una capa resinosa cuyo color varía del marrón claro al marrón oscuro. Al igual que en la G. lucidum y en la G. pfeifferi, al acercarle el calor de una llama la superficie hierve y toma un aspecto brillante. Los poros son de color blanquecino amarillento. La carne de color marrón corcho y de aspecto suberoso.

Microscópicamente es semejante a las restantes especies en lo que a sistema de hifas se refiere. Las esporas son ovoide elipsoidales con la base truncada, miden de 9-11,5 x 4,5-7 μm. (Figura 78)

Habitat. - La hemos recolectado sobre madera de Quercus robur, Quercus canariensis, Quercus ilex y Eucaliptus sp.

Corología. - CADIZ: Benamahoma, 2-10-76, leg. M.T.Tellería; Pto. de Galiz, 3-10-76, leg. C.Navarro y M.T.Tellería. HUELVA: Coto del Rey, 3-10-76, leg. F.D.Calonge. MADRID: Pte. de los Franceses 13-10-77, leg. A. Pastrana. VALENCIA: Burjasot, 5-3-77, leg. J. Tusset. VIZCAYA: Abadiano, 26-12-75, leg. C.Navarro y M.T.Tellería. En el herbario MAF fungi hay citas de la Casa de Campo de Madrid, MAF fungi 146 y Jardín Botánico de Madrid, MAF fungi 153. En la bibliografía aparece citada en Cataluña (Maire et al., 1933) Galicia (Benito Martínez y Guinea, 1931) en Andalucía (Torres Juan, 1965) y en el Pais Vasco (Cat.Micol.Pais Vasco, 1973).

Familia HERICIACEAE Donk

Persoonia 3(2): 269 (1964)

Cuerpo fructífero resupinado, efuso-reflejo o pileado, es este caso puede ser ramificado, creciendo las ramas descendentemente o como sucedía en la familia Clavariaceae ascendentemente. El himenóforo puede ser liso o dentado. El contexto es carnoso o membranáceo y a veces amiloide. El sistema de hifas es monomítico o dimítico, formado por hifas generativas y esqueléticas, presenta hifas gloeocistidiales y a veces gloeocistidios que no dan positiva la reacción de la sulfovainillina. Los basidios son claviformes con 4 esterigmas. Las esporas son de paredes gruesas, lisas o ligeramente verrugosas y amiloides.

Observaciones. - Donk (1964) incluye dentro de esta familia el género Laxitextum. Nosotros lo hemos incluido en la familia Corticiaceae, por creer que las relaciones entre este género y el género Gloeocystidiellum son muy grandes, así también lo consideran autores como Parmasto (1968), Ryvarden y Eriksson (1976).

Género HERICIUM Pers. ex S.F.Gray, Nat. Arr. Brit. Pl. 1: 652 (1821)

Generotipo: Hydnum coralloides Scop. ex Fr., Syst. Mycol. 1: 408 (1821)

Sinónimo: Dryodon Quél. ex Karst., Rev. Mycol. 3 (9): 19 (1881)

Cuerpo fructífero resupinado o espatulado ramificado, generalmente sub estipitado, con una pequeña base. El himenóforo es hidnoide, formado por agujas alargadas y que penden hacia abajo. El sistema de hifas es monomítico, amiloide, presenta gloeocistidios con contenido amarillento en su interior, las esporas son hialinas y amiloides.

Clave de especies

1. Carpóforo formado por ramas múltiples, con aspecto de coral. Himenóforo formado por agujas de 5-15 mm de longitud, de color blanco

crema. Esporas de 4-6 x 3,5-5 µm. .... H. coralloides

1: Carpóforo con aspecto compacto. Himenóforo formado por agujas de aprox.20 mm de longitud de color crema-amarillento que se tornan marrones en los sitios rozados y al secar. Esporas de 5-7 x 4,5-6 µm. .... H. erinaceus

Hericium coralloides (Scop. ex Fr.) S.F. Gray, Nat. Arr. Brit. Pl. 1: 652 (1821)

Sinónimos: Hydnum coralloides Scop. ex Fr., Syst. Mycol. 1: 408 (1821); Dryodon coralloides (Scop. ex Fr.) Quél., Fl. Mycol. pag. 438 (1888)

Carpóforo pileado, formado por una pequeña base que se ramifica extraordinariamente y a su vez estas ramificaciones se vuelven a ramificar de nuevo, toda la superficie está recubierta de agujas de 5-15 mm de longitud, que es lo que constituye el himenóforo. Estas agujas, que son de color blanco crema al igual que el resto del carpóforo, penden hacia abajo. El contexto es de color blanco crema y amiloide.

El sistema de hifas es monomítico, formado por hifas generativas, muy ramificadas y fibuladas, de paredes amiloides. Presenta hifas gloeocistidiales y gloeocistidios más o menos fusiformes. Las esporas son de anchamente elipsoidales a subglobosas, tienen las paredes hialinas, lisas y amiloides, miden de 4-6 x 3,5-5 µm.

Habitat. - Crece sobre madera muerta de Fagus sylvatica.

Corología. - MADRID: Montejo de la Sierra, 29-10-77, leg. G. Moreno. En la bibliografía aparece citado en Cataluña (Cuatrecasas, 1929; Codina y Font Quer, 1930) en el Pais Vasco (Ruiz de Gaona y Oñaiticia, 1954; Cat. Micol. Pais Vasco, 1973) en Guadalajara (Lázaro e Ibiza, 1907).

Hericium erinaceus (Bull. ex Fr.) Pers., Mycol. Europ. 2: 150 (1825)
Sinónimos: Hydnum erinaceus Bull. ex Fr., Hym. Europ. pag. 608 (1874); Dryodon erinaceus (Bull. ex Fr.) Quél.,Fl. Mycol. pag. 438 (1888)

Carpóforo provisto de una base corta y ancha que se ramifica quedando las ramificaciones soldadas unas con otras, todo recubierto de agujas que miden alrededor de 2 cm de longitud, de color crema amarillento, pa sa a marrón al secar y en los sitios rozados.

El sistema de hifas es monomítico, las hifas generativas son fibuladas y amiloides, presenta gloeocistidios en el himenio e hifas gloeocistidiales en la trama, las esporas son de anchamente elipsoidales a subglobosas, de paredes lisas o muy ligeramente verrugosas, miden de 5-7 x 4,5 -6 μm.

Habitat. - Lo hemos recolectado sobre madera muerta de Fagus sylvatica.

Corología. - VIZCAYA: Carranza, 10-11-75, leg. Peña Sta. Cruz.

En la bibliografía está citado en Cataluña (Aranzadi, 1905; Codina y Font Quer, 1930; Heim, Font Quer y Codina, 1935; Maire, 1937) en el Pais Vasco (Cat. Micol. Pais Vasco, 1973).

Familia HYDNACEAE Chev.

Fl. Env. Paris 1: 270 (1826)

Cuerpo fructífero pileado y estipitado, el pie es central o excéntrico, el contexto es carnoso y el himenóforo dentado. El sistema de hifas es monomítico, formado por hifas generativas de paredes delgadas, con fíbulas. Carece de cistidios y gloeocistidios. Los basidios son claviformes con 2 -6 esterigmas. Las esporas de subglobosas a oblongo elipsoidales, de paredes lisas y no amiloides.

Observaciones. - Donk (1964) incluye en esta familia unicamente el género Hydnum dejando fuera una serie de géneros que situa en un apéndice. Entre ellos se encuentra el Steccherinum (estudiado por nosotros). Parmasto (1968) para solventar el problema, crea la familia Stecherinaceae que abarca una serie de géneros que tradicionalmente se habian venido situando en las familias Steraceae y Polyporaceae. Nosotros por razones de conveniencia, y a sabiendas de que es artificial, vamos a seguir el sistema de Donk, adoptado como base en la realización del trabajo.

Género HYDNUM L. ex Fr., Syst. Mycol. 1: 397 (1821)
Generotipo: Hydnum repandum L. ex Fr., Syst. Mycol. 1: 400 (1821)

Cuerpo fructífero estipitado, el himenóforo es dentado, el contexto es carnoso, de color blanco o crema. El sistema de hifas es monomítico, los basidios bi- o tetraspóricos y las esporas subglobosas.

Hydnum repandum L. ex Fr., Syst. Mycol. 1: 400 (1821)
Sinónimos: Dentinum repandum (L. ex Fr.) S.F. Gray, Nat. Arr. Brit. Pl. 1: 650 (1821)

Cuerpo fructífero pileado y estipitado, el pileo es redondo o ligeramente reniforme, plano o un poco deprimido en el punto de inserción del pileo con el pie, que puede ser central o excéntrico; la superficie del sombrerillo es amarillo naranja y ligeramente pruinosa, mide el pileo de 2-10 cm de diámetro, el pie es cilíndrico de color blanco, volviéndose ma rrón en la zona basal, mide de 3-6 x 0,8-2 cm. El himenóforo es hidnoide, las agujas muy apretadas son de color blanco y miden de 4-6 mm de longitud. El contexto es blanco, que pasa a naranja al corte.

.El sistema de hifas es monomítico, las hifas generativas son fibuladas, las esporas son oblongo elipsoidales, con una gota lipídica en su interior, miden de 7-8 x 5,5-7,5 µm.

Habitat. - Lo hemos recolectado en hayedo y castañar, siempre crece en el suelo.

Corología. - CACERES: Castañar de Ibor, 20-2-77, leg. C. Navarro y M. T. Tellería. MADRID: Montejo de la Sierra, 20-10-77, leg. G. Moreno. VIZCAYA: Garay, 6-7-77, leg. C. Navarro y M. T. Tellería. Abundantemente citada en la bibliografía.

Apéndice. Hydnaceos residuales (Donk, 1964)

Género STECCHERINUM S. F. Gray, Nat. Arr. Brit. Pl. 1: 651 (1821)

Generotipo: Hydnum ochraceum Pers. ex Fr., Syst. Mycol. 1: 414 (1821)

Sinónimo: Mycoleptodon Pat., Cat. Rais. Pl. Cell. Tunis pag. 54 (1897)

Cuerpo fructífero resupinado o efuso-reflejo, de color blanco, crema o a veces naranja, el himenóforo es hidnoide. El sistema de hifas es dimítico, formado por hifas generativas e hifas esqueléticas, lleva cistidios de paredes gruesas, incrustados en el ápice, las esporas son lisas, hialinas y no amiloides.

Clave de especies

1. Cuerpo fructífero con rizomorfos desarrollados, himenóforo de color vino tinto... S. fimbriatum
1: Cuerpo fructífero sin rizomorfos, himenóforo de color crema naranja.. S. ochraceum

Steccherium fimbriatum (Pers. ex Fr.) Erikss., Symb. Bot. Upsal. 15 (1): 134 (1958)

Sinónimos: Hydnum fimbriatum Pers. ex Fr., Syst. Mycol. 1: 421 (1821); Mycoleptodon fimbriatum (Pers. ex Fr.) Bourd. et Galz., Hym. Fr. pag. 441 (1928)

Cuerpo fructífero resupinado, presenta rizomorfos muy desarrollados que se encuentran formando cordones debajo del himenóforo que es hidnoi de, las espinas están poco desarrolladas y presentan un color vino tinto en las partes más desarrolladas y blanco grisáceo en las zonas menos desarrolladas.

El sistema de hifas es dimítico, las hifas generativas son fibuladas y se encuentran en muchas ocasiones agrupadas formando cordones, las hifas esqueléticas son muy abundantes y de paredes gruesas. Los cistidios son de cilíndricos a claviformes, de paredes gruesas y fuertemente incrustados de cristales en su parte superior. Las esporas son de anchamente elipsoidales a oblongo elipsoidales, tienen las paredes lisas, hialinas y no amiloides, miden de 3,5-4,5 x 2-3 µm.

Habitat. - Lo hemos recolectado sobre madera de Quercus pyrenaica y Quercus canariensis.

Corología. - CADIZ: Pto. de Galiz, 3-10-76, leg. C. Navarro y M. T. Tellería. MADRID: Fuente de la Reina. -El Escorial, 29-10-77, leg. M. T. Tellería. Malençon y Bertault (1976) lo citan en Malaga.

Steccherinum ochraceum (Pers. ex Fr.) S. F. Gray, Nat. Arr. Brit. Pl. 1: 651 (1821)

Sinónimos: Hydnum ochraceum Pers. ex Fr., Syst. Mycol. 1: 414 (1821); Mycoleptodon ochraceum (Pers. ex Fr.) Pat., Cat. Rais. Pl. Cell. Tunis pag. 54 (1897)

Cuerpo fructífero resupinado, al principio crece en parches redondos que después confluyen unos con otros, llegando así a formar placas grandes, el himenóforo es hidnoide, de color crema naranja, el margen es estéril y perfectamente diferenciable por ser blanco.

El sistema de hifas es dimítico, formado por hifas generativas e hifas esqueléticas. Los cistidios son cilíndricos, de paredes gruesas e incrustados de cristales en la parte superior, miden de 40-60 x 5-7,5 µm. Las esporas son anchamente elipsoidales, lisas hialinas y no amiloides, algunas llevan gotas lipídicas en su interior, miden de 3-4 x 2-3 µm.

Habitat. - Lo hemos recolectado sobre madera de Quercus rotundifolia Quercus canariensis, Castanea sativa y Fagus sylvatica.

Corología. - CADIZ: Benamahoma, 2-10-76, leg. C. Navarro y M. T. Tellería; Pto. de Galiz, 3-10-76, leg. C. Navarro y M. T. Tellería. CACERES: San Martín de Trevijo, 30-3-77, leg. C. Navarro y M. T. Tellería; Carretera del Pto. de San Vicente de Alia, 19-2-77, leg. C. Navarro y M. T. Tellería. MADRID: El Pardo, 15-6-75, leg. G. Moreno. NAVARRA: Echarri-Aranaz, 7-10-77, leg. Soc. Cienc. Nat. Aranzadi. En la bibliografía aparece citado en Andalucía (Torres Juan, 1967; Malençon 1968; Malençon y Bertault, 1976) en Cataluña (Torres Juan, 1967) y en Valencia (Malençon y Bertault, 1971).

Familia HYMENOCHAETACEAE Donk

Bull. Bot. Gdns. Buitenz., III (17) : 474 (1948)

Cuerpo fructífero variable, ya que puede ser resupinado, efuso-reflejo claviforme o pileado, pudiendo ser este último sésil o estipitado. El contexto generalmente marrón y de consistencia variable que va desde flexible y blando, a duro y leñoso, pasando por fibroso, correoso y suberoso; en la mayoría de los casos en presencia del KOH al 10% toma un color marrón oscuro casi negro (reacción xantocroide positiva). El himenóforo es liso, tuberculado, dentado o porado. El sistema de hifas es monomítico o dimítico, en este segundo caso formado por hifas generativas sin fíbulas e hifas esqueléticas. Setas presentes, a veces pueden ser ramificadas en forma de estrella (asterosetas). Algunos géneros presentan dicohifas, otros gloeocistidios. Los basidios son claviformes y llevan de 2-4 esterigmas. Las esporas son incoloras o coloreadas (marrón amarillento) y tienen las paredes delgadas o gruesas, pueden ser lisas u ornamentadas amiloides o no amiloides.

Observaciones. - La delimitación de esta familia en el sentido de Donk, no está en la actualidad del todo clara, y de hecho se encuentra disgregada en dos familias independientes Lachnocladiaceae Reid que como ya apuntabamos al hablar del género Scytinostroma, incluye a Vararia, Asterostroma y Scytinostroma además de otros tres géneros de dispersión tropical, y la familia Hymenochaetaceae Donk emend. Parm., que está integrada por una de las tres subfamilias (Vararioideae, Asterostromoideae e Hymenochaetoideae) en que Donk (1964) la considera dividida.

Nosotros y por razones que ya hemos expuesto anteriormente, vamos a seguir la clasificación de Donk (1964). Al lector interesado sobre la relación de esta familia con familias próximas, así como las afinidades y diferencias entre los géneros que la integran, les remitimos al trabajo de Donk (1964) y a los de Parmasto (1968; 1970)

Clave de géneros

1. Especies que presentan asterosetas o dicohifas fuertemente dextri
noides 2

1'. Especies sin las características anteriores 3

2. Especies que presentan gran cantidad de asterosetas, tanto en el
himenio como en la trama. Dicohifas ausentes. Cuerpo fructífero
con el himenóforo liso .... Asterostroma

2'. Especies con dicohifas fuertemente dextrinoides. Asterosetas ausentes .... Vararia

3. Himenóforo tubular 4

3'. Himenóforo liso o tuberculado .... Hymenochaete

4. Cuerpo fructífero perenne e himenóforo estratificado; contexto suberoso o leñoso, duro al secar .... Phellinus

4'. Cuerpo fructífero anual, himenóforo no estratificado; contexto esponjoso cuando el material está fresco, facilmente deleznable al secar 5

5. Cuerpo fructífero generalmente estipitado; esporas blancas, hialinas 6

5'. Cuerpo fructífero resupinado o pileado sesil; esporas de paredes
amarillo marrones cuando están maduras .... Inonotus

6. Especies terrícolas, sin haplosetas. Carpóforo infundibuliforme
cubierto de un suave tomento, de 2-9 cm de diámetro ....
.... Coltricia perennis

6'. Especies lignícolas, haplosetas presentes o ausentes. Carpóforo
sin las características anteriores 7

7. Contexto dividido en dos partes, la superior blanda y friable, y la
inferior dura y fibrosa. Haplosetas presentes .... Onnia

7'. Contexto homogéneo. Haplosetas ausentes, pero en el himenio hay
pseudocistidios que exudan por su ápice, una sustancia resinosa
marrón .... Phaeolus

Género ASTEROSTROMA Massee, Journ. Linn. Soc. Bot. 25: 154 (1889)
Generotipo: Corticium apalum Berk. et Br., Journ. Linn. Soc. Bot.
14: 72 (1875) ≡ Asterostroma apalum (Berk. et Br.) Massee, Journ. Linn.
Soc. Bot. 26: 170 (1890)

Cuerpo fructífero resupinado y membranáceo. El sistema de hifas es monomítico, formado por hifas generativas hialinas, sin fíbulas; lleva ade-

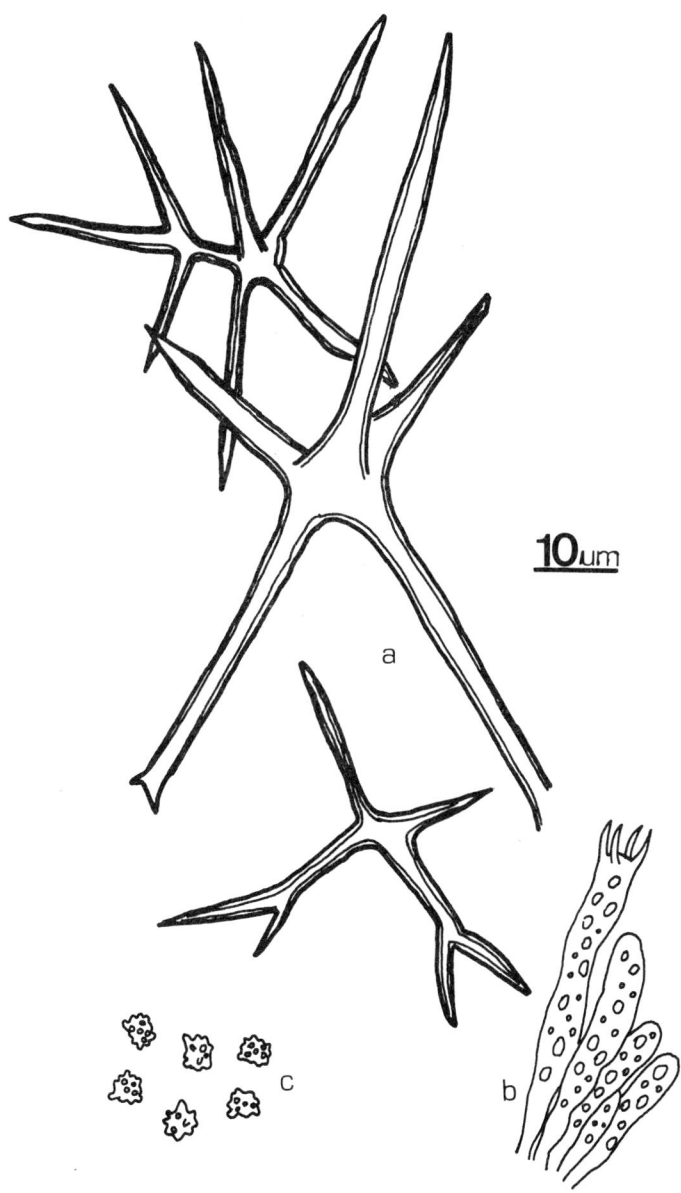

Fig. 48. Asterostroma ochroleucum Bres. in Torrend, a.-Asterosetas, b.-Basidio, c.-Esporas

más en el contexto e himenóforo asterosetas. Para Parmasto este sistema de hifas es asterodimítico, al considerar las asterosetas como hifas esqueléticas transformadas. Gloeocistidios presentes. Los basidios son claviformes con 2-4 esterigmas. Las esporas son lisas u ornamentadas, amiloides o no amiloides.

Observaciones. - De la aparición de este género como nuevo para España, ya hemos dado cuenta en otro trabajo (Calonge et al., 1980)

Asterostroma ochroleucum Bres. in Torrend, Broteria Bot. 11: 82 (1913)

Cuerpo fructífero resupinado, suavemente unido al sustrato, formado por un subículo algodonoso de color canela, sobre el que se asienta el hi menóforo como una fina película también de color canela pero más claro. El borde es blanquecino y presenta rizomorfos en algunas ocasiones.

El sistema de hifas es monomítico, formado por hifas generativas de pa redes delgadas, hialinas y afibuladas. Tanto en la zona himenial como en la trama, hay multitud de asterosetas, con lo que el sistema de hifas para Parmasto (1970) es asterodimítico. Las asterosetas situadas en la pro ximidad de la zona himenial son más pequeñas y más ramificadas que las de la zona basal. Presenta gloeocistidios fusiformes; los basidios son claviformes y las esporas globosas, sus paredes presentan ornamentación bacular y son amiloides, miden de 5-7 μm de diámetro. (Fig. 48 y 81)

Habitat. - Lo hemos recolectado sobre madera muy podrida, posiblemente de Populus

Corología. - GUADALAJARA: Campillejo, 4-7-76, leg. M.T.Tellería

Género COLTRICIA S.F.Gray, Nat. Arr. Brit. Pl. 1: 644 (1821)
Generotipo: Polyporus perennis Fr., Syst. Mycol. 1: 350 (1821)
Sinónimos: Polystictus Fr., Nova Acta Soc. Sci. Upsal. III (1): 70 (1851); Pelloporus Quél., Ench. Fung. pag. 166 (1886); Xanthochrous Pat., Cat. Rais. Pl. Cell. Tunis. pág. 51 (1897)

Cuerpo fructífero anual, estipitado, con el pie central o excéntrico; la superficie del pileo de color marrón está zonada y es hirsuta, el pie es concoloro con la superficie del sombrerillo y se ensancha al llegar a este. El contexto es de color marrón y se oscurece en contacto con el KOH al 10% al igual que el himenóforo que es tubular, con poros redondos o angulares. El sistema de hifas es monomítico, formado por hifas generativas hialinas o amarillo marrones. Setas presentes o ausentes. Las esporas son anchamente elipsoidales, lisas o muy ligeramente verrugosas, no amiloides ni dextrinoides.

Observaciones. - Para Domanski et al. (1973), el sistema de hifas de este género es dimítico, para Ryvarden (1976) es monomítico; los primeros consideran a las hifas generativas que tienen las paredes más anchas como esqueléticas, mientras que Ryvarden (1976) no, puesto que llevan septos y por tanto no pueden ser consideradas como tales.

Coltricia perennis (L. ex Fr.) Murrill, Jour. Mycol. 9: 91 (1903)

Sinónimo : Polyporus perennis L. ex Fr., Syst. Mycol. 1: 350 (1821)

Cuerpo fructífero estipitado, el pileo puede medir de 2-9 cm de diámetro y es infundibuliforme; está cubierto de un suave tomento, presenta zonación en tonos marrones. El pie mide de 2-5 x 0,5-1 cm y es concoloro con el pileo. Los poros son de redondos a angulares, de color marrón claro y con un diámetro de 0,2-0,5 mm. El contexto es de color marrón y tiene aproximadamente 1 mm de grosor.

El sistema de hifas es monomítico, las hifas generativas son dos tipos, unas de paredes delgadas e hialinas y otras (las más viejas) de paredes gruesas y de color marrón, con septos pero sin fíbulas. Las esporas son oblongo elipsoidales, de paredes lisas y no amiloides, miden de 6-9 x 3-4 μm.

Habitat. - Crece en el suelo de los bosques, en lugares donde hay poca vegetación, es decir suelos arenosos, taludes, así como en sitios donde se ha hecho fuego, se la puede considerar por tanto como una especie pirófila facultativa.

Corología. - GUADALAJARA: Dehesas de Majaelrayo, 19-6-77, leg.

F. D. Calonge. HUELVA: Hinojos, 13-3-77, leg. E. Silvestre y J. Cabezudo. MADRID: El Paular, 4-10-72, leg. F. D. Calonge; La Barranca, 3-7-76, leg. M. Garcia Rollán; Cotos, 10-8-76, leg. G. Moreno; Fuente de la Reina. -El Escorial, 29-10-77, leg. M. T. Tellería. SEGOVIA: Rio Moros 6-6-76, leg. C. Ladó. En la bibliografía está citada en Galicia (Sobrado Maestro, 1909; Losa España, 1942; Garcia Rollán, 1971) en Cataluña (Cuatrecasas, 1929; Codina y Font Quer, 1930;Pearson,1931;Maire et al. 1933;Maire, 1937;Heim, Font Quer y Codina, 1934;Maublanc, 1935; Singer, 1947) en el Pais Vasco (Ruiz de Gaona y Oñaiticia, 1954) en Guadalajara (Carballal, 1974) y el las Islas Canarias (Ryvarden, 1974), Colmeiro (1869) habla de que se ha recolectado en Aragón, Castilla la Vieja y Asturias, pero sin indicar localidad.

Género HYMENOCHAETE Lév., Ann. Sci. Nat. III (5): 150 (1846)
Generotipo: Thelephora tabacina Sow. ex Fr., Syst. Mycol. I: 437 (1821)

Cuerpo fructífero resupinado, efuso-reflejo o dimidiado, de consistencia coriácea; el himenóforo es liso o tuberculado,generalmente resquebrajado al secar. El sistema de hifas es monomítico, formado por hifas generativas de paredes delgadas o gruesas, con septos pero sin fíbulas, setas presentes de color marrón oscuro. Los basidios son de claviformes a cilíndricos con 2-4 esterigmas, las esporas son hialinas, lisas o muy ligeramente verrugosas y no amiloides.

Clave de especies

1. Cuerpo fructífero resupinado.................................. 2
1: Cuerpo fructífero efuso-reflejo o dimidiado................... 3
2. Cuerpo fructífero fuertemente resquebrajado al secar, las hifas generativas fuertemente entretejidas y las setas con el ápice obtuso... H. corrugata
2: Cuerpo fructífero no fuertemente resquebrajado al secar, las hifas generativas ligeramente entretejidas y las setas con el ápice agudo... H. cinnamomea
3. Cuerpo fructífero perenne, duro y rígido, borde concoloro con el resto del carpóforo.................................. H. rubiginosa

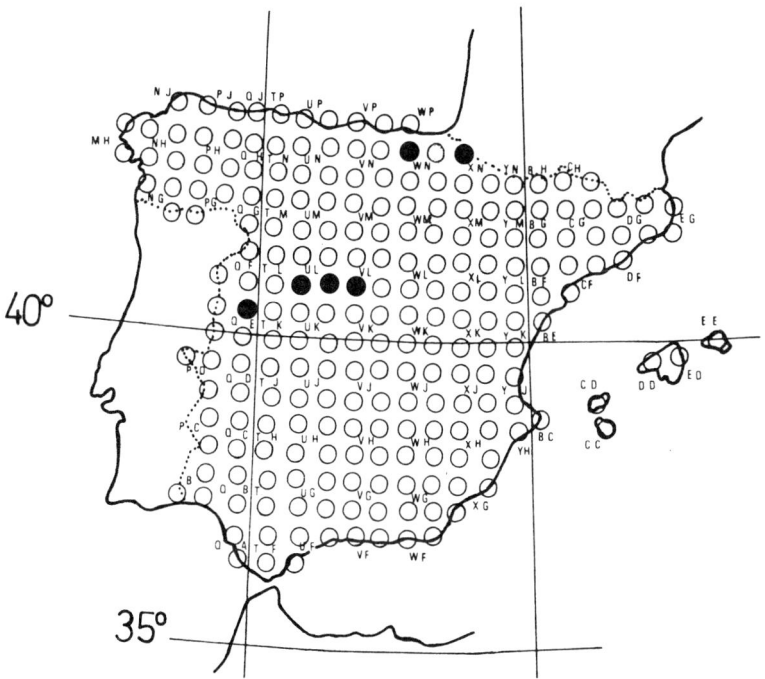

Fig. 49. Hymenochaete cinnamomea (Pers.) Bres.

3.- Cuerpo fructífero anual, blando y flexible, borde del carpóforo de color amarillo oro .... H. tabacina

Hymenochaete cinnamomea (Pers.) Bres., Hedwigia 36: 46 (1897)

Sinónimo: Thelephora cinnamomea Pers., Mycol. Europ. I (1822)

Cuerpo fructífero resupinado, de color marrón ruibarbo. El himenóforo está cubierto por un tomento de color marrón más oscuro (caracter este observable unicamente a la lupa), en realidad son las setas que se proyectan sobre la superficie del himenóforo.

El sistema de hifas es monomítico, las hifas generativas son de paredes delgadas y amarillas, están ramificadas y carecen de fíbulas. Presenta abundantes setas que tienen el ápice obtuso y una anchura de 4-8 μm. Los basidios son claviformes llevan de 2-4 esterigmas. Las esporas son hialinas, lisas y no amiloides; de oblongo elipsoidales a cilíndricas, ligeramente deprimidas cerca del ápice, miden de 5-7 x 2,5-3 μm.

Habitat. - Lo hemos recolectado sobre madera muerta de Fagus sylvatica, Quercus rotundifolia y Lavandula pedunculata.

Corología. - AVILA: Ojos Albos, 14-5-77, leg. C. Navarro y M. T. Tellería; Cillán, 6-3-77, leg. A. Camina, C. Navarro y M. T. Tellería. MADRID: Carretera de La Cabrera a Valdemaco, 4-6-77, leg. C. Navarro y M. T. Tellería. NAVARRA: Urbasa, 16-12-76, leg. E. Fuertes, C. Navarro y M. T. Tellería. SALAMANCA: La Alberca, 31-3-77, leg. M. T. Tellería. VIZCAYA: Arrazola, 3-1-77, leg. C. Navarro y M. T. Tellería (Fig. 49)

Observaciones. - Especie nueva para el catálogo micológico español.

Hymenochaete corrugata (Fr.) Lév., Ann. Sci. Nat. III (5) Bot.: 152 (1846)

Sinónimo: Thelephora corrugata Fr., Elench. Fung. I: 224 (1828)

Cuerpo fructífero resupinado y fuertemente unido al sustrato. Su himenóforo es liso y de color marrón grisáceo, visto a la lupa está recubierto de un tomento marrón oscuro, son las setas que se proyectan sobre la superficie del himenóforo; este se resquebraja al secar.

El sistema de hifas es monomítico, formado por hifas generativas que son dificilmente diferenciables ya que se encuentran fuertemente entretejidas. Las setas tienen una anchura de 8-11 µm y presentan el ápice obtuso. Los basidios son claviformes y llevan 4 esterigmas. Las esporas son cilíndricas, hialinas, de paredes lisas y no amiloides; miden de 4-5 x 1,5-2 µm.

H a b i t a t. - Lo hemos recolectado sobre madera muerta de Fagus sylvatica.

C o r o l o g í a. - NAVARRA: Echarri-Aranaz, 7-10-77, leg. Soc. Cienc. Nat. Aranzadi. En la bibliografía aparece citado en el Pais Vasco (Cat. Micol. Pais Vasco, 1977. Catálogo que se encuentra aún sin publicar).

O b s e r v a c i o n e s. - La diferencia entre el H. corrugata y el H. cinnamomea está a nivel macroscópico en el color más claro y superficie muy resquebrajada (en material seco) del H. corrugata, y a nivel microscópico en las hifas generativas más densamente entretejidas en el H. corrugata y en el ápice de las setas, agudo en H. cinnamomea y obtuso en H. corrugata.

Hymenochaete rubiginosa (Dicks.) Lév., Ann. Sci. Nat. III (5) Bot.: 151 (1846)

Cuerpo fructífero perenne, grueso (de hasta 2 mm de espesor), efuso-reflejo o dimidiado; a veces los carpóforos se presentan imbricados. La superficie del sombrerillo, concentricamente zonada, es marrón oscura. El himenóforo es liso y marrón oscuro también, visto a la lupa es pubescente, son las setas que se proyectan sobre él.

El sistema de hifas es monomítico. Las setas que salen de la trama y se proyectan sobre el himenio, tienen una longitud de hasta 100 µm. Los basidios son claviformes, llevan de 2-4 esterigmas. Las esporas son oblongo elipsoidales y miden de 4,5-6,5 x 2,5-3,5 µm.

H a b i t a t. - Lo hemos recolectado sobre madera muerta de Quercus ilex y Castanea sativa.

C o r o l o g í a. - CACERES: San Martín de Trevijo, 30-3-77, leg. C. Navarro y M. T. Tellería. VIZCAYA: Mañaria, 30-12-76, leg. C. Navarro y

M.T.Tellería; Carretera de Yurre a Ochandiano, 5-1-77, leg. C. Navarro y M. T. Tellería. En la bibliografía está citado en Cataluña (Pearson, 1931; Heim, Font Quer y Codina, 1934; Singer, 1947; Malençon y Bertault 1971) y en el Pais Vasco (Cat. Micol. Pais Vasco, 1973)

Hymenochaete tabacina (Sow. ex Fr.) Lév., Ann. Sci. Nat. III (5) Bot. : 152 (1846)

Sinónimo: Thelephora tabacina Sow. ex Fr., Syst. Mycol. I: 437 (1821)

Cuerpo fructífero generalmente efuso-reflejo o dimidiado, presentando a veces crecimiento imbricado; en los primeros estadios de su desarrollo puede ser resupinado, creciendo al principio en parches redondos que después confluyen unos con otros. El himenóforo es liso, marrón rojizo, y a igual que en las otras especies de este género visto a la lupa, aparece tapizado por las setas, de color marrón más oscuro. El carpóforo es anual y delgado, y presenta el margen de color amarillo dorado.

El sistema de hifas es monomítico. Las setas son también largas, llegando a tener una longitud de hasta 110 μm. Los basidios son claviformes, con 4 esterigmas y las esporas oblongo elipsoidales miden de 5-7 x 2-3,5 μm.

Habitat. - Lo hemos recolectado sobre madera muerta de Fagus sylvatica, Quercus pyrenaica, Quercus canariensis y Erica sp.

Corología. - CADIZ: Pto. de Galiz, 3-10-76, leg. C.Navarro y M. T. Tellería; HUELVA: La Baqueta. -Coto de Doñana, 17-11-76, leg. F.D. Calonge y M.T.Tellería. NAVARRA: Echarri-Aranaz, 7-10-77, leg. Soc. Cienc. Nat. Aranzadi. SEGOVIA: Pto. de la Quesera, 19-9-76, leg. C. Navarro y M.T.Tellería. En la bibliografía aparece citado en Cataluña (Codina y Font Quer, 1930; Singer, 1947 y Benito Martínez y Torres Juan, 1965) y en el Pais Vasco (Cat. Micol. Pais Vasco, 1973)

Observaciones. - La diferencia fundamental entre el H. tabacina y H. cinnamomea estriba, en que mientras el primero es anual, el segundo es perenne.

Género INONOTUS Karst., Medd. Soc. F. Fl. Fenn. 5: 39 (1879)

Generotipo: Polyporus hispidus Bull. ex Fr., Syst. Mycol. 1: 362 (1821)

Cuerpo fructífero resupinado, efuso-reflejo o dimidiado, anual. El contexto es esponjoso en material fresco, transformandose en facilmente deleznable al secar; de color marrón, en presencia del KOH al 10% pasa a marrón muy oscuro, casi negro. El himenóforo es tubular, los poros son redondos o irregulares. El sistema de hifas es monomítico, formado por hifas generativas de paredes delgadas e hialinas o de paredes gruesas y de color marrón oscuro, son septadas pero no fibuladas. Setas presentes o ausentes. Los basidios son claviformes. Las esporas son de anchamente elipsoidales a globosas, sus paredes son lisas e inamiloides, y de color marrón amarillento.

Observaciones. - Este género está próximo al Phellinus, del que se diferencia fundamentalmente por la consistencia de la trama que es esponjosa en el género Inonotus, mientras que en Phellinus es suberoso leñosa, dura al secar. Para Domanski et al. (1973) el sistema de hifas de este género puede ser mono-, di- o trimítico, al interpretar las hifas de paredes anchas como esqueléticas y envolventes. Ryvarden (1978) considera que si bien estas hifas tienen las paredes anchas, llevan septos y por tanto no pueden considerarse como esqueléticas ni envolventes.

Clave de especies

1. Setas totalmente ausentes. Especie viviendo siempre sobre madera de Tamarix .... I. tamaricis
1: Setas presentes, especies no viviendo sobre madera de Tamarix ... 2
2. Cuerpo fructífero siempre resupinado. Setas himeniales de hasta 45 μm de longitud; en la trama presenta setas largas y rectas, de hasta 120 μm de longitud .... I. nidus-pici
2: Cuerpo fructífero resupinado, dimidiado o efuso-reflejo. Setas ausentes en la trama 3
3. Especie cuya superficie del sombrerillo presenta setas ramificadas y acabadas en ápice curvado .... I. cuticularis

3.' Especies que unicamente presentan setas himeniales. Esporas de
8-12 x 6-10 µm 4

4. Especie cuya superficie del carpóforo está cubierta con una corteza dura y glabra. Esporas de 8-8,5 x 7-7,5 µm .... I. dryadeus

4.' Especie cuya superficie del carpóforo es fuertemente hispida. Esporas de 9-12 x 6-10 µm .... I. hispidus

Inonotus cuticularis (Bull. ex Fr.) Karst., Medd. Soc. F.   Fl. Fenn.
5: 39 (1879)

Sinónimo: Polyporus cuticularis Bull. ex Fr., Syst. Mycol. 1: 363 (1821)

Cuerpo fructífero anual, sesil y dimidiado, unido al sustrato lateralmente; los carpóforos crecen aislados o imbricados. La superficie de color marrón naranja es de tomentosa a vellosa, el margen es agudo y recurvado hacia dentro. El contexto, de color marrón rojizo es fibroso, al secar se torna deleznable. Los tubos concoloros con la trama, tienen una longitud de 0,5-1 mm, los poros son redondos o irregulares y tienen un diámetro de 0,2-0,3 mm.

El sistema de hifas es monomítico, las hifas generativas son de paredes delgadas o gruesas, carecen de fíbulas. El himenio presenta gran cantidad de setas, con el ápice agudo y la base globosa, miden de 14-25 x 5-8 µm. La superficie del carpóforo también presenta setas, ramificadas y con los ápices curvados. Las esporas anchamente elipsoidales de paredes lisas y amarillas, llevan gotas lipídicas en su interior y miden de 6-7,5 x 4,5-5 µm.

Habitat. - Esta especie crece sobre madera de caducifolios (Ryvarden 1978), desconocemos el habitat concreto del material estudiado por nosotros.

Corología. - VIZCAYA: Galdacano, 17-10-75, leg. Peña Sta. Cruz. En la bibliografía aparece citado en Andalucía (Muñoz Medina y Serrano Sanchez, 1947; Torres Juan, 1965) y en Cataluña (Maire, 1937)

Observaciones. - El caracter más importante de esta especie radica en las setas irregularmente ramificadas y de apices recurvados que presenta en la superficie del carpóforo.

Inonotus dryadeus (Pers. ex Fr.) Murrill, N. Am. Flora 9: 86 (1908)

Sinónimo: Polyporus dryadeus Pers. ex Fr., Syst. Mycol. 1: 374 (1821)

Cuerpo fructífero sesil, noduloso o de forma irregular, unido lateralmente al sustrato. La superficie se encuentra recubierta de una corteza de color marrón gamuza, crema por algunos lados. El borde es obtuso, concoloro con la superficie y exuda, cuando el material está fresco, un líquido de color marrón. La trama muy fibrosa es de color marrón oscuro y lleva entremezclada en ellas hifas de color crema. Los tubos de hasta 2 cm de longitud, son concoloros con el contexto; los poros son redondos y muy pequeños, de 3-4 por mm, se encuentran a veces recubiertos de una capa de micelio de color blanco crema.

El sistema de hifas es monomítico, formado por hifas generativas de paredes delgadas e hialinas y de paredes gruesas y de color amarillo marrón, ambas son septadas pero carecen de fíbulas. El himenio presenta setas, que aunque escasas, tienen una forma característica, son anchas en la base y se estrechan hacia el ápice, que acaba en punta recurvada tomando aspecto de una hoz. Las esporas son subglobosas, de paredes gruesas, amarillo marrones y lisas, miden de 8-8,5 x 7-7,5 μm.

Habitat. - Lo hemos recolectado sobre madera de Fagus sylvatica y Quercus sp.

Corología. - LEON: Boñar, 9-10-77, leg. M. García Rollán. NAVARRA: Aldaz, 27-10-76, leg. L.M. García Bona. Citado en el Pais Vasco (Lacoizqueta, 1885; Cat. Micol. Pais Vasco, 1973)

Inonotus hispidus (Bull. ex Fr.) Karst., Krit. Finl. Basidsv.pag. 330 (1889)

Sinónimo: Polyporus hispidus Bull. ex Fr., Syst. Mycol. 1: 362 (1821)

Cuerpo fructífero dimidiado, sesil, unido al sustrato lateralmente, mide de 6-10 x 4-10 cm. Su superficie de color marrón rojiza es fuertemente híspida. La trama de color marrón llega a tener hasta 10 cm de grosor

;en material fresco es fibrosa y flexible, al secar se hace friable. Los tubos,concoloros con la trama,miden de 2-3 mm de longitud; los poros son redondos o irregulares y miden de 0,2-0,3 mm de diámetro, son de color marrón.

El sistema de hifas es monomítico, con hifas generativas carentes de fí bulas. Presenta setas en el himenio, ventrudas en la base y adelgazándose hacia el ápice, miden de 20-25 x 6-10 µm. Las esporas son de anchamente elipsoidales a subglobosas, de color que va del amarillo marrón al marrón en las más viejas, miden de 9-12 x 6-10 µm.

H a b i t a t. - Lo hemos recolectado sobre madera de Malus comunis, Populus sp. y Fraxinus sp.

C o r o l o g í a. - AVILA: Mijares, 12-9-76, leg. E. Fuertes, C. Navarro y M. T. Tellería; Carretera del Pto. de Mena a Burgondo, 12-9-76, leg. E. Fuertes, C. Navarro y M. T. Tellería. MADRID: Ciudad Universitaria, 15-10-75, leg. G. López y G. Moreno; Casa de Campo, 12-5-76, leg. F. D. Calonge y M. T. Tellería. PONTEVEDRA: Noalla, 18-9-76, leg. M. Pastrana. En el MAF fungi hay material de Soncillo (Burgos) MAF fungi 132; Valverde del Júcar (Cuenca) MAF fungi 133; Navaces (Asturias) MAF fun gi 139; Jardín Botánico de Madrid, MAF fungi 141; Bosque de la Alhambra (Granada) MAF fungi 142; Casa de Campo (Madrid) MAF 143. En la bi bliografía aparece citado en Cataluña (Codina y Font Quer, 1930;Maire et al. 1933; Heim, Font Quer y Codina, 1934; Singer, 1947; Torres Juan, 1965; Malençon y Bertault, 1971) en el Pais Vasco (Cat.Micol. Pais Vasco, 1973) en Andalucía (Torres Juan, 1965) y la Prov. de Madrid (Calonge y Zugaza, 1973)

Inonotus nidus-pici Pilát ex Pilát, Sborn. Mus. Nat. v Praze IX B, nº 2, Botan., nº 1: 108 (1953)

Cuerpo fructífero resupinado, de color marrón canela; los poros son oblicuos; en la zona del borde y en la parte interior de los mismos, presentan un color amarillo azufre. Un hecho curioso es que esta especie es facilmente destruida por larvas e insectos.

El sistema de hifas es monomítico, las hifas generativas son de paredes

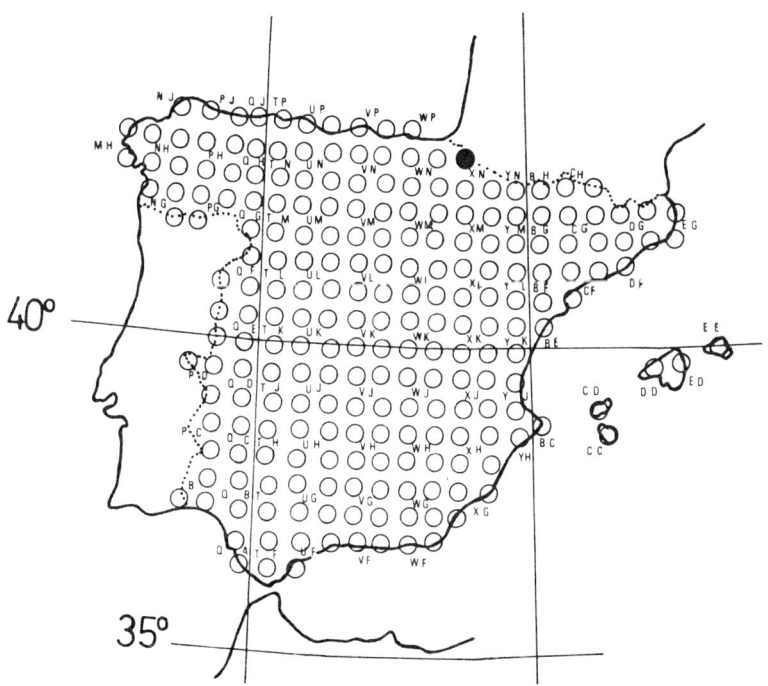

Fig. 50. Inonotus nidus-pici Pilát ex Pilát

delgadas hialinas y de paredes gruesas amarillo marrones, con septos pero sin fíbulas. Presenta dos tipos de setas, unas en la trama muy largas y rectas, que miden alrededor de 120 μm de longitud y otras en el himenio, más cortas de hasta 45 μm, anchas en la base y con el ápice muy puntiagudo. Las esporas son subglobosas, hialinas y con una gota lipídica en su interior, miden 7-9 x 5-6,5 μm.

Habitat. - Vive en el interior de los agujeros que hay en la madera, principalmente robles muertos.

Corología. - NAVARRA: Echarri-Aranaz, 8-10-77, leg. Soc. Cienc. Nat. Aranzadi. (Figura 50)

Observaciones. - Especie nueva para el catálogo micológico español es muy próxima a el I. polymorfus del que se diferencia por la forma y tamaño de las esporas, que en el I. polymorfus son elipsoidales y miden 4-5,5 x 3-4 μm.

Inonotus tamaricis (Pat.) Maire, Memor. Soc. Sci. Nat. Maroc. 45: 84 (1937)

Sinónimo: Xanthochrous tamaricis Pat., Bull. Soc. Mycol. Fr., 20: 51 (1904)

Cuerpo fructífero dimidiado, sesil, la superficie del carpóforo está recubierta por un tomento híspido de color marrón amarillento, el margen es más o menos glabro. El contexto es amarillo marrón, fibroso, que al secar como todas las especies del género se torna friable. Los tubos concoloros con el contexto miden de 0,7-2 cm, los poros son circulares o angulares y miden 0,3-0,5 mm de diámetro y están cubiertos de una pruina crema.

El sistema de hifas es monomítico, las hifas generativas son de dos tipos, unas de paredes delgadas amarillentas y otras de paredes más gruesas, marrón rojizo, ambas con septos pero sin fíbulas. Las esporas son de paredes gruesas y lisas, de anchamente elipsoidales a globosas, de color marrón amarillento, miden de 6,5-7 x 4,5-6 μm.

Habitat. - Esta especie es extraordinariamente selectiva en cuanto al

sustrato sobre el que vive, ya que lo hace siempre sobre madera de espe
cies del género Tamarix.

Corología. - CIUDAD REAL: Tablas de Daimiel, 22-5-77, leg. M.
Koch. GUIPUZCOA: San Sebastian, 16-4-76, leg. M.T. Tellería. HUEL
VA: Coto de Doñana, 16-10-76, leg. A.Barra, M.Costa y E. Valdés. MA
DRID: Casa de Campo, 17-2-77, leg. F.D.Calonge, M.T.Tellería y L.
Verde. TOLEDO: Tembleque, 27-5-77, leg. F.D.Calonge, C.Navarro y
M.T.Tellería. VIZCAYA: Baquio, 19-5-76, leg. E.Pérez del Moral. En
la bibliografía aparece citado en Cataluña (Heim, Font Quer y Codina,
1934) en el Pais Vasco (Cat. Micol. Pais Vasco, 1973) y en Las Palmas
de Gran Canaria (Ryvarden, 1972)

Género ONNIA Karst., Bidr. Känn. Finl. Nat. Folk 48: 326 (1889)
Generotipo: Polyporus circinatus Fr., Monogr. 2: 286 (1863)
Sinónimo: Mucronoporus Ell. et Ev.,Jour. Mycol. 5: 28 (1889)

Cuerpo fructífero anual, generalmente estipitado, a veces sesil o muy
raramente resupinado. El contexto de color marrón amarillento, está dividido en dos partes, la superior es tomentosa, blanda y friable, la inferior es dura y fibrosa. El sistema de hifas es monomítico, formado por hi
fas generativas de paredes delgadas o a veces gruesas, de color amarillo
marrón, septadas pero sin fíbulas. Siempre presenta setas en la zona hi
menial. Las esporas son lisas, no amiloides y no cianófilas.

Clave de especies

1. Cuerpo fructífero sesil, las setas himeniales presentan el ápice re
curvado en forma de hoz......................... Onnia triqueter
1' Cuerpo fructífero estipitado, las setas del himenio tienen el ápice
recto y puntiagudo............................. Onnia tomentosa

Onnia tomentosa (Fr.) Karst., Bidr. Känn. Finl. Nat. Folk 48: 328 (1889)
Sinónimos: Polyporus tomentosus Fr., Syst. Mycol. 1: 351 (1821);
Mucronoporus tomentosus (Fr.) Ell. et Ev., Jour. Mycol. 5: 28 (1889);
Coltricia tomentosa (Fr.) Murrill,Bull.Torr. Bot. Club 31: 346 (1904)

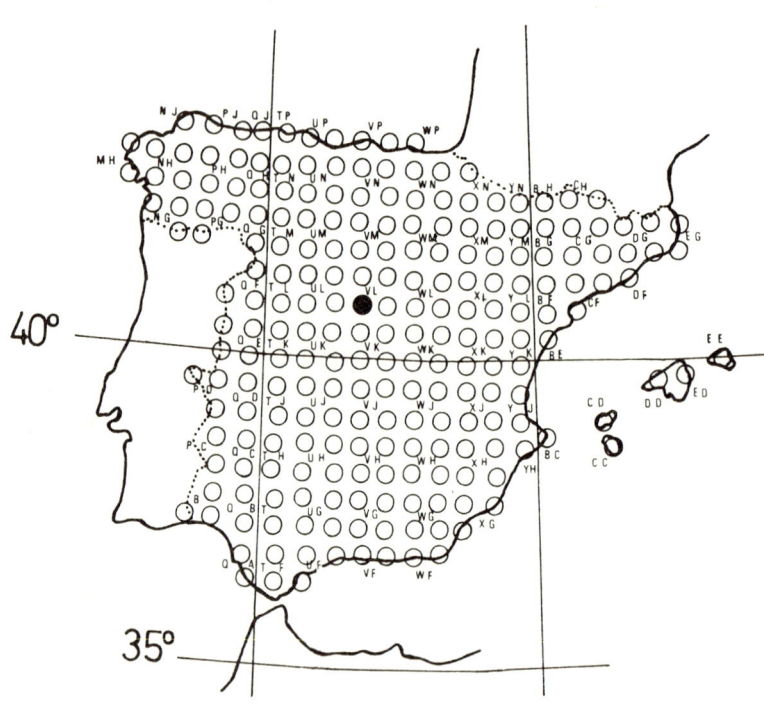

Fig. 51. Onnia tomentosa (Fr.) Karst.

Cuerpo fructífero pileado y estipitado. El pie puede ser central, excéntrico o lateral; la forma del pileo varia de circular a flabeliforme o irregular, cuando es circular suele ser infundibuliforme. La superficie del pileo es tomentosa y de color gamuza, el margen es delgado y estéril. El contexto es delgado, de hasta 12 mm de grosor, y dividido en dos zonas, la superior tomentosa y la inferior fibrosa, ambas de color oro viejo. El pie es también tomentoso, de color marrón más oscuro que la superficie del pileo. Los tubos decurrentes sobre el pie miden de 1-5 mm de longitud. Los poros son irregulares y tienen un diámetro de 0,5-0,8 mm.

El sistema de hifas es monomítico, formado por hifas generativas de paredes delgadas o gruesas, de color marrón amarillento, con septos pero sin fíbulas. Las setas siempre presentes en el himenio, llevan el ápice recto, presentan la base hinchada y miden de 36-60 x 7-10 µm. Las esporas son anchamente elipsoidales, de paredes amarillentas, delgadas y lisas, miden de 3-5 x 3-3,5 µm.

Habitat. - Lo hemos recolectado sobre restos de madera y acículas de Pinus sylvestris

Corología. - MADRID: Dehesas de Cercedilla, 18-11-73, leg. G. Moreno; Pto. de Navacerrada, 1-10-77, leg. E. Alvarez. (Figura 51)

Observaciones. - Esta especie parece ser nueva para el catálogo micológico español.

Onnia triqueter (Lentz) Imaz. in Ito, Mycol. Flora Japan vol. 2 nº 4 (1955)

Cuerpo fructífero pileado, sesil, a veces presenta una base incipiente que puede recordar a un pie. La superficie del carpóforo es tomentosa de color marrón amarillento con el margen agudo y blanquecino. El contexto concoloro con la superficie del carpóforo está dividido en dos partes, la superior tomentosa y facilmente deleznable y la inferior fibrosa y dura. Los tubos miden de 1-4 mm de longitud, son de color marrón con un tinte grisáceo. Los poros de 0,3-0,5 mm de diámetro son de redondos a angulares.

El sistema de hifas es monomítico formado por hifas generativas carentes de fíbulas. Las setas siempre presentes en el himenio son fusiformes y con el ápice curvado en forma de hoz, miden de 40-50 x 8-9 µm. Las esporas son anchamente elipsoidales, deprimidas cerca del ápice, miden de 4,8-6 x 3-4 µm.

Habitat. - Lo hemos recolectado sobre madera de Pinus sylvestris y Pinus pinaster

Corología. - AVILA: La Adrada, 12-11-75, leg. M. García Rollán; Alberche, 13-3-75, leg. G. Moreno. MADRID: Peguerinos, 9-10-76, leg. M. García Rollán; El Paular, 12-10-72, leg. F. D. Calonge; Pto. de Navacerrada, 1-10-77, leg. E. Alvarez. En la bibliografía aparece unicamente citado en Cataluña (Codina y Font Quer, 1930; Maire, 1933; Heim, Font Quer y Codina, 1934) y en Madrid (Calonge et al., 1976)

Observaciones. - La diferencia entre esta especie y la Onnia circinata, radica en que la superficie de esta segunda es más blanda y porque según Ryvarden, (comunicación personal) la Onnia circinata es de distribución boreal y vive sobre madera de Picea.

Género PHAEOLUS Pat., Ess. Tax. Hym. pag. 86 (1900)

Generotipo: Polyporus schweinitzii Fr., Syst. Mycol. 1: 351 (1821)

Cuerpo fructífero pileado, sesil o estipitado. La superficie del pileo es tomentosa, el contexto es blando y esponjoso cuando el material está húmedo, tornandose deleznable al secar; su color marrón amarillento, toma una coloración marrón oscura casi negra, al tratarlo con el KOH al 10%. El sistema de hifas es monomítico, formado por hifas generativas de paredes delgadas o gruesas, con septos pero sin fíbulas. Cistidios presentes y setas ausentes. Las esporas son oblongo elipsoidales y lisas, no amiloides ni cianófilas.

Observaciones. - Hay autores como Domanski, Orlos y Skirgiello (1973), que incluyen este género dentro de la familia Polyporaceae, argumentando que no lleva setas y que su contexto es muy blando. Nosotros seguimos a Donk (1964) y lo incluimos en la familia Hymenochaetaceae, por la clara reacción xantocroide que da su trama, tan típica de esta familia.

Phaeolus schweinitzii (Fr.) Pat., Ess. Tax. Hym. pag. 86 (1900)
Sinónimo s: Polyporus schweinitzii Fr., Syst. Mycol. 1: 351 (1821); Daedalea maxima Brot. ex Fr., Syst. Mycol. 1: 332 (1821); Polyporus holophaeus Mont., Ann. Sci. Nat. ser II 20: 361 (1843); Polyporus spongiosus Fr., Monogr. 2: 268 (1852); Ochroporus sistotremoides Schroet., Pilze Schles. l: 488 (1888)

Cuerpo fructífero de forma variable, el píleo puede ser dimidiado, flabeliforme o incluso infundibuliforme sesil o estipitado, en este caso el pie puede ser central excéntrico o lateral. Los carpóforos crecen aislados o imbricados. La superficie del píleo es híspida y de colores variables, ya que va del amarillo al marrón oscuro; el margen es delgado y a veces recurvado hacia dentro. El contexto homogéneo es esponjoso cuando el material está húmedo, tornandose blando y deleznable al secar, su color es de amarillo marrón a marrón y se oscurece con los alcalis tomando un color marrón negruzco. Los tubos miden de 1-3 mm de longitud y son concoloros con el contexto. Los poros de color amarillo azufre al principio, pasan después a marrones, su forma es irregular y miden de 0,5-1,5 mm de diámetro.

El sistema de hifas es monomítico, formado por hifas generativas de paredes hialinas o amarillo marrón, carentes de fíbulas. En el himenio presenta cistidios de paredes hialinas que exudan una sustancia resinosa marrón grisácea. Las esporas son de oblongo elipsoidales a anchamente elipsoidales, con las paredes de color amarillento, lisas y no amiloides, miden de 6,5-8,5 x 4-5 μm.

Habitat. - Crece siempre sobre madera de coníferas, especialmente sobre raíces; nosotros lo hemos recolectado sobre Pinus sylvestris y Pinus pinea.

Corología. - AVILA: Piedralaves, 1-11-76, leg. A. Barra; Sotillo de la Adrada, 6-11-76, leg. M. García Rollán. CUENCA: Sierra de Valdemeca, 19-9-76, leg. G. López. MADRID: Jardín Botánico de Madrid, 22-9-76, leg. F. D. Calonge. En la bibliografía aparece citado en Cataluña (Maire et al., 1933;Singer, 1947;Benito Martínez y Torres Juan, 1965) en Galicia (García Rollán, 1971) en el Pais Vasco (Calonge y Zugaza, 1973; Cat. Micol. Pais Vasco, 1973) en Andalucía (Benito Martínez y Torres Juan, 1965) y en la zona Centro (Benito Martínez y Torres Juan, 1965)

Género PHELLINUS Quél., Ench. Fung. pag. 172 (1886)

Generotipo: Phellinus rubriposus Quél., Fl. Mycol. pag. 394 (1888) = Phellinus torulosus (Pers.) Bourd. et Galz.

Cuerpo fructífero perenne, de forma variada ya que puede ser resupinado, dimidiado, ungulado o efuso-reflejo, siempre sesil. El himenóforo está estratificado y generalmente es de color canela más o menos oscuro. La trama es de naturaleza suberoso leñosa y al secar se torna dura; de color marrón, se oscurece en contacto con los alcalis. El sistema de hifas es dimítico, formado por hifas generativas de paredes delgadas, hialinas, con septos pero sin fíbulas e hifas esqueléticas de paredes gruesas y de color marrón amarillento. Muchas especies presentan setas en el himenio. Las esporas son de paredes hialinas o ligeramente coloreadas, lisas y no amiloides.

Observaciones. - Sobre las especies que de este género hay citadas en nuestro país, ya realizamos un anterior trabajo (Tellería y Calonge, 1977) que ampliamos aquí con una clave para su determinación,así como las nuevas citas que hemos recopilado más recientemente.

Clave de especies

1. Cuerpo fructífero resupinado................................... 2
1.' Cuerpo fructífero no resupinado............................... 5
2. Himenio que presenta setas e hifas parafisoides................ 3
2.' Himenio que solo presenta setas............................... 4
3. Hifas parafisoides con incrustaciones cristalinas, cristales redondos. Esporas elipsoidales de 4-6 x 3-3,5 μm......Ph. ferruginosus
3.' Hifas parafisoides sin incrustaciones cristalinas. Esporas subglo

bosas de 6-7 x 5-7 µm .... Ph. punctatus

4. Esporas globosas de 5-6 x 5-5,5 µm. Viviendo sobre especies de Salix .... Ph. conchatus form. resupinatus

4: Esporas subglobosas de 4,8-5,4 x 3,6-4,2 µm. Viviendo sobre especies de Betula .... Ph. laevigatus

5. Especie viviendo sobre madera de coníferas. Poros irregulares, laberintiformes de 0,5-1 mm de diámetro .... Ph. pini

5: Especies no viviendo sobre madera de coníferas. Poros pequeños y redondos de hasta 0,3 mm de diámetro como máximo 6

6. Contexto dividido por una línea negra en dos partes, la superior más gruesa, blanda y oscura que la inferior 7

6: Contexto homogéneo 8

7. Cuerpo fructífero ungulado, margen obtuso. Esporas de 3,2-4 x 2,5-3 µm. Viviendo sobre cepas de vid .... Ph. ampelinus

7: Cuerpo fructífero dimidiado, margen muy agudo. Esporas de 3-5 x 2,5-4 µm. Viviendo en la base de los arbustos como Rosa, Prunus, Sorbus, Rubus .... Ph. ribis

8. Carpóforos recubiertos de una corteza negra que se resquebraja al secar, margen color canela, gris o amarillo 9

8: Carpóforo no recubierto de una corteza negra 12

9. Carpóforo delgado, de hasta 1 cm de grosor, margen amarillento. Esporas subglobosas de 5-6 x 5-5,5 µm. Viviendo generalmente sobre Salix .... Ph. conchatus

9: Carpóforos ungulados con un grosor de 2-8 cm 10

10. Carpóforo surcado concéntricamente, las ondulaciones anchas y el margen obtuso, la corteza que cubre el carpóforo mate. Especie viviendo sobre Salix y Populus 11

10: Carpóforo surcado concéntricamente, las ondulaciones estrechas, el margen agudo, la corteza que cubre el carpóforo brillante. Especie viviendo sobre Betula .... Ph. nigricans

11. Las hifas de las paredes de los tubos van paralelas unas respecto a otras. Presenta dos tipos de setas, largas en la trama y cortas en el himenio. Sobre Populus tremula .... Ph. tremulae

11: Hifas de las paredes de los tubos entrecruzadas. Setas solo en el himenio. Viviendo sobre Salix y Populus .... Ph. igniarius

12. Especie parasitando árboles frutales, especialmente Prunus, Pirus y Malus .... Ph. pomaceus

12: Especie no parasitando árboles frutales sino viviendo sobre Quercus, Fraxinus, Populus, Fagus y Crataegus 13

13. Carpóforo de forma variable. Los ejemplares desarrollados lle-

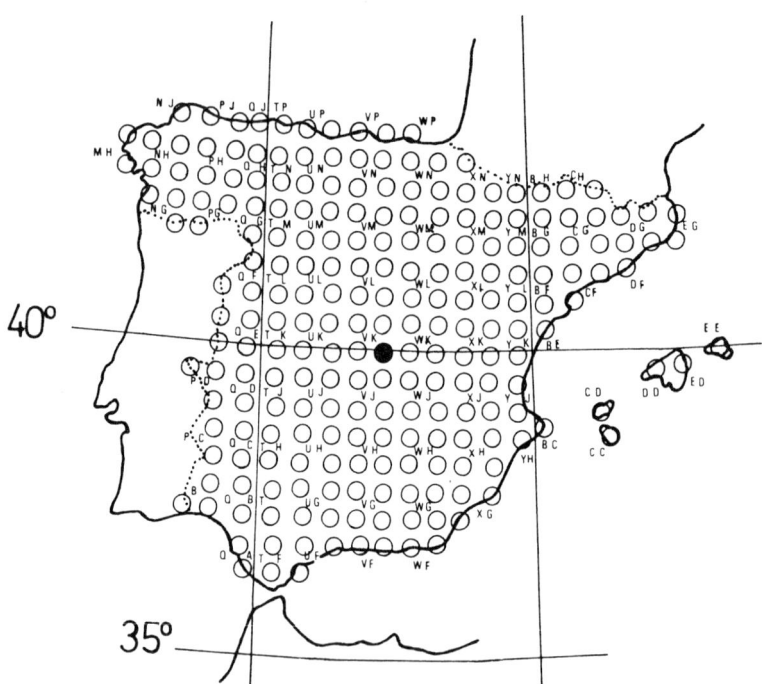

Fig. 52. Phellinus ampelinus (Bond.) Bond. et Sing.

van creciendo en su superficie gran cantidad de musgos y algas. Esporas anchamente elipsoidales 4-6 x 3,5-4,5 μm. Setas abundantes en el himenio............................... Ph. torulosus

13' Carpóforo ungulado. Esporas subglobosas de 6-8 x 5-8 μm. Setas escasas o ausentes .... Ph. robustus

Phellinus ampelinus (Bond.) Bond. et Sing. ex Bond., Trut. Griby pag. 401 (1953)

Cuerpo fructífero perenne y de forma irregular, el material por nosotros estudiado se presentaba como noduloso, pero también puede ser efuso-reflejo (Domanski et al., 1973). La superficie del carpóforo es lisa, recubierta de un tomento amarillo grisaceo, que se presenta como apelmazado. El contexto que tiene un grosor de 2,5-3 cm, es de color amarillo oro, fibroso y duro al secar; está dividido en dos partes por una línea negra, la capa superior es de color más claro que la inferior. Los tubos cortos, de hasta 5 mm de longitud, son concoloros con el contexto. Los poros son muy pequeños, miden de 0,1-0,2 mm de diámetro y tienen un color grisáceo con tonos cremas.

El sistema de hifas es dimítico. Carece de setas. Las esporas son anchamente elipsoidales y miden de 3,4-4 x 2,5-3 μm, son lisas, hialinas, marrones muy claras y no amiloides.

Habitat. - Nuestro material crecía en la base de una cepa de **Vitis vinifera**, esta habitat según Domanski, Orlos y Skirgiello (1973) es típico de esta especie.

Corología. - MADRID: Chinchón, 10-10-72, leg. F.D. Calonge(Fig. 52)

Observaciones. - Esta especie es nueva para el catálogo micológico español, bastante próxima al Ph. ribis, se diferencia ya a simple vista por la forma del carpóforo, el contexto y el habitat.

Phellinus conchatus (Pers. ex Fr.) Quél., Fl. Mycol. pag. 395 (1888)
Sinónimos: Polyporus conchatus Pers. ex Fr., Syst. Mycol. 1: 376 (1821); Polyporus loricatus Pers., Mycol. Europ. II: 86 (1825)

Cuerpo fructífero resupinado o pileado, en este segundo caso es dimidiado o efuso-reflejo, creciendo en posición imbricada unos carpóforos respecto a otros. La superficie del carpóforo está recubierta de una corteza negra, ondulada, que se resquebraja profundamente al secar. El margen es delgado y de color amarillo oro viejo. El contexto también delgado, miden de 3-4 mm de grosor; es de color marrón oscuro, y va provisto de una línea negra debajo de la corteza que lo recubre. Los tubos de color marrón, ligeramente más claros que el contexto, están estratificados, midiendo cada estrato de 1-3 mm. Los poros son redondos de color amarillo oro viejo y con un diámetro de 0,1-0,2 mm.

El sistema de hifas es dimítico. Aunque escasas, presenta setas en el himenio, estas son fusiformes, hinchadas en la base y afilándose hacia el ápice. Las esporas son globosas, hialinas y no amiloides, miden de 5-6 x 5-5,5 μm.

Habitat. - Lo hemos recolectado sobre madera de Salix.

Corología. - AVILA: Mijares, 26-9-76, leg. C. Navarro y M. T. Tellería. Citado en el Pais Vasco (Cat. Micol. Pais Vasco, 1973)

Phellinus ferruginosus (Schard. ex Fr.) Pat., Ess. Tax. pag. 97 (1900) Sinónimos: Polyporus ferruginosus Schard. ex Fr., Syst. Mycol. 1: 378 (1821); Ochroporus confusus Donk, Meded. Bot. Mus. Univ. Utrecht 9: 256 (1933); Polyporus umbrinus Fr., Hym. Europ. pag. 571 (1874)

Cuerpo fructífero resupinado, al principio crece en parches redondos que después confluyen unos con otros, el margen es estéril, muy ancho y de naturaleza algodonosa. El contexto es muy delgado de 2-3 mm de grosor y de color canela, los tubos son estratificados y los poros redondos en número de 5-6 por mm.

El sistema de hifas es dimítico, está formado por hifas generativas hialinas y de paredes delgadas e hifas esqueléticas de paredes gruesas y color marrón amarillento. El himenio presenta gran cantidad de setas largas y rectas que llegan a medir hasta 150 μm de longitud, son vetrudas en la base y puntiagudas en el ápice. Presenta asimismo en el himenio hifas parafisoides hialinas, que sobresalen unas 30 μm de la altura de los basidios, llevan las paredes incrustadas de pequeños cristales redondos.

Las esporas son elipsoidales, hialinas con una gota lipídica en su interior, miden de 4-6 x 3-3,5 μm.

Habitat. - Lo hemos recolectado sobre madera muerta caida en el suelo de Quercus robur, Quercus ilex

Corología. - NAVARRA: Carretera de Aribe a Orbaiceta, 17-12-77, leg. E. Fuertes, C. Navarro y M. T. Tellería. VIZCAYA: Mañaria, 5-4-77, leg. C. Navarro. En la bibliografía aparece citado en el Pais Vasco (Cat. Micol. Pais Vasco, 1973) y en Andalucía (Muñoz Medina y Serrano Sánchez, 1947; Malençon y Bertault, 1976)

Phellinus igniarius (L. ex Fr.) Quél., Ench. Fung. pag. 172 (1886)
Sinónimo: Polyporus igniarus L. ex Fr., Syst. Mycol. I: 375 (1821)

Cuerpo fructífero ungulado o noduloso, la superficie del pileo se encuentra cubierta por una corteza negra, mate y dura, que forma ondulaciones concéntricas y se resquebraja fuertemente al secar, el borde es grueso y obtuso y de color gris blanquecino o marrón canela. El contexto es duro, leñoso y de color marrón rojizo. El himenóforo está formado por tubos estratificados, cada estrato miden de 3-4 mm, son concoloros con el contexto. Los poros son redondos, miden 0,2 mm de diámetro aproximado y son de color marrón canela.

El sistema de hifas es dimítico, formado por hifas generativas y esqueléticas; las que forman las paredes de los tubos se presentan entrecruzadas unas con otras. Setas presentes en el himenio. Las esporas son subglobosas, miden de 5-7 x 4-6 μm, son de paredes gruesas, lisas y no amiloides.

Habitat. - Lo hemos recolectado sobre Salix atrocinerea y Populus sp.

Corología. - MADRID: Villaviciosa de Odón, 17-2-77, leg. F. D. Calonge, M. T. Tellería y L. Verde; Pto. de Navafría, 26-3-77, leg. F. D. Calonge. En la bibliografía aparece citado en Cataluña (Codina y Font Quer, 1930) y en el Pais Vasco (Lacoizqueta, 1885; Tellería y Calonge, 1977).

Observaciones. - Esta especie es muy semejante al Ph. nigricans y al Ph. tremulae. El Ph. nigricans se diferencia macroscópicamente porque su margen es más obtuso, las ondulaciones de la superficie más estrechas y la capa que recubre a esta más brillante, a nivel microscópico por el grosor de la pared de las esporas. La diferencia con el Ph. tremulae está a nivel microscópico unicamente, ya que presenta las hifas de las paredes de los tubos colocadas paralelas unas respecto de otras, en vez de entrecruzadas como acabamos de decir para el Ph. igniarius.

Phellinus laevigatus (Fr.) Bourd.et Galz., Hym. Fr. pag. 624 (1928)
Sinónimos: Polyporus laevigatus Fr., Hym. Europ. pag. 571 (1874); Fomitoporella betulina Murrill,N. Am. Fl. 9: 12 (1907)

Cuerpo fructífero resupinado, muy delgado, el grosor de la trama, que es de color marrón rojizo, es de 5 mm llegando en algunos lugares a ser practicamente nula. Los tubos están estratificados y son concoloros con la trama, cada estrato mide 4 mm de longitud, los poros son redondos y muy pequeños, de 6-8 mm de diámetro.

El sistema de hifas es dimítico, formado por hifas generativas e hifas esqueléticas, las hifas de las paredes de los tubos está colocadas paralelamente unas respecto de las otras. Presenta setas en el himenio, que son anchas en la base y agudas en el ápice miden de 15-28 x 4-8 µm. Las esporas son de subglobosas a anchamente elipsoidales, llevan gotas lipídicas en su interior, tienen las paredes lisas hialinas y no amiloides, miden de $4,8-5,4 \times 3,6-4,2$ µm.

Habitat. - Lo hemos recolectado sobre madera de Betula celtiberica. Vive generalmente sobre especies de Betula y menos frecuentemente Alnus.

Corología. - MADRID: Pto. de Canencia, 19-9-76, leg. M. García Rollán. Citado ya ahí por Tellería y Calonge (1977).

Observaciones. - Esta especie es muy próxima al Ph. igniarius form. resupinatus pero se diferencia porque las esporas y los poros (4-6 por mm) son más grandes, presentandose además las hifas de las paredes de los tubos entrecruzadas en vez de paralelas.

Phellinus nigricans (Fr.) Karst., Finl. Basidsv. pag. 134 (1899)

Sinónimos: Polyporus nigricans Fr., Syst. Mycol. 1: 375 (1821); Phellinus igniarius (L. ex Fr.) Quél. ssp. nigricans (Fr.) Bourd. et Galz., Hym. Fr. pag. 618 (1928); Phellinus igniarius form. nigricans (Fr.) Bond., Spor. Rast. 2: 495 (1934); Phellinus igniarius (L. ex Fr.) Quél. form. betulae Bond., Gr. Bryanskom Lesnichestve pag. 21 (1912)

Cuerpo fructífero pileado, ungulado y sesil. La superficie del carpóforo está recubierta por una corteza negra, dura y brillante, que se resquebraja al secar, está zonado concéntricamente con unas ondulaciones estrechas, el margen es agudo y de color gris al principio después negro. Los tubos están estratificados, los poros de color canela marrón son redondos y tienen un diámetro de 0,2-0,3 mm. El contexto es duro y de color marrón rojizo.

El sistema de hifas es dimítico, formado por hifas generativas e hifas esqueléticas, las que constituyen las paredes de los tubos se presentan entrecruzadas unas respecto a otras. Presenta setas en el himenio. Las esporas son subglobosas de paredes delgadas, lisas y no amiloides, miden de 5-7,5 x 4,5-7 μm.

Habitat. - Sobre madera de Betula sp.

Corología. - LUGO: Sobrado de los Monjes, 15-5-77, leg. L. Freire. En la bibliografía aparece citado en el Pais Vasco (Cat. Micol. Pais Vasco, 1973)

Observaciones. - Esta especie se encuentra sometida a una fuerte polémica, así mientras que autores como Bondartsev (1971) lo consideran unicamente como una forma del Ph. igniarius, otros como Domanski, Orlos y Skirgiello (1973) lo consideran como especie independiente. Niemelä (1975), después de hacer un estudio detallado de ambos (Ph. igniarius y Ph. nigricans), llega a la conclusión de que el considerarlos como una misma especie o especies diferentes unicamente depende del concepto más o menos amplio que de especie tenga cada autor.

Phellinus pini (Fr.) Ames., Ann. Mycol. 11: 246 (1913)

Sinónimos: Daedalea pini Fr., Syst. Mycol. 1: 336 (1821); Daedalopsis pinicola Láz. -Ibiza, Rev. Real Acad. Cienc. Exact. Fisc. Nat. Madrid 14: 843 (1916)

Cuerpo fructífero dimidiado, sesil, creciendo aisladamente o en forma imbricada. La superficie del carpóforo, que acarrea sobre ella siempre gran cantidad de material liquénico, está surcada y se resquebraja al secar; lleva tambien sobre ella unos pelos erectos muy típicos que miden de 1-2 mm de longitud. El contexto de color marrón rojizo, es duro al secar. Los tubos están estratificados y cada estrato puede llegar a medir hasta 1 cm de longitud, los poros de esta especie son muy típicos, laberintiformes, irregulares y de gran tamaño, ya que hay a lo sumo 2 por mm.

El sistema de hifas es dimítico, presenta en el himenio setas que miden de 35-60 μm de longitud. Las esporas son oblongo elipsoidales, deprimidas en uno de los lados cerca del ápice y miden de 5-6 x 5,5 μm.

Habitat. - Esta especie crece siempre sobre madera de coníferas, generalmente pinos, nosotros la hemos recolectado sobre madera de Pinus sylvestris.

Corología. - Al lector interesado en la distribución de esta especie en nuestro país, le remitimos al trabajo de Tellería y Calonge (1977); añadiendo que además de las citas ahí expuestas, se encuentra citado por Benito Martínez y Torres Juan (1965) en Cataluña, Andalucía y Castilla.

Observaciones. - Es muy característico de esta especie el tamaño y forma de los poros.

Phellinus pomaceus (Pers.) Maire, Treball. Museu Cienc. Nat. Barc. 15 (2): 37 (1933)

Sinónimos: Polyporus pomaceus Pers., Mycol.Europ. II· 84 (1825); Fomes fulvus Bres., Hym. Hung. Kmet. pag. 75 (1897); Boudiera scalaria Láz. -Ibiza, Rev. Real Acad. Cienc. Exact. Fisic. Nat. Madrid 14: 838 (1916); Fomes prunicola Láz. -Ibiza, Rev. Real Acad. Cienc. Exact. Fisic. Nat. Madrid 14: 665 (1916); Hemidiscia prunorum Láz. -Ibiza, Rev.

Real Acad. Cienc. Exact. Fisic. Nat. Madrid 14: 581 (1916); Pseudofomes prunicola Láz. -Ibiza, Rev. Real Acad. Cienc. Exact. Fisic. Nat. Madrid 14: 585 (1916);Scalaria fusca Láz. -Ibiza, Rev. Real Acad. Cienc. Exact. Fisc. Nat. Madrid 14: 741 (1916).

Cuerpo fructífero dimidiado o ungulado, la superficie del carpóforo es al principio pubescente y de color castaño o marrón, después es glabra y de color gris o negro, se resquebraja al secar. El contexto es marrón rojizo y de aspecto suberoso. Los tubos son estratificados y concoloros con el contexto, los poros de 4-5 por mm son redondos.

El sistema de hifas es dimítico. Presenta setas en el himenio. Las esporas son subglobosas, miden de 5-6 x 4-5 µm, tienen las paredes hialinas delgadas,lisas y no amiloides.

H a b i t a t . - Vive unicamente sobre árboles de los géneros Pirus, Malus y Prunus.

C o r o l o g í a . - Para una relación detallada de localidades donde ha sido recolectada esta especie en España, remitimos al trabajo de Tellería y Calonge (1977)

Phellinus punctatus (Fr.) Pilát,Atlas Champ. Europ. 3: 530 (1942) S i n ó n i m o s : Polyporus punctatus Fr., Hym. Europ. pag. 572 (1874); Poria friesiana Bres., Ann. Mycol. 6: 40 (1908); Polyporus contiguus Fr., Hym. Europ. pag. 571 (1874); Fomitiporia laminata Murrill,N. Am. Fl. 9 (1): 11 (1907); Fomitiporia obliquiformis Murrill,N. Am. Fl. 9 (1): 9 (1907); Poria viticola Láz. -Ibiza (no Poria viticola (Schw.) Cooke), Rev. Real Acad. Cienc. Exact. Fisic. Nat. Madrid 15: 370 (1917)

Carpóforo totalmente resupinado, delgado, con un grosor de 0,5 a 2 cm, de color marrón tabaco. El contexto es muy delgado de 0,5-1 mm de grosor, presenta el borde esteril. Los tubos están estratificados, miden de 1-2 mm cada fila. Los poros son redondos y tienen un diámetro de 0,1 -0,2 mm.

El sistema de hifas es dimítico. Las setas son poco abundantes, a veces incluso ausentes. Presenta en el himenio hifas parafisoides hialinas, que miden de 10-30 x 2 µm. Las esporas son subglobosas, con una gota lipídica en su interior, de paredes lisas y no amiloides miden de 6-7 μm.

Habitat. - El material por nosotros estudiado fue recolectado sobre Vitis vinifera, según Domanski (1972), puede crecer sobre Acer, Alnus, Betula, Carpinus, Fagus, etc. y muy raramente sobre coníferas.

Corología. - Al igual que en los casos anteriores, remitimos al lector interesado en la distribución de esta especie en España, al trabajo de Tellería y Calonge (1977)

Observaciones. - Por la presencia de hifas parafisoides en el himenio, esta especie podría confundirse con el Ph. ferruginosus, pero se di ferencia fácilmente por la forma y tamaño de las esporas.

Phellinus ribis (Fr.) Quél., Ench. Fung. pag. 173 (1886)
Sinónimos: Polyporus ribis Fr., Syst. Mycol. 1: 375 (1821); Phellinus pectinatus Quél., Fl. Mycol. pag. 395 (1888); Polyporus ribesius Pers., Mycol. Europ. II: 80 (1825).

Cuerpo fructífero pileado y sesil, de forma variada y con crecimiento imbricado. Los carpóforos son muy delgados, de 0,5-2 cm de grosor, sobre todo en el borde donde se afila extraordinariamente. La trama está dividida en dos partes por una línea negra, la zona superior   más gruesa, es blanda y esponjosa, la inferior contigua al himenóforo es más delgada y dura; el color de ambas oscila de marrón amarillento a canela, siendo la zona inferior algo más oscura que la superior. Los poros son pequeños, de 6-7 por mm, los tubos estratificados tienen una longitud de 1-2 mm por estrato.

El sistema de hifas es dimítico, el himenio carece de setas y las esporas son de anchamente elipsoidales a subglobosas, miden de 3-5 x 2,5-4 μm.

Habitat. - Esta especie crece siempre en la base de arbustos vivos, de los géneros Rosa, Prunus, Sorbus y Rubus.

Corología. - A la distribución ya señalada en el trabajo de Tellería y Calonge (1977) hay que añadir las siguientes citas: CACERES: Alia, 19-2-77, leg. C. Navarro y M. T. Tellería. GUADALAJARA: Tamajón, 19-6-77 leg. F. D. Calonge.

Phellinus robustus (Karst.) Bourd. et Galz., Hym. Fr. pag. 616 (1928) Sinónimos: Fomes robustus Karst., Krit. Övers. Finl. Basidsv. pag. 467 (1889); Fomes igniarius (L. ex Fr.) Gill form. quercus Bond., Gr. v. Bryansk. Lesnichestve pag. 20 (1912); Placodes roburneus Quél., Fl. Mycol. pag. 400 (1888); Placodes nigricans Quél., Fl. Mycol. pag. 398 (1888); Pyropolyporus bakeri Murrill,N. Am. Fl. 9(2): 104 (1908); Pyropolyporus robinsoniae Murrill,N. Am. Fl. 9(2): 108 (1908); Fomes ungulatus Láz.-Ibiza, Rev. Real Acad. Cienc. Exact. Fisic. Nat. Madrid 14: 663 (1916); Ungulina tuberosa Láz.-Ibiza, Rev. Real Acad.Cienc. Exact. Fisic. Nat. Madrid 14: 672 (1916)

Cuerpo fructífero pileado, sesil, ungulado; de hasta 15 cm de diámetro. Al principio su superficie se encuentra recubierta de un tomento que después desaparece; esta,de color marrón canela en los ejemplares jóvenes, toma después una coloración marrón rojiza. El margen es obtuso, de color rojizo durante el periodo de crecimiento, después gris. Los tubos están estratificados, midiendo cada capa de tubos de 2-5 mm; lo poros son redondos y tienen un diámetro de 0,09-0,15 mm. El contexto es duro y leñoso, mide de 5-8 cm de grosor y es de color canela a marrón rojizo. El sistema de hifas es dimítico, las setas son escasas o están ausentes. Las esporas son subglobosas, de paredes hialinas, delgadas y lisas, miden de 6-8 x 5-8 μm.

Habitat. - Vive sobre troncos de Quercus principalmente. Nosotros también lo hemos encontrado sobre Crataegus y Fagus sylvatica.

Corología. - Además de las localidades ya citadas por Tellería y Calonge (1977) lo hemos recolectado en GUADALAJARA: Baidos, 10-10-77, leg. J. A. Diaz.

Observaciones.-- Próximo a esta especie se encuentra el Ph. hartigii, (especie citada también en España, pero que nosotros no hemos encontrado) a la que algunos autores consideran como una variedad del Ph. robustus; estudios de interfertilidad llevados a cabo por Jaquinot (1960), han demostrado que se tratan de especies distintas. Una característica diferencial importante es la ecológica; mientras que el Ph. robustus crece generalmente sobre Quercus, el Ph. hartigii lo hace sobre coníferas.

Phellinus torulosus (Pers.) Bourd. et Galz., Hym. Fr. pag. 619 (1928)
S i n ó n i m o s : Polyporus torulosus Pers., Mycol. Europ. II: 79 (1825); Phellinus rubriporus Quél., Fl. Mycol. pag. 394 (1888); Pseudofomes ceratoniae Láz. -Ibiza, Rev. Real Acad. Cienc. Exact. Fisic. Nat. Madrid 14: 586 (1916)

Cuerpo fructífero de forma variable ya que puede ser dimidiado, flabeliforme, en forma de concha e incluso a veces acopado, reteniendo en este caso en su superficie, el agua de las lluvias, lo que facilita el crecimiento de gran cantidad de musgos sobre ella. El margen es aterciopelado y de color amarillo marrón en periodo de crecimiento. El contexto marrón rojizo, es suberoso. Los tubos están estratificados y los poros son muy pequeños, de 0,2 mm de diámetro aproximadamente.

El sistema de hifas es dimítico y presenta gran cantidad de setas en el himenio, estas son fusiformes y miden de 20-35 x 6-10 μm. Las esporas son anchamente elipsoidales de paredes lisas, delgadas e hialinas, miden de 4-6 x 3,5-4,5 μm. (Figura 80)

H a b i t a t . - Vive sobre madera de Quercus principalmente, aunque también lo hemos recolectado sobre Fraxinus y Populus.

C o r o l o g í a . - Este es sin duda el representante del género Phellinus más extendido en España, para una visión más detallada de su distribución remitimos al trabajo de Tellería y Calonge (1977). Con posterioridad a este trabajo lo hemos recolectado en: CACERES: Vegas de Coria, 31-3-77, leg. M.T. Tellería; MADRID: Villaviciosa de Odón, 17-2-77, leg. F.D. Calonge, M.T. Tellería y L. Verde; Fuente del Fresno, 13-3-77, leg M. Pastrana; Miraflores de la Sierra, 17-7-77, leg. F.D. Calonge.

O b s e r v a c i o n e s . - Esta especie es muy próxima al Ph. gilvus, con e que sin duda se ha confundido, ya que en España hay citas de este (Aranzadi, 1905; Codina y Font Quer, 1930; Maire, 1937) y es una especie de dispersión tropical (Ryvarden, comunicación personal).

Phellinus tremulae (Bond.) Bond. et Borisov. in Bond., Polyp. Europ. USSR Caucasia pág. 348 (1953)

Sinónimo: Fomes igniarius (L. ex Fr.) Gill. form. tremulae Bond., Gr. Bryansk. Lesnichestve pag. 22 (1912)

Esta especie es muy poco frecuente en España, ya que sólo se ha encontrado en una ocasión (Tellería y Calonge, 1977). Macroscópicamente es idéntica al Ph. igniarius, su carpóforo, ungulado o noduloso, tiene la superficie recubierta también con una corteza negra que se resquebraja al secar, el himenóforo es asimismo de color canela pálido y los poros de 0,2 mm de diámetro. Las diferencias están a nivel microscópico, al presentar esta especie dos tipos de setas, unas inmersas en la trama que miden de 60-80 x 10-16 μm y otras en el himenio muchas más pequeñas de 10-25 x 3,5-4,5 μm. Las hifas que forman las paredes de los tubos están aquí paralelas en vez de cruzadas como sucedía en el Ph. igniarius. Las esporas son subglobosas y miden de 4,5-6 x 3,5-5 μm.

Habitat. - Sobre madera de Populus tremula.

Corología. - BURGOS: Poza de la Sal, 23-3-76, leg. B. del Castillo (Tellería y Calonge, 1977).

Género VARARIA Karst., Krit. Overs. Finl. Basidsv. Tilläg. 3· 32 (1898)

Generotipo: Radulum investiens Schw., Trans. Amer. Phil. Soc. II (4): 165 (1832) = Vararia investiens (Schw.) Karst., Bidr. Känn. Finl. Nat. Folk 62: 96 (1903)

Cuerpo fructífero resupinado, fuertemente unido al sustrato. Su contexto está formado por hifas generativas y gran cantidad de dicohifas, fuertemente dextrinoides. En el himenio presenta dicohifidios y muchas espe - cies, gloeocistidios. Los basidios al principio son redondos, después utriformes. Las esporas tienen las paredes lisas u ornamentadas y pueden ser amiloides o inamiloides.

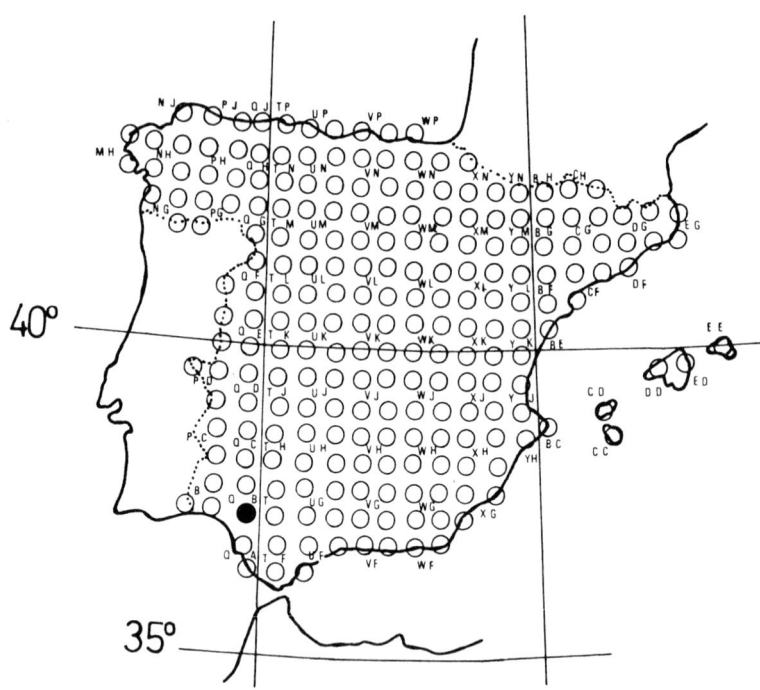

Fig. 53. Vararia rhodospora (Wakef.) Cunn.

Observaciones. - Género nuevo para la micoflora española.

Vararia rhodospora (Wakef.) Cunn., Proc. Linnean Soc. New South Wales 77: 291 (1953)

Sinónimo: Asterostromella rhodospora Wakef., Kew Bull. Misc. Inf. 1915: 372 (1915)

Cuerpo fructífero resupinado, delgado, presentando el himenóforo liso y de color crema, aunque por algunas partes toma coloraciones amarillas, el margen es delimitado.

El sistema de hifas es monomítico aunque para Parmasto (1970) es dimítico, al considerar a las dicohifas como hifas esqueléticas transformadas. Presenta efectivamente gran cantidad de dicohifas que se colorean de marrón intenso en presencia del Melzer; presenta también gloeocistidios claviformes que miden de 30-70 x 6-8 μm. Las esporas son globosas y miden de 6-8 μm de diámetro, teniendo sus paredes rugosas y amiloides.

Habitat. - Sobre madera podrida, sin poder precisar la especie a la que pertenecía.

Corología. - HUELVA: Alcornocal de las Monjas. -Coto de Doñana, 25-5-77, leg. F.D. Calonge, C. Navarro y M.T. Tellería. (Figura 53)

Observaciones. - Especie nueva para el catálogo micológico español.

Familia POLYPORACEAE Corda

Ic. Fung. 3: 49 (1839)

Comprende esta familia un grupo bastante heterogéneo de especies, no sólo en lo que respecta a la forma de su carpóforo que puede ser desde estipitado a resupinado, pasando por ungulado, dimidiado, flabeliforme, etc., sino en lo que respecta también a la forma de su himenóforo que puede ser tubular, irpicoide, laminar, laberíntiforme...; el contexto es también de color y consistencia variable. En cuanto a su microscopía podemos decir que su sistema de hifas puede ser mono- di- o trimítico, puede presentar o no, cistidios o gloeocistidios, pero lo que no presentan nunca son setas. Sus esporas son lisas o ligeramente ornamentadas, amiloides o inamiloides y dextrinoides o no dextrinoides.

Observaciones. - Donk (1964) al referirse a esta familia dice que es un "container" de todos los poliporáceos, no incluidos hasta el momento en ninguna otra familia, Corner (1953) dice que debido a su origen heterogéneo y a sus complicada construcción, la clasificación natural de los poliporáceos es sin lugar a dudas uno de los problemas más duros en la sistemática de los <u>Basidiomycetes</u>. Las opiniones de estos dos grandes micólogos, nos hacen entrever el problema tan grande que existe en la sistemática de este grupo.

Clave de géneros

1. Sistema de hifas monomítico..2
1' Sistema de hifas dimítico o trimítico 13
2. Contexto heterogeneo, formado por dos partes, la superior algodonosa y la inferior fibrosa..3
2' Contexto homogeneo..4
3. Cuerpo fructífero estipitado o con una pequeña base. Gloeocistidios presentes en algunas especies. Esporas con paredes delgadas.......
    .... <u>Heteporus</u>
3' Cuerpo fructífero sesil, dimidiado o resupinado. Sin gloeocistidios. Esporas con paredes gruesas .... <u>Spongipellis</u>

4. Contexto de color crema a marrón, que en presencia del KOH al 10%, toma un color rojo violeta .... Hapalopilus nidulans

4: Contexto sin estas características............................. 5

5. Himenóforo de color gris o marrón oscuro............. Bjerkandera

5: Himenóforo sin estos colores.................................. 6

6. Cuerpo fructífero resupinado.................................. 7

6: Cuerpo fructífero no resupinado................................ 9

7. Hifas generativas sin fíbulas................................... 8

7: Hifas generativas con fíbulas. Esporas de subglobosas a ovales, amiloides. Margen del carpóforo con rizomorfos ....
.... Fibuloporia myceliosa

8. Cistidios presentes, esporas de subglobosas a anchamente elipsoidales... Oxyporus obducens

8: Cistidios ausentes, esporas de oblongo eliposoidales a alantoides....
.... Ceriporia

9. Carpóforo estipitado 10

9: Carpóforo sesil o dimidiado................................... 12

10. Hifas generativas sin fíbulas. Contexto de color blanco que al se car y en contacto con el aire se oscurece............... Meripilus

10: Hifas generativas con fíbulas, carpóforos sin las características anteriores 11

11. Carpóforo con el pie abundantemente ramificado, presentando siempre un sombrerillo lateral al final de cada ramificación. Especies lignicolas.. Grifola

11: Carpóforo con el pie no ramificado. Especies creciendo aisladas o en número reducido de carpóforos; en su mayoría terrícolas.........
.... Albatrellus

12. Hifas generativas sin fíbulas, esporas globosas. Consistencia de la trama, en material fresco, cerea o cartilaginosa. Himenóforo de color naranja o salmón.................... Rigidoporus ulmarius

12: Hifas generativas con fíbulas, esporas alantoides, cilíndricas o subglobosas. Trama de consistencia ni cerea ni cartilaginosa. Himenóforo sin las características anteriores............ Tyromyces

13. Sistema de hifas dimítico 14

13: Sistema de hifas trimítico..................................... 31

14. Cuerpo fructífero resupinado o efuso-reflejo................... 15

14: Cuerpo fructífero pileado, estipitado o sesil.................. 23

15. Contexto formado por hifas generativas e hifas esqueléticas 16

15' Contexto formado por hifas generativas e hifas envolventes, en el caso en que el carpóforo es efuso-reflejo, su superficie es de color crema a rojo marrón............................ Dichomitus

16. Hifas generativas de tipo hifodontoide, esporas lisas y de anchamente elipsoidales a subglobosas..................... Schizopora

16' Hifas generativas no de tipo hifodontoide, esporas alantoides, cilíndricas o elipsoidales, si son subglobosas con las paredes ornamentadas 17

17. Cistidios presentes................................. 18

17' Cistidios ausentes... 20

18. Contexto heterogeneo, parte inferior formada por hifas densamente entretejidas, generalmente de color oscuro y la parte superior formada por hifas más suavemente entretejidas y de color más claro .... Trichaptum

18' Especies sin estas características 19

19. Himenóforo poroide, de color que varia del crema al salmón. Esporas anchamente elipsoidales 3,5-4,5 x 2,5 μm ... Junghunia nitida

19' Himenóforo formado por agujas de color blanco. Esporas de oblongo elipsoidales a cilíndricas 4-6 x 2-3 μm............ Irpex lacteus

20. Hifas generativas sin fíbulas, hifas esqueléticas dextrinoides y esporas ligeramente verrugosas .... Heterobasidion

20' Especies sin las características anteriores 21

21. Hifas que forman las paredes de los tubos fuertemente incrustadas de cristales..................................... Incrustoporia

21' Hifas que forman las paredes de los tubos sin incrustaciones cristalinas 22

22. Hifas esqueléticas no ramificadas de paredes hialinas, esporas alantoides, cilíndricas u oblongo elipsoidales.............. Antrodia

22' Hifas esqueléticas dicotomicamente ramificadas, de paredes marrones, pudiendo presentar además hifas esqueléticas no ramificadas y más claras. Esporas cilíndricas .... Datronia

23. Cuerpo fructífero estipitado, formado por un pileo y un pie que puede ser central, excéntrico o lateral, a veces solamente una pequeña base lateral... 24

23' Cuerpo fructífero sesil.. 25

24. Carpóforos con una pequeña base lateral por la que se une al sustrato. La superficie del carpóforo es totalmente lisa y de color gris blanquecino. Contexto algodonoso en material seco............ .... Piptoporus betulinus

24' Carpóforos con un pie bien desarrollado. La superficie del carpóforo a veces recubierta de escamas, nunca de color gris blanquecino. Contexto fibroso.................................... Polyporus

25. Contexto formado por hifas generativas e hifas envolventes........ 26

25: Contexto formado por hifas generativas e hifas esqueléticas....... 27

26. Hifas generativas sin fíbulas. Carpóforos de color amarillo limón a naranja. Esporas de anchamente elipsoidales a subglobosas....... .... Laetiporus

26: Hifas generativas con fíbulas. Carpóforos de color blanco crema. Esporas de cilíndricas a oblongo elipsoidales............ Dichomitus

27. Especies con cistidios, himenóforo no formado por poros regula res.. 28

27: Especies sin cistidios, himenóforo formado por poros regulares... 29

28. Cistidios con incrustaciones cristalinas en el ápice. Himenóforo de color violeta o marrón rojizo al secar................Trichaptum

28: Los cistidios, cuando presentan incrustaciones, estas no son cris talinas sino de una sustancia resinosa. Himenóforo no de color vio leta.. Gloeophyllum trabeum

29. Hifas esqueléticas de paredes dextrinoides y cianófilas. Esporas de paredes ornamentadas.......................... Heterobasidion

29: Hifas esqueléticas de paredes ni dextrinoides ni cianófilas. Espo ras de paredes lisas.. 30

30. Especies con el contexto no sobrepasando los 0,3 cm de grosor. Esporas de 7-14 x 3-4 μm........................ Antrodia albida

30: Especies cuyo contexto sobrepasa los 0,5 cm de grosor. Espo ras de 5-6,6 x 1,5-2 μm........................... Ischnoderma

31. Esporas truncadas, de paredes gruesas y dextrinoides..Perenniporia

31: Esporas sin estas características.............................. 32

32. Contexto de color blanco, crema o rosa........................ 33

32: Contexto de color marrón o naranja............................ 37

33. Cistidios presentes, himenóforo de color violeta, al secar marrón -rojizo.. Trichaptum biformis

33: Cistidios ausentes, himenóforo no de color violeta............. 34

34. Himenóforo lameliforme, laberintiforme o a veces en las partes más desarrolladas irpicoide.................................... 35

34: Himenóforo sin las características anteriores.................. 36

35. Himenóforo lameliforme, contexto no separado de la superficie del carpóforo por una línea negra........................... Lenzites

35: Himenóforo laberintiforme, en las partes viejas a veces irpicoide, contexto separado de la superficie del carpóforo por una línea negra... Cerrena

36. Cuerpo fructífero perenne, himenóforo estratificado y la superfi cie del carpóforo glabra..............................Fomitopsis

36'. Cuerpo fructífero anual, himenóforo no estratificado y la superficie del carpóforo no glabra..........................Trametes

37. Himenóforo laberintiforme, laminar o dedaliforme.............. 38

37'. Himenóforo no laberintiforme, laminar o dedaliforme........... 40

38. Especie con catahimenio esporas anchamente elipsoidales de 5,5 -7,5 × 2,5-3,5 μm...........................Daedalea quercina

38'. Especie con euhimenio 39

39. Especies con cistidios, de paredes delgadas o hialinas, y presentando a veces incrustaciones......................Gloeophyllum

39'. Especies sin cistidios. Esporas cilíndricas de 7-12 × 2-3,5 μm .... Daedalopsis

40. Poros exagonales con una anchura de 1-3 mm .... Hexagonia

40'. Poros redondos con un diámetro de hasta 2 mm................. 41

41. Contexto de color naranja...........................Pycnoporus

41'. Contexto de color marrón..................................... 42

42. Cuerpo fructífero anual, tubos no estratificados............... 43

42'. Cuerpo fructífero perenne, tubos estratificados, la superficie del carpóforo glabra y de color gris blanquecino en los ejemplares jóvenes, y negro en los más desarrollados.................Fomes

43. Superficie del carpóforo finamente tomentosa o hispida. Contexto fibroso. Esporas de oblongo elipsoidales a cilíndricas, de 8-15 × 3,5-5 μm................................... Coriolopsis gallica

43'. Superficie del carpóforo glabra. Contexto suberoso. Esporas cilíndricas de 7-12 × 2-3,5 μm .... Daedalopsis

Género ALBATRELLUS S.F. Gray emend. Pouz.

S.F. Gray, Nat. Arr. Brit. Pl. 1: 645 (1821)

Pouzar, Fol. Geobot. Phytotax. 4 (1): 356 (1966)

Generotipo: Polyporus ovinus Fr., Syst. Mycol. 1: 356 (1821) = Albatrellus ovinus (Fr.) Kotl. et Pouz., Česká Mykol. 11: 154 (1957)

Sinónimos: Caloporus Quél., Ench. Fung. pag. 164 (1888); Ovinus (Lloyd) Torrend, Broteria (ser. bot.) 18: 121 (1920); Scutiger Paul. ex Murrill, Bull. Torr. Bot. Club 30: 426 (1903)

Cuerpo fructífero anual, pileado y estipitado, el pie puede ser central, excéntrico o lateral y pueden crecer aislados o en fascículos. El contexto es carnoso, blanco o de color claro. El himenóforo tubular. El sistema de hifas es monomítico, formado por hifas generativas de paredes delgadas o gruesas, amiloides o inamiloides, con septos simples o fíbulas y que se presentan la mayoría de ellas claramente hinchadas. Las esporas son elípsoidales, hialinas, amiloides o no amiloides.

Todas las especies de este género son terrícolas a excepción del A. hirtus (Ck.) Donk, que vive sobre madera (Pouzar, 1972 b).

Observaciones. - Existen una serie de géneros Polyporus, Bondarzewia y Grifola, que por la forma de sus carpóforos, pileados y estipitados, podrían confundirse con él, vamos a dar las diferencias; del género Polyporus, se diferencia porque en este el sistema de hifas es dimítico, mientras que como acabamos de decir en el Albatrellus es monomítico; el género Bondarzewia, tiene las esporas ornamentadas, mientras que en Albatrellus son lisas; pero sin lugar a dudas el género más difícil de separar es el Grifola, para Pouzar (1966b), la diferencia entre ambos géneros está en la forma del carpóforo, que en el Grifola está formado por un pie abundantemente ramificado, presentando siempre un sombrerillo lateral en el extremo de cada una de las ramas.

En Europa (Pouzar, 1972b), este género está representado por 7 especies, de las cuales en España hasta el momento se han encontrado 6, dos de las cuales A. hirtus (Lacoizqueta, 1885) y A. ovinus (Heim, Font Quer y Codina, 1934; Cat.Micol.Pais Vasco, 1973) no han sido encontra das ni estudiadas por nosostros.

Clave de especies

1. Hifas generativas con fíbulas 2
1! Hifas generativas sin fíbulas................................. 3
2. Pileo de color gris a marrón negruzco. Carpóforos que crecen aislados o en pequeños grupos. Esporas inamiloides que miden 8-11 × 5,5-7,5 μm .... A. pes-caprae
2! Pileo de color crema, albaricoque o naranja. Carpóforos creciendo en fascículos de 5-10 ejemplares. Esporas ligeramente amiloides que miden de 4-5 × 3,4 μm .... A. confluens
3. Pileo de color verde amarillento. Esporas ligeramente amiloides que miden de 5,5-8 × 4,5-5,5 μm................... A. cristatus
3! Pileo blanco o crema que pasa a marrón claro. Base del pie violeta anaranjado. Esporas claramente amiloides que miden 3,5-5 × 2,5-3,5 μm..................................... A. subrubescens

Albatrellus confluens (Alb. et Schw. ex Fr.) Kotl. et Pouz., Českà Mykol. 11 (3): 154 (1957)

Sinónimos: Polyporus confluens Alb. et Schw. ex Fr., Syst. Mycol. 1: 355 (1821); Polypilus confluens (Alb. et Schw. ex Fr.)Karst., Finl. Basidsv.pag. 289 (1889); Scutiger confluens (Alb. et Schw. ex Fr.) Bond. et Sing., Ann. Mycol.39: 47 (1941)

Carpóforos creciendo en fascículos de 5-10 ejemplares unidos por el pie y presentando también fundidos y apretados los sombrerillos, de tal modo que estos quedan totalmente deformados, la superficie de los mismos varía del crema al naranja y aparece totalmente resquebrajada. El pie puede ser central excéntrico o lateral, y al igual que sucedía con los sombrerillos, crecen apretados unos contra otros, su color es blanco y están cubiertos por una ligera pruina rojiza en algunas ocasiones. Los tubos blancos, son decurrentes sobre el pie, los poros miden de 0,2 - 0,3 mm de diámetro. El contexto blanco en los ejemplares frescos, toma al secar una coloración rojiza.

El sistema de hifas es monomítico, las hifas generativas son septadas, con fíbulas y paredes inamiloides. Las esporas anchamente elipsoidales, generalmente unigotuladas, son ligeramente amiloides y miden de 4-5 ×

3-3,5 µm.

Habitat. - Vive en el suelo de bosques de coníferas, nosotros lo hemos encontrado en pinares de Pinus sylvestris.

Corología. - AVILA: Arenas de San Pedro, 17-10-76, leg. M. T. Tellería. MADRID: Pto. de Navacerrada, 19-9-76, leg. Sr. Müller. En la bibliografía aparece citado en Granada (Muñoz Medina y Serrano Sánchez, 1947).

Albatrellus cristatus (Pers. ex Fr.) Kotl. et Pouz. , Česká Mycol. 11 (3): 154 (1957)

Sinónimos: Polyporus cristatus Pers. ex Fr., Syst. Mycol. 1: 356 (1821); Caloporus cristatus (Pers. ex Fr.) Quél. , Fl. Mycol. pag. 406 (1888); Scutiger cristatus (Pers. ex Fr.) Bond. et Sing., Ann. Mycol. 39: 47 (1941); Polyporus poripes Fr., Nov. Symb. 48 (1851); Polyporus flavovirens Berk. et Rav., Grevillea 1: 38 (1872); Grifola poripes (Fr.)Murrill,Bull. Torr. Bot.Club 31: 335 (1904).

Los carpóforos crecen generalmente en grupos unidos por la base del pie, permanecido los sombrerillos libres, estos miden de 5-10 cm , son de forma irregular y ligeramente deprimidos en el centro, de color verde amarillento, presentan manchas de color verde más oscuro. El pie central excéntrico o lateral, va estrechándose hacia la base. Los tubos decurrentes sobre el pie, son blancos al principio, después cremas, tienen aproximadamente 1 mm de longitud. Los poros son redondos, miden de 0,3 - 0,6 mm de diámetro. La carne es de color blanco que pasa a crema cuando se seca.

El sistema de hifas es monomítico, formado por hifas generativas, carentes de fíbulas, con paredes fuertemente amiloides en las que forman el pie y suavemente amiloides en las que forman las paredes de los tubos. Las esporas son globosas o anchamente elipsoidales, miden de 5,5-8-(9) x 4,5-5,5µm son inamiloides o muy débilmente amiloides.

Habitat. - Vive en el suelo de bosques de caducifolios, preferentemente hayedos.

Corología. - NAVARRA: Eugui, 8-9-74, leg. L.M. García Bona. En la bibliografía aparece citado en Cataluña (Codina y Font Quer, 1930; Heim, Font Quer y Codina, 1934; Maublanc, 1936; Maire, 1937; Singer, 1947) en el Pais Vasco (Cat. Micol. Pais Vasco, 1973).

Albatrellus pes-caprae (Pers. ex Fr.) Pouz., Fol. Geobot. Phytotax. 1: 357 (1966)

Sinónimos: Polyporus pes-caprae Pers. ex Fr., Syst. Mycol. 1: 354 (1821); Caloporus pes-caprae (Pers. ex Fr.) Pilát, Beih. Bot. Cbl. A II 48: 418 (1931); Scutiger pes-caprae (Pers. ex Fr.) Bond. et Sing., Ann. Mycol. 39: 47 (1941)

Los carpóforos de esta especie crecen por lo general aislados, aunque en ocasiones pueden hacerlo en grupos de hasta 4 ejemplares como máximo. El pileo, de 5-10 cm de diámetro, es convexo, reniforme y de color gris a marrón, recubierto de escamas producidas por el resquebrajamiento de la cutícula. El pie es por lo general excéntrico y grueso, hinchado en la base, mide 6 x 4 cm aproximadamente, es de color marrón amarillento verdoso y se encuentra recubierto en algunos lados por un retículo. El contexto de color blanco, toma al secarse una tonalidad amarilla limón. Los tubos son cortos, decurrentes sobre el pie, de color que va del blanco al crema. Los poros son irregulares, grandes, miden de 0,7-1,5 mm de diámetro.

El sistema de hifas es monomítico, formado por hifas generativas con fíbulas y paredes completamente inamiloides. Las esporas oblongo elipsoidales son lisas, hialinas e inamiloides, miden 8-11 x 5,5-7,5 μm.

Habitat. - Crece en el suelo de bosques de coníferas, nosotros lo hemos encontrado bajo Pinus sylvestris.

Corología. - MADRID: Pto. de Navacerrada, 6-11-76, leg. C. Carreras. En la bibliografía aparece citado en Cataluña (Codina y Font Quer, 1930; Maublanc, 1936) y en el Pais Vasco (Cat. Micol. Pais Vasco, 1973).

Albatrellus subrubescens (Murril) Pouz., Českà Mycol. 26: 196 (1972)
Sinónimos: Scutiger subrubescens Murrill, Bull. Torr. Bot. Club 67: 277 (1940); Albatrellus similis Pouz., Fol. Geobot. Phytotax. 1:

274 (1966).

Crece generalmente aislado, aunque a veces se presenta en fascículos de dos o más carpóforos unidos. El pileo es plano o convexo , llega a medir hasta 14 cm de diámetro, en los ejemplares viejos es infundibuli forme, su color varía desde el crema en los ejemplares jóvenes hasta el ocre o marrón claro en los viejos y secos. El pie es cilíndrico, de hasta 7 cm de longitud y de 2-3 cm de anchura, es central, excéntrico o lateral, su color es al principio blanco, después amarillo e incluso llega a ser rojo marrón, presentando en su base un color naranja violeta que es característico. Los tubos tienen hasta 3 mm de longitud, de color blanco al principio, toman después una coloración verde amarillenta. Los poros de forma irregular, tienen un diámetro de 0,4-0,5 mm. El color de la carne es blanco amarillento.

El sistema de hifas es monomítico, las hifas generativas carecen de fí bulas, las paredes de las mismas varían de delgadas a gruesas, así como también varia su caracter amiloide; por lo general no son amiloides, a excepción de las de la superficie del pie y paredes de los tubos que son fuertemente amiloides. Las esporas son anchamente elipsoidales, mi den de 3,5-5 × 2,5-3,5 μm , son hialinas y fuertemente amiloides.

Habitat. - Esta especie crece en el suelo de pinares, nosotros la hemos encontrado siempre bajo Pinus sylvestris.

Corología. - MADRID: Cercedilla, 15-9-73, leg. G. Moreno. SEGOVIA: San Rafael, 26-10-75, leg. J. A. Pinillos. SORIA: Navaleno, 26-10-75, leg. I. Valdés. De todas estas citas, ya hemos dado cuenta en el trabajo de Calonge, Ryvarden y Tellería (1976).

Género ANTRODIA Karst., Medd. Soc. F. Fl. Fenn. 5: 40 (1880)
Generotipo: Daedalea serpens Fr. ex Fr., Syst. Mycol. 1: 340 (1821)
Sinónimos: Amyloporia Bond. et Sing. ex Sing., Mycologia 36: 66 (1944); Fibroporia Parm., Consp. Syst. Cort. pag. 176 (1968); Diplomitoporus Domański, Act. Soc. Bot. Pol. 39: 191 (1970); Cartilosoma Kotl. et Pouz., Česká Mykol. 12: 101 (1958); Coriolelus Murrill, Bull.

Torr. Bot.Club 32: 481 (1905)

Cuerpo fructífero resupinado o pileado en raras ocasiones,de color blanco o crema. El sistema de hifas es dimítico, formado por hifas generativas con fíbulas, paredes hialinas y delgadas, e hifas esqueléticas de paredes gruesas e hialinas también, que en algunas especies son amiloides. Las esporas son de forma variable, alantoides, cilíndricas u oblongo elipsoidales, de paredes lisas, hialinas y no amiloides.

Observaciones. - Un estudio detallado, sobre la sinonimización de los géneros, anteriormente expuestos como sinónimos, ha sido realizado por Ryvarden (1973, 1976 a).

Clave de especies

1. Especies viviendo sobre madera de gimnospermas, raramente sobre angiospermas.. 2

1'. Especies viviendo sobre madera de angiospermas. Cuerpo fructífero resupinado, a veces efuso-reflejo o incluso pileado. Poros redondos o irregulares. Esporas de 7-14 x 3-6 µm......... A. albida

2. Cuerpo fructífero de color crema en los ejemplares jóvenes y marrón amarillento en los viejos. Poros de 0,2-0,5 mm de diámetro. Esporas cilíndricas de 6-9 x 2,5-4 µm................ A. serialis

2'. Cuerpo fructífero amarillo azufre en los ejemplares jóvenes y crema en los viejos. Hifas generativas de paredes amiloides. Esporas alantoides que miden de 3-6 x 1-1,5-(2) µm............ A. xantha

Antrodia albida (Fr.) Donk, Persoonia 4: 339 (1966)

Sinónimos: Daedalea albida Fr. ex Fr., Syst. Mycol. 1: 338 (1821); Lenzites albida (Fr. ex Fr.) Fr., Epicr. pag. 405 (1838); Trametes albida (Fr. ex Fr.) Bourd. et Galz., Hym. Fr. pag. 591 (1928); Coriolelus albidus (Fr. ex Fr.) Bond., Trut. Griby, pag. 504 (1953); Trametes sepium Berk., Lond. Journ. Bot., 5(6): 322 (1847); Polyporus favescens Schw., Tr. Am. Phil. Soc., II (4): 158 (1832); Poria favescens (Schw.) Cke.,Grevillea 14: 113 (1886); Daedalea serpens Fr., Syst. Mycol. 1: 340 (1821); Polyporus stephensi Berk. et Br., Ann. Mag. Nat. Hist. 2(2): 264 (1848); Trametes salicina Bres., Egeland Nyt. Mag. Natur. 52: 166 (1914); Antrodia serpens (Fr. ex Fr.) Karst., Krit. Finl. Basidsv.

323 (1889); Trametes albida (Fr. ex Fr.) Boud. et Galz. var. serpens (Fr. ex Fr.) Pilát, Atl.Champ. pag. 301 (1939); Coriolelus serpens (Fr. ex Fr.) Bond., Trut. Griby. pag. 513 (1953).

Cuerpo fructífero resupinado la mayoría de las veces, en algunas ocasiones puede también presentarse como pileado, es en aquellos casos en que el borde no queda pegado al sustrato y se levanta formando un pequeño sombrerillo que nunca tiene más de 2 cm de anchura. El tamaño de los carpóforos estudiados por nosotros, oscila entre 1,5 y 3,5 cm de longitud y se presenta siempre resupinado. El subículo es muy delgado, tiene 1-2 mm de grosor. Los tubos de hasta 3 mm de longitud son de color crema. Los poros de 0,5 mm de diámetro por término medio, son irregulares, ya que pueden ser redondos, dedaliformes o incluso laminares.

El sistema de hifas es dimítico, las hifas esqueléticas están en mayor proporción que las generativas. Las esporas de cilíndricas a elipsoidales son de paredes lisas y no amiloides, miden de 7-14 x 3-6 μm.

Habitat. -La hemos encontrado creciendo sobre Quercus ilex y Citrus sinensis.

Corología. - MALAGA: La Mayora, 21-3-75, leg. F.D.Calonge y G. López. VIZCAYA: Ispaster, 25-7-77, leg. M.T.Tellería. En la bibliografía aparece citado en Tenerife (Ryvarden, 1972 b).

Observaciones. - Lo que ahora está comprendido dentro de esta especie, era hasta el año 1976 dos especies distintas, Ryvarden estudiando los tipos de A. albida y A. serpens, llega a la conclusión de que son una sola especie, la única diferencia que parece existir entre los tipos de ambas es el tamaño de los poros, caracter este al que Ryvarden no da importancia taxonómica en este caso, pues lo atribuye al modo como los carpóforos crecen sobre el sustrato.

Antrodia serialis (Fr.) Donk, Persoonia 4: 340 (1966)
Sinónimos: Polyporus serialis Fr., Syst. Mycol. 1: 370 (1821); Trametes serialis (Fr.) Fr., Hym. Europ. pag. 585 (1874); Coriolellus serialis (Fr.) Murrill, N.Am. Fl. 9(1): 29 (1907); Pycnoporus serialis

(Fr.) Karst., Krit. Finl. Basidsv. pag. 308 (1889); Polyporus callosus Fr., Syst. Mycol. 1: 110 (1821); Poria callosa (Fr.) Cke., Grevillea 10: 110 (1886); Polyporus scalaris Pers., Mycol. Europ. 2: 96 (1825); Polyporus cruentus Pers., Mycol. Europ. 2: 92 (1825)

Cuerpo fructífero de forma variable, en sustratos horizontales que es el caso del material estudiado por nosotros, es resupinado, al principio en pequeños parches redondos que después confluyen unos con otros alcanzando hasta 1,5 m de longitud. En el caso de que el sustrato este en posición vertical, según Domanski (1972), los carpóforos crecen entonces efuso-reflejos, teniendo un rudimentario sombrerillo que mide 0,5-2 x 0,2-1 cm. El subículo es delgado, de 2 mm de grosor, y blanco. Los tubos son blancos y miden hasta 5 mm de longitud. Los poros son irregulares, redondos o angulosos, con los bordes dentados en algunas ocasiones, su color es variable de blanco a crema en los ejemplares jóvenes que pasa a marrón amarillento en los viejos.

El sistema de hifas es dimítico, las hifas generativas fibuladas son poco ramificadas, de paredes delgadas a ligeramente gruesas en la trama, mientras que las de la zona subhimenial son de paredes delgadas y bastante ramificadas. Las esporas son cilíndricas, de paredes lisas, delgadas, hialinas y no amiloides, miden de 6-9 x 2,5-4 μm.

Habitat. - Lo hemos encontrado viviendo sobre madera muerta de Pinus insignis.

Corología. - GUIPUZCOA: Goronaeta, 30-3-75, leg. C. Navarro y M.T. Tellería (Calonge, Ryvarden y Tellería, 1976)

Antrodia xantha (Fr.) Ryv., Norw. Jour. Bot. 20: 8 (1973)
Sinónimos: Polyporus xanthus Fr., Syst. Mycol. 1: 379 (1821); Polyporus flavus Karst., Soc. F. Fl. Fenn. Förh. 9: 360 (1868); Polyporus selectus Karst., Soc. F. Fl. Fenn. Förh. 9: 360 (1868); Poria greschikii Bres., Ann. Mycol. 18: 38 (1920); Amyloporia xantha (Fr.) Bond. et Sing., Mycologia 36: 66 (1944)

Cuerpo fructífero resupinado, empieza a crecer en parches redondos que luego van confluyendo unos con otros alcanzando así una gran exten-

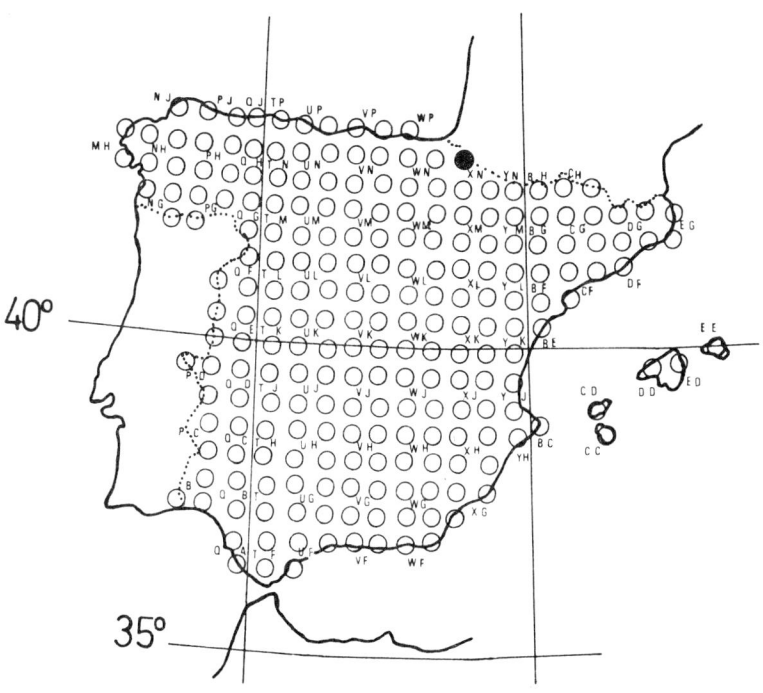

Fig. 54. Antrodia xantha (Fr.) Ryv.

sión. El subículo es muy delgado, mide hasta 0,5 mm de espesor, de color blanco. Los tubos colocados en un estrato o dos, según que el cuerpo fructífero sea anual o bianual, tienen una longitud de hasta 3 mm. Los poros son de color blanco crema en los ejemplares ya viejos, en los jóvenes presenta un característico color amarillo azufre, son redondos o ligeramente angulares, miden de 0,09-0,2 mm de diámetro.

El sistema de hifas es dimítico, con hifas generativas ramificadas y fibuladas, las paredes de las hifas esqueléticas son gruesas y amiloides. Las esporas son alantoides, de paredes lisas y no amiloides, miden de 3-6 x 1-1,5-(2) μm.

Habitat. - Crece sobre madera de coníferas. Nosotros lo hemos encontrado sobre madera muerta de Pinus sylvestris. Según Pilát (1936) puede vivir también sobre madera quemada.

Corología. - NAVARRA: Valle de Belabarza, 17-12-76, leg. E. Fuertes, C. Navarro y M. T. Tellería. (Figura 54)

Observaciones. - Especie nueva para el catálogo micológico español, que es fácil de identificar por el color amarillo azufre de los ejemplares jóvenes y por la reacción amiloide que dan las paredes de sus hifas esqueléticas; sobre esta reacción se ha hablado mucho, así Domanski (1972) de acuerdo con las observaciones hechas por Parmasto en 1955 y Bondarsetv en 1959, llega a la conclusión de que la aparición de esta reacción, que varía de unos carpóforos a otros, depende del estado de desarrollo del mismo. Basándose en esto, Ryvarden (1973) sinonimiza el género Amyloporia Bond. et Sing. ex Sing., del que esta especie era el tipo, con Antrodia, ya que según él, esta reacción amiloide por no ser estable, no es un caracter a nivel genérico.

Género BJERKANDERA Karst. emend. Murrill

Karsten, Medd. Soc. F. Fl. Fenn. 5: 38 (1879)

Murrill, North Am. Flora 9: 40 (1907)

Generotipo: Polyporus adustus Willd. ex Fr., Syst. Mycol. 1: 363 (1821)

Cuerpo fructífero anual; resupinado,efuso-reflejo o pileado. La superficie del carpóforo es tomentosa y de color claro. El contexto es de color crema y el himenóforo es gris o marrón. El sistema de hifas es monomítico, las hifas generativas fibuladas y con paredes delgadas o gruesas. Las esporas de paredes delgadas, lisas y no amiloides son oblongo elipsoidales.

Bjerkandera adusta (Fr.) Karst., Medd. Soc. F. Fl. Fenn. 5: 38 (1879)

Sinónimos: Polyporus adustus Willd. ex Fr., Syst. Mycol. 1: 638 (1821); Leptoporus adustus (Willd. ex Fr.) Quél., Fl. Mycol. pag. 388 (1888); Gloeoporus adustus (Willd. ex Fr.) Pilát, Atl. Champ. Europ. 3: 157 (1937)

Cuerpo fructífero de forma variada, ya que puede ser resupinado, efuso-reflejo o dimidiado. Los carpóforos crecen a menudo imbricados unos respecto a otros. La superficie del pileo tomentosa es de color claro al principio y gris en los ejemplares viejos. El himenóforo tubular es de color gris negruzco, los tubos miden de 1,5-2 mm de longitud y los poros redondos, tienen un diámetro de 0,09-0,2 mm. El contexto es fibroso, de color blanco grisáceo, con una anchura de 4-5 mm.

El sistema de hifas es monomítico, formado por hifas generativas de paredes delgadas o gruesas, con fíbulas. Las esporas oblongo elipsoidales, son hialinas, de paredes delgadas, lisas y no amiloides, miden de 4-6 x 2,4-3,4 µm.

Habitat. - Lo hemos recolectado creciendo sobre madera de Quercus ilex; Quercus suber; Quercus faginea; Quercus robur; Fagus sylvatica y Betula sp. En una ocasión lo hemos recolectado sobre Pinus insignis, habitat muy raro, ya que esta especie crece fundamentalmente sobre angiospermas.

Corología. - ALAVA: Aramayona, 14-2-75, leg. C. Navarro y M. T. Tellería;Villareal de Alava, 13-3-76, leg. G. López, C. Navarro y M. T. Tellería; Albiña, 14-2-75, leg. C. Navarro y M. T. Tellería. CACERES: Deleitosa, 20-2-76, leg. C. Navarro y M. T. Tellería. GUIPUZCOA: Arlabán, 2-1-77, leg. J. L. Tellería y M. T. Tellería. MADRID: Pto. de Canencia, 9-4-76, leg. M. García Rollán. MALAGA: Ronda, 23-3-75, leg. F. D. Calonge y G. López. NAVARRA: Embalse de Leurza, 16-10-76, leg. F. D. Calonge. PONTEVEDRA: La Estrada, 5-11-77, leg. M. García Rollán. VIZCAYA: Monte Santiago, 18-10-76, leg. F. D. Calonge; Baquio, 6-4-76, leg. E. Perez del Moral; Axpe, 14-4-76, leg. C. Navarro y M. T. Tellería. En la bibliografía esta también ampliamente citada en Galicia (Sobrado Maestro, 1909), Pais Vasco (Cat. Micol.Pais Vasco , 1973), en Cataluña (Aranzadi, 1908; Codina y Font Quer, 1930; Maire, Codina y Font Quer, 1933; Heim, Font Quer y Codina, 1934; Singer, 1947; Benito Martínez y Torres Juan, 1965) en Andalucía (Torres Juan, 1965) en Valladolid (Benito Martínez y Torres Juan, 1965) y en Tenerife (Ryvarden, 1972 b).

Género CERIPORIA Donk,Meded.Bot. Mus. Univ. Utrecht 9: 170 (1933)
Generotipo: Polyporus viridans Berk. et Br. , Ann. Mag. Nat. Hist. ser. 3(7): 379 (1861)

Cuerpo fructífero resupinado, anual, el himenóforo tubular, los tubos miden de 0,3-3 mm de longitud, los poros son de color variable, ya que pueden ser blancos,canelas,rosas, púrpuras, violetas,etc. , tienen un diámetro de 0,2-0,5 mm. El sistema de hifas es monomítico, las hifas generativas con septos simples, carecen de fíbulas, las esporas son de oblongo elipsoidales a alantoides, de paredes lisas, hialinas y no amiloides.

Clave de especies

1. Cuerpo fructífero de color rojo violeta a marrón rojizo en los ejemplares viejos, esporas de 6-7,5 x 1,8-2,4 μm.......... C. purpurea
1' Cuerpo fructífero de color crema, naranja apagado o canela, esporas de 3,5-4,5 x 1,5-2 μm...................... C. viridans

Ceriporia purpurea (Fr.) Donk, Konn. Nederl. Akad. Wetensch. Amst. Proc. Ser. C. 74 (1): 28 (1971)
Sinónimos: Polyporus purpureus Fr. , Syst. Mycol. 1: 379 (1821);
Poria bresadolae Bourd. et Galz. , Bull. Soc. Mycol. Fr. 41: 222 (1925)
Poria mellita Bourd. in Lloyd, Mycol. Writ. 4: 543 (1916)

Cuerpo fructífero resupinado, creciendo generalmente sobre el leño, incluso debajo de la corteza, muy delgado de hasta 1,5 mm de grosor, de color rojo violeta en los ejemplares jóvenes a marrón rojizo en los viejos. Los poros son irregulares, tiene un diámetro de 0,2-0,3 mm , en las partes más viejas llegan a ser hasta pseudolaminares.

El sistema de hifas es monomítico, formado por hifas generativas carentes de fíbulas, pero muy ramificadas. Las esporas son de cilíndricas a alantoides, miden 6-7,5 x 1,8-2,4 μm.

Habitat. - Lo hemos encontrado en una sola ocasión y sobre madera de Alnus, habitat este que parece ser según Ryvarden (1976 b) el preferente, si bien puede crecer sobre madera de todo tipo de caducifolios.

Corología. - AVILA: La Adrada, 16-11-77, leg. M. García Rollán. En la bibliografía aparece citado en Andalucía (Muñoz Medina y Serrano Sánchez, 1947) y en Gran Canaria (Ryvarden, 1974).

Ceriporia viridans (Berk. et Br.) Donk,Meded.Bot. Mus. Univ. Utrecht 9: 171 (1933)

Sinónimos: Polyporus viridans Berk. et Br., Ann. Mag. Nat. Hist. Ser. 3(7): 379 (1861); Poria viridans (Berk. et Br.) Cke., Grevillea 14: 112 (1886); Polyporus rhodellus Fr., Syst. Mycol. 1: 380 (1821); Polyporus nouljae Romell, Arkiv Bot. 11(3): 18 (1912); Physisporus inconstans Karst., Rev. Mycol. 9(33): 10 (1887); Poria aurantio-carnescens Henn., Bot. ver. Branderb. Verh. 40: 125 (1898); Poria chakasskensis Pilát, Bull. Soc.Mycol.Fr. 49: 276 (1934); Poria lenis Karst. form. chakasskensis (Pilát) Pilát, Atlas Champ. Europ. pag 443 (1941); Amyloporia lenis (Karst.) Bond. ex Sing. form. chakasskensis (Pilát) Bond., Trut. Griby pag. 152 (1953); Poria turkestanica Pilát, Bull. Soc. Mycol. Fr. 52: 219 (1936); Amyloporia turkestanica (Pilát) Bond., Trut. Griby pag. 155 (1953)

Cuerpo fructífero resupinado, alcanza varios centímetros de longitud y tiene un grosor de 1,5-2 mm. El subículo es muy delgado y los tubos de hasta 1 mm de longitud,los poros son redondos o irregulares, tienen 0,4 mm de diámetro aproximadamente. El color de la superficie es crema,

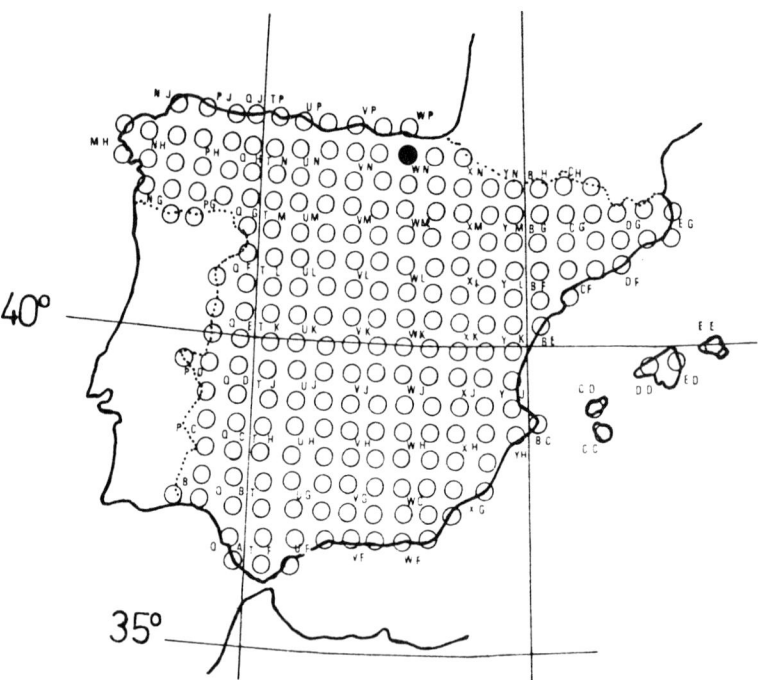

Fig. 55. Ceriporia viridans (Berk. et Br.) Donk

naranja apagado o canela. El margen es estéril, ancho y más claro que la superficie del himenóforo.

El sistema de hifas es monomítico, las hifas generativas presentan septos simples, carecen de fíbulas, tienen las paredes delgadas, y están ramificadas. Los basidios son claviformes, llevan 4 esterigmas y miden 15 x 5 µm. Las esporas son de alantoides a cilíndricas, hialinas, lisas y no amiloides, lleva dos gotas lipídicas en su interior, miden de 3,5-4,5 x 1,5-2 µm.

Habitat. - Lo hemos recolectado creciendo sobre madera muerta y descortezada de Fagus sylvatica.

Corología. - VIZCAYA: Urquiola, 19-4-76, leg. C. Navarro y M. T. Tellería. (Figura 55)

Observaciones. - Especie nueva para el catálogo micológico español.

Género CERRENA S. F. Gray, Nat. Arr. Brit. Pl. 1: 649 (1821)
Generotipo: Daedalea unicolor Fr., Syst. Mycol. 1: 336 (1821)

Cuerpo fructífero efuso-reflejo o dimidiado, la superficie del pileo, es tomentosa, el contexto de color claro, separado del tomento que cubre la superficie del carpóforo por una línea negra, los poros son laberintiformes. El sistema de hifas es trimítico. Las esporas son anchamente elipsoidales.

Cerrena unicolor (Bull. ex Fr.) Murrill,Jour. Mycol. 9: 91 (1903)
Sinónimos: Daedalea unicolor Bull. ex Fr., Syst. Mycol. 1: 336 (1821); Coriolus unicolor (Bull. ex Fr.) Pat., Ess. Tax. Hym. 94 (1900); Trametes unicolor (Bull. ex Fr.) Cke., Austr. Fg. 162 (1892); Daedalea cinerea Fr., Syst. Mycol. 1: 336 (1821); Daedalea latissima Fr., Syst. Mycol. 1: 340 (1821); Bulliardia grisea Láz.-Ibiza, Rev. Real Acad. Ciencias Exact. Fisic. Nat. Madrid 14: 841 (1916); Bulliardia nigro-zonata Láz.-Ibiza, Rev. Real Acad. Cienc. Exact. Fisic. Nat. Madrid 14: 843 (1916)

Cuerpo fructífero efuso-reflejo o dimidiado, creciendo los carpóforos aislados o imbricados. La superficie del sombrerillo es híspida, generalmente concéntricamente zonada, de color gris y negro, suele presentar tonos verdes, debido a la gran cantidad de algas que viven sobre ella. El contexto de 1-2 mm de grosor, es de color crema, en su parte superior lleva una línea negra que lo separa del tomento de la superficie del carpóforo. Los tubos de hasta 5 mm de longitud, son de color crema grisáceo. Los poros laberintiformes, de color crema grisáceo también, en los ejemplares viejos se rompen y toman entonces la apariencia de dientes.

El sistema de hifas es trimítico, formado por hifas generativas con fíbulas, hifas esqueléticas e hifas envolventes. Las esporas son anchamente elipsoidales, de paredes lisas y no amiloides, miden 4-6,5 x 3-4,5 µm.

H a b i t a t . - Lo hemos recolectado creciendo sobre madera de Fagus sylvatica, Salix atrocinerea, Quercus robur, Quercus ilex, Quercus rotundifolia, Fraxinus sp. y Populus sp.

C o r o l o g í a . - ALAVA: Aramayona, 14-2-75, leg. C. Navarro y M. T. Tellería. AVILA: Sotillo de la Adrada, 26-9-76, leg. M. García Rollán; Mijares, 26-9-76, leg. C. Navarro y M. T. Tellería. CADIZ: Benamahoma, 2-10-76, leg. C. Navarro y M. T. Tellería. GUIPUZCOA: Arlaban, 30-3-75, leg. J. L. Tellería y M. T. Tellería; Udala-Mondragón, 21-12-74, leg. J. L. Tellería y M. T. Tellería. MADRID: La Barranca, 14-5-77, leg. M. García Rollán; Robledo de Chavela, 22-2-76, leg. C. Navarro, J. L. Tellería y M. T. Tellería; Villaviciosa de Odón, 7-4-77, leg. M. García Rollán; Colmenar de Arroyo, 5-12-76, leg. F. D. Calonge. NAVARRA: Berruete, 13-9-76, leg. L. M. García Bona; Valle de Belabarza, 17-12-76, leg. E. Fuertes, C. Navarro y M. T. Tellería. En el herbario MAF fungi hay ejemplares procedentes de la Cabañal (Valencia) MAF fungi 27; Valencia MAF fungi 33; Guadarrama (Madrid) MAF fungi 34. En la bibliografía aparece citado en Cataluña (Codina y Font Quer, 1930; Maire, Codina y Font Quer, 1933; Heim, Font Quer y Codina, 1934; Maublanc, 1936; Maire, 1937; Singer, 1947; Benito Martínez y Torres Juan, 1965); en el País Vasco (Lázaro e Ibiza, 1904; Cat. Micol. País Vasco, 1973) ; en Galicia (Losa España, 1942); en Valladolid (Lázaro e Ibiza, 1904); y en Andalucía (Benito Martínez y Torres Juan, 1965)

Género CORIOLOPSIS Murrill, Bull. Torr. Bot. Club 32: 358 (1905)

Generotipo: Polyporus polyzonus Pers., Gaudichaud Voy. Aut. Monde, Bot. pag. 170 (1827) ≡ Coriolopsis polyzona (Pers.) Ryv. Norw. Jour. Bot. 19: 230 (1972)

Sinónimos: Trametella Pinto-Lopes, Mem. Soc. Brot. 8: 160 (1952)

Cuerpo fructífero efuso-reflejo o dimidiado, la superficie del carpóforo es de finamente tomentosa a híspida, el contexto de color marrón amarillento con un ligero tono gris azulado en algunas especies. Los tubos en un estrato y los poros redondos. El sistema de hifas es trimítico, las hifas generativas son hialinas y de paredes delgadas, las hifas esqueléticas y envolventes de paredes gruesas y de color amarillo marrón. Las esporas son de forma variable, de oblongo elipsoidales a cilíndricas, de paredes lisas, hialinas, delgadas y no amiloides.

Coriolopsis gallica (Fr.) Ryv., Norw. Jour. Bot. 19: 236 (1972)
Sinónimos: Polyporus gallicus Fr., Syst. Mycol. 1: 345 (1821); Polyporus extenuata Dur. et Mont., Syll. Crypt. pag. 166 (1856); Trametella extenuata (Dur. et Mont.) Domański, Act. Soc. Bot. Pol. 37: 125 (1968); Trametes hispida Bagl., Erb. Crit. Ital. nº 1356 (1866); Trametes exagonoides Fr. in Quél., Camp. J. et Vos. pag. 287 (1872); Polyporus lindheimerii Berk. et Curt., Grevillea 1: 50 (1872); Trametes peckii Kalch. in Peck., Bot. Gaz. 6: 274 (1881).

Cuerpo fructífero pileado, sesil, dimidiado. La superficie del carpóforo es de color marrón, con tonos más claros y más oscuros, es densamente híspida. El contexto es fibroso, de color marrón, tiene una anchura de hasta 10 mm. Los tubos de color marrón grisáceo tienen una longitud de hasta 12 mm, los poros son de redondos a angulares, tienen un diámetro de 2 mm y son de color marrón grisáceo.

El sistema de hifas es trimítico, las hifas generativas tienen las paredes delgadas e hialinas, las hifas esqueléticas y envolventes son de paredes gruesas y de color marrón amarillento. Las esporas de oblongo elipsoidales a cilíndricas miden de 8-15 x 3-5,5 μm.

Habitat. - Lo hemos recolectado sobre madera de Populus tremula, Fraxinus angustifolia, Fagus sylvatica y Quercus rotundifolia, así como

Populus sp. y Fraxinus sp.

Corología. - BADAJOZ: Merida, 29-3-77, leg. M. T. Tellería. CACERES: Alia, 15-2-77, leg. C. Navarro y M. T. Tellería. GUADALAJARA: Fontanar, 22-5-77, leg. E. Alvarez. HUELVA: Coto del Rey, 3-10-76, leg. F. D. Calonge. MADRID: Lozoya, 15-5-76, leg. F.D. Calonge; La Florida, 1-10-76, leg. M. T. Tellería; Ciudad Universitaria, 3-6-76, leg. F. D. Calonge; Casa de Campo, 29-9-76, leg. M. García Rollán; Jardín Botánico, 14-5-77, leg. F. D. Calonge. MALAGA: La Mayora, 21-3-75, leg. G. López y F. D. Calonge. NAVARRA: Leurza, 16-10-76, leg. F. D. Calonge. SEVILLA: El Tardón, 27-4-69, leg. E. Silvestre. VIZCAYA: Axpe, 26-10-74, leg. C. Navarro, J. L. Tellería y M. T. Tellería; Urquiola, 26-10-74, leg. C. Navarro, J. L. Tellería y M. T. Tellería. En el herbario MAF fungi hay ejemplares procendentes de Valencia MAF fungi 114; Pedroso (Sevilla) MAF fungi 122. En la bibliografía aparece citado en Cataluña (Maire, Codina y Font Quer, 1933; Maire, 1937) en la región Valenciana (Malençon y Bertault, 1971, 1976) en Cádiz (Torres Juan, 1963) y en Tenerife y La Gomera (Ryvarden, 1974)

Género DAEDALEA Fr., Syst. Mycol. 1: 331 (1821)

Generotipo: Daedalea quercina L. ex Fr., Syst. Mycol. 1: 333 (1821)

Cuerpo fructífero pileado, sesil, anual o perenne. La superficie del carpóforo, glabra se presenta con ondulaciones concéntricas, el contexto es de color marrón y de naturaleza suberosa, el himenóforo es tubular, cuando los ejemplares son jóvenes poroide, después lameliforme o laberintiforme y de color marrón claro. El sistema de hifas es trimítico, formado por hifas generativas hialinas, hifas esqueléticas de paredes gruesas e hifas envolventes de paredes amarillas a marrón claro. Presenta catahimenio. Las esporas de oblongo elipsoidales a cilíndricas tienen las paredes lisas, hialinas y no amiloides.

Observaciones. - En Europa este género se encuentra representado por una sola especie.

Daedalea quercina L. ex Fr., Syst. Mycol. 1: 333 (1821)

Sinónimos: Lenzites quercina (L. ex Fr.) Karst., Finl. Hattsv. II:
54 (1879); Trametes quercina (L. ex Fr.) Pilát,Atl. Champ. Europ. pag.
329 (1940); Hexagonia minor Láz.-Ibiza, Rev. Real Acad. Cienc. Exact.
Fisic. Nat. Madrid 14: 514 (1916)

Cuerpo fructífero pileado, sesil, y dimidiado, el tamaño oscila entre 5-15 x 3-10 x 2-7 cm. La superficie del carpóforo se presenta ondulada, con ondulaciones concéntricas tomando un aspecto zonado, es de color marrón corcho. El contexto es de naturaleza suberosa, tiene alrededor de 0,7-1,5 cm de grosor y es de color marrón. Los tubos tienen de 4-5 cm de longitud, son concoloros con el contexto. Los poros son irregulares, laminares o laberintiformes, siendo muy gruesas las paredes de los mismos (1-3 mm de grosor).

El sistema de hifas es trimítico, formado por hifas generativas, de paredes delgadas e hialinas, hifas esqueléticas e hifas envolventes de paredes amarillo marrón. Estas hifas envolventes y esqueléticas se proyectan en el himenio formando un catahimenio, en medio de ellas aparecen los basidios. Las esporas son anchamente elipsoidales, sus paredes son delgadas, lisas y no amiloides, miden de 5,5-7,5 x 2,5-3,5-(4)μm.

Habitat. - Pese a llevar el nombre específico del quercina, que parece hacer alusión al sustrato en el que vive, se ha encontrado según Bondartsev (1971), sobre Juglans regia, Eucaliptus rostrata, Fagus sylvatica, etc., nosotros lo hemos recolectado sobre Quercus canariensis, Quercus ilex y Eucaliptus rostrata.

Corología. - CADIZ: Benamahoma, 2-10-76, leg. C.Navarro y M.T. Tellería; Pto. de Galiz, 9-4-76, leg. J.A. Jimenez y G.Moreno. LEON: Boniar, 10-10-77, leg. M.García Rollan. SEVILLA: Puebla del Rio, 4-1-78, leg. C.Saez Jimenez. VIZCAYA: Barazar, 15-10-77, leg. Peña Barrengorri. En el herbario MAF fungi hay material procedente de Caldas de Oviedo(Asturias)MAF fungi 95; Salinas de Avilés(Asturias)MAF fungi 96; Monasterio de Piedra (Zaragoza) MAF fungi 99; Muniellos (Asturias) MAF fungi 102; Cibea (Asturias)MAFfungi 103; Dehesa de la Albufera (Valencia) MAF fungi 104; Raices (Asturias) MAF fungi 106; Guecho (Vizcaya)

MAF fungi 108; San Vicente de la Barquera (Santander) MAF 109. En la bibliografía también está abundantemente citada en Cataluña (Aranzadi, 1905; Codina y Font Quer, 1930; Heim, Font Quer y Codina, 1934; Maublanc, 1936; Maire 1937; Singer, 1947) en Andalucía (Torres Juan, 1965; Hernández Pacheco, 1901) en el Pais Vasco (Ruiz de Gaona y Oñaiticia, 1954 ; Cat. Micol. Pais Vasco , 1973) en Madrid (Calonge y Zugaza, 1973) en Galicia (García Rollán, 1971). Colmeiro (1889) la cita de Aragón, Navarra, Santander, Asturias, Galicia y Menorca.

Género DAEDALOPSIS Schroet., Krypt.-Fl. Schles. 3: 492 (1888)

Generotipo: Daedalea confragosa Bolt. ex Fr., Syst. Mycol. 1: 336 (1821)

Cuerpo fructífero pileado, sesil y dimidiado, la superficie del carpóforo es zonada y más o menos lisa, el himenóforo es variable, ya que puede estar formado por poros redondos, dedaliformes o lameliformes. El contexto es marrón claro. El sistema de hifas es trimítico, las hifas envolventes y esqueléticas de paredes hialinas o marrones claras (en los ejemplares muy viejos), las esporas son cilíndricas, de paredes delgadas, lisas y no amiloides.

Observaciones. - Es muy peculiar en este género la variabilidad de la superficie del himenóforo, ya que puede ser desde poroide hasta lameliforme pasando por dedaliforme. Según Ryvarden (1976), se puede considerar a este género como intermedio entre Daedalea y Lenzites, ya que por su himenóforo dedaliforme y color marrón de su contexto es semejante a Daedalea; por su himenóforo lameliforme es semejante a Lenzites; pero se diferencia de Daedalea por no tener catahimenio sino euhimenio y por el tamaño de las esporas, y de Lenzites por el color del contexto y tamaño de las esporas.

Este género está representado en nuestro pais por una sola especie.

Daedalopsis confragosa (Bolt. ex Fr.) Schroet., Krypt. - Fl. Schles. 3: 492 (1888)

Sinónimos: Daedalea confragosa Bolt. ex Fr., Syst. Mycol. 1: 336

(1821); Para una relación detallada de sinónimos ver trabajo de Donk (1974).

Cuerpo fructífero pileado, sesil y dimidiado, la superficie del carpóforo de color marrón, que varía de marrón claro a marrón oscuro o incluso granate en la var. tricolor; la superficie es glabra o ligeramente hirsuta, zonada, en la base presenta un pequeño abultamiento. En la var. rubescens, cuando el material está fresco, al tocar la superficie del carpóforo esta pasa de color marrón claro a rojizo. El himenóforo es poroide, laminar o dedaliforme; así en la var. confragosa es poroide, en la var. rubescens es dedaloide y en la var. tricolor es laminar. El contexto es de color marrón claro a marrón oscuro y suberoso.

El sistema de hifas es trimítico, formado por hifas generativas de paredes delgadas, hialinas y fibuladas, hifas esqueléticas e hifas envolventes ambas de paredes gruesas hialinas o amarillas claras en los ejemplares viejos. Las esporas son cilíndricas, de paredes delgadas, lisas y no amilides, miden de 7-12 x 2-3,5 μm.

H a b i t a t . - Lo hemos encontrado siempre sobre madera de Fagus sylvatica.

C o r o l o g í a . - NAVARRA: Embalse de Leurza, 16-10-76, leg. F.D. Calonge; San Miguel de Aralar, 10-10-77, leg. Soc. Cienc. Nat. Aranzadi; Echarri-Aranaz, 7-10-77, leg. Soc. Cienc. Nat. Aranzadi. En la bibliografía aparece citado en Cataluña (Codina y Font Quer, 1930) y en el País Vasco (Lacoizqueta, 1885, Cat. Micol. País Vasco, 1973).

O b s e r v a c i o n e s . - Debido a la gran variabilidad que presenta el himenóforo de esta especie, durante mucho tiempo ha sido considerada no como una, sino como varias especies distintas. Donk (1933) establece que las diferencias entre las especies que Fries había considerado como distintas,(Daedalea confragosa, Lenzites tricolor, Trametes bulliardi, Trametes rubescens) son muy difíciles de establecer ya que sobre un mismo sustrato se encuentran a veces varias de ellas y existen además multitud de casos de transición entre unas y otras; por otro lado haciendo un profundo estudio microscópico de las mismas, se vió que tampoco había diferencias, por este motivo lo que antes eran consideradas como especies distintas son ahora variedades o formas de una misma especie, así la Daedalea confragosa Bolt. ex Fr. = Daedalopsis confragosa (Bolt. ex Fr.) Schroet. var. confragosa; el Lenzites tricolor Bull. ex Fr. = Daedalopsis confragosa (Bolt. ex Fr.) Schroet. var. tricolor (Bull. ex Fr.) Bond.; el Trametes bulliardii Fr. = Daedalopsis confragosa (Bolt. ex Fr.) Schroet. form. bulliardii (Fr.) Donk; y el Trametes rubescens Alb. et Schw. ex Fr. = Daedalopsis confragosa (Bolt. ex Fr.) Schroet. form. rubescens (Alb. et Schw. ex Fr.) Donk. Nosotros hemos estudiado la var. confragosa, var. tricolor y form. rubescens.

Género DATRONIA Donk, Persoonia 4: 337 (1966)

Generotipo: Daedalea mollis Sommert.,Suppl. Fl. Lapp. 271 (1826)

Este género está intimamente relacionado con Antrodia Karst., del que se diferencia fundamentalmente porque sus hifas esqueléticas tienen las paredes de color marrón claro. Estas están dicotómicamente ramificadas en algunas ocasiones y por la forma de sus ápices se asemejan a las hifas envolventes, por lo demás su sistema de hifas es dimítico, las esporas son cilíndricas y no amiloides. En lo que se refiere a sus caracteres macroscópicos podemos decir que el cuerpo fructífero es resupinado o efuso-reflejo, los poros son redondos o laberintiformes y de color marrón claro.

Datronia mollis (Sommerf.) Donk, Persoonia 4: 337 (1966)
Sinónimos: Daedalea mollis Sommerf., Suppl. Fl. Lapp. pag. 271 (1826)

Cuerpo fructífero resupinado o efuso-reflejo. La superficie del sombrerillo está zonada, es pubescente y de color que va del marrón claro al marrón oscuro o incluso negro. El margen es estéril y de color crema grisáceo. El contexto es de color marrón claro, delgado de hasta 3 mm de grosor, y al igual que sucedía en la Cerrena unicolor (Fr.) Murrill, una línea negra separa el contexto del tomento de la superficie del carpóforo. Los poros son grandes de 1-2 por mm, irregulares, ya que van desde redondos a dedaliformes e incluso irpicoides en los sustratos verticales, su color es el ocre en los ejemplares jóvenes y tabaco en los viejos.

El sistema de hifas es dimítico, formado por hifas generativas e hifas esqueléticas que son de dos tipos, unas muy poco ramificadas de paredes marrones y otras de paredes más claras casi hialinas y están muy ramificadas, recuerdan a las hifas envolventes pero se diferencian de ellas en que su diámetro es uniforme, no adelgazándose en el ápice. Las esporas son cilíndricas, de paredes lisas, hialinas y no amiloides, miden de 8-10 x 3-4 μm.

Habitat. - Nosotros la hemos recolectado siempre sobre madera muerta de Fagus sylvatica. Torres Juan (1967) la cita sobre Quercus suber.

Corología. - NAVARRA: Echarri-Aranaz, 7-10-77, leg. Soc. Cienc. Nat. Aranzadi. En la bibliografía aparece citada en el Pais Vasco (Cat. Micol. Pais Vasco, 1973) y en Cadiz (Torres Juan, 1967).

Género DICHOMITUS Reid , Rev. Biol. 5: 149 (1965)
Generotipo: Trametes squalens Karst. , Rab.-Wint. Fungi Eur. nº 3528 (1886)

Cuerpo fructífero de resupinado a pileado, anual o perenne. El sistema de hifas es dimítico, formado por hifas generativas e hifas envolventes, muy ramificadas, arborescentes o dendriformes, con los ápices delgados, las esporas son cilíndricas u oblongo elipsoidales de paredes lisas y no amiloides.

Observaciones. - Este género es muy próximo a Antrodia Karst. , precisamente la especie tipo del género la sacó Reid (Rev. Biol.5:149,1965) de Coriollelus (sinónimo de Antrodia) porque tenía el sistema de hifas dimítico con hifas envolventes; basándose en este caracter precisamente creó el género Dichomitus. Posteriormente Domanski y Orliez (1966) incluyeron dentro de este género el Coriollelus campestris (Quél.) Bond. , precisamente por poseer el mismo sistema de hifas.

Dichomitus squalens (Karst.) Reid, Rev. Biol. 5: 149 (1965)

Sinónimos: Trametes squalens Karst., Rab.-Wint. Fungi Eur. nº 3528 (1886); Polyporus squalens (Karst.) Sacc.,Syll. Fung. 6: 121(1888) Coriolellus squalens (Karst.) Bond. et Sing., Ann. Mycol. 39: 60 (1941); Polyporus anceps Peck, Bull. Torr. Bot.Club 22: 207 (1895); Coriolellus anceps (Peck) Parm., Spor. Rast. 12: 258 (1959); Leptoporus bulgaricus Pilát,Bull. Soc.Mycol.Fr., 53: 84 (1937); Leptoporus dalmaticus Pilát,Atl. Champ. Eur., 3: 218 (1938)

Cuerpo fructífero de resupinado a pileado, en este segundo caso es sesil y dimidiado, la superficie del carpóforo en los ejemplares jóvenes es vellosa, después glabra y de color que va del crema al rojo marrón. Los tubos colocados en una línea tienen hasta 10 mm de longitud, de color crema, marrones en las partes viejas. Los poros de redondos a angulares, a veces alargados, aproximadamente en número de 4 por mm y concoloros con los tubos. El contexto es delgado, llegando a tener en los ejemplares pileados de 4-10 mm de grosor y en los resupinados más delgado ya que no sobrepasa los 2 mm, de color crema a marrón claro.

El sistema de hifas es dimítico, formado por hifas generativas de paredes delgadas y con fíbulas e hifas envolventes abundantemente ramificadas, arborescentes o dendríticas. Las espora son cilindricas, de paredes delgadas, lisas y no amiloides, miden de 7-10-(11) x 3-4 μm.

Habitat. - Vive siempre sobre madera de coníferas, nosotros lo hemos recolectado sobre Pinus pinea, Pinus pinaster y Pinus sylvestris.

Corología. - AVILA: La Adrada, 26-9-76, leg. I. Barroso. HUELVA: Dunas de Matalascañas, 24-2-77, leg. F.D. Calonge. Citada en la bibliografía en Lugo (Calonge, Ryvarden y Tellería, 1976) y en Valencia, Lérida, Valladolid y Guadalajara (Benito Martínez y Torres Juan, 1965).

Observaciones. - Especie próxima al D. campestris del que se diferencia por el habitat,ya que mientras en D. squalens vive siempre sobre gimnospermas, el D. campestris lo hace sobre angiospermas, además de por el tamaño de poros y esporas más grandes ambos en D. campestris.

Género FIBULOPORIA Bond. et Sing. ex Sing., Mycologia 36: 67 (1944)

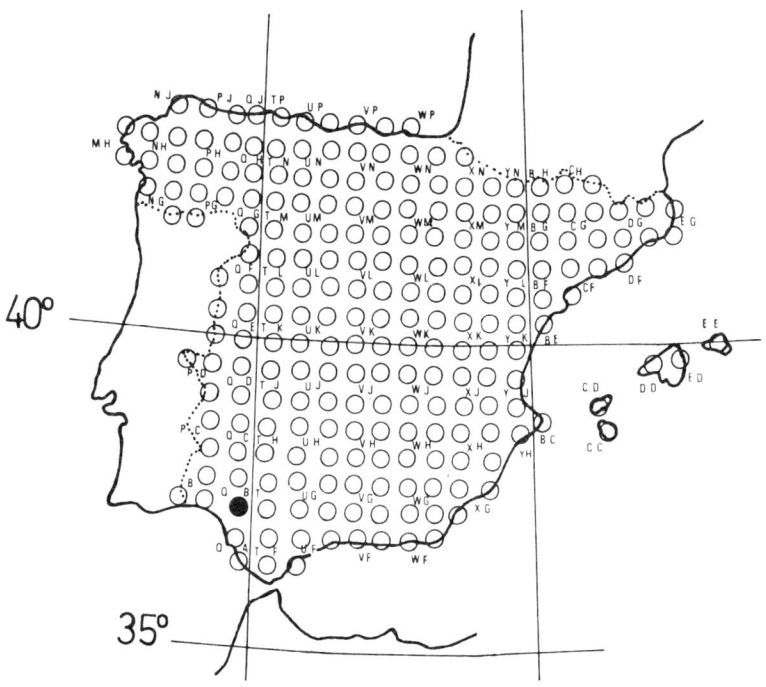

Fig. 56. Fibuloporia myceliosa (Peck) Domański

Generotipo: Polyporus molluscus Fr., Syst. Mycol. 1: 384 (1821) ≡
Fibuloporia mollusca (Fr.)Bond. et Sing. ex Sing., Mycologia 36: 67 (1944).

Cuerpo fructífero resupinado, anual, de color blanco o amarillento, el himenóforo es tubular, el subículo delgado, a veces presenta rizomorfos. El sistema de hifas es monomítico, las hifas generativas tienen las paredes delgadas con fíbulas y a veces con incrustaciones cristalinas. Las esporas son anchamente elipsoidales, con paredes delgadas, hialinas, lisas, amiloides o inamiloides.

Fibuloporia myceliosa (Peck) Domański, Fungi II: 47 (1965)

Sinónimos: Poria myceliosa Peck, New York St. Mus. Bull. 53 : 953 (1902); Anomoporia myceliosa (Peck) Pouz., Česka Mykol. 20(3): 172 (1966)

Cuerpo fructífero resupinado, el himenóforo es tubular, los poros son irregulares, de color blanco amarillento y con un diámetro de hasta 1 mm El subículo es muy delgado y el margen es estéril, muy ancho, fibrilloso y con rizomorfos.

El sistema de hifas es monomítico, las hifas generativas son fibuladas, hialinas, de paredes delgadas o gruesas y con incrustaciones cristalinas algunas de ellas. No presenta cistidios ni cistidiolos pero si algunas hifas tienen el ápice mazudo. Las esporas de subglobosas a ovales, de paredes lisas y amiloides con una gota lipídica en su interior, miden de $3-3,6-4,2 \times 2,5-3 \mu m$.

Habitat. - Lo hemos recolectado sobre madera muerta de Salix atrocinera.

Corología. - HUELVA: Coto del Rey, 3-10-76, leg. F. D. Calonge(Fig. 56)

Observaciones. - Especie nueva para el catálogo micológico español, próxima a la Fibuloporia donkii Domański, se diferencia de ella en que la pared de las esporas en esta especie es inamiloide.

Género FOMES (L. ex Fr.) Fr., Summa Veg. Scand. 2· 319 (1849)
Generctipo: Polyporus fomentarius L. ex Fr., Syst. Mycol. 1· 374

(1821)

Cuerpo fructífero pileado, sesil y ungulado, perenne, el carpóforo está recubierto de una corteza blanca o gris en los ejemplares jóvenes y negra en los viejos, glabra y brillante. El himenóforo tubular, presenta los tubos estratificados, un estrato por año, de color marrón canela al igual que el contexto. El sistema de hifas es trimítico, formado por hifas generativas de paredes hialinas, hifas esqueléticas y envolventes de paredes marrón claro, las esporas oblongo elipsoidales son lisas y no amiloides.

Observaciones. - En Europa según Donk (1974) está representado este género por una sola especie abundantemente repartida en nuestro país.

Fomes fomentarius (L. ex Fr.) Fr., Summa Veg. Scand. 2: 319 (1849)
Sinónimos: Polyporus fomentarius L. ex Fr., Syst. Mycol. 1: 374 (1821); Fomes griseus Láz. -Ibiza, Rev. Real Acad. Cienc. Exact. Fisic. Nat. Madrid 14: 658 (1916); Ungulina albescens Láz. -Ibiza, Rev. Real Acad. Cienc. Exact. Fisic. Nat. Madrid 15: 374 (1917); Ungulina nivea Láz. Ibiza, Rev. Real Acad. Cienc. Exact. Fisic. Nat. Madrid 15: 373 (1917); Ungulina populicola Láz. -Ibiza, Rev. Real Acad. Cienc. Exact. Fisic. Nat. Madrid 14: 670 (1916); Ungulina subzonata Láz. -Ibiza, Rev. Real Acad. Cienc. Exact. Fisic. Nat. Madrid 15: 375 (1917)

Al ser esta especie muy corriente y conocida, vamos a omitir la descripción de la misma. No obstante los interesados pueden encontrar una perfecta descripción en los trabajos de Domanski et al.(1973) y Ryvarden (1976)

Habitat. - Lo hemos recolectado sobre Quercus robur, Fagus sylvatica y Fraxinus sp.

Corología. - Especie cosmopolita, ampliamente distribuida en nuestro país, es una de las especies de esta familia más citada.

Género FOMITOPSIS Karst., Medd. Soc. F. Fl. Fenn. 6: 9 (1881)
Generotipo: Polyporus pinicola Fr., Syst. Mycol. 1: 372 (1821)

Sinónimos: Laricifomes Kotl. et Pouz., Česká Mykol. 11: 158 (1957)

Cuerpo fructífero pileado, sesil y dimidiado, la superficie del carpóforo cubierta con una corteza lisa y glabra; el himenóforo es tubular, los tubos estratificados concoloros con los poros, es decir de color crema al rosa. El contexto es suberoso, blanco crema o rosa. El sistema de hi fas es trimítico, las hifas esqueléticas y las envolventes son de paredes gruesas pero hialinas; las esporas de cilíndricas a elipsoidales tienen las paredes lisas y no amiloides.

Clave de especies

1. Cuerpo fructífero al principio ungulado, después adquiere formas cilíndricas, la superficie del carpóforo de color blanco grisáceo, después marrón. Esporas anchamente elipsoidales de 4-5,5 x 3-4 µm, con gran cantidad de cristales en la trama........F. officinalis

1'. Cuerpo fructífero efuso-reflejo o dimidiado, la superficie del carpóforo de color amarillento al principio después roja y luego negra, ligeramente resinosa. Esporas oblongo elipsoidales de 6-8 x 3,5-4 µm. Especie muy abundante........................F. pinicola

Fomitopsis officinalis (Vill. ex Fr.) Bond. et Sing., Ann. Mycol. 39: 55 (1941)

Sinónimos: Polyporus officinalis Vill. ex Fr., Syst. Mycol. 1: 365(1821); Ungulina officinalis (Vill. ex Fr.) Pat., Ess. Tax. Hym. pag. 105 (1900); Fomes officinalis (Vill. ex Fr.) Neum., Pol. Visc. 85 (1914); Laricifomes officinalis (Vill. ex Fr.) Kotl. et Pouz., Česká Mykol. 11: 158 (1957) Agaricum officinale (Vill. ex Fr.) Donk, Proc. K. Ned. Akat. Wet. (C) 74: 26 (1971); Fomes albogriseus Peck, Bull. Torr. Bot. Club 30: 97 (1903); Fomes laricis Jacq. ex Murrill, Bull. Torr. Bot. Club 30: 230 (1903); Fomes fuscatus Láz.-Ibiza, Rev. Real Acad. Cienc. Exact. Fisic. Nat. Madrid 14: 666 (1916); Friesa rubra Láz.-Ibiza, Rev. Real Acad. Cienc. Exact. Fisic. Nat. Madrid 14: 590 (1916)

Cuerpo fructífero perenne, pileado y sesil, al principio ungulado, pero después adquiere formas casi cilíndricas, la superficie del pileo recubierta con una corteza de color blanco grisáceo al principio, después marrón, que se resquebraja profundamente al secar y en los ejemplares vie jos; el carpóforo está zonado concéntricamente por surcos, el margen es obtuso. El contexto es de color blanquecino al principio, luego con un tinte marrón. El himenóforo tubular, presenta los tubos situados en estratos irregulares, concoloros con el contexto, los poros son redondos, de color blanco a ocre y con un diámetro de 0,2-0,3 mm.

El sistema de hifas es trimítico, las hifas se observan con dificultad debido a la gran cantidad de cristales que aparecen en la trama. Las esporas son anchamente elipsoidales, de paredes delgadas y no amiloides, miden de 4-5,5 x 3-4 μm.

Habitat. - Crece esta especie sobre madera de Larix, Abies y Pinus, el material estudiado por nosotros fué recolectado sobre Pinus clusiana.

Corología. - TERUEL: Pto. de Mingalbo, 1917, leg. García Ripollés.

Observaciones. - El material por nosotros estudiado, procede de la colección de poliporáceos de Lázaro e Ibiza, MAF fungi 155, y fué publicado por Ryvarden y Calonge (1976).

Font Quer (1961) hace un comentario sobre una cita de Quer (Flora Española t. II pags. 182 y 187; 1784) de esta especie en nuestro pais,diciendo que "no es posible que la encontrara puesto que crece sobre alerces, árboles coníferos que no se dan en España", esto es cierto en parte, ya que si bien crece sobre alerces, también lo hace sobre Pinus y Abies, y es posible que Quer lo encontrara sobre algunos de estos sustratos. Esta especie ha sido utilizada como antisudorífico, siendo su principio activo la agaricina o ácido agarinico (Font Quer, 1961)

Fomitopsis pinicola (Sw. ex Fr.) Karst., Krit. Öfvers. Finl. Basidsv. pag. 306 (1889)

Sinónimos: Polyporus pinicola Sw. ex Fr., Syst. Mycol. 1: 372 (1821); Fomes pinicola (Sw. ex Fr.) Cke., Grevillea 14: 17 (1885); Placodes pinicola (Sw. ex Fr.) Pat., Hym. Europ. pag. 139 (1887); Fomes ungulatus var. pinicola Neum., Pol. Wisc. pag. 74 (1914); Polyporus marginatus Pers. ex Fr., Syst. Mycol. 1: 372 (1821); Fomes marginatus (Pers. ex Fr.) Gill., Champ. Fr. pag. 683 (1878); Ungulina marginata (Pers. ex Fr.) Pat., Ess. Tax. Hym. pag. 103 (1900); Polyporus resinosus Romell,Sv. Bot. Tidskr. 20: 16 (1926); Fomes lichneus Láz. -Ibiza, Rev. Real Acad. Cienc. Exact. Fisic. Nat. Madrid 14: 666 (1916); Mensularia alba Láz. -Ibiza, Rev. Real Acad. Cienc. Exact. Fisic. Nat. Madrid 14: 738 (1916); Ungulina parvula Láz. -Ibiza, Rev. Real Acad. Cienc. Exact. Fisic. Nat. Madrid 14: 671 (1916)

Cuerpo fructífero efuso-reflejo o dimidiado, perenne; la superficie del carpóforo cubierta con una corteza ligeramente resinosa y glabra, de color variable, ya que va del amarillo en los ejemplares jóvenes al negro en los viejos, pasando por el rojo; puede alcanzar grandes tamaños 40 x 20 x 10 cm. El margen, de color más claro que el resto del carpóforo, suele presentar en los periodos de crecimiento una coloración amarillo rojiza. El himenóforo tubular está estratificado, los tubos son de color crema oscuro a marrón claro, los poros redondos, concoloros con los tubos tienen un diámetro de 0,2-0,3 mm.

El sistema de hifas es trimítico, las hifas generativas con fíbulas y paredes delgadas y las hifas esqueléticas y envolventes de paredes más gruesas. Las esporas oblongo elipsoidales, de paredes lisas y no amiloides, miden 6-8 x 3,5-4 µm.

H a b i t a t . - Lo hemos recolectado sobre madera de Abies pinsapo, Pinus sylvestris, Pinus pinaster y Fagus sylvatica.

C o r o l o g í a . - CADIZ: Benamahoma, 26-3-75, leg. F.D. Calonge y G. López. CUENCA: Carretera de Cañizares a Cañete, 1-5-76, leg. G. López, C. Navarro y M. T. Tellería; Sierra de Valdemeca, 19-9-76, leg. G. Lopez. NAVARRA: Monte Aezcoa, 17-12-76, leg. E. Fuertes, C. Navarro y M. T. Tellería; San Miguel de Aralar, 10-10-77, leg. M. T. Tellería. TERUEL: Barranco del Tajal, 16-4-76, leg. M. T. Tellería. En el herbario MAF fungi hay material de Oviedo MAF fungi 7; Salinas de Avilés (Asturias) MAF fungi 4; Tramalón (Santander) MAF fungi 3; San Vicente de la Barquera (Santander) MAF fungi 15; Ensanche de las Majadas (Cuenca) MAF fungi 5; MAF fungi 150. En la bibliografía está citado en Cataluña (Codina y Font Quer, 1930; Maire, Codina y Font Quer, 1933; Maire, 1937; Singer, 1947, Benito Martínez y Torres Juan, 1965) en Asturias

(Mayor et al., 1973) en Madrid (Calonge, 1973; Calonge y Zugaza, 1973) en el Pais Vasco (Cat. Micol. Pais Vasco,1973)en Andalucia (Muñoz Medina y Serrano Sánchez, 1947; Malençon, 1968) en Guadalajara y en Valladolid (Benito Martínez y Torres Juan, 1965)

Género GLOEOPHYLLUM Karst., Bidr. Känn. Finl. Nat. Folk, 37: 79 (1882)

Generotipo: Daedalea sepiaria Fr., Syst. Mycol. 1: 333 (1821)

Cuerpo fructífero pileado y sesil; anual o perenne, la superficie del carpóforo, tomentosa o híspida; el contexto generalmente delgado, de color marrón, el himenóforo es variable de laminar a dedaliforme. El sistema de hifas es dimítico o trimítico, las hifas generativas con fíbulas y las hifas esqueléticas y envolventes (cuando las hay) con paredes gruesas, marrones amarillentas. Cistidios con paredes delgadas o gruesas y con incrustaciones en el ápice en algunas ocasiones. Las esporas son de cilíndricas a oblongo elipsoidales, de paredes hialinas, lisas y no amiloides.

Clave de especies

1. Sistema de hifas trimítico. Esporas cilíndricas..................2
1: Sistema de hifas dimítico. Esporas de cilíndricas a oblongo elipsoidales...Gl. trabeum
2. Himenóforo laminar. Cistidios de paredes gruesas marrón amarillentas, presentes en el himenio. Esporas cilíndricas de 8-12 x 3-4 µm. Siempre sobre madera de coníferas.................Gl. abietinun
2: Himenóforo laberintiforme o dedaliforme, como resultado de las láminas que se anastomosan. Cistidios de paredes delgadas e hialinas presentes en el himenio. Esporas cilíndricas 10-13 x 3-4µm. Sobre madera de coníferas y caducifolios.................Gl. sepiarium

Gloeophyllum abietinum (Bull. ex Fr.) Karst., Finl. Hattsv. 2: 79 (1879) Sinónimos: Daedalea abietina Bull. ex Fr., Syst. Mycol. 1: 334 (1821); Lenzites abietina (Bull. ex Fr.) Fr., Epicr. pag. 407 (1838); Lenzitina abietina (Bull. ex Fr.) Karst., Krit. Finl. Basidsv. pag. 337 (1889); Daedalea asserculorum Secr., Mycol. Suiss. II: 493 (1833)

Cuerpo fructífero dimidiado, aunque a veces pueden también presentarse como efuso-reflejo. La superficie del carpóforo es zonada, el color varía del marrón claro al marrón muy oscuro incluso negro en las partes más viejas, vellosa o híspida. El contexto muy delgado, de hasta 3 mm de grosor, consta de dos partes, la inferior próxima al himenóforo es dura y de color marrón ocre, la otra situada sobre esta es algodonosa y de color marrón más oscuro.

El sistema de hifas es trimítico, las hifas generativas fibuladas y las hifas esqueléticas y envolventes de paredes gruesas y de color amarillo marrón. Cistidios presentes en el himenio, de paredes gruesas de color amarillo marrón e incrustaciones de cristales en el ápice, miden de 30- 40 x 5-6 μm. Las esporas son cilíndricas, de paredes delgadas, lisas y no amiloides, miden 8-12,5 x 3-4 μm.

Habitat. - Vive siempre sobre madera de coníferas. Nosotros la hemos recolectado sobre madera muerta de Cupressus arizonica.

Corología. - MADRID: Ciudad Universitaria, 3-4-75, leg. F.D. Calonge. En la bibliografía aparece citado en Cataluña (Codina y Font Quer, 1930; Maire, 1937; Malençon y Bertault, 1971, 1976; Benito Martínez y Torres Juan, 1965) y en Andalucía (Benito Martínez y Torres Juan, 1965)

Gloeophyllum sepiarium (Wulf. ex Fr.) Karst., Finl. Hattsv. II: 80 (1879) Sinónimos: Daedalea sepiaria Wulf. ex Fr., Syst. Mycol. 1: 333 (1821); Lenzites sepiaria (Wulf. ex Fr.) Fr., Epicr. pag. 407 (1838); Sesia hirsuta Schaeff. ex Murrill, Jour. Mycol. 9: 88 (1903); Gloeophyllum hirsutum (Schaeff. ex Murrill) Murrill, N. Am. Fl. 9(2): 130 (1908); Gloeophyllum abietinellum Murrill, N. Am. Fl. 9(2): 129 (1908)

Cuerpo fructífero pileado, sesil, de forma variada ya que puede ser dimidiado, o a veces incluso circular. Los carpóforos crecen aislados o imbricados unos respecto de otros, miden hasta 12 cm de longitud, de 5-7 cm de ancho y de 6-8 mm de grosor. La superficie del carpóforo es al principio finamente tomentosa, después híspida, la coloración varía mucho, al principio marrón clara, después marrón rojiza y al final gris o negra. El contexto es marrón oscuro, y al igual que en el Gl. abietinum, dividido en dos partes, la inferior (próxima a los tubos) más densa y la superior, más suelta y algodonosa. El himenóforo es laminar, pero estas láminas se anastomosan unas con otras tomando así un aspecto laberíntico o dedaliforme.

El sistema de hifas es trimítico, las hifas generativas de paredes delgadas hialinas y con fíbulas, las hifas envolventes de paredes marrón amarillentas son dificilmente visibles y las hifas esqueléticas son las más abundantes y tienen las paredes gruesas, también de color marrón amarillento. Cistidios presentes en el himenio, con paredes delgadas, miden aproximadamente 30 x 5 μm y llevan incrustaciones de cristales en el ápice. Las esporas son cilíndricas, hialinas de paredes delgadas y no amiloides, miden de 10-13 x 3-5 μm.

H a b i t a t . - Lo hemos recolectado sobre madera de Pinus pinaster, pero también puede crecer sobre Betula, Alnus, Populus y Malus.

C o r o l o g í a . - SEVILLA: El Tardón, 27-4-69, leg. S. Silvestre. En la bibliografía aparece citado en Cataluña (Maire, 1937; Singer, 1947; Benito Martínez y Torres Juan, 1965),en Guadalajara (Carballal, 1974) en Valencia (Colmeiro, 1889) y en Cuenca (Torre et al., 1976), en Madrid y Segovia (Benito Martínez y Torres Juan, 1965)

O b s e r v a c i o n e s . - Especie parecida al Gl. abietinum, del que se diferencia además de por los caracteres macroscópicos,por los cistidios, de paredes gruesas y marrones en el Gl. abietinum y de paredes delgadas e hialinas en el Gl. sepiarium.

Gloeophyllum trabeum (Pers. ex Fr.) Murrill,N. Am. Fl. 9(2): 129 (1908)
S i n ó n i m o s : Daedalea trabea Pers. ex Fr., Syst. Mycol. 1: 335 (1821)
Trametes trabea (Pers. ex Fr.) Bres., Fungi Hung. Kmet. pag. 91(1897)
Lenzites trabea (Pers. ex Fr.) Fr., Epicr. pag. 406 (1838); Coriolopsis trabea (Pers. ex Fr.) Bond. et Sing., Ann.Mycol. 39: 62 (1941); Phaeocoriolellus trabeus (Pers. ex Fr.) Kotl. et Pouz., Česká Mykòl. 11· 162, (1957); Trametes protracta Fr., Vet. Akad. Förhandl. pag. 52 (1852); Sesia pallidofulva Murrill,Bull. Torr. Bot. Club 31· 605 (1904); Daedalea mutabilis Quél. ex Sacc., Syll. Fung. 21: 375 (1912)

Cuerpo fructífero pileado, sesil, crecen los carpóforos en posición imbricada unos respecto de otros, miden 3-9 x 1-4 x 0, 5-1 cm. La superfi

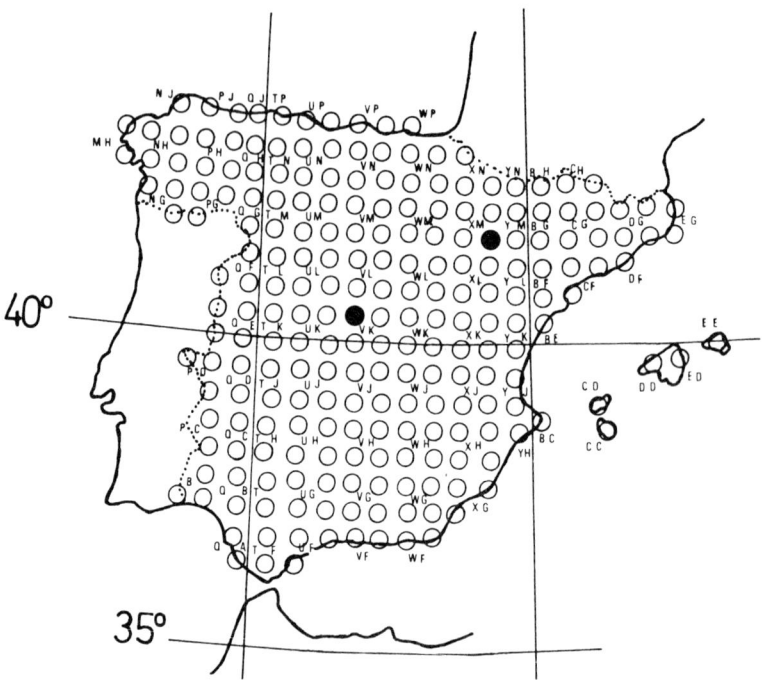

Fig. 57. Gloeophyllum trabeum (Pers. ex Fr.) Murrill

cie del carpóforo es vellosa al principio y en los ejemplares viejos glabra, de color marrón con tonos grises por algunos lados. El contexto de color marrón canela, es suberoso fibroso y tiene un grosor de hasta 4 mm El himenóforo es tubular, los poros redondos, dedaliformes o laberintiformes, a veces laminar, de color claro a marrón tabaco.

El sistema de hifas es dimítico, las hifas generativas fibuladas, tienen las paredes hialinas y delgadas, y son poco abundantes, las hifas esqueléticas son más abundantes, y de paredes marrón amarillentas. Presenta cistidios en el himenio, de paredes delgadas, cilíndricos o claviformes, algunos de ellos acaban en un ápice redondo. Las esporas son de cilíndricas a oblongo elipsoidales, de paredes lisas, hialinas y no amiloides, miden de 7-10,5 x 3-4,5 μm.

Habitat. - Lo hemos recolectado creciendo sobre madera muerta de Populus tremula y Corylus avellana.

Corología. - MADRID: Villaviciosa de Odón, 25-4-76, leg. F.D. Calonge. ZARAGOZA: Zaragoza, 16-10-76, leg. M. García Rollán. (Fig. 57)

Observaciones. - Especie nueva para el catálogo micológico español.

Género GRIFOLA S.F. Gray emend. Kotl. et Pouz.

S.F. Gray, Nat. Arr. Brit. Pl. 1: 643 (1821)

Kotlaba y Pouzar, Česká Mykol. 11: 155 (1957)

Generotipo: Polyporus frondosus Dicks. ex Fr., Syst. Mycol. 1: 355 (1821)

Cuerpo fructífero anual, pileado y estipitado, de un pie o base común salen multitud de ramificaciones que acaban todas en un pileo flabeliforme. El himenóforo es tubular. El sistema de hifas es monomítico, las hifas generativas son de paredes delgadas, fibuladas y que se presentan hinchadas en algunos lugares. Las esporas son de paredes lisas y anchamente elipsoidales.

Observaciones. - Como ya dijimos al hablar del género Albatrellus, este es semejante al Grifola, se diferencian fundamentalmente en la forma del carpóforo. Son tan próximos estos géneros que Pouzar (1966b), ha propuesto una subfamilia la Albatrelloideae para incluir ambos géneros, caracterizándola por el sistema de hifas monomítico, con las hifas generativas presentando algunos hichazones. Otros género muy próximo al Grifola es el Meripilus, Pouzar (1966b) piensa que también podría incluirse en la subfamilia anterior, se diferencia en que las paredes de sus hifas generativas son más gruesas y carecen de fíbulas.

Grifola frondosa (Dicks. ex Fr.) S.F. Gray, Nat. Arr. Brit. Pl. 1: 643 (1821)

Sinónimos: Polyporus frondosus Dicks. ex Fr., Syst. Mycol. 1: 355 (1821); Caloporus frondosus (Dicks. ex Fr.) Quél., Fl. Mycol. Fr. pag. 406 (1888); Polypilus frodosus (Dicks. ex Fr.) Karst., Finl. Hattsv. II:25 (1879)

Cuerpo fructífero estipitado y pileado. El pie central o lateral, puede estar reducido a una base de la que salen multitud de ramificaciones, que acaban todas ellas en un sombrerillo flabeliforme. El pie es de color blanco crema, el pileo con la superficie de color marrón grisáceo, glabro; con el margen esteril y en material seco recurvado. El himenóforo es tubular de color blanco crema y los poros decurrentes sobre el pie. El contexto es blanco, fibroso y muy duro al secar. El carpóforo puede adquirir gran tamaño ya que puede medir hasta 40 cm de altura por 20 cm de diámetro.

El sistema de hifas es monomítico, las hifas generativas de paredes delgadas, fibuladas, se presentan hinchadas en algunas partes. Las esporas son de anchamente elipsoidales a subglobosas tienen las paredes hialinas, lisas y no amiloides, miden $5-7 \times 3,5-5 \mu m$.

Habitat. - El material estudiado por nosotros crecía sobre madera de Fagus sylvatica.

Corología. - ALAVA: Altube, 15-10-77, leg. Peña Barrengorri. En la bibliografía aparece citado en Cataluña (Codina y Font Quer, 1930; Maire, Codina y Font-Quer, 1933), en el Pais Vasco (Cat. Micol. Pais Vasco, 1973) y Colmeiro (1889) lo cita en Cataluña, Navarra y Castilla la Nueva.

Observaciones. - Esta especie, a primera vista, podría confundirse con el Polyporus umbellatus Pers. ex Fr., ya que la forma de los carpóforos de ambas especies es bastante parecida, pero la diferencia fundamental entre ambas está en el sistema de hifas, monomítico en la Grifola frondosa y dimítico, formado por hifas generativas e hifas envolventes,en el Polyporus umbellatus, así como en las esporas que en esta especie son de cilíndricas a oblongo elipsoidales.

Género HAPALOPILUS Karst., Rev. Mycol. 3: 18 (1881)
Generotipo: Polyporus nidulans Fr., Syst. Mycol. 1: 362 (1821)

Cuerpo fructífero resupinado o pileado, sesil y dimidiado, anual, el contexto de tonos marrones en presencia del KOH al 10% toma un color rojo o violeta. El sistema de hifas es monomítico, las hifas generativas de paredes delgadas son fibuladas, las esporas son de cilíndricas a elipsoidales, de paredes lisas, hialinas y no amiloides.

Observaciones. - La característica diferencial más importante de este género está en el cambio de color que experimenta la trama al ponerla en contacto con una solución alcalina aunque la intensidad de la reacción varía de unas especies a otras.

Hapalopilus nidulans (Fr.) Karst., Rev. Micol. 3: 18 (1881)
Sinónimos: Polyporus nidulans Fr., Syst. Mycol. 1: 362 (1821); Inonotus nidulans (Fr.) Karst., Krit. Finl. Basidisv., pag. 332 (1889); Polyporus rutilans Pers. ex Fr., Syst.Mycol.1: 363 (1821); Inodermus rutilans (Pers. ex Fr.) Quél., Fl. Mycol. pag. 391 (1888); Hapalopilus rutilans (Pers. ex Fr.) Murrill,Bull. Torr. Bot. Club 31: 416 (1904);Phaeolus rutilans (Pers. ex Fr.) Pat., Ess. Tax. Hym. pag. 86 (1900)

Cuerpo fructífero anual, pileado, sesil a veces dimidiado y otras veces muy ligeramente efuso-reflejo. La superficie del carpóforo cubierta al principio con un tomento muy suave, aterciopelada; en los ejemplares más viejos llega a ser glabra, de color gamuza claro. El carpóforo mide de 2-9 x 2-4 x 1-3 cm. El contexto concoloro con la superficie del carpóforo, es fibroso y como ya hemos dicho anteriormente, en contacto con los álcalis pasa a violeta rojizo. El himenóforo es tubular, los tubos con coloros con el contexto, miden hasta 12 mm de longitud. Los poros son irregulares y tienen un diámetro de 0,3-1 mm.

El sistema de hifas es monomítico, las hifas generativas con fíbulas, llevan incrustadas en sus paredes una sustancia amorfa de color amarillo a marrón claro que se disuelve en los álcalis. Las esporas son oblongo elipsoidales, tienen las paredes delgadas, lisas y no amiloides, miden de 3,5-5 x 2-3 μm.

H a b i t a t . - Lo hemos recolectado creciendo sobre madera muerta de Fagus sylvatica, y Quercus pyrenaica; según Domanski, Orlós y Skirgiello (1973) puede crecer también sobre madera de coníferas.

C o r o l o g í a . - MADRID: Pto. de Canencia, 1-7-79, leg. Soc. Mic. Castellana. VIZCAYA: Garay, 29-7-77, leg. C. Navarro y M. T. Tellería. En la bibliografía aparece citado en Cataluña (Heim, Font Quer y Codina, 1934) y en el Pais Vasco (Cat. Micol. Pais Vasco, 1973).

Género HETEROBASIDION Bref., Unters. Gesamtg. Mykol. 8: 154 (1888) G e n e r o t i p o : Polyporus annosus Fr., Syst. Mycol. 1: 373 (1821)

Cuerpo fructífero resupinado, efuso-reflejo o pileado, la superficie del pileo recubierta con una corteza de color marrón claro. El himenóforo es tubular, de color blanco a crema, los poros concoloros con los tubos son redondos o angulares. El contexto también es blanco o crema claro. El sistema de hifas es dimítico, formado por hifas generativas afibuladas e hifas esqueléticas de paredes dextrinoides y cianófilas. Las esporas son anchamente elipsoidales, de paredes ligeramente ornamentadas, ni amiloides, ni dextrinoides,ni cianófilas.

Observaciones. - Durante mucho tiempo la especie tipo de este género estuvo dentro del Fomitopsis, y así la consideraron Bondartsev y Singer (1941); pero aunque si bien, existe alguna relación entre ambos géneros, las diferencias son notables entre ellos: El gen. Heterobasidion tiene el sistema de hifas dimítico, las paredes de sus hifas esqueléticas son cianófilas y dextrinoides y sus esporas ornamentadas. El género Fomitopsis, por el contrario, tiene el sistema de hifas trimítico, sus hifas es queléticas no tienen las paredes ni dextrinoides ni cianófilas y sus esporas son de paredes lisas.

Heterobasidion annosus (Fr.) Bref., Unters. Gesamtg. Mykol. 8: 154 (1888)

Sinónimos: Polyporus annosus Fr., Syst. Mycol. 1: 373 (1821); Placodes annosus (Fr.) Quél., Fl. Mycol. pag. 396 (1888); Fomitopsis annosa (Fr.) Karst., Rev. Mycol. 3(9): 18 (1881); Ungulina annosa (Fr.) Pat., Ess. Tax. Hym. pag. 103 (1900); Polyporus subpileatus Weinn., Hym. pag. 332 (1836); Trametes radiciperda Hartig., Wicht. Kr. Walb. pag. 62 (1874); Fomes annosus (Fr.) Cke., Grevillea 14: 20 (1885); Polystictoides fuscus Láz.-Ibiza, Rev. Real Acad. Cienc. Exact. Fisic. Nat. Madrid 14: 755 (1916)

Cuerpo fructífero perenne, de forma irregular ya que va de resupinado a pileado presentándose en muchas ocasiones como efuso-reflejo. La superficie del carpóforo se presenta como irregular, concentricamente sur cada y recubierta por una corteza que varía de color marrón claro a marrón oscuro; recubre esta corteza todo el margen e incluso en los ejempla res viejos tapa a veces los poros situados en el borde del himenóforo. El contexto es de color blanco o crema, mide hasta 7 cm de espesor y su consistencia es de fibrosa a suberosa. Los tubos concoloros con el contexto se encuentran estratificados, midiendo cada estrato hasta 4 mm de longitud. Los poros redondos o angulares, tienen un diámetro de 0,3-0,5 mm y son también de color blanco crema.

El sistema de hifas es dimítico, las hifas generativas son de paredes delgadas y sin fíbulas, las hifas esqueléticas de paredes gruesas, dextrinoides y cianófilas. Las esporas son de anchamente elipsoidales a sub globosas, de paredes ligeramente verrugosas, ni amiloides ni dextrinoides, miden de 4,5-6 x 3,5-4,5 μm.

Habitat. - Lo hemos recolectado siempre creciendo sobre madera de coníferas, tanto de Pinus sylvestris como de Pinus insignis.

Corología. - ALAVA: Altube, 19-9-76, leg. E. Perez del Moral. MA

DRID: Pto. de los Leones, 23-10-77, leg. C. Navarro y M. T. Tellería; Pto. de Canencia, 9-4-76, leg. M. García Rollán. SEGOVIA: Garganta del Rio Moros, 6-6-76, leg. M. T. Tellería. VIZCAYA: Baquio, 20-1-76, leg. E. Perez del Moral; Orozco, 17-10-76, leg. F. D. Calonge; Ibarranguelua, 16-2-75, leg. C. Navarro y M. T. Tellería. En el herbario MAF fungi hay ejemplares de Salinas (Asturias)MAF fungi 29: San Vicente de la Barquera (Santander) MAF fungi 30; Casa de Campo de Madrid MAF fungi 32. En la bibliografía aparece citado en Cataluña (Maire, Codina y Font Quer, 1933; Heim, Font Quer y Codina, 1934; Maire, 1937; Benito Martínez y Torres Juan, 1965) en el Pais Vasco (Lacoizqueta, 1885; Cat. Mi col. Pais Vasco, 1973; Benito Martínez y Torres Juan, 1965) en Avila (Benito Martinez y Torres Juan, 1965; Calonge, 1970b) en Burgos, Madrid y Segovia (Benito Martínez y Torres Juan, 1965)

Género HETEROPORUS Láz.-Ibiza emend. Donk.

Lázaro e Ibiza, Rev. Real Acad. Cienc. Exac. Fisic. Nat.   Madrid 15: 119 (1916)

Donk, Meded. Bot. Mus. Rijks.-Univ. Utrech 9: 176 (1933)

Generotipo: Daedalea biennis Bull. ex Fr., Syst. Mycol. 1:332 (1821)

Sinónimo: Abortiporus Murrill, Bull. Torr.   Bot. Club 31: 421 (1904)

Cuerpo fructífero anual, estipitado o sesil, con el himenóforo tubular, los poros redondos o dedaliformes, en los ejemplares viejos a veces irpicoides. El contexto es doble, la parte superior blanda y algodonosa, la inferior dura y fibrosa. El sistema de hifas es monomítico, formado por hifas generativas con fíbulas; gloeocistidios presentes o ausentes. Las esporas son de elipsoidales a globosas, lisas hialinas y no amiloides.

Heteroporus biennis (Bull. ex Fr.) Láz.-Ibiza, Rev. Real Acad. Cienc. Exact. Fisic. Nat.   Madrid 15: 120 (1916)

Sinónimos: Daedalea biennis Bull. ex Fr., Syst. Mycol. 1: 332 (1821) Polyporus biennis (Bull. ex Fr.) Fr., Epicr. pag. 433(1838); Phaeolus biennis (Bull. ex Fr.) Pilát., Beih. Bot. Cbl. 52 B, vol. 11-12 (1934); Abortiporus biennis (Bull. ex Fr.) Sing., Mycologia 36:68 (1944); Polyporus acanthoides Fr., Epicr. pag. 448 (1838); Boletus distortus Schw., Schr

Not. Ges. Leipzig. 1: 97 (1822); Aborti porus distortus (Schw.) Murrill,
Bull. Torr. Bot. Club 31: 422 (1904); Polyporus rufescens Pers. ex Fr.,
Syst. Mycol. 1:351 (1821).

Cuerpo fructífero estipitado, de flabeliforme a infundibuliforme; la superficie del sombrerillo es algodonosa blanquecina, amarillenta hacia el borde que es delgado y ondulado. El pie grueso, en su parte inferior es de color gris marrón. El contexto es doble, lo mismo en el pileo que en el pie, en la zona del pileo, la parte superior es algondonosa y blanca y la parte inferior es de color gris blanquecino y dura; el pie en la parte externa es de color marrón y naturaleza algodonosa y la parte interna, continuación de la parte inferior del sombrerillo, es de color gris blanquecino y dura.

El sistema de hifas es monomítico, hay hifas generativas de paredes delgadas y de paredes gruesas, que a primera vista pueden parecer hifas esqueléticas pero que no lo son,porque llevan septos y fíbulas. Presenta gloeocistidios, pero no muy abundantes, son de cilíndricos a fusiformes y tienen una anchura aproximada de 8,4 µm. Los basidios son de cilíndricos a claviformes, lleva 4 esterigmas y miden 18 x 6 µm. Las esporas son de anchamente elipsoidales a subglobosas, con gotas lipídicas en su interior, llevan una apícula muy marcada y son hialinas, lisas y no amiloides, miden 4,8-6 x 3,6-4,5 µm. Presenta clamidosporas que se forman en la capa superior del contexto y son de la misma forma y tamaño que las basidiosporas.

Habitat. - Especie lignícola, aunque a veces es aparentemente terrícola, pero lo que sucede es que crece sobre madera enterrada en el suelo. Nosotros la hemos recolectado sobre Pinus pinaster y Ulmus campestris.

Corología. - AVILA: Mombeltrán, 9-10-76, leg. A. Alonso. BALEARES: Palma de Mallorca, 6-10-77, leg. J. Rey. MADRID: El Escorial, 29-10-77, leg. M.T.Tellería. PONTEVEDRA: Tuy, 4-10-77, leg. M. García Rollán. VIZCAYA: Canala-Pedernales, 28-12-76, leg. C. Navarro y M. T. Tellería. En la bibliografía aparece citada,sin indicar localidad exacta, por Lázaro e Ibiza (1916b)el cual dice: "solo aparece comprobada esta especie en contadas localidades del Pirineo y de los lugares montuosos de Asturias". Benito Martínez y Torres Juan (1965) la citan en Galicia.

Género HEXAGONIA Fr., Epicr. pag. 496 (1838)

Generotipo: Hexagonia crinigera Fr., Epicr. pag. 496 (1838)

Sinónimos: Apoxona Donk, Taxon 18: 666 (1966); Pogonomyces Murrill, Bull. Torr. Bot. Club 31: 609 (1904); Scenidium (Kl.) Kunt., Rev. Gen. Pl. 3: 515 (1898)

Cuerpo fructífero pileado, sesil y dimidiado; la superficie generalmente glabra, zonada concéntricamente por surcos. El contexto delgado es de color marrón oscuro como la superficie. El himenóforo es tubular y los poros hexagonales. El sistema de hifas es trimítico, formado por hifas generativas de paredes hialinas y delgadas, hifas esqueléticas e hifas envolventes de paredes gruesas y marrones que se proyectan en el himenio siendo este parcialmente un catahimenio. Las esporas son de cilíndricas a oblongo elipsoidales con las paredes lisas y no amiloides.

Hexagonia nitida Dur. et Mont., Syll. Crypt. pag. 170 (1856)

Sinónimos: Trametes nitida (Dur. et Mont.) Pilát, Atl. Champ. Europ. 3: 282 (1939); Scinidium nitidum (Dur. et Mont.) Dománski, Gryzby 3: 351 (1967); Apoxona nitida (Dur. et Mont.) Donk, Taxon 18(6): 666 (1969); Hexagona marcucciana Bagl. et de Not., Hedwigia 7: 121 (1868)

Cuerpo fructífero pileado, sesil y dimidiado, su tamaño es de 7-9 x 5-7 x 1-4 cm. La superficie del carpóforo es glabra, recubierta de una corteza de color marrón muy oscuro o negro, se presenta a veces surcada concéntricamente. El contexto es de aspecto fibroso suberoso. El himenóforo es tubular, los tubos tienen de 1-3 cm de longitud, son de color marrón oscuro. Los poros son hexagonales, concoloros con los tubos y grandes, tienen de 1-3 mm de diámetro.

El sistema de hifas es trimítico, las hifas generativas son de paredes delgadas, hialinas y con fíbulas, las hifas esqueléticas son las más abundantes, tienen las paredes gruesas de color marrón amarillento al igual que las hifas envolventes aunque estas están en menor número. Las esporas son de cilíndricas a oblongo elipsoidales, de paredes lisas, hialinas y no amiloides, miden de 10-14 x 3, 5-5 μm.

Habitat. - Siempre la hemos recolectado sobre madera de Quercus ilex.

Corología. - ALAVA: Hormijana, 5-2-76, leg. E. Yurrebaso. GUIPUZCOA: Udala. -Mondragón, 22-12-74, leg. J.L. Tellería y M.T. Tellería. En la bibliografía aparece citada en el Pais Vasco (Cat. Micol. Pais Vasco, 1977).

Observaciones. - Según Ryvarden (1976) esta especie es de dispersión mediterránea aparece en Marruecos y desde España a Chipre.

Género INCRUSTOPORIA Dománski, Act. Soc. Bot. Pol. 32: 737 (1963) Generotipo: Poria stellae Pilát ex Pilát, Sborn. Nar. Mus. Pr. IX B, 2 Botan. (1): 107 (1953)

Cuerpo fructífero anual o perenne, resupinado, los poros son de tamaño pequeño y de color crema. El sistema de hifas es dimítico, las hifas generativas y las hifas esqueléticas de paredes hialinas, las que se encuentran formando las paredes de los tubos fuertemente incrustadas de cristales. Las esporas son de elipsoidales a alantoides, hialinas lisas y no amiloides.

Clave de especies

1. Cuerpo fructífero perenne, tubos de hasta 10 mm de longitud .... I. stellae
1'. Cuerpo fructífero anual, tubos de hasta 2 mm de longitud....... 2

2. De 6-7 poros por mm , cistidiolos presentes en el himenio. Esporas de cilíndricas a alantoides, de 4-6 x 1-1,2 μm. Sobre madera de coníferas.. I. subincarnata

2'. De 4-6 poros por mm , no presenta cistidiolos en el himenio.......3

3. Esporas alantoides de 2-4 x 1-1,5 μm. Rizomorfos presentes. Vive sobre madera de caducifolios........................... I. alutacea

3'. Esporas cilíndricas, de 5-7 x 2-3 μm. Rizomorfos generalmente ausentes. Especie mediterránea que vive sobre Acacia, Arbutus, Quercus ilex, Cistus, Erica, Rosmarinus, etc. .... I. percandida

Incrustoporia alutacea (Lowe) Reid, Rev. Mycol. 33: 237 (1969)

Sinonimos: Poria alutacea Lowe, Mycologia 38: 202 (1946)

Cuerpo fructífero resupinado, formado por un subículo blanco y fibroso de hasta 2 mm de grosor, sobre el que se asienta el himenóforo que es tubular, los tubos miden 1 mm de longitud aproximadamente, los poros de color blanco a crema, son redondos y pequeños de 4-5 por mm , el margen presenta pequeños rizomorfos.

El sistema de hifas es dimítico, formado por hifas generativas e hifas esqueléticas ambas de paredes hialinas, las que se encuentran en las paredes de los tubos llevan incrustaciones cristalinas. Las esporas son alantoides, miden de 2-4 x 1-1,5 μm.

Habitat. - El material estudiado por nosotros crecía sobre madera de Fagus sylvatica.

Corología. - NAVARRA: San Miguel de Aralar, 10-10-77, leg. M. T. Tellería. (Figura 58)

Observaciones. - Especie nueva para el catálogo micológico español.

Incrustoporia percandida (Malenç. et Bert.)Ryv., Cuad. Bot. Canar. 20: 5 (1974)

Sinónimos: Poria percandida Malenç. et Bert., Acta Phyt. Barc. 8: 35 (1971)

Cuerpo fructífero anual, resupinado, alguna vez presentando en el margen pequeños rizomorfos. El subículo de color blanco es algodonoso y mi de 1 mm de grosor aproximadamente, el himenóforo es tubular, concoloro con el subículo aunque a veces presenta tonos cremas, los tubos miden hasta 2 mm de longitud, los poros redondos o angulares son concoloros con los tubos y tienen un diámetro de 0,15-0,25 mm.

El sistema de hifas es dimítico, tanto las hifas generativas como las esqueléticas que forman las paredes de los tubos, llevan incrustaciones cristalinas. Las esporas son cilíndricas, con una gota lipídica en su interior, de paredes hialinas, lisas y no amiloides, miden de 5-7 x 2-3 μm.

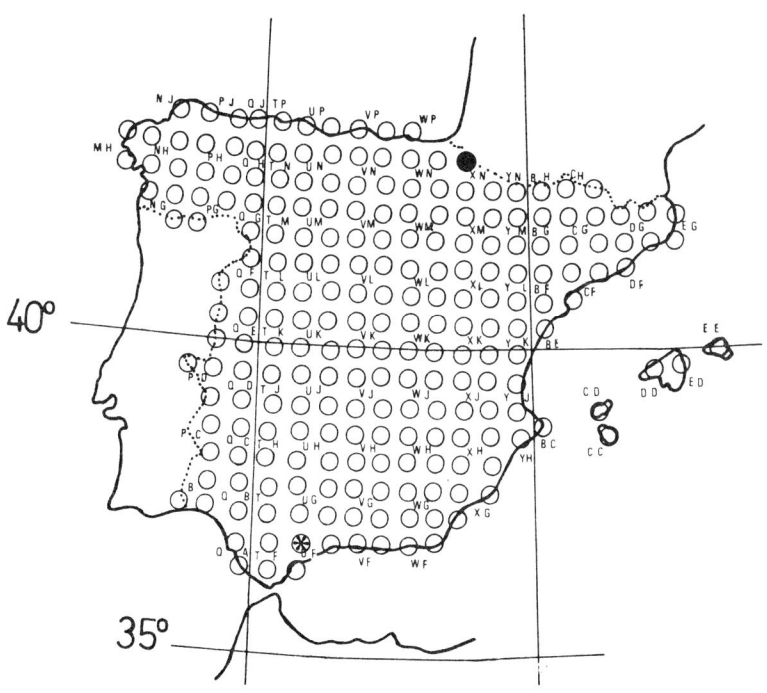

Fig. 58. Incrustoporia alutacea (Loewe) Reid (●)
Incrustoporia stellae (Pilát ex Pilát) Domański (✳)

Habitat. - La hemos recolectado sobre ramas muertas de Rosmarinus officinalis y Phyllyrea sp. Según Malençon y Bertault (1971), esta especie puede crecer sobre Acacia, Arbutus, Eucalyptus, Pinus pinea, Quercus ilex, Cistus, Phillyrea, Erica, Halimium, Myrtus y Viburnum.

Corología. - HUELVA: Matalascañas, 21-2-77, leg. F.D. Calonge. SALAMANCA: La Alberca, 31-3-77, leg. M.T. Tellería. En la bibliografía aparece citada por Malençon y Bertault (1971) en la Península Ibérica sin indicar localidad exacta. Aparece así mismo citada en Tenerife y la Gomera (Ryvarden, 1974).

Incrustoporia stellae (Pilát ex Pilát)Domański, Act. Soc. Bot. Pol. 32: 737 (1963)

Sinónimos: Poria stellae Pilát ex Pilát, Sborn. Nar. Mus. Praha IX B 2 Botan.(1): 107 (1953)

Cuerpo fructífero resupinado, perenne. El subículo es de color blanco, de hasta 2 mm de grosor, el himenóforo es tubular, los tubos que pueden medir hasta 10 mm de longitud, son de color blanco a crema, con un tono verde oliva en material seco, los poros concoloros con los tubos, son muy pequeños miden de 0,13-0,18 mm de diámetro, siendo la media de 0,14 mm , es decir unos 7 poros por mm.

El sistema de hifas es dimítico, formado por hifas generativas e hifas esqueléticas, ambas de paredes hialinas, delgadas en las generativas y gruesas en las esqueléticas; las hifas situadas en las paredes de los tubos, al igual que sucede en las otras especies del género, están fuertemente incrustadas de cristales. Las esporas son de cilíndricas a alantoides, de paredes lisas, hialinas y no amiloides, miden 3,5-5 x 0,6-1,2 μm.

Habitat. - La hemos recolectado sobre madera de Abies pinsapo.

Corología. - MALAGA: Pinsapar de los Reales, 12-4-76, leg. G. López. (Figura 58)

Observaciones. - Especie nueva para el catálogo micológico español, muy próxima a la I. tschulymica, de la que se diferencia porque esta es anual y el tamaño de los poros es mucho mayor, tiene de 2-4 poros por mm.

Incrustoporia subincarnata (Peck) Domañski, Act. Soc. Bot. Pol. 32: 737 (1963)

Sinónimos: Poria atenuata Peck var. subincarnata Peck, Ann. Rep. N. Y. St. Mus. 48: 118 (1895); Poria subincarnata (Peck) Murrill, Mycologia 13: 86 (1921); Polyporus vulgaris Fr., Syst. Mycol. 1: 381 (1821)

Cuerpo fructífero anual, resupinado, al principio crece en parches redondos que después confluyen unos con otros ocupando así grandes extensiones. El subículo es delgado y blanco. El himenóforo es tubular, los tubos de hasta 1 mm de longitud, son de color blanco crema. Los poros redondos y pequeños, tienen un diámetro de 0,1-0,2 mm, su color es crema y a veces presenta un tono rojizo. El margen es blanco, ancho, de 1-2 mm de anchura y bisoide sobre todo en los ejemplares jóvenes.

El sistema de hifas es dimítico, las hifas generativas son de paredes delgadas e hialinas con fíbulas, las hifas esqueléticas, de paredes gruesas y también hialinas, las que están situadas en las paredes de los tubos, están incrustadas. Presenta esta especie cistidiolos en el himenio, son abultados en la parte basal y acaban en una punta pequeña. Las esporas son de alantoides a cilíndricas, con dos gotas lípidicas en su interior, son de paredes lisas, hialinas y no amiloides, miden de 4-6 × 1-1,2 μ m.

Habitat. - La hemos recolectado sobre madera de Pinus sylvestris.

Corología. - MADRID: Pto. de Lozoya, 23-5-76, leg. F. D. Calonge. Citada en la bibliografia por Malençon (1968)
Observaciones. - Esta especie es muy parecida a la Antrodia lenis (Karst.) Ryv., de la que se diferencia por las esporas y cistidiolos así como porque las hifas de las paredes de los tubos no presentan incrustaciones en esta última.

Género IRPEX Fr., Elench. Fung. 1: 142 (1828)
Generotipo: Hydnum lacteum Fr., Syst. Mycol. 1: 412 (1821)

Cuerpo fructífero resupinado o efuso-reflejo, a veces también dimidiado. El himenóforo es tubular en los ejemplares jóvenes, los tubos sobre todo los de la zona central del carpóforo, se rompen y dan lugar a largas agujas o dientes. El sistema de hifas es dimítico, formado por hifas generativas e hifas esqueléticas, presenta cistidios de paredes gruesas e incrustadas de cristales en el ápice. Las esporas son de oblongo elipsoidales a cilíndricas, de paredes lisas, hialinas y no amiloides.

Observaciones. - Para Parmasto (1968) este género debe de estar incluido en la familia Steccherinaceae Parm., nosotros siguiendo a Donk (1964; 1974), Domanski (1972) y a Ryvarden (1978) lo incluimos en la familia Polyporaceae.

Irpex lacteus (Fr.) Fr., Elech. Fung. 1: 145 (1828)

Sinónimos: Hydnum lacteum Fr., Syst. Mycol. 1: 412 (1821); Trametes lactea (Fr.) Pilat, Atl. Champ. pag. 322 (1940); Irpex tulipiferae Schw. ex Fr., Epicr. pag. 523 (1838); Irpex raduloides Pilát, Bull. Soc. Mycol. Fr. 52: 308 (1936); Irpicoporus lacteus (Fr.) Murrill, N. Am. Fl. 9(1): 15 (1907)

Cuerpo fructífero resupinado, efuso-reflejo y en algunas ocasiones también dimidiado, en este caso aparecen los carpóforos imbricados. Cuando el carpóforo es resupinado al principio crece en parches redondos que luego van uniéndose unos con otros llegando así a adquirir hasta 15 cm de diámetro. La superficie del pileo, tomentosa, está zonada concéntricamente, su color es variable, unas franjas son marrones oscuras, otras grises, otras cremas, etc. El himenóforo es tubular, en la zona del margen está formado por una especie de retículo, pero a medida que va hacia el centro de carpóforo se van formando agujas o dientes planos e irregulares, llegan a medir hasta 3 mm de longitud, su color es el crema amarillento, al menos en material seco.

El sistema de hifas es dimítico, formado por hifas generativas e hifas esqueléticas. Los cistidios salen de la trama y se proyectan sobre el himenio, tienen las paredes gruesas y llevan gran cantidad de incrustaciones cristalinas en ellas. Las esporas son de oblongo elipsoidales a cilíndricas, miden de $4-6 \times 2-3 \mu m$, tienen las paredes lisas, hialinas

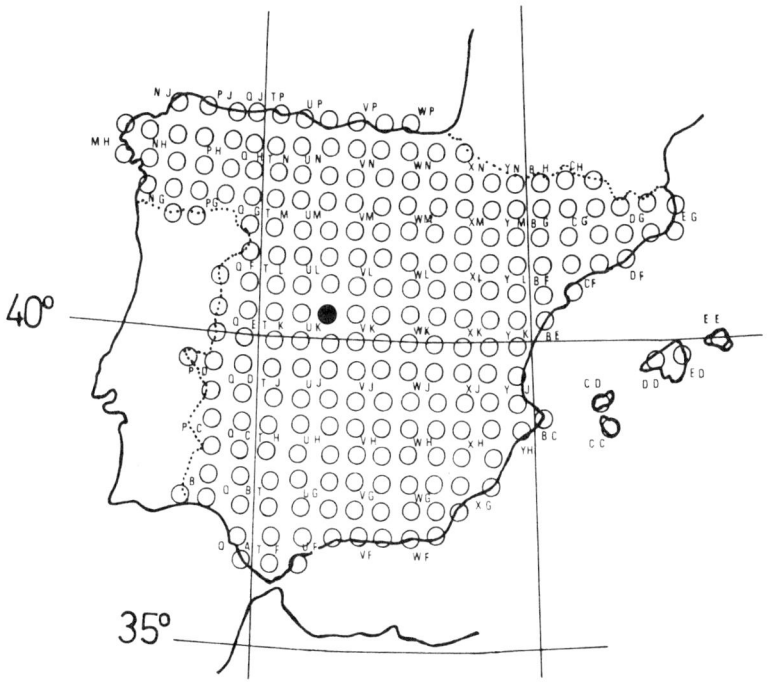

Fig. 59. Irpex lacteus (Fr.) Fr.

y no amiloides.

Habitat. - Lo hemos recolectado sobre madera de Quercus rotundifolia

Corología. - AVILA: Sotillo de la Adrada, 6-11-76, leg. M. García Rollán (Figura 59)

Observaciones. - Especie nueva para el catálogo micológico español.

Género ISCHNODERMA Karst. emend. Domañski et Orliez

Karsten, Medd. Soc. F.   Fl. Fenn. 5: 38 (1879)

Domanski y Orliez, Fungi 3: 156 (1967)

Generotipo: Polyporus resinosus Fr., Syst. Mycol. 1: 361 (1821)

Una particularidad de este género, según Pouzar (1971) no conocida en ningún otro de los Poliporaceos europeos, es que su cuerpo fructífero se desarrolla en dos fases; en la primera fase desarrolla un carpóforo de consistencia floja, que no forma himenio, es por tanto estéril, a esta se le ha llamado fase "leptoporoide" porque recuerda en su consistencia al género Leptoporus Quél., en la segunda fase el carpóforo se endurece y se forma el himenio, la consistencia del carpóforo en esta fase recuerda al género Fomes, por eso se le llama fase "fomitoide". El sistema de hifas del género es dimítico, no presenta cistidios y las esporas son de oblongo elipsoidales a cilíndricas, de paredes delgadas, lisas y no amiloides.

Observaciones. - La existencia de las dos fases de crecimiento es de suma importancia para separar las dos especies que representan a este género en Europa la I. benzoicum (Wahlenb. ex Fr.) Karst. y la I. resinosum (Fr.) Karst., y que varios autores como Pilát (1936-1942), Bondartsev (1971), Domański, Orlos y Skirgiello (1973) consideran como una sola especie. Es Pouzar (1971) quien estudiando los tipos de ambas especies ve que son distintas y establece como diferencia fundamental entre ambas el que la trama de los tubos en la fase fomitoide sea en la I. benzoicum de color marrón oscuro y en la I. resinosum blanca, blanquecina o amarilla clara.

Ischnoderma resinosum (Fr.) Karst., Medd. Soc. F. Fl. Fenn. 5: 38 (1879)

Sinónimos: Polyporus resinosus Fr., Syst. Mycol. 1: 361 (1821); Ochroporus resinosus (Fr.) Schroet., Pilze Schles. pag. 484 (1889)

Cuerpo fructífero pileado, sesil, dimidiado, su tamaño varía de 5-30 x 3-12 x 1-3 cm, la superficie del carpóforo está zonada concéntricamente, en distintos tonos de marrón y además es radialmente rugosa. Los carpóforos crecen imbricados unos respecto a otros. El contexto es de color blanco y de naturaleza suberosa. El himenóforo tubular, es de blanco a crema claro, los tubos no se presentan estratificados, sino todos en una capa. Los poros son redondos o angulares, en número de 3-4 por mm, concoloros con la trama y tubos y a veces recubiertos de una pruina blanca.

El sistema de hifas es dimítico, formado por hifas generativas de paredes delgadas y fibuladas e hifas esqueléticas de paredes gruesas e hialinas, a diferencia de la I. benzoicum que presenta la pared de estas hifas marrones. Las esporas son cilíndricas miden de 5-6,5 x 1,5-2 μm, son lisas, hialinas, no amiloides ni dextrinoides.

Habitat. - La hemos encontrado creciendo sobre madera de Fagus sylvatica.

Corología. - SANTANDER: Los Tornos, 10-10-77, leg. Peña Barrengorri

Observaciones. - Esta especie no la hemos encontrado citada en la bibliografía por nosotros consultada.

Género JUNGHUHNIA Corda emend. Ryv.
Corda, Anl. Stud. Mycol. pag. 195 (1842)
Ryvarden, Persoonia 7: 17 (1972)
Generotipo: Laschia crustacea Jungh., Verh. Batv. Genootsch. 17(2): 75 (1839) ≡ Junghuhnia crustacea (Jungh.) Ryv., Persoonia 7: 18 (1972)
Sinónimos: Chaetoporus Karst., Hedwigia 29: 148 (1890)

Cuerpo fructífero resupinado, de color que va desde el blanco crema al rosa o salmón. El subículo es delgado. El sistema de hifas es dimítico, formado por hifas generativas e hifas esqueléticas. Cistidios presentes. Las esporas de subglobosas a cilíndricas, tienen las paredes delgadas, hialinas, lisas y no amiloides.

Junghuhnia nitida (Pers. ex Fr.) Ryv., Persoonia 7: 18 (1972)
Sinónimos: Polyporus nitidus Pers. ex Fr., Syst. Mycol. 1: 379 (1821); Chaetoporus nitidus (Pers. ex Fr.) Donk, Persoonia 5(1): 100 (1967); Polyporus euporus Karst., Medd. Soc. F. Fl. Fenn. 9: 369 (1968); Physisporus euporus (Karst.) Karst., Krit. Finl. Basidsv. pag. 318 (1889); Poria eupora (Karst.) Cke., Grevillea 14:110 (1886); Chaetoporus euporus (Karst.) Bond. et Sing., Ann. Mycol. 39: 51 (1941); Chaetoporus tenuis Karst., Hedwigia 29: 148 (1890); Poria atenuata (Karst.) Cke., Grevillea 14: 110 (1886)

Cuerpo fructífero resupinado, al principio crece en parches redondos que luego van confluyendo unos con otros. El subículo es delgado y de color blanco amarillento. El margen es esteril y también de color blanco. La superficie del himenóforo es de color que varía del crema al salmón. Los poros tienen un diámetro de 0,1-0,2 mm. El sistema de hifas es dimítico. Las hifas generativas son de paredes delgadas, fibuladas y las hifas esqueléticas de paredes gruesas. Presenta gran cantidad de cistidios, unos mazudos con incrustaciones cristalinas en sus gruesas paredes y otros con paredes también gruesas pero sin incrustaciones. Las esporas son anchamente elipsoidales, de paredes delgadas, lisas e inamiloides, con gotas lipídicas en su interior, miden de 3,5-4,5 x 2,5 µm.

Habitat. - La hemos recolectado en una sola ocasión sobre madera descortezada de Fagus sylvatica.

Corología. - NAVARRA: San Miguel de Aralar, 1-10-77, leg. F.D. Calonge. En la bibliografía está citada en el Pais Vasco (Ruiz de Gaona y Oñaiticia, 1954)

Género LAETIPORUS Murrill, Bull. Torr. Bot. Club 31: 607 (1904)
Generotipo: Laetiporus speciosus (Batt.) Murrill, Bull. Torr. Bot. Club 31: 607 (1904)

Cuerpo fructífero pileado, sesil y dimidiado; los carpóforos crecen imbricados. La superficie del pileo es lisa y de color amarillo naranja. El contexto de color también amarillo y el himenóforo tubular concoloro con el contexto, los poros son pequeños y redondos. El sistema de hifas es dimítico, formado por hifas generativas e hifas envolventes. Las esporas son ovales, con las paredes hialinas, lisas y no amiloides.

Laetiporus sulphureus (Bull. ex Fr.) Murrill, Mycologia 12: 11 (1920) Sinónimos: Polyporus sulphureus Bull. ex Fr., Syst. Mycol. I: 357 (1821); Leptoporus sulphureus (Bull. ex Fr.) Quél.,Fl. Mycol. Fr. pag. 387 (1888); Tyromyces sulphureus (Bull. ex Fr.) Donk, Med. Bot. Mus. Univ. Utrecht 9: 145 (1933); Griphola sulphurea (Bull. ex Fr.) Pilát, Beih. Bot. Centralbl. 52: 39 (1935); Polypilus caudicinus (Scop.) Schroet.,Pilze Schles. pag. 471 (1889); Polyporus caudicinus (Scop.) Karst.,Krit. Finl. Basidsv. pag. 289 (1889); Polypilus caseranus Fr., Epicr. pag. 449 (1838); Laetiporus speciosus (Batt.) Murrill, Bull. Torr. Bot. Club 31: 607 (1904); Polyporus citrinus Plan. ex Pers., Mycol. Europ. II: 49 (1825)

Cuerpo fructífero anual, pileado, sesil y dimidiado. Los carpóforos crecen imbricados unos respecto a los otros. La superficie del pileo es lisa, de un intenso color amarillo naranja en los ejemplares jóvenes y frescos, en los ejemplares viejos se va decolorando llegando a tomar una coloración blanquecina. El contexto es flexible y de color amarillo naranja en los ejemplares frescos, en los secos se torna friable y de color blanquecino. El himenóforo es tubular, la longitud de los tubos, colocados en una sola fila, es de 1,5-3 mm, y son concoloros con el contexto. Los poros, concoloros con los tubos, son redondos y pequeños, de 0,3-0,8 mm de diámetro.

El sistema de hifas es dimítico, formado por hifas generativas, de paredes hialinas y carentes de fíbulas, e hifas envolventes. Las esporas son anchamente elipsoidales, de paredes hialinas, lisas y no amiloides, con una gota lipídica en su interior, miden de 5-7,5 x 3,5-4,5 μm.

Habitat. - Lo hemos recolectado sobre madera de Juglans regia, Castanea sativa, Populus sp. y Eucaliptus sp.

Corología. - AVILA: Mijares, 26-9-76, leg. C. Navarro y M. T. Telle ría. CACERES: San Martín de Trevijo, 30-3-76, leg. C. Navarro , C. Pardo y M. T. Tellería. En el herbario MAF fungi hay material procedente de Moncloa (Madrid) MAF fungi 137; Llerana (Santander) MAF fungi 138; Algorta (Vizcaya) MAF fungi 244. En la bibliografía apararece citado en Cataluña (Maire, Codina y Font Quer, 1933; Heim, Font Quer y Codina, 1934; Maublanc, 1936; Maire, 1937; Singer, 1947) en el Pais Vasco (Ruiz de Gaona y Oñaiticia, 1954; Cat.Micol.Pais Vasco, 1973) en Madrid (Calonge , 1970) ; en Guadalajara (Carballal, 1974) y en Galicia (García Rollán, 1971).

Género LENZITES Fr., Fl. Scan. pag. 339 (1835)
Generotipo: Daedalea betulina L. ex Fr., Syst. Mycol. I: 333 (1821)
Sinónimo : Leucolenzites Falck, Hausschwammforsch. 3: 37 (1909)

Cuerpo fructífero pileado, sesil y dimidiado, la superficie del pileo es zonada, el contexto de color claro, blanco grisáceo y el himenóforo lame liforme. El sistema de hifas es trimítico, formado por hifas generativas de paredes delgadas, hialinas y con fíbulas, hifas esqueléticas e hifas en volventes de paredes gruesas ehialinas, las primeras no ramificadas y las segundas abundantemente ramificadas. Las esporas son de elipsoidales a cilíndricas, de paredes lisas, hialinas y no amiloides.

Lenzites betulina (L. ex Fr.) Fr., Epicr. pag. 405 (1838)
Sinónimos: Daedalea betulina L. ex Fr., Syst. Mycol. 1: 333 (1821); Trametes betulina (L. ex Fr.) Pilát, Atl. Champ Eur. 3: 327 (1939); Lenzites flaccida var. betulina Quél., Fl. Mycol. pag. 367 (1888); Lenzites connata Láz.-Ibiza, Rev. Real Acad. Cienc. Exact. Fisic. Nat. Madrid 14: 850 (1916); Lenzites hispida Láz.-Ibiza, Rev. Real Acad. Cienc. Exact. Fisic. Nat. Madrid 14: 847 (1916).

Cuerpo fructífero pileado, sesil y dimidiado, los carpóforos crecen a veces imbricados unos respecto a otros. La superficie del pileo es híspi da, concéntricamente zonada ya que se alternan las zonas híspidas con las pubescentes, presenta varios colores que van del blanco al gris, crema, marrón, etc. El contexto es de color blanco, de naturaleza fibrosa algodonosa. El himenóforo es muy característico, formado por láminas que a veces se anastomosan, presenta de 13-16 láminas por cm, son de color blanco crema.

El sistema de hifas es trimítico, formado por hifas generativas fibuladas y poco abundantes, las hifas esqueléticas y las envolventes son las que están en mayor cantidad, tienen las paredes gruesas e hialinas. Las hifas esqueléticas no son ramificadas, mientras que las hifas envolventes están abundantemente ramificadas. Las esporas son de cilíndricas a oblongo elipsoidales, tienen las paredes lisas, hialinas y no amiloides, miden de 4,5-6 x 1,5-2,5 μm.

Habitat. - Lo hemos recolectado sobre madera de Fagus sylvatica, Betula celtiberica y Quercus robur.

Corología. - ALAVA: Villareal de Alava, 28-3-75, leg. C. Navarro y M. T. Tellería. LEON: Boñar, 10-10-77, leg. M. García Rollán. MADRID: Pto. de Canencia, 17-4-77, leg. E. Alvarez. VIZCAYA: Orduña, 18-10-75, leg. F. D. Calonge; Garay, 17-10-75, leg. C. Navarro y M. T. Tellería; Mañaria, 30-12-76, leg. C. Navarro y M. T. Tellería. En el herbario MAF fungi hay material de Llerena (Santander) MAF fungi 81; Portillo (Toledo) MAF fungi 83. En la bibliografía aparece citado en Cataluña (Codina y Font Quer, 1930; Maublanc, 1936; Maire, 1937; Singer, 1947), en el Pais Vasco (Lacoizqueta, 1885; Cat. Micol. Pais Vasco, 1973), en Galicia (García Rollán, 1971), Colmeiro (1889) lo cita en Santander, Santiago de Compostela (La Coruña), El Pardo (Madrid) y Titatu jas (Valencia).

Género MERIPILUS Karst., Bidr. Känn. Finl. Nat. Folk 37(8): 33 (1882)
Generotipo: Polyporus giganteus Pers. ex Fr., Syst. Mycol. 1: 356 (1821)

Cuerpo fructífero pileado y estipitado, de una base común, salen multitud de pies que acaban en un sombrerillo. Como los pies crecen a diversas alturas, los sombrerillos quedan imbricados unos respecto a otros. El sistema de hifas es monomítico, las hifas generativas carecen de fíbulas. Las esporas son subglobosas, de paredes hialinas, lisas y no amiloi des.

Observaciones. - Este género es muy próximo a Grifola, se diferencian en que el género Meripilus carece de fíbulas y las paredes de las hifas generativas son más gruesas que las del género Grifola.

Meripilus giganteus (Pers. ex Fr.) Karst., Bidr. Känn. Finl. Nat. Folk 37(8): 33 (1882)

Sinónimos: Polyporus giganteus Pers. ex Fr., Syst. Mycol. 1: 356 (1821); Polypilus giganteus (Pers. ex Fr.) Donk, Meded.Bot. Mus. Univ. Utrecht 9: 122 (1933); Grifola gigantea (Pers. ex Fr.) Pilát, Beih. Bot. Centralb. 5 B: 35 (1934); Fabellopilus giganteus (Pers. ex Fr.) Kotl. et Pouz., Česká Mykol. 11(3): 155 (1957)

Cuerpo fructífero anual; de una base común salen multitud de pies que acaban, cada uno de ellos, en un sombrerillo, quedando imbricados estos unos respecto a otros. Puede alcanzar esta especie grandes tamaños, llegando incluso a medir hasta 80 cm de diámetro. La superficie de los carpóforos es de color marrón, rugosa y mate, resquebrajada por algunas zonas. El contexto es fibroso, de color blanco que al secar en contacto del aire se oscurece. El himenóforo es tubular, los tubos en conjunto son de color blanco, de 4-5 mm de longitud, al secar se oscurecen. Los poros son pequeños miden de 0,3-0,5 mm de diámetro. Los carpóforos de esta especie llegan a adquirir grandes tamaños, pudiendo incluso pesar de 18-20 kg.

El sistema de hifas es monomítico, las hifas generativas carecen de fíbulas. Las esporas son subglobosas y miden de $5,5-7 \times 4,5-5,5 \mu m$.

Habitat. - Lo hemos recolectado creciendo en la base de un Celtis australis.

Corología. - MADRID: Fuente del Fresno, 24-10-76, leg. M. Pastrana ;Jardín Botánico, 10-11-75, leg. F. D. Calonge y M. T. Tellería. Abundantemente citado en la bibliografia micológica española.

Género OXYPORUS (Bourd. et Galz.) Donk emend. Bond. et Sing. Donk,Meded.Bot. Mus. Univ. Utrecht 9: 202 (1933)

Bondartsev & Singer, Ann. Mycol. 39: 63 (1941)

Generotipo: Polyporus populinus Schum. ex Fr., Syst. Mycol. 1: 367 (1821) ≡ Oxyporus populinus (Schum. ex Fr.) Donk,Meded.Bot. Mus. Univ. Utrecht 9: 204 (1933)

Sinónimo: Coriolus sect. Oxyporus Bourd. et Galz., Bull. Soc.Micol. Fr. 41: 146 (1925)

Cuerpo fructífero pileado o resupinado, anual o perenne, de color blanco o amarillento, el himenóforo es tubular. El sistema de hifas es monomítico, las hifas generativas sin fíbulas son de paredes delgadas o gruesas. Presenta cistidios en el himenio a veces con incrustaciones cristalinas en el ápice. Las esporas son subglobosas, con las paredes hialinas, lisas, amiloides o inamiloides.

Observaciones. - Pouzar (1966b) hace un estudio comparativo de los géneros Oxyporus y Rigidoporus Murrill, llegando a la conclusión de que ambos se diferencian únicamente por la consistencia del carpóforo, de modo que la consistencia de Oxyporus es suberosa a diferencia de Rigidoporus que es cerea o cartilaginosa, siendo el Rigidoporus ulmarius una especie de transición entre ambos géneros, ya que tiene la trama suberosa y los tubos de consistencia cartilaginosa. Basándose en que la diferencia entre ambos géneros es mínima y que además existe una especie de transición entre ellos, considera al género Oxyporus como un subgénero de Rigidoporus. Autores como Donk (1974) no comparten esta opinión y consideran ambos géneros separados. Nosotros siguiendo a Donk, los consideramos también como géneros independientes.

Oxyporus obducens (Pers.) Donk,Meded.Bot. Mus. Univ. Utrecht 2: 202 (1933)

Sinónimos: Polyporus obducens Pers., Mycol. Europ. 2: 104 (1825); Rigidoporus obducens (Pers.) Pouz., Fol. Geobot. Phytotax. 4(1): 356 (1966)

Cuerpo fructífero resupinado, de color blanco, crema o amarillento. El subículo de 0,5 a 1 mm de grosor, es algodonoso fibroso. El himenóforo es tubular, los tubos en una o varias líneas, según sea anual o perenne el carpóforo, los poros son redondos de 0,1-0,25 mm de diámetro, cuando el carpóforo está en un sustrato vertical entonces los tubos se presentan como irpicoides. En muchas zonas el carpóforo está recubierto por una capa de naturaleza algodonosa, de color crema amarillento; al observarla al microscopio se ve que son conidios elípticos, con una doble pared y gotas lipídicas en su interior, que miden de 8,4-14,4 x 6-9,6 μm.

El sistema de hifas es monomítico, las hifas generativas carecen de fíbulas. Presenta gran cantidad de cistidios en el himenio, que llevan en el ápice incrustaciones de oxalato cálcico. Las esporas son de subglobosas a anchamente elipsoidales, de paredes lisas, hialinas y no amiloides, miden de 4,5-5,5 x 3,5-4,5 μm.

Habitat. - Lo hemos recolectado en una sola ocasión y crecía sobre madera de Ulmus campestris.

Corología. - MADRID: Jardín Botánico, 26-11-76, leg. F.D. Calonge.

En la bibliografía aparece citado en Guadalajara (Lázaro e Ibiza, 1912)

Género PERENNIPORIA Murrill, Mycologia 34: 595 (1942)

Generotipo: Polyporus unitus Pers., Mycol. Europ. 2: 93 (1825) ≡ Perenniporia unita (Pers.) Murrill, Mycologia 34: 595 (1942)= Perenniporia medulla-panis (Jacq. ex Fr.) Donk, Persoonia 5(1): 76 (1967)

Cuerpo fructífero de forma variable, ya que puede ser desde resupinado hasta pileado, según Ryvarden (1972b) no tiene importancia a nivel genérico el caracter de la forma del carpóforo. Los caracteres del género están a nivel microscópico, con su sistema de hifas trimítico, formado por hifas generativas de paredes hialinas, delgadas, con fíbulas; hifas esqueléticas de paredes también hialinas pero gruesas e hifas envolventes muy ramificadas. Las esporas son truncadas en la base y con paredes dextrinoides.

El sistema de hifas en este género no está muy claro, pues la naturaleza de las hifas envolventes es oscura, se ha pensado que podría ser hifas esqueléticas transformadas, Ryvarden (1972b)dice que después de observar estas hifas aisladas, no hay duda en clasificarlas como envolventes, con lo que el sistema de hifas es trimítico.

Perenniporia fraxinea (Fr.) Ryv., Nova Hedwigia 27: 158 (1976)

Sinónimos: Polyporus fraxineus Fr., Syst. Mycol. 1: 374 (1821); Fomes ganodermicus Láz. -Ibiza, Rev. Real Acad. Cienc. Exact. Fisic. Nat. Madrid 14: 664 (1916); Polystictoides leucomelas Láz. -Ibiza, Rev. Real Acad. Cienc. Exact. Fisic. Nat. Madrid 14: 833 (1916)

Cuerpo fructífero pileado, sesil y dimidiado. La superficie del carpóforo es de color blanco grisáceo y esta zonada concéntricamente. El contexto es suberoso y de color crema marrón. El himenóforo tubular está estratificado; cada fila de tubos mide de 0,5-1,5 cm de longitud y son concoloros con el contexto. Los poros son redondos, de alrededor de 0,2 mm de diámetro y concoloros con los tubos.

El sistema de hifas es trimítico, las hifas generativas de paredes hialinas y delgadas, presentan fíbulas, las esqueléticas tienen las paredes gruesas y dextrinoides y las envolventes son muy ramificadas. Las esporas son subglobosas, truncadas, de paredes hialinas, gruesas y dextrinoides, presentan en su interior una gran vacuola central, miden de 6-9 x 4-6 μm.

Habitat. - La hemos recolectado sobre Quercus robur, Robinia pseudoacacia y Fraxinus sp.

Corología. - GUIPUZCOA: Tolosa, 28-9-77, leg. F. D. Calonge. MADRID: Casa de Campo, 12-5-76, leg. F. D. Calonge y M. T. Telleria; Villaviciosa de Odón, 7-4-77, leg. M. García Rollán. VIZCAYA: Arrazola, 4-1-75, leg. C. Navarro y M. T. Tellería. En el herbario MAF fungi hay material de Cibea (Asturias) MAF fungi 21; Rivadesella (Asturias) MAF fungi 22 y 24; Covadonga (Asturias) MAF fungi 25.

Género PIPTOPORUS Karst., Medd. Soc. F. Fl. Fenn. 6: 9 (1881)

Generotipo: Polyporus betulinus Bull. ex Fr., Syst. Mycol. 1: 358 (1821)

Cuerpo fructífero anual, pileado, unido al sustrato por una pequeña base lateral. La superficie del carpóforo es glabra y lisa. El contexto algo donoso fibroso es de color blanco. El himenóforo tubular. El sistema de hifas es dimítico formado por hifas generativas fibuladas o afibuladas, e hifas esqueléticas. Las esporas de alantoides a cilíndricas, son hialinas, lisas y no amiloides.

Piptoporus betulinus (Bull. ex Fr.) Karst.,Medd. Soc. F. Fl. Fenn. 6: 9 (1881)

Sinónimos: Polyporus betulinus Bull. ex Fr., Syst. Mycol. 1: 358 (1821); Ungulina betulina (Bull. ex Fr.) Pat., Ess. Tax. Hym. pag. 103 (1900); Placodes betulina (Bull. ex Fr.) Quél., Fl. Mycol. pag. 391 (1888).

Cuerpo fructífero pileado, dimidiado, unido al sustrato por un pequeño pseudopie. La superficie del carpóforo lisa y glabra, es de color variable ya que va del blanco grisáceo al marrón claro. El margen es obtuso y la corteza que recubre la superficie del carpóforo, penetra un poco en el hi menóforo, que es tubular; los tubos está colocados en una sola fila, miden de 3-7 mm de longitud. Los poros son redondos de 0,2 mm de diámetro, de color blanco grisáceo y cuando el material está fresco,blandos. El contexto es blanco, elástico y blando en material fresco, algodonoso en material seco.

El sistema de hifas es dimítico, las hifas generativas con fíbulas y ligeramente ramificadas, las hifas esqueléticas de paredes gruesas, con un diámetro de 4-6 μm. Las esporas son de cilíndricas a alantoides, deprimidas lateralmente, miden de 4-5 x 1-2 μm, son de paredes lisas, hialinas y no amiloides.

Habitat. - Lo hemos recolectado siempre sobre madera de abedul.

Observaciones. - Hay autores como Ryvarden (1978), para los que el sistema de hifas puede considerarse como trimítico, al interpretar, que las hifas extraordinariamente ramificadas, que existen en la proximidad de la cutícula, son hifas envolventes.

Corología. - MADRID: Pto. de Canencia, 25-4-76, leg. C. Navarro, J. L. Tellería y M. T. Tellería. VIZCAYA: Arrazola, 25-3-75, leg. C. Navarro y M. T. Tellería. En la bibliografía aparece citado en Cataluña (Singer, 1947) en el Pais Vasco (Cat.Micol. Pais Vasco, 1973; Calonge y Zugaza, 1973) y en Asturias (Mayor et al., 1973)

Género POLYPORUS Mich. ex Fr. emend. Donk

Fries, Syst. Mycol. 1: 341 (1821)

Donk,Meded.Bot. Mus. Univ. Utrecht 9: 123 (1933)

Generotipo: Polyporus squamosus Huds. ex Fr., Syst. Mycol. 1: 343 (1821)

Cuerpo fructífero anual, pileado y estipitado; el pie puede ser central, excéntrico o lateral. El himenóforo es tubular. El contexto es de color blanco o claro. El sistema de hifas es dimítico, formado por hifas generativas e hifas envolventes. Las esporas son de anchamente elipsoidales a cilíndricas, de paredes lisas, hialinas y no amiloides.

Observaciones. - Este género, está sometido a una fuerte polémica, para autores como Singer, Locquin y Kreisel, pertenece al Orden Agaricales, basándose para hacer tal afirmación, en que las estructuras de varias especies del género Polyporus se corresponden con las de los géneros Panus, Lentinus y Pleurotus. Otros autores como Donk, Domanski, Orlos, Skirgiello, Bondartsev, Ryvarden, consideran el género Polyporus dentro del Orden Aphyllophorales. El problema sigue en pie sin que los defensores tanto de una como de otra teoría, den razones de peso para incluirlos definitivamente en uno u otro orden; nosotros seguimos la segunda teoría de considerarlo dentro del Orden Aphyllophorales, siguiendo a Ryvarden, Donk, Domanski, ... reconocidos especialistas en este Orden.

Clave de especies:

1. Cuerpo fructífero formado por una base común de la que parten multitud de ramificaciones, acabadas cada una de ellas en un sombrerillo central. Poros con un diámetro de 0,5-0,8 mm. Esporas cilíndricas de 7-10 x 3-4 µm. .... P. umbellatus

1′ Cuerpo fructífero sin las características anteriores 2

2. Todo el pie o solamente su base, recubierta de una corteza de color negro o marrón muy oscuro. 3

2′ Ni todo el pie, ni la base recubierta con una costra oscura. 7

3. Pie recubierto totalmente con una costra oscura. Pileo de color marrón rojizo, circular, infundibuliforme y ondulado. Poros de 0,2-0,3 mm de diámetro. Esporas de oblongo elipsoidales a cilíndricas 6,5-8 x 3-4 µm. .... P. melanopus

3′ Unicamente la base del pie, recubierta por una costra oscura. 4

4. Carpóforos grandes, de hasta 40 cm de diámetro. La superficie del pileo de color marrón amarillento, recubierta con multitud de escamas marrones oscuras. Poros de 1-2 x 0,5-1,5 mm. Esporas oblongo elipsoidales que miden de 10-15 x 4-5,5 µm. .... P. squamosus

4′ Especies que no presentan, todas juntas, las características anteriores 5

5. Especie que vive en el suelo, emitiendo un largo rizomorfo a la raiz de plantas herbáceas, principalmente gramíneas. Poros angulosos o alveolares 0,5-1 x 0,25-0,5 mm. .... P. rhizophilus

5′ Especies que viven sobre madera y carecen de rizomorfo. Poros redondos de 0,1-0,3 mm de diámetro. 6

6. Superficie del pileo de color crema gamuza, la pared interna de las hifas que cubren la base del pie amiloides. Esporas cilíndricas de 7,5-8,5 x 3,5-4 µm. .... P. varius

6′ Superficie del pileo, de color marrón oscuro, la pared interna de las hifas que recubren la base del pie, no amiloides. Esporas oblongo elipsoidales de 5-9 x 3-4 µm. .... P. badius

7. Especie meridional, viviendo sobre madera de Cistus y Rosmarinus. Su pie se prolonga a veces por un largo rizomorfo. ....P. meridionalis

7′ Especies sin las características anteriores. 8

8. Esporas de 10-14 x 4-5,5 µm. Pileo de 1-5 cm de diámetro, de color gamuza con escamas de color marrón oscuro. Pie hispido, con pelos de color marrón oscuro. .... P. lentus

8′ Esporas que miden de 5-9 x 1,8-3,5 µm. 9

9. Especie con poros rombicos, de 1-2 x 0,7-1 mm. La superficie del carpóforo es híspida. Las esporas oblongo elipsoidales miden 7-9

x 2,5-3,5 µm. .... P. arcularius

9: Especies cuyos poros no son rombicos ni sobrepasan 1,5 mm de diá
metro. 10

10. Especie con poros angulares de 0,3-1,2 x 0,2-1 mm. Esporas cilíndricas de 6-8 x 1,9-3 µm. .... P. brumalis

10: Especie con poros redondos, muy pequeños de 0,05-0,2 mm de diá
metro. Esporas cilíndricas de 5-6 x 1,8-2,5 µm. .... P. ciliatus

Polyporus arcularius Batsch. ex Fr., Syst. Mycol. 1: 342 (1821)

Sinónimos: Leucoporus arcularius (Batsch. ex Fr.) Quél., Fl. Mycol.
Fr. pag. 402 (1888); Leucoporus arcularius var. strigosus Bourd. et
Galz., Hym. Fr., pag. 532 (1928); Favolus arcularius (Batsch. ex Fr.)
Ames, Ann. Mycol. 11: 241 (1913); Polyporellus arcularius (Batsch. ex
Fr.) Karst., Symb. Mycol. 11: 241 (1879); Polyporellus arcularius ssp.
strigosus (Bourd. et Galz.) Pilát, Bull. Soc. Mycol. Fr. 48: 4 (1932);
Polyporus intermedius Rostk., Sturm. D. Fl. III H. 16 : 69 (1837);
Polyporus rhombiporus Pers., Mycol. Europ. II: 211 (1825)

Cuerpo fructífero pileado y estipitado, el pie es central, a veces presenta en su base un pequeño bulbo, su tamaño no excede en longitud al diá
metro del sombrerillo que mide de 2-6 cm , es de color amarillo ocre e hispido, el margen presenta asimismo cilios hirsutos. El contexto es blan
co, mide de 1-3 mm de grosor, el himenóforo es tubular, los tubos miden de 1-2 mm de longitud. Los poros ligeramente decurrentes sobre el pie, son anchamente romboidales, miden de 1-2 x 0,7-1 mm y son de color crema amarillento.

El sistema de hifas es dimítico, formado por hifas generativas con fíbulas e hifas envolventes. Las esporas son oblongo elipsoidales, ligeramen
te deprimidas cerca del ápice y miden de 7-9 x 2,5-3,5 µm.

Habitat. - Lo hemos recolectado sobre madera de Quercus suber y Quercus pyrenaica.

Corología. - BADAJOZ: Villanueva del Fresno, 2-3-76, leg. F.D.Ca
longe y G. Moreno. HUELVA: Coto de Doñana, 16-10-76, leg. A. Barra,
C. Costa y E. Valdés. MADRID: Pto. de Lozoya, 15-5-76, leg. F.D.Calon
ge; Carretera Miraflores al Pto. de Canencia, 15-5-77, leg. M.T.Telle-

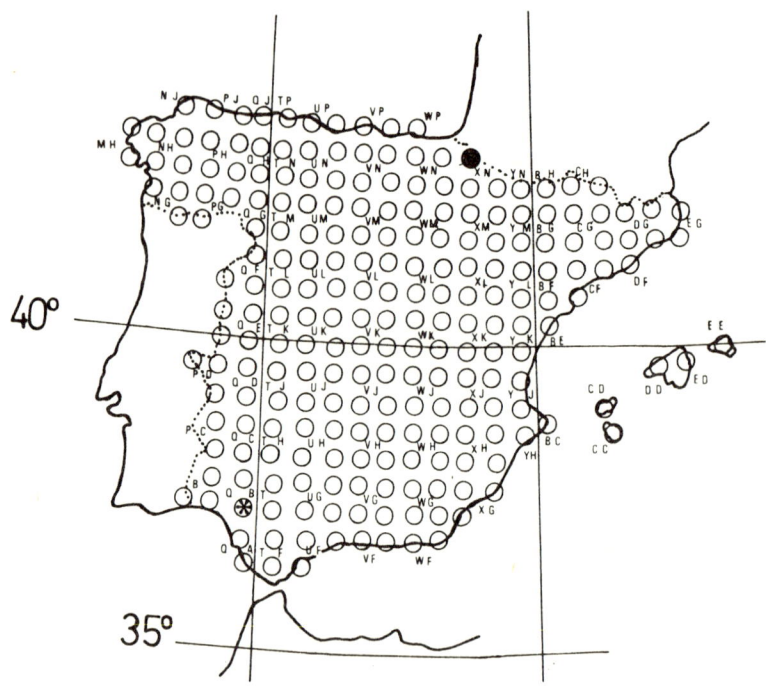

Fig. 60. Polyporus badius (Pers. ex S. F. Gray) Schw. (●)
Polyporus meridionalis (David) Telleria (✱)

ría. SEGOVIA: Riaza, 19-9-76, leg. C. Navarro y M. T. Tellería. En la bibliografía aparece citado en Cataluña (Codina y Font Quer, 1930; Maire, Codina y Font Quer, 1933; Maublanc, 1936; Maire, 1937; Singer, 1947; Malençon y Bertault, 1971) en Extremadura (Torres Juan, 1963) en Andalucía (Torres Juan, 1963; Benito Martínez y Torres Juan, 1965) y en el Pais Vasco (Cat.Micol. Pais Vasco, 1973)

<u>Polyporus badius</u> (Pers. ex S. F. Gray) Schw. , Trans. Am. Phil. Soc. (New Ser.) 4: 155 (1834)

Sinónimos: <u>Grifola badia</u> Pers. ex S. F. Gray, Nat. Arr. Brit. Pl. 1: 644 (1821); <u>Polyporus picipes</u> Fr. , Epicr. pag. 440 (1838)

Cuerpo fructífero pileado y estipitado, el pie generalmente excéntrico, mide de 2-4 x 0,5-1,5 cm , en la parte superior cubierto por los poros, ya que son decurrentes sobre el pie, y en la base lleva una corteza de color oscuro. El pileo de 5-10 cm de diámetro, es infundibuliforme, tiene el margen muy delgado y su superficie es lisa y de color marrón rojizo. El contexto es duro, de color blanco crema y tiene un grosor de 1-3 mm. El himenóforo es tubular, concoloro con el contexto. Los poros muy pequeños de 4-7 por mm y de color blanco crema.

El sistema de hifas es dimítico, formado por hifas generativas e hifas envolventes. Las esporas son oblongo elipsoidales, de paredes hialinas, tienen gran cantidad de gotas lipídicas en su interior, miden de 5-9 x 3-4 μm.

Habitat. - Recolectado creciendo sobre raiz de <u>Fagus sylvatica</u>.

Corología. - NAVARRA: Quinto Real, 27-9-75, leg. L. M. García Bona. (Figura 60)

Observaciones. - Después de haber consultado toda la bibliografía a nuestro alcance, esta especie parece ser nueva cita para nuestro pais.

<u>Polyporus brumalis</u> Pers. ex Fr. , Syst. Mycol. 1: 348 (1821)

Sinónimos: <u>Polyporus ustalis</u> Vel. , Česká Houby pag. 671 (1923); <u>Leucoporus arcularius</u> var. <u>scabellus</u> Bourd. et Galz. , Hym. Fr. , pag. 532 (1928); <u>Polyporus brumalis</u> form. <u>subarcularius</u> Donk,Meded.Bot. Mus.

Rijsk Univ. Utrecht 9: 133 (1933); Polyporellus arcularius fom. griseus Pilát, Beih. Bot. Centralbl. 56 B: 28 (1936); Polyporus subarcularius (Donk) Bond., Ann. Mycol. 39: 58 (1941)

Cuerpo fructífero pileado y estipitado, el pie central o excéntrico es de color marrón o marrón rojizo, mide de 1,5-3 x 0,2-0,5 cm y está recubierto por una pruina que desaparece en los ejemplares viejos. El pileo es plano o plano convexo, de color marrón oscuro y recubierta su superficie, sobre todo en la periferia por pelos erectos, el margen es delgado y normalmente enrollado hacia el himenóforo, que es de color blanco crema. Los tubos miden de 1-3 mm de longitud, y los poros son de forma variable, al principio ovales pero después pasan a ser poligonales, miden de 0,3-1,2 x 0,2-1 mm. El contexto es coriáceo, de color blanco y delgado, de hasta 2,5 mm de grosor.

El sistema de hifas es dimítico, está formado por hifas generativas con fíbulas e hifas envolventes. Según Pouzar (1972a) las hifas generativas que constituyen la base del pie tienen las paredes anchas y la parte interna de dichas paredes es amiloide. Las esporas son cilíndricas, miden de 6-8 x 1,9-3 μm , generalmente presentan gotas lipídicas en su interior.

Habitat. - Lo hemos recolectado sobre madera de Fagus sylvatica, Quercus pyrenaica, Quercus robur y Betula celtiberica.

Corología. - ALAVA: Aramayona, 14-2-75, leg. C. Navarro y M. T. Tellería. GUIPUZCOA: Arlabán, 2-1-77, leg. J. L. Tellería y M. T. Tellería; Aránzazu, 24-12-74, leg. J. L. Tellería y M. T. Tellería. MADRID: Lozoya, 15-5-76, leg. F. D. Calonge; Pto. de Canencia, 4-10-75, leg. G. López y M. T. Tellería; Carretera de Cotos al Paular, 6-11-75, leg. F. D. Calonge. NAVARRA: Valle de Belabarza, 17-12-76, leg. E. Fuertes, C. Navarro y M. T. Tellería. VIZCAYA: Axpe, 14-4-76, leg. C. Navarro y M. T. Tellería; Arrazola, 4-1-75, leg. C. Navarro y M. T. Tellería. En la bibliografía aparece citado en Cataluña (Maire, Codina y Font Quer, 1933; Heim, Font Quer y Codina, 1934; Maublanc, 1936; Singer, 1947; Calonge y Zugaza, 1973) en el Pais Vasco (Cat. Micol. Pais Vasco, 1973) y en Gran Canaria (Ryvarden, 1972 b).

Polyporus ciliatus Fr., Syst. Mycol. 1: 349 (1821)

Cuerpo fructífero pileado y estipitado. El pileo es plano o, a veces, convexo y muy raramente cóncavo, de color amarillo marrón a marrón tabaco, tiene un diámetro de 1-6 cm la superficie es glabra o ligeramente híspida en la zona del margen. El pié es central o excéntrico, liso y glabro a veces ligeramente pubescente, de color marrón claro, mide de 2-4 x 0,2-0,5 cm. El contexto es delgado de color blanco o crema amarillento, el himenóforo tubular, tiene los tubos de 0,5-2 mm de longitud. Los poros son redondos o irregulares, muy pequeños, de 0,05-0,2 mm de diámetro y de color crema amarillento.

El sistema de hifas es dimítico, formado por hifas generativas fibuladas e hifas envolventes, según Pouzar(1972 a),al igual que en el Polyporus brumalis, la parte interna de la pared de las hifas generativas que recubren la base del pie son amiloides. Las esporas son cilíndricas, ligeramente deprimidas cerca del ápice, miden de 5-6 x 1,8-2,5 μm.

H a b i t a t. - Lo hemos recolectado sobre Fagus sylvatica.

C o r o l o g í a. - ASTURIAS: Pto. de San Isidro, 18-9-73, leg. F. D. Calonge. En la bibliografía aparece citado en Cataluña (Codina y Font Quer, 1930).

O b s e r v a c i o n e s. - Esta especie es próxima al P. brumalis, del que se diferencia facilmente por el color del sombrerillo y tamaño de los poros, más claros y pequeños respectivamente en P. ciliatus, así como por el tamaño de las esporas más largas en P. brumalis.

Polyporus lentus Berk. in Smith, English Flora 5(2): 134 (1836)

S i n ó n i m o s: Polyporus coronatus Rostk. in Sturm., Deutsch. Fl. III: 17 (1848); Melanopus coronatus (Rostk.) Bourd. et Galz., Hym. Fr. pag. 525 (1928); Polyporus floccipes Rostk. in Sturm., Deutschl. Fl. III: 25 (1848); Coriolus forquignoni Quél., Fl. Mycol. pag. 408 (1888)

Cuerpo fructífero pileado y estipitado, pileo de color gamuza, con un diámetro de 1-5 cm, plano y ligeramente deprimido en el punto donde se une con el pié; la superficie del pileo está recubierta de gran cantidad de escamas de color marrón negruzco. El pie es central, excéntrico o lateral, mide de 1-3 x 0,3-0,8 cm , está recubierto por penachos de pelos de color marrón oscuro. Los tubos son de color crema, los poros son poligonales y grandes, miden de 1,5-2 x 1-1,5 mm.

El sistema de hifas es dimítico, está formado por hifas generativas con fíbulas e hifas envolventes. Las esporas son de anchamente elipsoidales a cilíndricas y miden 10-14 x 4-5,5 μm.

Habitat. - Recolectada en dos ocasiones sobre madera de Fagus sylvatica.

Corología. - NAVARRA: Etulain, 25-5-77, leg. L.M. García Bona. VIZCAYA: Altube, 19-9-76, leg. E. Perez del Moral. En la bibliografía aparece citado en el Pais Vasco (Cat.Micol. del Pais Vasco, 1973)

Polyporus melanopus Pers. ex Fr., Syst. Mycol. 1: 347 (1821)

Sinónimos: Melanopus melanopus (Pers. ex Fr.) Bourd. et Galz., Hym. Fr., pag. 529 (1928); Polyporellus melanopus (Pers. ex Fr.) Pilát, Beih. Bot. Centralbl. 56 B: 74 (1936); Polyporus cyathoides (Sw. ex Fr.) Quél., Mem. Soc. Emil. Montbeliard II 5: 570 (1872)

Cuerpo fructífero pileado y estipitado, algunos carpóforos crecen aislados y otros por el contrario crecen en grupos unidos por el pie. El pileo es circular, ondulado e infundibuliforme, presentándose la depresión en el punto de unión del pileo con el pie; la superficie en los ejemplares adultos es glabra y de color marrón rojizo. El pie es central o excéntrico de 3-5 x 0,5 cm , de color negro o marrón oscuro, todo él está recubierto por una capa lisa y glabra, en la parte superior está cubierto por los poros,que son decurrentes sobre el pie. El contexto muy delgado de 1 mm de grosor, es de color blanco. El himenóforo está formado por tubos muy cortos de 0,5-1 mm de longitud, concoloros con el contexto. Los poros son redondos, de color blanco crema y muy pequeños, tienen un diámetro de 0,2-0,3 mm.

El sistema de hifas es dimítico, formado por hifas generativas e hifas envolventes. Las esporas son de oblongo elipsoidales a cilíndricas, miden de 6,5-8 x 3,4 μm.

Habitat. - El material por nosotros estudiado ha sido recolectado sobre madera de Fagus sylvatica.

Corología. -ASTURIAS: Panderueda, 28-9-73, leg. F.D. Calonge. NAVARRA: Sierra de Leyre, 28-9-72, leg. F.D. Calonge. Ampliamente citado en la bibliografía.

Polyporus meridionalis (David) Tellería, comb. nov.

Basiónimo: Leucoporus meridionalis David in David et Romagnesi, Bull. Trimest. Soc. Mycol. Fr. 88 (3-4): 301 (1972)

Cuerpo fructífero pileado y estipitado, el pileo es redondo, plano a veces deprimido en el punto de inserción con el pie; de 1,5-2 cm de diámetro, de color marrón, puede presentar escamas sobre su superficie. El pie es central o ligeramente excéntrico, mide de 1-3 x 0,2-0,4 cm, estando provisto en algunas ocasiones de un largo rizomorfo. Los poros de color blanco o crema, son ligeramente alargados y miden 0,5 x 0,2 mm aproximadamente.

El sistema de hifas es dimítico, formado por hifas generativas e hifas envolventes. Las hifas generativas son anchas, de hasta 18 µm de anchura; en el material estudiado por nosotros, solo hemos observado septos simples, aunque David y Romagnesi (1972) dicen que a veces presentan fíbulas aisladas. Las hifas envolventes, teniendo una anchura de hasta 5 µm, son extraordinariamente ramificadas. Las esporas son elipsoidales, miden de 7-8,5 x 3,5-4 µm, son hialinas, lisas y no amiloides.

Habitat. - Lo hemos recolectado sobre madera de Cistus y Rosmarinus, pareciendo ser este su habitat característico

Corología. - HUELVA: La Baqueta. Coto de Doñana, 17-11-77, leg. F.D. Calonge y M.T. Tellería. (Figura 00)

Observaciones. - Especie nueva para el catálogo micológico español, es muy próxima al P. rhizophilus, del que se diferencia fundamentalmente por su ecología y por el sistema de hifas, que si bien en ambos es dimítico (hifas generativas mas hifas envolventes) varía la morfología de las hifas de una especie a otra.

Polyporus rhizophilus (Pat.) Sacc., Syll. Fung. 11: 82 (1895)

Sinónimo: Melanopus rhizophilus Pat., Journ. Bot. VIII: 219 (1894)

Cuerpo fructífero pileado y estipitado, el pileo es redondo, plano o deprimido en el punto de inserción del pie; delgado, flexible y coriaceo, con un diámetro de hasta 4 cm en material seco. La superficie del pileo es de color marrón y puede presentar pequeñas escamas de color marrón más oscuro. El pie es central o ligeramente excéntrico en los ejemplares bien desarrollados de color marrón negruzco en la base y presenta a veces un largo rizomorfo que puede medir hasta 7 cm de longitud. Los poros son blanquecinos, cremas o amarillos, angulosos o alveolares, miden 0,5-1 x 0,25-0,5 mm.

El sistema de hifas es dimítico, formado por hifas generativas e hifas envolventes. Las hifas generativas con fíbulas, tienen una anchura de 6-7 μm aproximadamente. Las esporas son elipsoidales y miden de 7-11 x 3-4 μm.

Habitat. - Crece esta especie en el suelo, emitiendo un largo rizomorfo hacia la base de plantas herbaceas, principalmente gramineas. Parte del material estudiado por nosotros, crecía sobre Poa bulbosa L.

Es esta la única especie de la familia Polyporaceae que se ha encontrado, hasta ahora, creciendo asociada con plantas herbaceas.

Corología. - MADRID: Casa de Campo, 14-7-76, leg. M. García Rollán. VALLADOLID: Valdestillas, 29-9-79, leg. Soc.Micol.Castellana. En la bibliografía aparece citado en Madrid. - El Pardo (Calonge et al., 1976)

Polyporus squamosus Huds. ex Fr., Syst. Mycol. 1: 343 (1821)
Sinónimos: Melanopus squamosus (Huds. ex Fr.) Pat., Hym. Europ. pag. 137 (1887); Polyporellus squamosus (Huds. ex Fr.) Karst., Krit. Finl. Basidisv. pag. 290 (1889); Favolus squamosus (Huds. ex Fr.) Ames, Ann. Mycol. 11: 241 (1913); Polyporus juglandis Schaeff. ex Pers.,Mycol. Europ. II: 38 (1825); Polyporus flabelliformis Pers., Mycol. Europ. II: 53 (1825)

Cuerpo fructífero pileado y estipitado, el pie es lateral y muy pequeño, está reducido en la mayoría de los casos a una base pronunciada que en la parte inferior es de color marrón oscuro a negro. Los carpóforos pueden aparecer aislados o en grupos, en este caso se presentan imbricados unos respecto a otros. La superficie del pileo, de color marrón amarillento, está recubierta por multitud de escamas de color marrón más oscuro, el pileo puede llegar a tener hasta 40 cm de diámetro. El contexto es blanco o crema y tienen un grosor de 1-3 cm. Los tubos son decurrentes sobre el pie, miden de 5-10 mm de longitud. Los poros son irregulares, tienen un diámetro de 1-2 x 0,5-1,5 mm.

El sistema de hifas es dimítico formado por hifas generativas e hifas envolventes. Según Pouzar (1972 a) los únicos elementos amiloides que aparecen en el carpóforo son las hifas de la corteza de color oscuro, que cubre la base del pie, cuando el carpóforo es joven. Las esporas son oblongo elipsoidales, de paredes lisas, hialinas y no amiloides, miden de 10-15 x 4-5,5 μm.

Habitat. - Lo hemos recolectado creciendo sobre madera de Quercus pyrenaica, Ulmus campestris y Genista cinarescens.

Corología. - CUENCA: La Peraleja, 1-5-74, leg. F.D. Calonge. MADRID: Cercedilla, 10-12-77, leg. M. Costa; Pto. de Lozoya, 17-7-77, leg. F.D. Calonge; Pto. de Cotos, 4-6-74, leg. G. López y E. Valdés. SEGOVIA: San Rafael, 12-6-77, leg. J. Orive. En la bibliografía aparece abundantemente citado por toda España.

Polyporus umbellatus Pers. ex Fr., Syst. Mycol. 1: 354 (1821)
Sinónimos: Grifola umbellata (Pers. ex Fr.) Pilát, Beih. Bot. Centr. 70: 25, B, (1934); Polypilus umbellatus (Pers. ex Fr.) Bond. et Sing., Ann. Mycol. 39: 47 (1941); Polyporus ramosisimus Schaeff. ex Schroet., Pilze Schles. 1: 481 (1889)

El cuerpo fructífero de esta especie es muy peculiar, ya que de un pie central salen varias ramificaciones a distintas alturas, acabando cada una de ellas en un sombrerillo, en el que, el punto de inserción con el pie es siempre central, cada pileo mide de 1-4 cm de diámetro, presenta una ligera depresión en el punto de inserción con el pie, su superficie es lisa, presentando a veces pequeñas escamas de color marrón grisáceo y el margen en la mayoría de los casos está doblado hacia dentro. El contexto es blanco y flexible, los tubos de 1-1,5 mm de longitud y de color amarillo azafrán. Los poros decurrentes sobre el pie son angulares, concoloros con los tubos y miden de 0,5-0,8 mm de diámetro. Todo el carpóforo en su conjunto puede llegar a medir hasta 50 cm de diámetro.

El sistema de hifas es dimítico, formado por hifas generativas e hifas envolventes. Según Pouzar (1972 a) la pared interna de las hifas que recubren la base del pie es amiloide. Las esporas son cilíndricas y miden de 7-10 x 3-4 μm.

Habitat. - El material estudiado por nosotros crecía sobre madera de Fagus sylvatica.

Corología. - SANTANDER: Los Tornos, 10-10-77, leg. Peña Barrengorri. En la bibliografía aparece citado en el Pais Vasco (Cat. Micol. Pais Vasco, 1973).

Polyporus varius Pers. ex Fr., Syst. Mycol. 1: 352 (1821)
Sinónimos:Polyporellus varius (Pers.ex Fr.) Karst., Krit.Finl.Basidsv. pag: 123 (1899); Melanopus varius (Pers. ex Fr.) Pat., Hym. Europ. pag. 137 (1887); Polyporus elegans Fr., Epicr. pag. 440 (1838).

Cuerpo fructífero pileado y estipitado, el pie puede ser central, excéntrico o lateral, mide de 1-2 x 0,5-1 cm, la parte superior es de color crema gamuza y en la inferior está recubierta con una costra negra. El pileo es plano, ondulado y muy ligeramente infundibuliforme, mide hasta 8 cm de diámetro; la superficie es de color amarillo gamuza y lisa. El contexto de 2-5 mm de grosor es blanco crema y de naturaleza suberosa en material seco. El himenóforo está formado por tubos, concoloros con el contexto, y miden aprox. 1 mm de longitud. Los poros muy pequeños, de color crema oscuro, son decurrentes sobre el pie y miden de 0,1-0,2 mm de diámetro.

El sistema de hifas es dimítico formado por hifas generativas e hifas envolventes. La pared interna de las hifas que recubren la base el pie es amiloide (Pouzar, 1972 a). Las esporas son cilíndricas y miden de 7,5-8,5 x 3,5-4 μm.

Habitat. - Lo hemos recolectado sobre madera de Fagus sylvatica, Betula celtiberica y Quercus sp.

Corología. - ASTURIAS: Panderuedas, 28-9-73, leg. F. D. Calonge; Pto. de San Isidro, 29-9-73, leg. F. D. Calonge. MADRID: Pto. de Canencia, 17-4-77, leg. E. Alvarez. NAVARRA: Sierra de Leyre, 28-9-72, leg. F. D. Calonge. SORIA: Pto. de Piqueras, 7-11-77, leg. F. D. Calonge y M. T. Tellería. En el herbario MAF fungi hay material de Arganda (Madrid) MAF fungi 125 y Buitrago (Madrid) MAF fungi 128. En la bibliografía aparece citado en Cataluña (Maire, Codina y Font Quer, 1933; Heim, Font Quer y Codina, 1934; Maublanc, 1936; Singer, 1947) en el País Vasco (Cat. Micol. País Vasco, 1973) y en Asturias (Mayor et al., 1974).

Género PYCNOPORUS Karst., Rev. Mycol. 3 (9): 18 (1881)
Generotipo: Polyporus cinnabarinus Jacq. ex Fr., Syst. Mycol. 1: 371 (1821)

Cuerpo fructífero anual, pileado y sesil, de color rojo naranja, el contexto, de naturaleza suberosa, en contacto con KOH al 10% se oscurece. El sistema de hifas es trimítico, las hifas generativas de paredes delgadas con fíbulas escasas, las hifas esqueléticas de paredes gruesas con incrustaciones naranjas y las hifas envolventes muy ramificadas, las esporas son cilíndricas cortas, de paredes lisas, hialinas y no amiloides.

Pycnoporus cinnabarinus (Jacq. ex Fr.) Karst., Rev. Mycol. 3(9): 18 (1881)
Sinónimos: Polyporus cinnabarinus Jacq. ex Fr., Syst. Mycol. 1: 371 (1821); Trametes cinnabarina (Jacq. ex Fr.) Fr., Nov. Symb. pag. 82 (1851); Polystictus cinnabarinus (Jacq. ex Fr.) Sacc., Syll. Fung. 6: 245 (1888); Phellinus cinnabarinus (Jacq. ex Fr.) Quél., Fl. Mycol. pag. 395 (1888)

Cuerpo fructífero es dimidiado, plano o ligeramente convexo; a veces presenta crecimiento imbricado. La superficie del carpóforo glabra y ligeramente zonada es de color rojo naranja, que en los ejemplares viejos se decolora. El contexto concoloro con la superficie, se oscurece en con tacto con KOH al 10%; cuando el material está húmedo es esponjoso y al secar suberoso. El himenóforo es tubular los tubos crecen en una línea y son concoloros con el contexto. Los poros son redondos o angulares y tienen un diámetro de 0,3-0,5 mm.

El sistema de hifas es trimítico, formado por hifas generativas con fíbulas, hifas esqueléticas no ramificadas y recubiertas de incrustaciones naranjas e hifas envolventes que son muy abundantes en la zona de separación entre el contexto y los tubos. Las esporas de oblongo elipsoidales a cilíndricas son ligeramente arqueadas y miden de 4,8-7 x 2-3 μm.

Habitat. - Lo hemos recolectado sobre madera de Fagus sylvatica y Quercus suber.

Corología. - ALAVA: Altube, 19-9-76, leg. E. Perez del Moral. ASTURIAS: Oviedo, 7-11-75, leg. Soc. Micol. La Corra. BURGOS: Barbadillo de los Herreros, 20-3-77, leg. J.L. Tellería. CACERES: El Gaitán, 21-5-77, leg. M. García Rollán. GUIPUZCOA: Aránzazu, 24-12-74, leg. J.L. Tellería y M.T. Tellería. MADRID: El Pardo, 22-12-76, leg. E. Alvarez. NAVARRA: Pantano de Irabia, 17-12-76, leg. E. Fuertes, C. Navarro y M.T. Tellería; San Miguel de Aralar, 10-10-77, leg. M.T. Tellería. En la bibliografía aparece citado en Cataluña (Codina y Font Quer, 1930; Singer, 1947) en el Pais Vasco (Calonge y Zugaza, 1973; Cat. Mycol. Pais Vasco, 1973)

Observaciones. - Fries (1821) al publicar válidamente la especie de Jacquin (1776) Boletus cinnabarinus, comete un error ortográfico y la denomina Polyporus cinnabarrinus. Autores posteriores como Karsten (1881), Saccardo (1888) etc. la consideran de nuevo como cinnabarinus, es decir, subsanan el error ortográfico de Fries, cosa por otro lado que es perfectamente correcta según el Cod. Int. Nom. Bot. (1969)

Género RIGIDOPORUS Murrill,Bull. Torr. Bot. Club 32: 478 (1905)
Generotipo: Polyporus micronegas Mont. = Rigidoporus lineatus (Pers.) Ryv., Norw. Jour. Bot. 19: 236 (1972)
Sinónimo: Leucofomes Kotl. et Pouz., Česká Mykol. 11: 157 (1957)

Este género presenta el sistema de hifas monomítico, con hifas generati vas sin fíbulas, sus esporas son globosas, y tanto la pared de las esporas como las de las hifas no son ni amiloides, ni dextrinoides ni cianófilas. La forma del carpóforo es variable, de resupinado a pileado pero la consistencia de la trama es cerea o cartilaginosa.

Observaciones. - Al hablar del género Oxyporus, ya expusimos las diferencias entre él y el género Rigidoporus.

Rigidoporus ulmarius (Sow. ex Fr.) Imaz. , Bull. Govt. Forest Exp. Stn. Meguro 57: 119 (1952)

Sinónimos: Polyporus ulmarius Sow. ex Fr., Syst. Mycol. 1: 365 (1821); Polyporus geotropus Cke., Grevillea 13: 32 (1884)

Cuerpo fructífero pileado, sesil, ungulado o dimidiado a veces irregular, mide de 7-25 x 6-15 x 1-8 cm. La superficie del carpóforo en material fresco, está recubierta de una sustancia gelatinosa, es de color blanquecino y al secar se torna rugosa. El contexto es carnoso en material fresco, y en los ejemplares secos suberoso; de color crema. El himenóforo es tubular y de consistencia cartilaginosa; los tubos son de color naranja o salmón, pero en material seco y sobre todo en sus terminaciones (poros) llegan a tomar un tono rojo naranja. Los poros son de redondos a angulares y miden de 0,2-0,4 mm de diámetro.

El sistema de hifas es monomítico, formado por hifas generativas sin fíbulas. Las esporas son globosas y miden de 5,5-7,5 μm.

Habitat. - Lo hemos recolectado sobre madera de Celtis australis, aunque crece generalmente sobre Ulmus; pudiendo también hacerlo sobre Quercus y Populus.

Corología. - MADRID: Jardín Botánico, 5-5-76, leg. F.D. Calonge. En el herbario MAF fungi hay material del Valle de Oro (Lugo) MAF fungi 90. En la bibliografía aparece citado en Cataluña (Malençon y Bertault, 1971) y en el Pais Vasco (Cat. Micol. Pais Vasco, 1973)

Género SCHIZOPORA Velen. emend. Donk
Velenoski, České Houby pag. 638 (1922)

Donk, Persoonia 5 (1): 76 (1967)

Generotipo: Polyporus laciniatus Velen., České Houby pag. 638 (1922)

Sinónimo: Xylodon Karst., Acta Soc. F. Fl. Fenn., 2 (1): 31 (1881)

Cuerpo fructífero resupinado, el himenóforo es tubular con los poros de tamaño pequeño a mediano a veces irpicoides. El sistema de hifas es dimítico, las hifas generativas son fibuladas y ramificadas, de aspecto hifodontoide, y las hifas esqueléticas de paredes gruesas. Puede presentar o no cistidios, en el himenio. Las esporas son de anchamente elipsoidales a subglobosas, de paredes hialinas, lisas y no amiloides.

Observaciones. - Según Donk (1974) este género se encuentra representado en Europa por dos especies, estando ambas presentes en nuestra micoflora. El carácter más sobresaliente del género está en la forma hifodontoide de sus hifas generativas.

Clave de especies:

1. Poros de 0,2-1 mm de diámetro. Esporas de anchamente elipsoidales a subglobosas, de 4-5,5 x 3-3,5 μm. Cuerpo fructífero anual, tubos en un estrato .... S. paradoxa
1'. Poros de 0,1-0,2 mm de diámetro. Esporas subglobosas de 3,5-4,5 x 2,5-3,5 μm. Himenóforo mono- bi- o triestratificado según que el carpóforo tenga 1,2 ó 3 años .... S. phellinoides

Schizopora paradoxa (Schrad. ex Fr.) Donk, Persoonia 5(1): 76 (1967) Sinónimos: Hydnum paradoxum Schrad. ex Fr., Syst. Mycol. 1: 424 (1821); Irpex paradoxus (Schrad. ex Fr.) Fr., Epicr. pag. 522 (1838); Hydnum obliquum Schrad. ex Fr., Syst. Mycol. 1: 424 (1821); Irpex deformis Schrad. ex Fr.,Elench. Fung.1:147 (1828); Polyporus versiporus Pers., Mycol. Europ. 2: 105 (1825); Xylodon versiporus (Pers.) Bond., Trut. Griby pag. 128 (1953); Polyporus laciniatus Velen., České Houby pag. 638 (1922)

Cuerpo fructífero resupinado, anual, de color blanco al principio y después crema. El subículo es muy delgado de hasta 0,2 cm de grosor y de color blanco, sobre él se asienta el himenóforo que es tubular, aunque a veces también puede ser irpicoide, la longitud de los tubos es de 0,1-0,5 cm. Los poros son de ovales a angulares y a veces también tienen aspecto laberintiforme, tienen un diámetro de 0,2-1 mm, el margen es estéril y tiene 2 mm de anchura.

El sistema de hifas es dimítico, formado por hifas generativas abundantemente ramificadas y fibuladas, mientras que las hifas esqueléticas son sinuosas y de paredes gruesas, a veces cianófilas. En las paredes de los tubos, aparecen dos tipos de hifas generativas, unas con abundantes incrustaciones cristalinas y otras acabadas en un ápice redondo, este dato es muy importante a la hora de la determinación de la especie. Las esporas son de anchamente elipsoidales a subglobosas, de paredes lisas, hialinas y no amiloides, miden de 4-5,5 × 3-3,5 μm.

Habitat. - La hemos recolectado sobre madera de Pinus insignis, Quercus robur, Quercus pyrenaica, Quercus suber, Quercus canariensis Fagus sylvatica y Populus sp.

Corología. - CADIZ: Pto. de Galiz, 3-10-76, leg. C. Navarro y M. T. Tellería. GUIPUZCOA: Udala. -Mondragón, 1-1-76, leg. M. T. Tellería; Arlabán, 2-11-77, leg. J. L. Tellería y M. T. Tellería. HUELVA: Coto de Doñana, 24-2-77, leg. F. D. Calonge. MADRID: Fuente de la Reina. - El Escorial, 5-12-76, leg. C. Navarro y M. T. Tellería; Casa de Campo, 12-2-77, leg. F. D. Calonge, M. T. Tellería y L. Verde; Montejo de la Sierra, 1-3-76, leg. C. Navarro y M. T. Tellería. NAVARRA: Pantano de Irabia, 17-12-76, leg. E. Fuertes, C. Navarro y M. T. Tellería. VIZCAYA: Arrazola, 3-1-77, leg. C. Navarro y M. T. Tellería; Axpe, 14-4-76, leg. C. Navarro y M. T. Tellería; Canala, 30-12-74, leg. M. T. Tellería. En la bibliografía aparece citada en Madrid (Calonge,1970 a) en el Pais Vasco (Cat. Micol. Pais Vasco, 1973) en Andalucía (Malençon y Bertault, 1976) y en Tenerife (Ryvarden, 1974).

Schizopora phellinoides (Pilát) Domañski, Act. Soc. Bot. Pol. 38: 256 (1969)

Sinónimos: Poria phellinoides Pilát, Bull. Soc. Mycol. Fr. 51: 383 (1935); Xylodon versiporus var. phellinoides (Pilát) Domañski, Acta Soc.

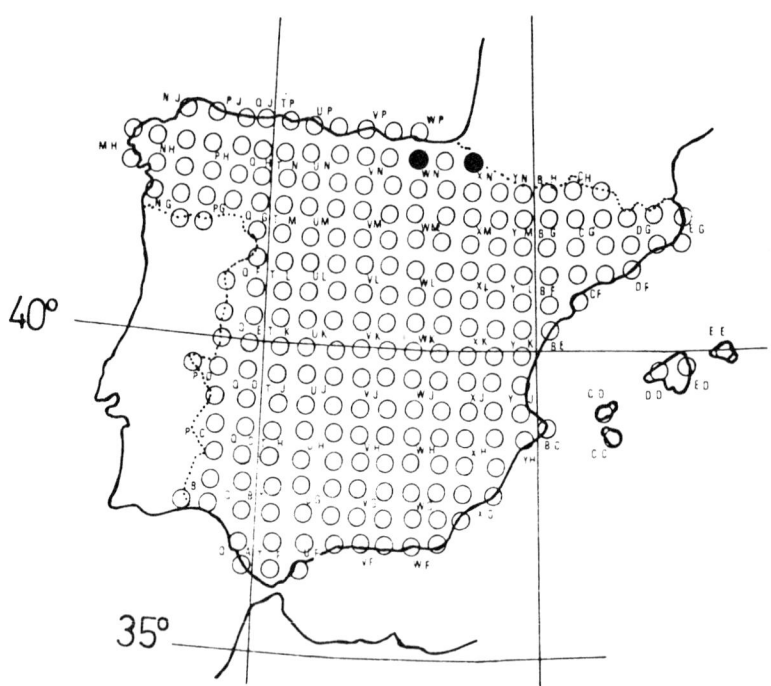

Fig. 61. Schizopora phellinoides (Pilát) Domański

Bot. Pol. 33 (1): 168 (1964); Poria pseudoobducens Pilát, Atl. Champ.
Europ. 3: 462 (1941); Xylodon versiporus var. pseudoobducens (Pilát)
Domański, Act. Soc. Bot. Pol. 33 (1) : 167 (1964); Xylodon versiporus var. microporus Komar., Bot. Mat. Otd. Spor. Rast. 12: 249 (1959)

Cuerpo fructífero resupinado, anual o perenne, según sea, el himenóforo aparece en uno o en varios estratos. Los tubos son de color palido crema, amarillo naranja o marrón en los ejemplares ya viejos. Los poros son redondos y muy pequeños de 0, 1-0, 2 mm de diámetro. El carpóforo crece en parches redondos, de aspecto pulvinado, confluyendo después y pudiendo llegar a tener hasta 1 m de longitud. El margen es variable, de hasta 0,5 cm de anchura, más claro que el carpóforo y puede desaparecer en los ejemplares viejos al quedar recubierto de tubos.

El sistema de hifas es dimítico, formada por hifas generativas hifodontoides, es decir, muy fibuladas y ramificadas; e hifas esqueléticas que presentan las paredes gruesas adelgazándose hacia la zona apical, son cianófilas y se encuentran dispuestas paralelamente unas respecto de las otras en las paredes de los tubos. En el himenio presenta cistidios de paredes delgadas, ventrudos en la base y estrechos en el ápice, las esporas son subglobosas, miden de 3, 5-4, 5 x 2, 5-3, 5 μm.

Habitat. - Lo hemos recolectado sobre madera podrida de Fagus sylvatica.

Corología. - NAVARRA: San Miguel de Aralar, 10-10-77, leg. Soc. Cienc.Nat. Aranzadi. VIZCAYA: Garay, 17-10-75, leg. C. Navarro y M. T. Tellería; Arrazola, 3-1-77, leg. C. Navarro y M. T. Tellería. (Fig. 61)

Observaciones. - Especie nueva para el catálogo micológico español.

Género SPONGIPELLIS Pat., Hym. Europ. pag. 140 (1887)
Generotipo: Polyporus spumeus Sow. ex Fr., Syst. Mycol. 1: 358 (1821)

Cuerpo fructífero pileado o efuso-reflejo. El contexto está dividido en dos zonas la superior de naturaleza algodonosa y la inferior fibrosa. El sistema de hifas es monomítico, las hifas generativas con fíbulas. Las es poras de anchamente elipsoidales a subglobosas, de paredes lisas, hialinas gruesas y no amiloides.

Clave de especies:

1. Himenóforo más o menos irpicoide, formado por dientes o agujas planas; el carpóforo de forma variable, desde resupinado a efuso-reflejo o pileado. Las esporas de 5-7 x 4,5-6 μm. .... S. pachyodon
1'. Himenóforo tubular, carpóforo pileado, sesil y dimidiado. Esporas de 6,5-9 x 5-7 μm. .... S. spumeus

Spongipellis pachyodon (Pers.) Kotl. et Pouz., Česká Mykol. 19(2): 77 (1965)

Sinónimos: Hydnum pachyodon Pers., Mycol. Europ. 2: 174 (1825); Sistotrema pachyodon (Pers.) Fr., Epicr. pag. 520 (1838); Irpex pachyodon (Pers.) Quél., Fl. Mycol. pag. 377 (1888); Trametes pachyodon (Pers.) Pilát, Atl. Champ. Europ. 3: 326 (1939); Irpicoporus pachyodon (Pers.) Kotl. et Pouz., Česká Mykol. 11: 156 (1957)

Cuerpo fructífero anual, de forma variable, ya que va desde resupinado a efuso-reflejo o pileado sesil. El contexto está dividido en dos zonas, la superior de naturaleza algodonosa y de color crema y la inferior de naturaleza fibrosa. El color del carpóforo varía desde el blanco al crema o al marrón claro. El himenóforo es tubular, los poros son irregulares, muy frecuentemente es irpicoide típico, formado por agujas planas concoloras con la superficie del carpóforo.

El sistema de hifas es monomítico formado por hifas generativas de paredes delgadas, ramificadas y con fíbulas abundantes. Las esporas son de anchamente elipsoidales a subglobosas con paredes gruesas, y una gota lipídica en su interior, su tamaño es de 5-7 x 4,5-6 μm.

Habitat. - Lo hemos recolectado sobre madera descortezada de Quercus suber.

Corología. - CACERES: Carretera de La Deleitosa a Robledollano, 20-2-77, leg. C. Navarro y M. T. Tellería. En la bibliografía aparece citado en Huelva (Torres Juan, 1963).

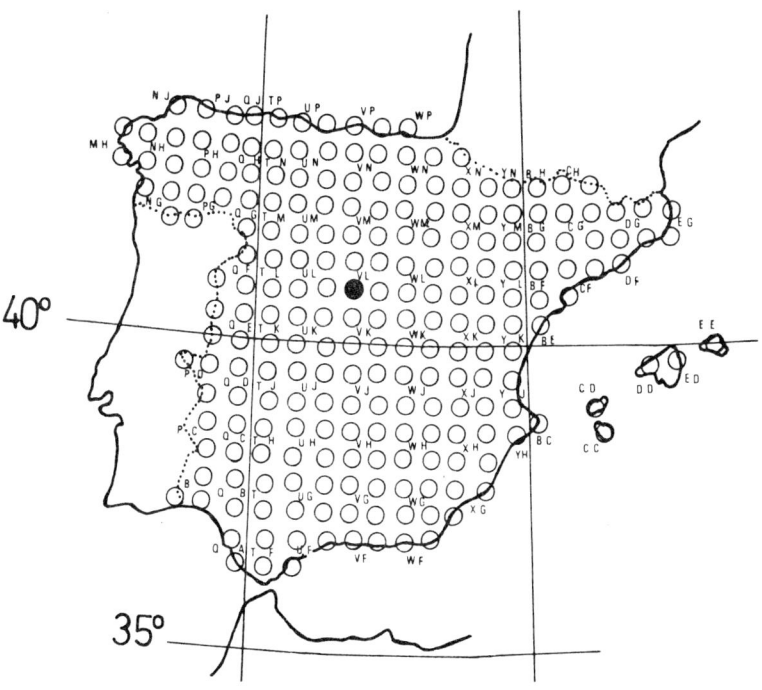

Fig. 62. Spongipellis spumeus (Sow. ex Fr.) Pat.

Observaciones. - Parmasto (1968) sitúa esta especie en el género Irpicoporus Murrill.Este género difiere del Spongipellus unicamente por la forma del himenóforo que en el género Irpicoporus es irpicoide. Autores como Donk (1974); Domanski, Orlos y Skirgiello (1973) están de acuerdo con Kotlaba y Pouzar (1965) de introducir esta especie en el género Spongipellis, puesto que para ellos la forma del himenóforo es un caracter taxonómico secundario y no de importancia a la hora de establecer separaciones entre géneros.

Spongipellis spumeus (Sow. ex Fr.) Pat., Ess. Tax. Hym. pag. 84 (1900)
Sinónimos: Polyporus spumeus Sow. ex Fr., Syst. Mycol. 1: 358 (1821); Leptoporus spumeus (Sow. ex Fr.) Pilát, Atl. Champ. Europ. 3: 237 (1939)

Cuerpo fructífero pileado, sesil y dimidiado de 4-20 x 3-10 x 2-6 cm. La superficie del carpóforo, de color blanco crema cuando el material está fresco y de color marrón claro cuando se seca; es híspida, y está recubierta de gran cantidad de pelos largos y duros. El margen es obtuso. El contexto está dividido en dos partes, la superior algodonosa y de color blanco crema, la inferior fibrosa. El himenóforo es tubular, los tubos miden de 5-12 cm de longitud. Los poros son redondos y miden de 0,5-0,7 mm, siendo poros y tubos al principio de color blanquecino que pasan al secar a amarillo marrón.

El sistema de hifas es monomítico, con hifas generativas fibuladas. Las esporas son de anchamente elipsoidales a subglobosas, presentan gruesas paredes y miden de 6,5-9 x 5-7 μm.

Habitat. - Lo hemos recolectado sobre madera muerta de Populus. Según Domanski, Orlos y Skirgiello (1973), vive sobre troncos muertos de todo tipo de caducifolios.

Corología. - MADRID: Guadarrama, 6-11-77, leg. J. Hernández (Fig. 62)

Observaciones. - Especie nueva para el catálogo micológico español, muy parecida al Tromyces fissilis (Berk. et Curt.) Donk, con el que se ha venido confundiendo, las diferencias entre ambas especies están en que: El T. fissilis no tiene el contexto heterogeneo y la superficie del carpó foro es mucho menos híspida, tiene también los tubos recubiertos por una sustancia resinosa de la que carece el S. spumeus.

Género TRAMETES Fr. emend. Kotl. et Pouz.

Fries, Fl. Scand. pag. 339 (1835)

Kotlaba y Pouzar, Česká Mykol. 11: 159 (1957)

Generotipo: Polyporus suaveolens Fr., Syst. Mycol. 1: 366 (1821) ≡ Trametes suaveolens (Fr.) Fr., Epicr. pag. 492 (1838)

Cuerpo fructífero anual, los carpóforos pileados, sesiles y dimidiados crecen generalmente imbricados. La superficie del carpóforo es aterciopelada y generalmente zonada. El contexto es de color claro y de naturaleza generalmente suberosa. El himenóforo es tubular. El sistema de hifas es trimítico. Cistidios ausentes y esporas generalmente cilíndricas, de paredes hialinas, lisas y no amiloides.

Clave de especies:

1. Contexto con un grosor de 1-3 cm 2
1: Contexto con un grosor no superior a 1 cm 3
2. Carpóforo con una longitud de 5-12 cm. Los poros son alargados, dando sensación de laminares y a veces laberintiformes miden 0,4 -2 x 0,5-0,7 mm. Esporas de 4-5 x 2-3 μm .... T. gibbosa
2: Carpóforos con una longitud de 3-7 cm. Los poros son redondos, miden de 0,3-1 mm. Las esporas miden de 9-12 x 3-3,5 μm......... .... T. trogii
3. Carpóforos muy delgados, miden de 1-5 mm de grosor (contexto-tubos) 4
3: Carpóforos más gruesos, miden de 7-15 mm de grosor (contexto -tubos) 5
4. Superficie del pileo surcada, con una pequeña joroba en el punto de unión con el sustrato. Color de la superficie en distintos tonos de marrón. Contexto de 1-4 mm de grosor............... T. zonatella
4: La superficie del pileo es lisa, de color variable, marrón amarillo, tonos azules o incluso negros. Contexto de 0,5-1,5 mm de grosor... .... T. versicolor
5. La superficie del carpóforo híspida, zonada concéntricamente. Contexto de olor agradable a anís. Carpóforo plano. Esporas de 5,5-7

x 1,5-2 μm .... T. hirsuta

5'. Superficie del carpóforo suavemente tomentosa. Carpóforos concoideos. Esporas de 4,5-7,5 x 2-3 μm .... T. pubescens

<u>Trametes gibbosa</u> (Pers.) Fr., Epicr. pag. 492 (1838)

S i n ó n i m o s : <u>Daedalea gibbosa</u> Pers., Mycol. Europ. 3: 7 (1828); <u>Pseudotrametes gibbosa</u> (Pers.) Bond. et Sing., Ann. Mycol. 39: 60 (1941); <u>Bulliardia virescens</u> Láz.-Ibiza, Rev. Real Acad. Cienc. Exact. Fisic. Nat. Madrid 14: 843 (1916)

Cuerpo fructífero pileado, sesil y dimidiado, plano, presentando en la zona por donde se une al sustrato un abultamiento o hinchazón; mide de 5-12 x 8-10 x 1-4 cm. El margen es delgado. La superficie del carpóro es zonada, presentando zonas glabras y zonas pubescentes, su color varía del blanco al gris o amarillento; a veces la superficie tiene color verde, debido a la gran cantidad de algas que viven sobre ella. El contexto es blanco, coriáceo y después de secarse suberoso, de 2-3 cm de grosor. El himenóforo es tubular, los tubos son blancos y miden de 3-7 mm de longitud. Los poros concoloros con los tubos son alargados dando al himenóforo unas veces, aspecto pseudolaminar y otras pseudolaberintiforme, miden de 0,4-2 x 0,5-0,7 mm.

El sistema de hifas es trimítico, formado por hifas generativas con fíbulas, hifas esqueléticas de paredes gruesas e hifas envolventes. Las esporas son de oblongo elipsoidales a cilíndricas, deprimidas cerca del ápice, miden de 4-5 x 2-3 μm.

H a b i t a t . - Nosotros lo hemos recolectado siempre sobre madera de <u>Fagus sylvatica</u>. Según Domanski, Orlos y Skirgiello (1973) crece principalmente sobre <u>Fagus</u> y <u>Carpinus</u>, aunque también puede hacerlo sobre <u>Alnus</u> <u>Betula</u> y <u>Populus</u>.

C o r o l o g í a . - ALAVA: Aramayona, 28-3-77, leg. C. Navarro y M. T. Tellería. GUIPUZCOA: Aránzazu, 13-4-76, leg. M. T. Tellería. NAVARRA: San Miguel de Aralar, 1-10-77, leg. F. D. Calonge; Pantano de Irabia, 17-12-76, leg. E. Fuertes, C. Navarro y M. T. Tellería; Embalse de Leurza, 16-10-77, leg. M. T. Tellería. En el herbario MAF fungi hay material de Llanes (Asturias)MAf fungi 31; Solares (Santander) MAF fungi 37. En la bibliografía aparece citado en Cataluña (Heim, Font Quer y Codina, 1934; Singer, 1947; Calonge y Zugaza, 1973) en el Pais Vasco (Lacoizqueta, 1885; Cat. Micol. Pais Vasco, 1973), en Andalucia (Muñoz Medina y Serrano Sanchez, 1947) y en Madrid (Calonge, 1972).

Trametes hirsuta (Wulf. ex Fr.) Pilát, Atl. Champ. Europ. 3: 265 (1939) Sinónimos: Polyporus hirsutus Wulf. ex Fr., Syst. Mycol. 1: 367 (1821); Polystictus hirsutus (Wulf. ex Fr.) Fr., Nov. Symb. pag. 70 (1851); Hansenia hirsuta (Wulf. ex Fr.) Karst., Krit. Finl. Basidsv. pag. 127 (1899); Coriolus hirsutus (Wulf. ex Fr.) Quél., Fl. Mycol. pag. 389 (1888); Trametes porioides Láz. -Ibiza, Rev. Real Acad. Cienc. Exact. Fisic. Nat. Madrid 15: 372 (1917)

Cuerpo fructífero pileado, sesil y dimidiado, plano, midiendo de 4-10 x 3-6 x 0,7-1 cm, los carpóforos crecen generalmente imbricados. La superficie del pileo es zonada, híspida, los pelos son rígidos y erizados, de color variable ya que van de blancos grisáceos a amarillos o marrones. El contexto es coriáceo, de color blanco y olor agradable, anisado, de 3 -7 mm de grosor. Los tubos de 1-3 mm de longitud son de color blanco y los poros redondos con 0,2-0,4 mm de diámetro.

El sistema de hifas al igual que todas las especies del género es trimítico, las hifas generativas con fíbulas. Las esporas son cilíndricas y miden de 5,5-7 x 1,5-2,5 μm.

Habitat. - Lo hemos recolectado sobre madera de Quercus ilex, Quercus robur, Fagus sylvatica y Corylus avellana.

Corología. - ASTURIAS· Pto. de San Isidro, 18-9-73, leg. F. D. Calonge. GUIPUZCOA· Arlabán, 2-1-77, leg. J. L. Tellería y M. T. Tellería. NAVARRA: Embalse de Leurza, 16-10-76, leg. F. D. Calonge. SEGOVIA· San Rafael, 16-5-76, leg. M. García Rollán. VIZCAYA· Garay, 31-2-76, leg. C. Navarro y M. T. Tellería; Pto. de Altube, 12-11-77, leg. M. T. Tellería; Mañaría, 30-12-77, leg. C. Navarro y M. T. Tellería. En el herbario MAF fungi hay material de Olmedo (Valladolid) MAF 23. En la bibliografía aparece citado en Cataluña (Aranzadi, 1905a; Codina y Font Quer,

1930; Maire, Codina y Font Quer, 1933; Maire, 1937; Singer, 1947; Malençon y Bertault, 1971) en el Pais Vasco (Lacoizqueta, 1885; Cat. Micol. Pais Vasco, 1973) en Galicia (Losa Quintana, 1974) y en Andalucia (Torres Juan, 1968)

Trametes pubescens (Schum. ex Fr.) Pilát, Atl. Champ. Europ. 3: 268 (1939)

Sinónimos: Polyporus pubescens Schum. ex Fr., Syst. Mycol. 1: 367 (1821); Leptoporus pubescens (Schum. ex Fr.) Pat., Ess. Tax. Hym. pag. 84 (1900); Hansenia pubescens (Schum. ex Fr.) Karst., Krit. Finl. Basidsv. pag. 304 (1889); Coriolus pubescens (Schum. ex Fr.) Quél., Fl. Mycol. pag. 391 (1888); Polyporus velutinus Fr., Syst. Mycol. 1: 368 (1821); Coriolus velutinus (Fr.) Quél., Fl. Mycol. pag. 389 (1888);Polystictus velutinus (Fr.) Cke., Grevillea 14: 83 (1886); Hansenia velutina (Fr.) Karst., Krit. Finl. Basidsv. pag. 305 (1889)

Cuerpo fructífero pileado, sesil, plano o convexo, mide de 3-7 x 3-4,5 x 1-1,3 cm ; crecen los carpóforos imbricados unos respecto a otros. La superficie del carpóforo está cubierta con un suave tomento, su color va del bianco al amarillento o crema ocráceo. El margen es delgado; el contexto de color blanco es de algodonoso a coriáceo y tiene de 3-7 mm de grosor. El himenóforo es tubular, con tubos que miden de 1-5 mm de longitud, de color blanco. Los poros son redondos o irregulares, a veces laberintiformes, tienen un diámetro de 0,2-0,4 mm.

El sistema de hifas es trimítico. Las esporas son cilíndricas, cerca del ápice se curvan ligeramente, miden de 4,5-7,5 x 2-3 μm, llevan generalmente gotas lipídicas en su interior.

Habitat. - Lo hemos recolectado sobre madera de Betula celtiberica y sobre Alnus sp.

Corología. - AVILA: La Adrada, 16-11-77, leg. M. Garcia Rollán. MADRID: Pto. de Canencia, 25-4-76, leg. C. Navarro, J. L. Tellería y M. T. Tellería. SEGOVIA: Riaza, 14-2-76, leg. J. L. Tellería. En la bibliografía aparece citado en Cataluña (Singer, 1947; Calonge y Zugaza, 1973) y en Valencia (Benito Martínez, 1930).

Trametes trogii Berk. in Trog., Verzeichn. Schweiz. Schwanme Supp.
2: 52 (1850)

Sinónimos: Funalia trogii (Berk.) Bond. et Sing., Ann. Mycol. 39: 62 (1941); Trametes hispida Bagl. ssp. trogii (Berk.) Bourd. et Galz., Hym. Fr. pag. 588 (1928); Trametella trogii (Berk.) Domański, Act. Soc. Bot. Pol. 37: 126 (1958); Bulliardia velutina Láz.-Ibiza, Rev. Real Acad. Cienc. Exact. Fisic. Nat. Madrid 14: 841 (1916)

Cuerpo fructífero pileado, sesil y dimidiado. Los carpóforos crecen a veces imbricados y miden de 3-7 x 1,5-5 x 1-2 cm. La superficie del carpóforo está cubierta de pelos muy hirsutos y erizados, y es de color variable, ya que va desde el blanco grisáceo al ocre u ocre naranja e incluso marrón; el margen es agudo. El contexto es de color blanco crema, cuando el material está húmedo es algodonoso suberoso, pero en material seco es duro, mide de 0,8-2,5 cm de espesor. El himenóforo es tubular, los tubos concoloros con la trama, los poros son redondos o angulares, miden de 0,3-1 mm de diámetro y son de color crema amarillento, en algunas ocasiones tienen un tinte rosado.

El sistema de hifas es trimítico, las hifas generativas son ramificadas de paredes delgadas y fibuladas, las hifas esqueléticas y las envolventes son de paredes gruesas e hialinas. Los basidios miden de 30-33,6 x 7,2 μm y llevan 4 esterigmas. Las esporas son de oblongo elipsoidales a cilíndricas, ligeramente deprimidas cerca del ápice y miden de 9-12 x 3-3,5 μm.

Habitat. - Lo hemos recolectado sobre madera de Populus piramidalis, Populus nigra, Salix sp. y Fraxinus sp.

Corología. - AVILA: Piedralaves, 26-9-76, leg. C. Navarro y M. T. Tellería. MADRID: El Pardo, 10-10-72, leg. F. D. Calonge; Ciudad Universitaria, 7-10-76, leg. K. Tabba. SEGOVIA: Cañón del Duratón, 14-2-76, leg. J. L. Tellería. SORIA: Medinaceli, 20-8-77, leg. M. García Rollán. En la bibliografía aparece citado en Cataluña (Aranzadi, 1908), en Andalucía (Muñoz Medina y Serrano Sánchez, 1947 y Malençon y Bertault, 1976)

Trametes versicolor (L. ex Fr.) Pilát, Atl. Champ. Europ. 3: 261 (1939)
Sinónimos: Polyporus versicolor L. ex Fr., Syst. Mycol. 1: 368
(1821); Polystictus versicolor (L. ex Fr.) Fr., Nov. Symb. pag. 70
(1851); Hansenia versicolor (L. ex Fr.) Karst., Krit. Finl. Basidsv. pag.
305 (1889); Coriolus versicolor (L. ex Fr.) Quél., Fl. Mycol. pag. 390
(1888); Polystictoides castanicola Láz.-Ibiza, Rev. Real Acad. Cienc.
Exact. Fisic. Nat. Madrid 14: 834 (1916); Polystictus corylicola Láz.-
Ibiza, Rev. Real Acad. Cienc. Exact. Fisic. Nat. Madrid 15: 85 (1916)

Cuerpo fructífero pileado, sesil y de forma variable, que oscila desde dimidiada a ligeramente efuso-refleja; su forma de crecer también es variable, ya que pueden presentarse desde imbricados hasta en forma de roseta. Los carpóforos miden de 3-7 x 2-4 x 0,1-0,4 cm. La superficie es pubescente y zonada, de color variable que va desde gris, a marrón, azul marino muy oscuro e incluso negro en algunas ocasiones. El contexto es coriáceo, blanco y muy delgado, de 0,5-1,5 mm, los poros concoloros con los tubos tienen de 0,1-0,25 mm de diámetro.

El sistema de hifas también es trimítico. Las esporas son cilíndricas, curvadas en la zona subapicular y miden de 5,8-6,8 x 1,5-2,5 μm.

Habitat. - Lo hemos recolectado sobre madera de Castanea sativa, Arbutus unedo, Quercus ilex, Fagus sylvatica, Platanus occidentalis, Corylus avellana, Fraxinus sp. Betula sp., Pinus pinaster, Pinus insignis y Juniperus thurifera.

Corología. - Especie cosmopolita, abundantemente repartida por toda España.

Trametes zonatella Ryv., Polyp. Nort. Europ. 2: 436 (1978)
Sinónimos: Polyporus zonatus Nees ex Fr., Syst. Mycol. 1: 368
(1821); Polystictus zonatus (Nees ex Fr.) Fr., Nov. Symb. pag. 70
(1851); Coriolus zonatus (Nees ex Fr.) Quél., Fl. Mycol. pag. 390 (1888)
Hansenia zonata (Nees ex Fr.) Karst., Krit. Finl. Basidisv. pag. 304
(1889); Trametes zonata (Nees ex Fr.) Pilát, Atl. Champ. Eur. 3: 263
(1939); Bulliardia rufescens Láz.-Ibiza, Rev. Real Acad. Cienc. Exact.
Fisic. Nat. Madrid 14: 844 (1916)

Cuerpo fructífero pileado, sesil y dimidiado, de tamaño pequeño ya que mide de 2-5 x 2-2,5 x 0,2-0,7 cm. La superficie del carpóforo es zonada ,surcada concentricamente, tomentosa y de color variable pero generalmente oscuro; varía el color del crema a distintos tonos de marrón. El carpóforo presenta a veces en la zona por donde se une al sutrato un pequeño abultamiento; el margen es delgado y estéril. El contexto es suberoso y de color blanco crema, tiene un grosor de 1-4 mm. Los tubos miden de 1-2,5 mm de longitud son concoloros con el contexto. Los poros son redondos y miden de 0,2-0,4 mm de diámetro.

El sistema de hifas es trimítico, formado por hifas generativas fibuladas, que son escasas, las más abundantes son las hifas esqueléticas y las envolventes. Las esporas son cilíndricas, curvadas en la zona subapical, miden de 5,5-6,5 x 2-2,5 μm.

Habitat. - Lo hemos recolectado sobre madera muerta de Betula celtiberica, Aesculus hippocastanum y Prunus amigdalus.

Corología. - MADRID: Pto. de Canencia, 19-9-76, leg. M. García Rollán. TOLEDO: Las Herencias, 5-2-77, leg. A. Sánchez. En el herbario MAF fungi hay material del Jardín de la antigua Facultad de Farmacia de Madrid MAF fungi 28; Casa de Campo de Madrid MAF fungi 39; Pontevedra MAF fungi 123. En la bibliografía aparece citado en el Pais Vasco (Cat. Micol. Pais Vasco, 1973) y en Cataluña (Codina y Font Quer, 1930)

Género TRICHAPTUM Murrill, Bull. Torr. Bot. Club 31: 608 (1904) Generotipo: Trametes perrottetii Lév., Ann. Sci. Nat. Ser. 3(2): 195 (1844) ≡ Trichaptum perrottetii (Lév.) Ryv., Norw. Jour. Bot. 19: 237 (1972)

Las especies de nuestra micoflora, actualmente pertenecientes a este género, han sido,hasta hace poco tiempo,encuadradas dentro del género Hirschioporus Donk, pero es Ryvarden, (1972 a) quien considera que encajan perfectamente en el género Trichaptum y en consecuencia hace las combinaciones consiguientes colocándolas en dicho género. Hasta el momento, en nuestra micoflora, hay tres representantes de este género, que se caracteriza por su himenóforo tubular, irpicoide o laminar, de co lor marrón violeta o violeta; por la presencia de cistidios en el himenio, de paredes más o menos gruesas y con una cubierta de cristales en el ápice y por sus esporas cilíndricas, hialinas, de paredes delgadas lisas y no amiloides.

Clave de especies

1. Especies viviendo siempre sobre madera de coníferas. Contexto dimítico y trama heterogenea 2
1ʹ Especie viviendo siempre sobre madera de planifolios. Contexto trimítico y trama homogénea. Esporas de oblongo elipsoidales a cilíndricas 5-7 x 2-3 μm. .... T. biformis
2. Himenóforo poroide. Carpóforo que miden de 1-3 x 0,7-2 x 0,1-0,2 cm. Esporas de 6,5-8 x 3-4 μm .... T. abietinus
2ʹ Himenóforo irpicoide. Carpóforo que miden de 2-4 x 1-3 x 0,1-0,3 cm. Esporas de 5-8 x 2,5-3,5 μm. .... T. fusco-violaceus

Trichaptum abietinus (Dicks. ex Fr.) Ryv., Norw. Jour. Bot. 19: 237 (1972)
Sinónimos: Polyporus abietinus Dicks. ex Fr., Syst. Mycol. 1: 370 (1821); Polystictus abietinus (Dicks. ex Fr.) Fr., Nov. Symb. pag. 72 (1851); Corilus abietinus (Dicks. ex Fr.) Quél., Fl. Mycol. pag. 391 (1888); Trametes abietina (Dicks. ex Fr.) Pilát, Atl. Champ. Europ. 3: 273 (1939); Hirschioporus abietinus (Dicks. ex Fr.) Donk,Meded.Bot. Mus. Univ. Utrecht 9: 168 (1933); Hansenia abietina (Dicks. ex Fr.) Karst., Krit. Finl. Basidsv. pag. 305 (1889); Polyporus dolosus Pers., Mycol. Europ. II: 77 (1825)

Cuerpo fructífero anual, polimorfo, va de resupinado a efuso-reflejo o concoideo, mide de 1-3 x 0,7-2 x 0,1-2 cm. La superficie es aterciopelada de color blanco grisáceo, el margen que es muy delgado, presenta en los carpóforos jóvenes un tinte violeta. El contexto es muy delgado de hasta 1 mm de grosor, y está dividido en dos zonas, la superior fibrosa y la inferior cerea o resinosa. Los tubos son muy redondos al principio y después laberintiformes; cuando el material está fresco tienen un color gris violeta o violeta y al secar toman una coloración rojo marrón.

El sistema de hifas es dimítico, formado por hifas generativas de paredes delgadas ramificadas y con fíbulas en los septos, y por hifas esquelé_ ticas que son de paredes gruesas; en el himenio presenta cistidios fusifor_ mes, de paredes delgadas o gruesas llevando en el ápice una caperuza de cristales, miden de 15-45 x 4,5-6 μm. Las esporas son de oblongo elipsoi_ dales a cilíndricas y miden de 6,5-8 x 3-4 μm.

Habitat. - Esta especie vive siempre sobre madera muerta de coníferas, el material por nosotros estudiado lo hemos recolectado sobre madera de Pinus insignis.

Corología. - VIZCAYA: Urquiola, 14-2-75, leg. C. Navarro y M. T. Te_ llería; Axpe, 14-4-76, leg. C. Navarro y M. T. Tellería. En la bibliogra_ fía aparece citado en Cataluña (Maire, Codina y Font Quer, 1933; Singer, 1947; Benito Martínez y Torres Juan, 1965), en Andalucía (González Fra_ goso, 1883; Malençon y Bertault, 1976), en Valencia (Malençon y Bertault, 1971), en el Pais Vasco (Cat. Micol. Pais Vasco, 1973), en la isla de La Palma (Ryvarden, 1972b) y en Asturias (Benito Martínez y Torres Juan, 1965)

Trichaptum biformis (Fr. ex Kl.) Ryv., Norw. Jour. Bot. 19: 237 (1972) Sinónimos: Polyporus biformis Fr. ex Kl., Linnaea 8: 486 (1833); Trametes biformis (Fr. ex Kl.) Pilát, Atl. Champ. Europ. 3: 277 (1939); Polyporus pergameneus Fr., Epicr. pag. 480 (1838); Hirschioporus per_ gameneus (Fr.) Bond. et Sing., Ann.Mycol. 39: 63 (1941); Polyporus si_ mulans Blonski, Hedwigia 28: 280 (1889)

Cuerpo fructífero pileado, sesil y dimidiado, muy delgado, mide de 5-6 x 1-4 x 0,1-0,4 cm ; crecen los carpóforos imbricados unos respecto a otros. La superficie del carpóforo es zonada, con partes glabras y par_ tes tomentosas y de color variable, blanquecino, gris, gris amarillento y lila; el margen es estéril, delgado y de un color violeta más pronunciado que en las otras partes del carpóforo. El contexto es delgado, de 0,6-1 mm de grosor, homogéneo y de color blanco. Los tubos miden hasta 5 mm de longitud. Los poros en la zona del margen son redondos, pero en la zo_ na donde el carpóforo se une al sustrato son irregulares o irpicoides, tie_ nen color violeta cuando el material está fresco y al secar pasa a marrón rojizo.

El sistema de hifas es trimítico, está formado por hifas generativas de paredes delgadas o a veces gruesas, con abundantes septos y fíbulas; por hifas esqueléticas de paredes gruesas y por hifas envolventes muy tortuosas pero poco ramificadas. Los cistidios son fusiformes, de paredes delgadas o gruesas, llevan en el ápice incrustaciones de cristales. Las esporas son de oblongo elipsoidales a cilíndricas, miden de 5-7 x 2-3 μm.

Habitat. - Lo hemos recolectado sobre madera de Quercus suber.

Corología. - CADIZ: Pto. de Galis, 9-4-76, leg. G. Moreno; Ubrique, 3-10-76, leg. C. Navarro y M. T. Tellería. En la bibliografía aparece citado en Castellón, Figueras, Palamós y Algeciras (Torres Juan, 1965) y en el País Vasco (Cat. Micol. País Vasco, 1973).

Trichaptum fusco-violaceus (Ehrenb. ex Fr.) Ryv., Norw. Journ. Bot. 19: 237 (1972)

Sinónimos: Hydnum fusco-violaceus Ehrenb. ex Fr., Syst. Mycol. 1: 421 (1821); Irpex fusco-violaceus (Ehrenb. ex Fr.) Fr., Elench. Fung. 1: 144 (1828); Trametes abietina (Dicks. ex Fr.) Pilát var. fusco-violacea (Ehrenb. ex Fr.) Pilát, Atl. Champ. Europ. 3: 275 (1939); Hirschioporus fusco-violaceus (Ehrenb. ex Fr.) Donk, Meded. Bot. Mus. Univ. Utrecht 9: 169 (1933); Sistotrema violaceum Pers., Mycol. Europ. II: 203 (1825); Irpex violaceus (Pers.) Quél., Fl. Mycol. pag. 376 (1888)

Cuerpo fructífero pileado, sesil, dimidiado, que puede crecer aislado o imbricado, mide de 2-4 x 1-3 x 0,1-0,3 cm. La superficie es aterciopelada, de color blanco grisáceo y está zonada por surcos concéntricos, el margen es delgado y a veces presenta un tinte violeta. El contexto es heterogéneo formado por una parte superior tomentosa y una inferior coriácea. El himenóforo es irpicoide, de color violeta rojizo cuando el material está fresco, al secar toma una coloración marrón.

El sistema de hifas es dimítico, formado por hifas generativas fibuladas y ramificadas e hifas esqueléticas; presenta abundante cantidad de cistidios en el himenio, estos, que sobresalen poco a la altura de los basidios, son fusiformes y llevan en el ápice un capuchón de cristales. Las esporas son de oblongo elipsoidales a cilíndricas, miden de 5-8 x 2,5-3,5 μm.

H a b i t a t . - Esta especie crece siempre sobre madera de coníferas, nosotros la hemos recolectado sobre Pinus insignis.

C o r o l o g í a . - VIZCAYA: Arrazola, 3-1-77, leg. C. Navarro y M. T. Tellería; Magunas, 24-12-76, leg. M. J. Navarro, C. Navarro y M. T. Tellería. En la bibliografía aparece citado en Cataluña (Torres Juan, 1965) en el Pais Vasco (Tellería, Moreno y Calonge, 1975; Benito Martínez y Torres Juan, 1965), en Galicia (Benito Martínez y Torres Juan, 1965) en Asturias (Benito Martínez y Torres Juan, 1965) y en Cuenca (Benito Martínez y Torres Juan, 1965)

O b s e r v a c i o n e s . - Aunque el T. abietinus y el T. fusco-violaceus son dos especies muy parecidas, los estudios sobre interfertilidad de micelios, realizados por Macrae (1967) demuestran que son dos especies distintas. La única característica macroscópica que parece diferenciar ambas especies es la forma del himenóforo, que es irpicoide en el T. fusco-violaceus y poroide en el T. abietinus.

Género TYROMYCES Karst., Rev. Mycol. 3(9): 17 (1881)
G e n e r o t i p o : Polyporus chioneus Fr. ex Fr., Syst. Mycol. 1: 359 (1821)

Cuerpo fructífero anual, de forma variable que va desde dimidiado a efuso-reflejo o a veces resupinado, sesil o con una pequeña base. El contexto es blando en material fresco y duro al secar. El sistema de hifas puede ser monomítico, con hifas generativas fibuladas o dimítico con hifas generativas e hifas esqueléticas o envolventes, raramente presenta cistidios o cistidiolos. Las esporas son de paredes hialinas, lisas y generalmente no amiloides, aunque a veces pueden ser amiloides o dextrinoides.

O b s e r v a c i o n e s . - Lowe (1975) considera el género Spongipellis como sinónimo de Tyromyces, nosotros siguiendo a Domanski, Orlos y Skirgiello (1973), Donk (1974) y Ryvarden (1978), los consideramos como dos géneros independientes, siendo quizá la diferencia más apreciable entre ambos, que el contexto en Tyromyces es homogéneo, mientras que en Spongipellis es   doble,   formado por dos capas de consistencia distinta.

Clave de especies:

1. Cuerpo fructífero que cambia de color al rozarlo o secarse. 2
1'. Cuerpo fructífero que no cambia de color. 3
2. Cuerpo fructífero blanco, que pasa a azul verdoso cuando se le ro
za o al secar . . . . T. caesius
2'. Cuerpo fructífero blanco que pasa a marrón rojizo al rozarlo o cuan
do se seca. . . . . T. fragilis
3. Esporas alantoides, cuerpo fructífero pileado, sesil y dimidiado,
contexto de 2-3 cm de espesor. . . . . T. lacteus
3'. Esporas cilíndricas, oblongo elipsoidales o anchamente elipsoi-
dales. 4
4. Hifas generativas subhimeniales muy ramificadas, casi arborescen-
tes. Esporas cilíndricas de 4-5,5 x 2,5-3 µm. . . . . T. chioneus
4'. Hifas generativas sin las características anteriores. Esporas ancha
mente elipsoidales u oblongo elipsoidales. 5
5. Cuerpo fructífero pseudopileado, contexto de 0,3-2 mm de grosor.
Esporas de oblongo elipsoidales a cilíndricas de 3,5-5 x 2-2,5 µm.
. . . . T. floriformis
5'. Carpóforo sesil, contexto de 1-5 cm de grosor. Esporas anchamen
te elipsoidales de 4-7,5 x 3-5 µm. . . . . T. fissilis

Tyromyces caesius (Schrad. ex Fr.) Murrill, N. Am. Fl. 9(1): 34 (1907)

Sinónimos: Polyporus caesius Schrad. ex Fr., Syst. Mycol. 1: 360

(1821); Leptoporus caesius (Schrad. ex Fr.) Quél., Ench. Fung. pag. 176

(1886); Bjerkandera caesia (Schrad. ex Fr.) Karst., Krit. Finl. Basidsv.

pag. 300 (1889)

Cuerpo fructífero pileado, sesil y dimidiado, crecen los carpóforos generalmente aislados aunque a veces lo pueden hacer pseudoimbricadamente. El carpóforo que mide de 2-6 x 1-4 x 0,5-1,5 cm , tiene la superficie ligeramente tomentosa, de color blanco, cuando se le roza o se seca, toma una coloración azul verdosa; cuando el material está fresco es de consistencia blanda y carnosa. Los tubos son al principio blancos, después azul verdosos; los poros son pequeños de 0,2-0,3 mm de diámetro, son irregulares y en algunos lados toman aspecto irpicoide.

El sistema de hifas es monomítico, formado por hifas generativas fibuladas y ramificadas, las paredes de las mismas se hinchan mucho con el KOH al 10%. Las esporas son de cilíndricas a alantoides, con dos gotas lipídicas en su interior, miden de 4,5-5,5 x 1,5-1,8 μm , son de paredes inamiloides e indextrinoides.

Habitat. - El material por nosotros estudiado ha sido recolectado sobre madera de coníferas, Larix sp. y Pinus sylvestris, aunque a veces también puede crecer sobre madera de planifolios (Domanski, Orlos y Skirgiello, 1973)

Corología. - NAVARRA: San Miguel de Aralar, 10-10-77, leg. M.T. Tellería. En la bibliografía aparece citado en Cataluña (Maire, Codina y Font Quer, 1933; Maire, 1937; Singer, 1947) y en el Pais Vasco (Cat. Mi col. País Vasco, 1973)

Observaciones. - Esta especie es muy fácil de reconocer, por la intensa coloración azul verdosa que toma al tocarla o secarse.

Tyromyces chioneus (Fr.) Karst., Rev. Mycol. 3(9): 17 (1881)
Sinónimos: Polyporus chioneus Fr., Syst. Mycol. 1: 359 (1821); Polyporus albellus Peck, N.Y. St. Mus. Ann. Rept. 30: 45 (1876); Tyromyces albellus (Peck) Bond. et Sing., Ann. Mycol. 39: 52 (1941)

Carpóforo pileado, sesil y dimidiado, con un tamaño que por término medio tiene 8,5x 4,2 x0,7 cm. Su superficie es de color blanca, con tonos ligeramente rosados en la zona media y en las zonas más secas y rozadas, presenta una coloración amarillo naranja; es rugosa o irregular y está recubierta de pelos. El margen del carpóforo es delgado. El contexto es blanco, esponjoso cuando el material está fresco y firme cuando el material está seco, mide alrededor de 3-4 mm de anchura. Los tubos son blancos, de 3-4 mm de longitud, al secar toman una coloración amarilla, los poros son redondos y miden de 0,2-0,3 mm de diámetro.

El sistema de hifas es monomítico, las hifas generativas son fibuladas y están abundantemente ramificadas, teniendo un aspecto arborescente, sobre todo las situadas en la zona subhimenial. Las esporas son cilíndricas, tienen las paredes hialinas, lisas y no amiloides, llevan una gota lipídica en su interior y miden de 4,5-5,5 x 2,5-3 µm.

Habitat. - Lo hemos recolectado en una sola ocasión sobre madera muy podrida de roble.

Corología. - VIZCAYA: Altube, 23-9-76, leg. E. Pérez del Moral. En la bibliografía aparece citado en Cataluña (Maire, Codina y Font Quer, 1933; Malençon y Bertault, 1971) y en el Pais Vasco (Cat.Micol.Pais Vasco, 1973)

Observaciones. - El T. chioneus, es una especie próxima al T. lacteus hasta tal punto que en un principio nos hizo pensar que el material que nos ocupa era T. lacteus. Después de consultada la obra de Ryvarden (1978) vimos que existen importantes diferencias entre ambas especies, comenzando por la forma de las esporas que son cilíndricas en el primero y casi alantoides en el segundo, pero sin lugar a dudas la diferencia más importante entre ambas especies radica en las hifas generativas de la zona subhimenial, estas son abundantemente ramificadas, casi arborescentes en el T. chioneus y no ramificadas y colocadas paralelamente unas respecto a otras en T. lacteus.

Tyromyces fissilis (Berk. et Curt.) Donk, Meded.Bot. Mus. Univ. Utrecht 9: 153 (1933)

Sinónimos: Polyporus fissilis Berk. et Curt., Journ. Bot. et Kew Misc. 5: 234 (1853); Spongipellis fissilis (Berk. et Curt.) Murrill,N. Am. Fl. 9(1): 39 (1907); Leptoporus fissilis (Berk. et Curt.) Pilát, Atl.Champ. 3: 227 (1939); Polyporus albosordescens Romell,Sv. Bot. Tidskr., 6: 636 (1921); Phaeolus albosordescens (Romell)Bourd. et Galz., Bull. Soc. Myc. Fr. 41: 135 (1925)

Cuerpo fructífero pileado, sesil y dimidiado; de plano convexo a flabeliforme. Los carpóforos que miden de 6-18 x 4-10 x 2-8 cm pueden crecer aislados o imbricados. Su superficie es vellosa o ligeramente híspida, de color blanco que se torna amarillo marrón al secar. El contexto, en mate terial fresco es carnoso y blanco, en material seco es fibroso y amarillo. El himenóforo es tubular, con tubos de 1-3 cm de longitud, al secar aparecen recubiertos de una sustancia resinosa de color amarillo marrón.

El sistema de hifas es monomítico, las hifas generativas son de paredes hialinas, fibuladas. Las esporas son anchamente elipsoidales, deprimidas cerca del ápice, miden de 4-7,5 x 3-6,5 μm , sus paredes son hialinas, lisas y no amiloides.

Habitat. - Esta especie la hemos recolectado sobre madera de Populus nigra y Ulmus campestris.

Corología. - MADRID: Pte. de los Franceses, 20-10-77, leg. M. Pastrana. En la bibliografía aparece citado en las Islas Canarias (Ryvarden, 1974) y en Madrid (Tellería et al., 1976)

Observaciones. - De las diferencias de esta especie, con el Spongipellis spumeus (Sow.) Pat., ya dimos cuentas en un trabajo anterior (Tellería et al., 1976)

Tyromyces floriformis (Quél. in Bres.) Bond. et Sing., Ann. Mycol. 39: 51 (1941)

Sinónimos: Polyporus floriformis Quél. in Bres., Fungi Trid. 1: 61 (1881); Coriolus floriformis (Quél. in Bres.) Quél.,Fl. Mycol. pag. 390 (1888); Leptoporus floriformis (Quél. in Bres.) Bourd. et Galz., Hym. Fr. pag. 546 (1928)

Cuerpo fructífero pileado, a veces estipitado ya que posee un pequeño pie lateral o central por el que se une al sustrato; suelen crecer, sobre todo los carpóforos con el pseudopie central, imbricados unos respecto a otros. La superficie del pileo es blanca, glabra y muy rugosa; tiene el margen muy agudo y delgado, los carpóforos miden de 1-4 x 1-3 x 0,1-0,3 cm. El contexto es de color blanco o crema, tiene de 0,3-2 mm de grosor, los tubos concoloros con el contexto tienen una longitud de 1 mm aproximadamente, los poros son redondos o angulares y miden 0,1-0,15 mm de diámetro.

El sistema de hifas es monomítico, con hifas generativas abundantemente fi buladas. Las esporas son de oblongo elipsoidales a cilíndricas, miden de

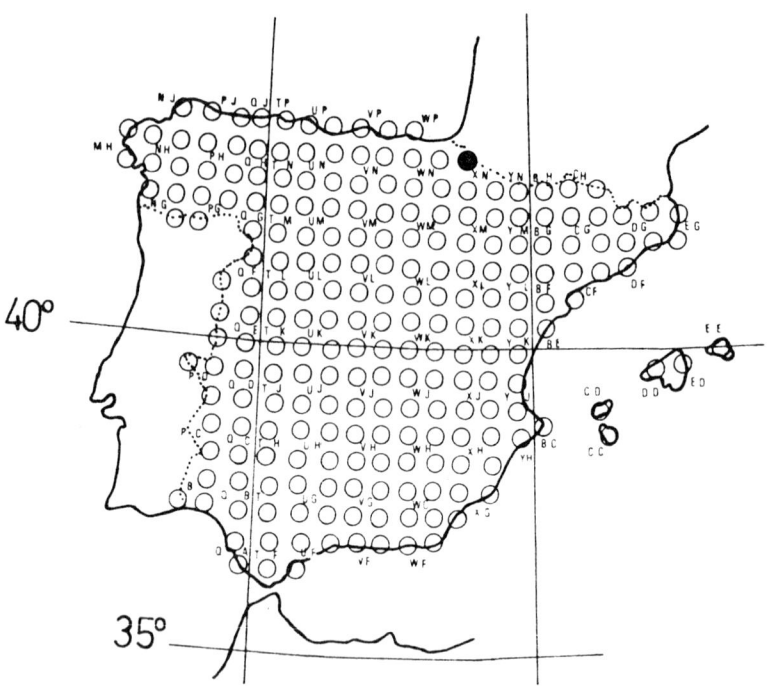

Fig. 63. Tyromyces fragilis (Fr.) Donk

3,5-5 x 2-2,5 µm.

Habitat. - Crece esta especie lo mismo sobre madera de gimnospermas que de angiospermas, el material estudiado por nosotros crecía sobre Pinus sylvestris.

Corología. - MADRID: Cercedilla, 17-3-74, leg. F.D. Calonge y G. Moreno. De esta localidad ya dimos cuenta anteriormente (Calonge, Ryvarden y Tellería, 1976)

Tyromyces fragilis (Fr.) Donk, Meded.Bot. Mus. Univ. Utrecht 97: 148 (1933)

Sinónimos: Polyporus fragilis Fr., Elench. Fung. 1 : 86 (1828); Leptoporus fragilis (Fr.) Quél., Fl. Mycol. pag. 355 (1888); Bjerkandera fragilis (Fr.) Karst., Krit. Finl. Basidsv. pag. 229 (1889)

Cuerpo fructífero pileado, sesil, dimidiado, con crecimiento imbricado. La superficie del carpóforo es de color blanco, al tocarla cuando el material aún está fresco, y también al secar, toma una coloración marrón rojiza. El margen es delgado, y exuda unas gotas de color amarillento marrón. El contexto, en material fresco es carnoso fibroso, concoloro con la superficie y asimismo se torna marrón al tocarlo o al secar, mide de 2-10 mm de grosor. Los tubos son de color blanco en su parte superior y marrones en la inferior, al secar toman coloración marrón total, miden de 2-7 mm de longitud. Los poros al principio son redondos, después irregulares y finalmente lanceolados, miden de 0,2-0,8 mm de diámetro.

El sistema de hifas es monomítico, las hifas generativas son abundantemente ramificadas y fibuladas, algunas de ellas tienen las paredes gelatinosas. Las esporas son de cilíndricas a alantoides con dos gotas lipídicas en su interior, miden de 4,5-5 x 1,5-2 µm.

Habitat. - Lo hemos recolectado sobre madera muerta y descortezada de Larix sp.

Corología. - NAVARRA: San Miguel de Aralar, 10-10-77, leg. M.T. Tellería. (Figura 63)

Observaciones. - Especie nueva para el catálogo micológico español, muy parecida al Tyromyces mollis (Pers. ex Fr.) Kotl. et Pouz., del que se diferencia porque este no lleva fíbulas en sus hifas. Una especie también muy próxima es el Tyromyces guttulatus (Peck) Murrill, del que se diferencia porque esta especie lleva cistidiolos y sus esporas tienen una anchura de 2-2,5 μm.

Tyromyces lacteus (Fr.) Murrill, N. Am. Fl. 9(1): 36 (1907)

Sinónimos: Polyporus lacteus Fr., Syst. Mycol. 1: 359 (1821); Leptoporus lacteus (Fr.) Quél., Fl. Mycol. pag. 385 (1888); Bjerkandera lactea (Fr.) Karst., Krit. Finl. Basidsv. pag. 299 (1889)

Carpóforo pileado, dimidiado y sesil, que mide aprox. 10 x 5 x 3 cm, de color blanco incluso en material seco. La superficie del carpóforo es lisa y cuando el material es fresco, lleva una costra mucosa recubriendola. El contexto de color blanco, es fibroso y homogéneo. Los tubos de 5-7 mm de longitud, son concoloros con el contexto; los poros son redondos y miden de 0,15-0,30 mm.

El sistema de hifas es monomítico, las hifas generativas son fibuladas y ligeramente ramificadas, las situadas en la zona subhimenial, son paralelas unas respecto a otras y están muy poco ramificadas. Las esporas de cilíndricas a alantoides, tienen las paredes lisas, hialinas y no amiloides, miden de 4-5,5 x 1-1,5 μm y llevan dos gotas lipídicas en su interior.

Habitat. - Crece tanto sobre madera de angiospermas como de gimnospermas, nosotros lo hemos recolectado sobre Pinus insignis.

Corología. - VIZCAYA: Ochandiano, 15-10-77, leg. Peña Barrengorri. En el herbario MAF fungi hay un ejemplar recogido en Córdoba. En la bibliografía aparece citado en el Pais Vasco (Lacoizqueta, 1885); y en Cataluña (Benito Martínez y Torres Juan, 1965)

Familia SCHIZOPHYLLACEAE Quél.

Fl. Mycol. pag. 365 (1888)

Cuerpo fructífero inicialmente en forma de copa, que se une al sustrato por un estrechamiento formando en ocasiones hasta un pequeño pie, el himenóforo es inicialmente liso, pudiendo a menudo ser radialmente ondulado. El sistema de hifas es monomítico, las hifas son de paredes delgadas o gruesas, con fíbulas. Los basidios son claviformes. Las esporas son anchamente elipsoidales o cilíndricas, incoloras o amarillo marrón, de paredes delgadas, lisas y no amiloides.

Observaciones. - Algunos géneros de esta familia como el Schizophyllum, presentan una forma muy peculiar de crecer, si observamos por ejemplo el Schizophyllum comune, nos parece observar un carpóforo de forma más o menos irregular, generalmente dimidiado o flabeliforme, cuyo himenóforo es pseudo-laminar. Nada más lejos de la realidad, puesto que lo que observamos son carpóforos soldados unos con otros, que al secarse se recurvan dando a simple vista la apariencia de láminas, lo que podríamos considerar la trama, no es otra cosa que el revestimiento pileico de estos carpóforos soldados.

De esta familia hemos estudiado unicamente dos especies integradas en los géneros Schizophyllum y Cyphellopsis.

Cyphellopsis anomala (Pers. ex Fr.) Donk, Meded. Ned. Mycol. Ver. 18-20: 128 (1931)

Sinónimo: Solenia anomala Pers. ex Fr., Hym. Europ. pag. 596(1874)

Carpóforos de pequeño tamaño, (0,3-0,5 mm de diámetro) con forma de copa, que se une al sustrato por una pequeña base; su superficie es vellosa y de color marrón canela. Estos carpóforos crecen unidos unos a otros, sobre un micelio floconoso de color marrón amarillento. El himenóforo es liso, cóncavo y de color amarillo claro.

El sistema de hifas es monomítico, formado por hifas generativas fibuladas. Los pelos del tomento que recubre la superficie del carpóforo son

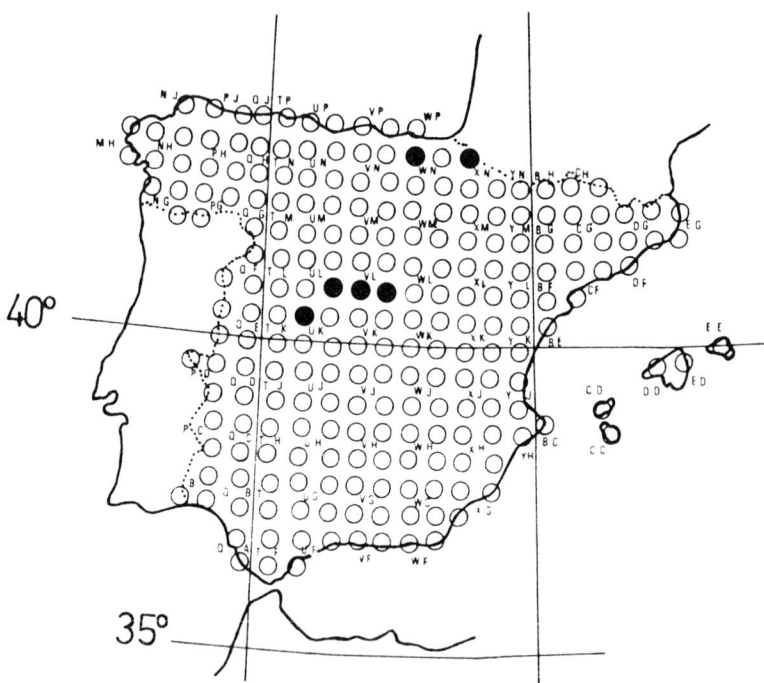

Fig. 64. Cyphellopsis anomala (Pers. ex Fr.) Donk

amarillos tendiendo a marrones, de paredes más bien gruesas y con incrustaciones de cristales. Las esporas son oblongo elipsoidales, hialinas, lisas y no amiloides, miden de 8-9 x 4-4,5 μm.

Habitat. - Lo hemos recolectado sobre madera descortezada de Fagus sylvatica, Quercus rotundifolia y Juniperus sp.

Corología. - ALAVA: Villareal de Alava, 13-3-76, leg. G. López, C. Navarro y M. T. Tellería. AVILA: Ojos Albos, 14-5-77, leg. C. Navarro y M. T. Tellería; Cillán y Collado del Mirón, 6-3-77, leg. A. Camina, C. Navarro y M. T. Tellería. GUIPUZCOA: Aránzazu, 13-4-76, leg. J. L. Tellería y M. T. Tellería. MADRID: Montejo de la Sierra, 7-12-75, leg. C. Navarro y M. T. Tellería; Hoyo de Manzanares, 4-5-77, leg. C. Navarro y M. T. Tellería. NAVARRA: Pto. de Lizarraga, 16-12-76, leg. E. Fuertes, C. Navarro y M. T. Tellería; Alto de Urbasa, 16-12-76, leg. E. Fuertes, C. Navarro y M. T. Tellería. (Figura 64)

Observaciones. - Pese a ser una especie tan ampliamente distribuida por España, parece ser nueva para la España peninsular, al haber sido citada unicamente en las Islas Canarias (Agerer, 1978)

Schizophyllum comune Fr., Syst. Mycol. 1: 330 (1821)

Esta especie es muy abundante en nuestro país. Al lector interesado en una descripción completa de la misma, remitimos al trabajo de Tellería et al. (1975)

Familia SPARASSIDACEAE Herter

Krypt. -Fl. Brandenb. 6: 167 (1910)

Cuerpo fructífero pileado, formado por un pie muy ramificado, terminando las ramificaciones en lóbulos flabeliformes y ondulados, que llevan el himenio en la cara inferior en los dispuestos horizontalmente y en ambas caras en los situados verticalmente. El himenóforo es liso. El sistema de hifas es monomítico, formado por hifas generativas de paredes delgadas o gruesas, con fíbulas escasas. Presenta también "hifas vasculares". Los basidios son claviformes, con cuatro esterigmas; las esporas son de subglobosas a anchamente elipsoidales, de paredes lisas, hialinas y no amiloides.

Observaciones. - Esta familia monogenérica, está representada en nuestra micoflora por una sola especie.

Género SPARASSIS Fr. ex Fr., Hym. Europ. pag. 665 (1874)

Generotipo: Sparassis crispa Wulf. ex Fr., Hym. Europ. pag. 666 (1874)

Carpóforo pileado, muy ramificado, los lóbulos flabeliformes y ondulados, crecen muy apretados los unos a los otros, y son de consistencia blanda y carnosa. El himenóforo es liso. El sistema de hifas es monomítico, las hifas generativas con fíbulas escasas. Las esporas son lisas, hialinas y no amiloides.

Sparassis crispa Wulf. ex Fr., Hym. Europ. pag. 666 (1874)

Cuerpo fructífero pileado y estipitado, el pie es grueso y a veces radicante, se ramifica extraordinariamente dándole al carpóforo un aspecto semejante al de una coliflor, de aquí el nombre vulgar que recibe la especie de "seta coliflor", de color crema amarillento, mide de 10-30 cm de diámetro.

El sistema de hifas es monomítico, las hifas son de paredes delgadas, con fíbulas escasas, miden de 2-6 μm de diámetro. Algunas hifas se hinchan extraordinariamente formando lo que se llama un sistema de hifas vasculares, que al observarlo al microscopio tiene un aspecto lacunoso. Los basidios son claviformes, llevan de 2-4 esterigmas. Las esporas son de anchamente elipsoidales a subglobosas, tienen las paredes hialinas, lisas y no amiloides, llevan gotas lipícas en su interior y miden de 5-6,5 x 4-4,5 μm.

Habitat. - Crece en el suelo; en la base de los troncos de Pinus sylvestris, es donde nosotros la hemos recolectado.

Corología. - SEGOVIA : Rio Moros, 1-19-77, leg. R. Morales. En la bibliografía aparece citada en Cataluña (Codina y Font Quer, 1930; Maire, 1937) en Madrid (Calonge y Zugaza, 1973) en Segovia (Calonge, 1970a) en el Pais Vasco (Cat. Micol. del Pais Vasco, 1973) y en Galicia (Benito Martínez y Torres Juan, 1965)

Familia STERACEAE Pilát

Hedwigia 70: 34 (1930)

Cuerpo fructífero generalmente efuso-reflejo, aunque a veces puede ser también pileado, mostrando un pequeño pedúnculo por el que se une al sustrato. La superficie del pileo es generalmente zonada, el himenóforo es liso, a veces surcado por multitud de nervios y muy raras veces irpicoide. El contexto está generalmente dividido en tres partes: Una superior que es la que constituye la superficie del pileo, una media situada entre la anterior y el himenio que es la tercera de las capas. La consistencia del contexto es variable, puede ser correosa, fibrosa, suberosa e incluso gelatinosa. El sistema de hifas es dimítico, formado por hifas generativas e hifas esqueléticas; en contadas ocasiones trimítico, y muy rara vez monomítico. Puede presentar diversos tipos de cistidios. Los basidios son claviformes y las esporas incoloras de paredes lisas, amiloides o inamiloides.

Observaciones. - Al igual que sucede en otras familias del Orden Aphyllophorales, la delimitación de esta familia es muy difícil de establecer. El límite concreto entre las familias Corticiaceae y Steraceae es una cuestión que todavía hoy en día no está resuelta. Autores como Donk (1964), no descartan la posibilidad de refundir ambas familias en una sola, pero consideran que por ahora, y sobre todo desde el punto de vista práctico, esto no es adecuado. Aunque la mayoría de las especies de la familia Corticiaceae tienen el sistema de hifas monomítico y las de la familia Steraceae lo tienen dimítico, este no es un caracter que nos separe perfectamente ambas familias.

Clave de géneros

1. Cuerpo fructífero con cistidios de paredes gruesas marrones y fuertemente incrustadas. Esporas oblongo elipsoidales no amiloides y cianófilas.. Lopharia
1: Cuerpo fructífero sin cistidios de paredes gruesas marrones y fuertemente incrustadas.. 2

2. Himenóforo odontoide o fuertemente tuberculado, esporas no amiloi
des y cianófilas.. Cytostereum

2: Himenóforo liso o ligeramente tuberculado, esporas amiloides o ina
miloides y no cianófilas................................ Stereum

Género CYTOSTEREUM Pouz., Česká Mykol. 13: 18 (1959)

Generotipo: Thelephora murraii Berk. et Curt., Journ. Linn. Soc.
Lond. 10: 329 (1899) = Cytostereum murraii (Berk. et Curt.) Pouz., Česká Mykol. 13: 18 (1959)

Cuerpo fructífero resupinado o pileado, el himenóforo es odontoide o tu
berculado. El sistema de hifas es dimítico, formado por hifas generativas
fibuladas e hifas esqueléticas. Presenta gloeocistidios en el himenio, que
después por efecto del crecimiento del carpóforo quedan incluidos dentro
de la trama, son redondeados. Los basidios son claviformes y con 4 esterigmas, las esporas son de paredes lisas, no amiloides y cianófilas.

Observaciones. - Género nuevo para la micoflora española, sobre el
que los autores no se ponen de acuerdo a la hora de incluirlo dentro de
una familia, Donk (1964) lo situa en la familia en que nosotros lo hemos co
locado, Parmasto (1968) lo situa en la familia Steccherinaceae y Eriksson
& Ryvarden (1975) en la Corticiaceae.

Cytostereum subabruptum (Bourd. et Galz.) Erikss. et Ryv.,Cort. North
Europ. 3: 327 (1975)

Sinónimo: Odontia subabrupta Bourd. et Galz., Hym. Fr. pag. 430
(1928)

Cuerpo fructífero resupinado,en forma de costra; el himenóforo es odontoide, formado por dientes que no sobrepasan los 0,5 mm de longitud, de
color blanco o pálido, mirándolos a la lupa se ve que el ápice de los mismos es ligeramente pubescente.

El sistema de hifas es dimítico, formado por hifas generativas fibuladas
e hialinas y por hifas esqueléticas de paredes anchas y de color amarillen
to. Presenta numerosos gloeocistidios, sobre todo en la zona himenial, al
gunos ejemplares (Eriksson y Ryvarden, 1975), presentan dendrohifas en

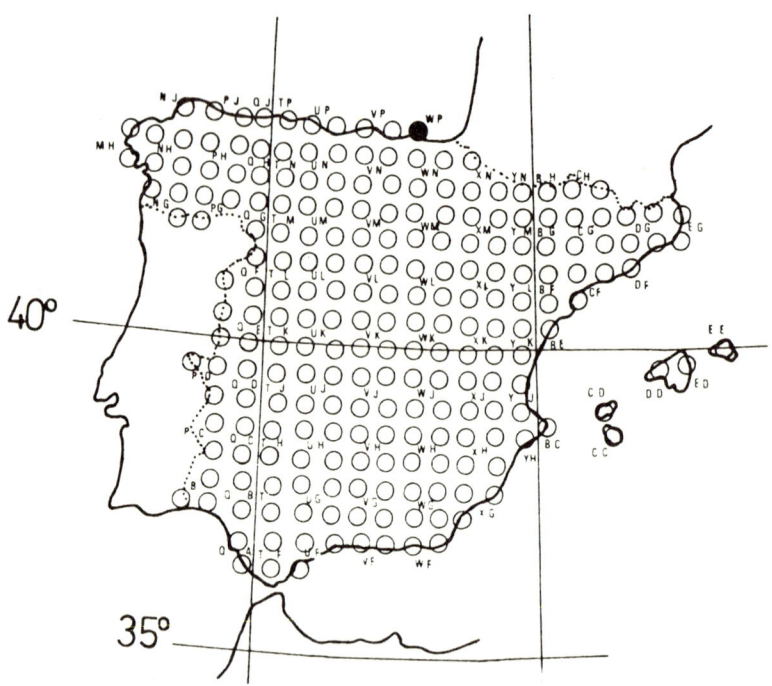

Fig. 65. Cytostereum subabruptum (Bourd. et Galz.) Erikss. et Ryv.

el himenio, detalle este que no hemos observado en nuestro material. Las esporas son anchamente elipsoidales, deprimidas cerca del ápice, hialinas no amiloides, pero si cianófilas, miden de 3,5-4,8 x 2-2,5 μm.

H a b i t a t . - Lo hemos recolectado sobre madera descortezada de Pinus insignis.

C o r o l o g í a . - VIZCAYA: Ibarranguelua, 5-1-76, leg. C. Navarro y M. T. Tellería. (Figura 65)

O b s e r v a c i o n e s . - Especie nueva para el catálogo micológico español.

Género LOPHARIA Kalchbr. et MacOwan emend. Boid.

Kalchbrenner. et MacOwan, Grevillea 10: 58 (1881)

Boidin, Bull. Mens. Soc. Linn. Lyon 28 (7): 207 (1959)

G e n e r o t i p o : Lopharia lirellosa Kalchr. et MacOwan, Grevillea 10: 58 (1881)

Cuerpo fructífero resupinado o efuso-reflejo, la superficie del pileo es tomentosa y el himenóforo liso. El sistema de hifas es dimítico, formado por hifas generativas de paredes delgadas e hialinas, e hifas esqueléticas de paredes gruesas y marrones. Presenta cistidios fusiformes de paredes gruesas de color marrón y fuertemente incrustadas. Las esporas son oblongo elipsoidales, de paredes lisas no amiloides y cianófilas.

Lopharia spadicea (Fr.) Boid., Bull. Mens. Soc. Linn. Lyon. 28 (7): 211 (1959)

S i n ó n i m o : Thelephora spadicea Fr., Elench. Fung. 1: 176 (1828)

Cuerpo fructífero resupinado o efuso-reflejo, la superficie del pileo es tomentosa y más o menos zonada, de color marrón al principio, pasa después a gris marrón. El himenóforo es liso y se resquebraja al secar, al principio es de color marrón grisáceo y el margen blanco, después al envejecer pasa a color gris. El contexto está formado por tres zonas, la superior constituye el tomento del pileo, formado por hifas de paredes gruesas, marrones y fibuladas; la zona media formada por hifas generativas de paredes hialinas, ramificadas y fibuladas que se entrecruzan con las hifas de paredes gruesas y por último la zona subhimenial e himenial donde aparecen gran cantidad de cistidios de paredes gruesas, marrones e incrustadas de cristales, estos cistidios son fusiformes.

Se ha dicho que el sistema de hifas de esta especie es dimítico, considerando como hifas esqueléticas las hifas de paredes anchas y marrones, pero estas hifas son generativas y no esqueléticas por llevar septos y fíbulas; para Eriksson y Ryvarden (1976), las únicas que se puede considerar como hifas esqueléticas, son las que forman la parte basal de los cistidios, ya que no llevan ni septos ni fíbulas. Las esporas son oblongo elipsoidales, de paredes lisas, hialinas y no amiloides, aunque sí cianófilas, miden de 6-7 x 2,5-3,5 μm.

Habitat. - Lo hemos recolectado sobre Castanea sativa, Quercus pyrenaica y Fagus sylvatica.

Corología. - ALAVA: Villareal de Alava, 13-3-76, leg. G. López, C. Navarro y M. T. Tellería. MADRID: Cercedilla, 29-10-76, leg. F. D. Calonge y M. T. Tellería. NAVARRA: Echarri-Aranaz, 7-10-77, leg. Soc. Cienc. Nat. Aranzadi. SEGOVIA: Pto. de Quesera, 19-9-76, leg. C. Navarro y M. T. Tellería. VIZCAYA: Axpe, 14-4-76, leg. C. Navarro y M. T. Tellería. En la bibliografía aparece citada en Cataluña (Codina y Font Quer, 1930; Maire, 1933; Malençon y Bertault, 1976); en Andalucia y en Guadalajara (Benito Martínez y Torres Juan, 1965)

Género STEREUM Pers. ex S. F. Gray, Nat. Arr. Brit. Pl. 1: 625 (1821)

Cuerpo fructífero resupinado, efuso-reflejo o pileado, sesil o estipitado, con el pie central o lateral; el contexto es membranoso, coriáceo. El himenóforo es liso, rugoso o tuberculado. El sistema de hifas es dimítico, el contexto normalmente está dividido en tres partes, la zona basal, la zona intermedia y el himenóforo. Cistidios y gloeocistidios presentes o ausentes, setas siempre ausentes. Esporas lisas, hialinas, amiloides o no amiloides.

Clave de especies

1. Especies cuyo himenóforo fresco, exuda al dañarlo un líquido rojo... 2
1ʹ Especies sin las características anteriores 4
2. Himenóforo estratificado y rugoso, esporas de 8-11 x 3-4 μm.........
   .... S. rugosum
2ʹ Himenóforo liso y no estratificado, esporas de hasta 9 μm de longitud
   3
3. Superficie del pileo de color gris. Especie viviendo siempre sobre
   madera de coníferas............................. S. sanguinolentum
3ʹ Superficie del pileo de color marrón rojizo. Especies nunca sobre
   madera de coníferas............................... S. gausapatum
4. Pileo flabeliforme y pseudo-estipitado. Esporas de 5,5-6,5 x 2,5-3
   μm, de paredes amiloides .... S. insignitum
4ʹ Carpóforo resupinado, efuso-reflejo o pileado, sesil. Esporas de
   4-8 x 2,5-3,5 μm, no amiloides........................ S. hirsutum

Stereum gausapatum Fr., Elench. Fung. 1: 171 (1828)

Para una relación detallada de sinonimias remitimos al trabajo de Pilát (1930)

Cuerpo fructífero efuso-reflejo o pileado, con crecimiento imbricado. La superficie del pileo es hirsuta, zonada, de color marrón rojizo y gamuza, siendo el margen más claro. El himenóforo es liso o ligeramente ondulado, de color gamuza y al rozarlo exuda una sustancia rojiza.

El sistema de hifas es dimítico, formado por hifas generativas e hifas esqueléticas, presenta gloeocistidios con abundante contenido marrón en su interior. Las esporas de oblongo elipsoidales a cilíndricas, miden de 5-9 x 3-4,5 μm.

Habitat. - Lo hemos recolectado sobre madera de Quercus faginea, Quercus robur, Quercus suber, Quercus ilex, Quercus rotundifolia y Castanea sativa.

Corología. - AVILA : Sotillo de la Adrada, 6-3-77, leg. C. Navarro y M. T. Tellería. CACERES: Carretera del Pto. de Miravete a Deleitosa, 20-2-77, leg. C. Navarro y M. T. Tellería. CADIZ: Ubrique, 27-3-75, leg.

F. D. Calonge y G. López. NAVARRA: Carretera desde Aribe a Orbaiceta, 17-12-76, leg. E. Fuertes, C. Navarro y M. T. Tellería. VIZCAYA: Garay, 31-12-76, leg. C. Navarro y M. T. Tellería. En la bibliografía aparece citado en Cataluña (Aranzadi, 1908; Codina y Font Quer, 1930; Maire, Codina y Font Quer, 1933; Heim, Font Quer y Codina, 1934; Singer, 1947; Malençon y Bertault, 1971) en Andalucía (Torres Juan, 1963; Malençon, 1968) y en el Pais Vasco (Cat. Micol. Pais Vasco, 1973)

Stereum hirsutum (Willd. ex Fr.) Fr., Epicr. pag. 544 (1838)

Sinónimos: Thelephora hirsuta Willd. ex Fr., Syst. Mycol. I: 439 (1821). Para una relación detallada de sinónimos remitimos al trabajo de Pilát (1930)

Cuerpo fructífero resupinado, efuso-reflejo o dimidiado sesil; la superficie del pileo zonada concéntricamente, está cubierta de gruesos pelos y es de color gris claro, amarillo marrón claro o a veces rojo marrón; el himenóforo es liso o muy ligeramente rugoso, de color crema a marrón claro.

El sistema de hifas es dimítico, las hifas generativas son de paredes delgadas, septadas pero no fibuladas, las hifas esqueléticas son de paredes gruesas. Presenta cistidiolos en el himenio, tienen estos las paredes gruesas en su parte inferior, y más delgadas en la superior, a veces con un contenido marrón amarillento en su interior. Las esporas son oblongo elipsoidales o cilíndricas, miden de 4-8 x 2,5-3,5 μm.

Habitat. - Vive sobre madera de Angiospermas.

Corología. - Muy repartida y abundante por todos los puntos de nuestra geografía.

Stereum insignitum Quél., Ass. Fr. XVI suppl.: 6 (1889)

Cuerpo fructífero pileado, más raramente efuso-reflejo, el pileo es flabeliforme en la mayoría de los casos y se une al sustrato por una pequeña base a modo de pseudopie. La superficie es híspida y está concéntricamente zonada, su color va del marrón al beige, el margen suele presentarse ondulado. El himenóforo es de color ocre claro, liso o a veces ligeramente rugoso.

El sistema de hifas es dimítico, las hifas generativas de paredes delgadas y las hifas esqueléticas de paredes gruesas; presenta en el himenio cistidiolos de paredes gruesas. Las esporas son de oblongo elipsoidales a cilíndricas, miden de 5,5-6,5 x 2,5-3 μm, tienen las paredes lisas, hialinas y amiloides.

Habitat. - Siempre sobre madera de Fagus sylvatica.

Corología. - BURGOS: Barbadillo de los Herreros, 20-3-77, leg. J. L. Tellería. NAVARRA: Carretera de Zudaire al Alto de Urbasa, 16-12-76, leg. E. Fuertes, C. Navarro y M. T. Tellería. SORIA: Pto. de Piqueras, 7-11-77, leg. F. D. Calonge y M. T. Tellería. VIZCAYA: Abadiano, 13-3-76, leg. C. Navarro y M. T. Tellería; Urquiola, 26-12-74, leg. C. Navarro y M. T. Tellería. En la bibliografía aparece citado en el País Vasco (Cat. Micol. Pais Vasco, 1973)

Stereum rugosum (Pers. ex Fr.) Fr., Epicr. pag. 552 (1838)

Sinónimo: Thelephora rugosa Pers. ex Fr., Syst. Myc. I: 439 (1821)

Cuerpo fructífero resupinado o efuso-reflejo y facilmente separable del sustrato, al principio crece en parches redondos que después van confluyendo unos con otros, alcanzando de este modo grandes extensiones. La superficie del pileo es al principio aterciopelada, después glabra y muy rugosa, de color marrón oscuro. El himenóforo es muy rugoso y tuberculado, de color blanquecino, crema oscuro o gris con la edad, al rozarlo exuda un líquido rojizo. El himenóforo crece estratificado, alcanzando así los carpóforos mucho grosor.

El sistema de hifas es dimítico, formado por hifas generativas e hifas esqueléticas, presenta gloeocistidios inmersos en la trama, donde tambien aparecen gran cantidad de cristales.Las esporas son de oblongo elipsoidales a cilíndricas, miden de 8-11 x 3-4 μm, son de paredes lisas, hialinas y ligeramente amiloides.

Habitat. - Lo hemos recolectado sobre madera de Fagus sylvatica.

Corología. - NAVARRA: Pantano de Irabia, 17-12-76, leg. E. Fuertes

C. Navarro y M. T. Tellería; Sierra de Leyre, 11-11-77, leg. F. D. Calonge; San Miguel de Aralar, 10-10-76, leg. M. T. Tellería. En la bibliografía aparece citado en Cataluña (Maire, 1937) País Vasco (Cat. Micol. País Vasco, 1973) y en Tenerife (Cool, 1925)

Stereum sanguinolentum (Alb. et Schw. ex Fr.) Fr., Epicr. pag. 549 (1838)

Sinónimo: Thelephora sanguinolenta Alb. et Schw. ex Fr., Syst. Mycol. I: 440 (1821)

Cuerpo fructífero resupinado o efuso-reflejo, al principio crece en parches redondos que después confluyen unos con otros. La superficie del pileo en los carpóforos efuso-reflejos es zonada, pubescente y de color blanquecino con un tinte gamuza. El himenóforo es liso, de color gris con un ligero tinte marrón, cuando el material está fresco al dañarlo exuda un líquido rojo.

El sistema de hifas es dimítico, formado al igual que en otras especies del género, por hifas generativas e hifas esqueléticas, presenta cistidios de paredes gruesas en la zona basal, estrechándose hacia el ápice, llevan un contenido marrón en su interior. Las esporas son de oblongo elipsoidales a cilíndricas, miden de 6-9 x 2-3 μm.

Habitat. - Siempre sobre madera de coníferas, lo hemos recolectado sobre madera de Pinus insignis, Pinus pinaster y Pinus sylvestris.

Corología. - NAVARRA: San Miguel de Aralar, 3-9-76, leg. L. M. García Bona. SEGOVIA: Pto. de los Leones, 23-10-77, leg. C. Navarro y M. T. Tellería; La Granja, 23-9-76, leg. M. García Rollán. VIZCAYA: Orozco, 17-10-75, leg. F. D. Calonge; Ibarranguelua, 16-2-75, leg. C. Navarro y M. T. Tellería. En la bibliografía aparece citado en Cataluña (Maire, Codina y Font Quer, 1933; Singer, 1947) en Madrid (Calonge, 1972) en Las Palmas (Ryvarden, 1972b) en Guadalajara y en Galicia (Benito Martínez y Torres Juan, 1965)

Familia THELEPHORACEAE Chev.

F. Paris 1: 84 (1826)

La característica más importante de esta familia, radica en sus esporas, de forma variable, pero presentando siempre su contorno irregular, ondulado, sinuoso o angular; la pared de color marrón o en algunos casos también hialina, puede llevar a veces pequeñas verrugas o espinas, no es amiloide y generalmente tampoco cianófila. Con respecto a los restantes caracteres microscópicos, podemos decir que raramente presenta cistidiolos o gloeocistidios, el sistema de hifas es monomítico, sus hifas generativas son generalmente fibuladas y de paredes delgadas, aunque en algunos casos pueden llevar las paredes gruesas. Sus caracteres macroscópicos son muy variables así su carpóforo puede ser resupinado, efuso-reflejo, pileado, etc. El himenóforo puede ser liso, verrugoso, dentado, porado, laminar, etc. El contexto es de color y consistencia variable, flocoso, fibroso, correoso y carnoso; en algunas especies con KOH al 10% toma una coloración verde.

Clave de géneros

1. Cuerpo fructífero resupinado................................. 2
1′. Cuerpo fructífero pileado, sesil o estipitado.................. 3
2. Especies que presentan cistidios de paredes gruesas con septos simples.. Kneiffiella
2′. Especies presentando a veces cistidios, pero nunca con septos. Hifas y esporas coloreadas .... Tomentella
3. Himenóforo liso o tuberculado........................ Thelephora
3′. Himenóforo hidnoide o poroide............................... 4
4. Himenóforo poroide .... Boletopsis
4′. Himenóforo hidnoide... 5
5. Carpóforos de naturaleza coriácea.................... Hydnellum
5′. Carpóforos de naturaleza carnosa .... Sarcodon

Género BOLETOPSIS Fayod, Malpighia 3: 72 (1889)

Generotipo: Polyporus subsquamosus Fr., Syst. Mycol. 1: 346 (1821)

Cuerpo fructífero pileado y estipitado, con el pie central, excéntrico o lateral; el color de la superficie del pileo va de gris a marrón. El himenóforo es tubular y el contexto carnoso y de color blanco. El sistema de hifas es monomítico, formado por hifas hialinas de paredes delgadas y fibuladas. Las esporas son de contorno irregular, anguloso y de color marrón claro.

Observaciones. - Autores como Ryvarden (1978) incluyen a este género entre los Poliporaceos por presentar su himenóforo tubular; pero nosotros siguiendo a Donk (1964) y a Ainsworth (1971) lo incluimos en esta familia, precisamente por el importante caracter de sus esporas con contorno irregular.

Boletopsis subsquamosa (Fr.) Kotl. et Pouz., Česká Mykol. 11: 164 (1957)
Sinónimos: Polyporus subsquamosus Fr., Syst. Mycol. 1: 346 (1821);
Polyporus leucomelas Pers., Mycol. Europ. 2: 40 (1825)

Cuerpo fructífero pileado y estipitado, el pie puede ser central, excéntrico o lateral, el de nuestro material media de 4-5 x 1,5-2 cm y su color variaba de gris a marrón al igual que el pileo, que media de 5-9cm de diámetro. El contexto es blanco, pero se oscurece al tocarlo y al secarse. El himenóforo es tubular, los poros son blancos y decurrentes sobre el pie, tienen un diámetro de 0,4-1 mm.

El sistema de hifas es monomítico, las hifas generativas tienen las paredes hialinas, delgadas o ligeramente gruesas, son fibuladas y ramificadas. Las esporas son de anchamente elipsoidales a globosas, su contorno es irregular, anguloso y de color marrón claro, miden de 4,5-5 μm de diámetro.

Habitat. - Crece en el suelo de bosques de coníferas.

Corología. - No conocemos la procedencia exacta del material que hemos estudiado, pues eran ejemplares traidos a la Exposición de Hongos de Castilla del año 1976, pero en la bibliografía hay multitud de citas de esta especie en nuestro país, así en Cataluña (Aranzadi, 1905a; Codina y Font Quer, 1930; Maire, Codina y Font Quer, 1933; Maire, 1937; Malençon y Bertault, 1971, 1976) en el Pais Vasco (Ruiz de Gaona y Oñaiticia, 1954; Cat. Micol. del Pais Vasco, 1973) en Madrid (Calonge y Zugaza, 1973) y en León (Mayor et al., 1974)

Género HYDNELLUM Karst., Medd. Soc. F. Fl. Fenn. 5: 41 (1879)
Generotipo: Hydnum suaveolens Scop. ex Fr., Syst. Mycol. I: 402 (1821) ≡ Hydnellum suaveolens (Scop. ex Fr.) Karst., Medd. Soc. F. Fl. Fenn. 5: 41 (1879)

Cuerpo fructífero pileado y estipitado, coriáceo, la superficie del carpóforo es glabra o vellosa, el himenóforo es hidnoide, es decir formado por agujas, el contexto es coloreado, a veces zonado. El sistema de hifas es monomítico y las esporas globosas de contornos irregulares, sus paredes son de color marrón y verrugosas.

Hydnellum ferrugineum (Fr. ex Fr.) Karst., Medd. Soc. F. Fl. Fenn. 5: 41 (1879)
Sinónimo: Hydnum ferrugineum Fr. ex Fr., Syst. Mycol. 1: 403 (1821)
Para una relación detallada de sinónimos remitimos al trabajo de Maas Geesteranus (1975).

Cuerpo fructífero pileado y estipitado, la superficie del pileo es tomentosa, al principio de color blanco, después va oscureciéndose hasta llegar a marrón rojizo, el borde permanece blanco; el pileo mide de 3-8 cm de diámetro, el pie es concoloro con el pileo y tomentoso, mide de 2-3 x 1-2 cm, es ancho y esponjoso en la zona basal, y va estrechando hacia la zona de inserción con el sombrerillo. El contexto es de color carne en el pileo y de color marrón oscuro en el pie. El himenóforo, concoloro con el contexto, está formado por agujas de 3,5-4,5 mm de longitud.

El sistema de hifas es monomítico, formado por hifas generativas de paredes marrones, la intensidad de color varia según la parte del carpóforo a la que pertenecen, así las de la zona central de pie, más fibrosa, son de paredes marrones oscuras y marrones más clara y más suavemente entretejidas las de la parte esponjosa del pie y pileo, así como las del himenóforo. Las esporas son anchamente elipsoidales, de color marrón y contorno irregular, miden de 4-6 x 3,5-4,5 μm.

Habitat. - La hemos recolectado en el suelo de un pinar.

Corología. - SORIA: Navaleno, 18-7-77, leg. A. Orive. Esta especie está abundantemente citada en Cataluña (Aranzadi, 1908; Codina y Font Quer, 1930;Maire, Codina y Font Quer, 1933;Heim, Font Quer y Codina, 1934; Maire, 1937; Malençon y Bertault, 1971, 1976) en el Pais Vasco (Ruiz de Gaona y Oñaiticia, 1954)

Género KNEIFFIELLA Karst., Bidr. Känn. Finl. Nat. Folk 48: 371 (1889)

Generotipo: Kneiffiella bombycina Karst., Bidr. Känn. Finl. Nat. Folk 48: 371 (1889).

Sinónimo: Tomentellina v. Höhn.et Litsch., Stibzber. Akad. Wiss, Wien, Math.-Nat. Kl., Abt. I., 115: 1604 (1906)

Cuerpo fructífero resupinado, flocoso, hipochnoide, con el himenóforo tomentoso. El sistema de hifas es monomítico, las hifas son de paredes gruesas o delgadas, sin fíbulas; presenta cistidios de paredes gruesas, generalmente tabicados, las esporas de contorno irregular son verrugosas y marrones.

Observaciones. - Género nuevo para la flora micológica española.

Kneiffiella bombycina Karst., Bidr. Känn. Finl. Nat. Folk 48:371 (1889)
Sinónimos: Tomentellina bombycina (Karst.) Bourd. et Galz. ,Hym. Fr. pag. 473 (1928); Tomentellina ferruginosa v. Höhn.et Litsch., Stizber. Akad. Wiss. Wien, Math.-Nat. Kl., Abt.I., 115:1604 (1906);Tomentella bombycina (Karst.) Erikss., Symb. Bot. Upsal. 16(1): 159 (1958); Hypochnus canadiensis Burt., Ann. Mo. Bot. Gard. 1: 211 (1916)

Cuerpo fructífero resupinado, hipochnoide, suavemente unido al sustrato, de color marrón claro al principio, después marrón rojizo.

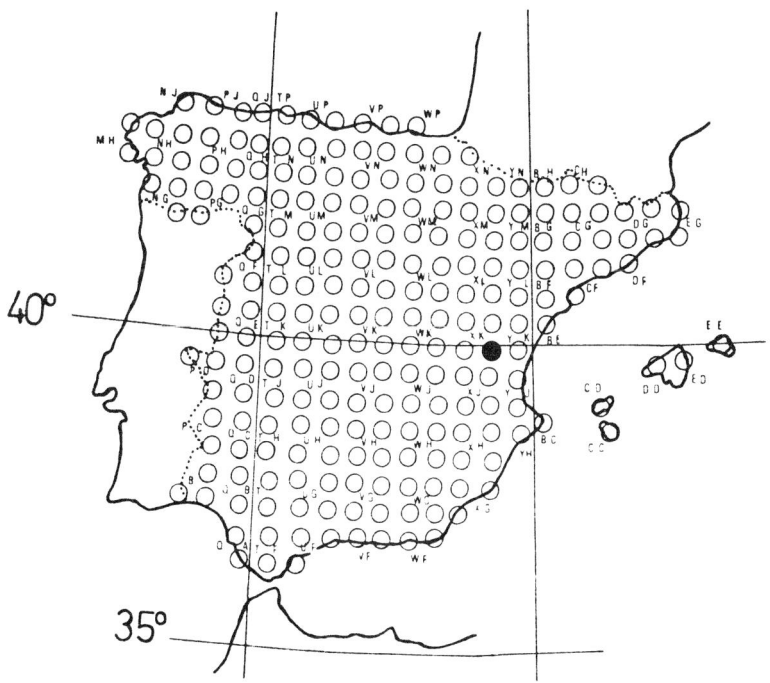

Fig. 66. Kneiffiella bombycina Karst.

El sistema de hifas es monomítico, las hifas basales de paredes gruesas y de color marrón oscuro, se encuentran agrupadas formando cordones. Las hifas subhimeniales de paredes delgadas y de color marrón amarillento, también se encuentran agrupadas en cordones y ambas, basales y subhimeniales carecen de fíbulas. Los cistidios son cilíndricos de paredes gruesas y marrones, con septos simples, miden de 80-150 x 4-6 μm. Los basidios son claviformes y llevan de 2-4 esterigmas. Las esporas son globosas, de contorno irregular, las paredes son de color marrón y verrugosas, miden de 6-8 μm de diámetro.

Habitat. - La hemos recolectado sobre madera de Juniperus sp.

Corología. - TERUEL: Javalambre, 5-4-76, leg. M. T. Tellería (Fig. 66)

Observaciones. - Especie nueva para el catálogo micológico español.

Género SARCODON Quél. ex Karst., Rev. Mycol. 3: 20 (1881)

Generotipo: Hydnum imbricatum L. ex Fr., Syst. Mycol. 1: 398 (1821)

Carpóforo pileado y estipitado, la superficie del pileo es al principio glabra o tomentosa, después con mucha frecuencia se recubre de escamas, la trama es blanca o coloreada, de consistencia carnosa y blanda, a veces cambia de color en contacto con el aire, el himenóforo es hidnoide. El sistema de hifas es monomítico, las hifas generativas fibuladas o afibuladas, las esporas son globosas, de color marrón, contorno irregular y verrugosas.

Sarcodon imbricatus (L. ex Fr.) Karst., Rev. Mycol. 3: 20 (1881)

Sinónimo: Hydnum imbricatum L. ex Fr., Syst. Mycol. 1: 398 (1821)

Cuerpo fructífero pileado y estipitado. El pie central o ligeramente excéntrico, es de color marrón y glabro, mide de 3-5 x 2-3 cm; el pileo es también glabro, pero su superficie está recubierta por abundantes escamas de color marrón más oscuro que el resto de la superficie del carpóforo, mide hasta 20 cm de diámetro. El contexto de color blanco, no cambia apreciablemente al corte y es de naturaleza carnosa y blanda. El himenóforo es hidnoide, las agujas ligeramente decurrentes sobre el pie, son al principio blancas pasando a marrones con la edad.

El sistema de hifas es monomítico, las hifas con fíbulas escasas, y paredes delgadas son de color amarillo claro. Las esporas de elipsoidales a globosas, tienen el contorno irregular, paredes verrugosas y de color marrón, miden de 6,5-7,5 x 5,5-6,5 µm.

H a b i t a t . - Crece en el suelo de bosques de coníferas; nosotros la hemos recolectado bajo Pinus pinaster y Pinus sylvestris.

C o r o l o g í a . - MADRID: Pto. de Canencia, 1-11-76, leg. M. T. Tellería. SORIA: Almazán, 6-11-77, leg. F. D. Calonge y M. T. Tellería. En la bibliografía aparece abundantemente citado en toda España.

Género THELEPHORA Fr., Syst. Mycol. 1: 428 (1821)

G e n e r o t i p o : Thelephora terrestris Fr., Syst. Mycol. 1: 431 (1821)

Para una relación detallada de sinonimias del género remitimos al trabajo de Corner (1968)

Cuerpo fructífero efuso-reflejo o pileado, en este caso puede ser sesil o estipitado y de forma variable, claviforme, ciatiforme o flabeliforme; los carpóforos crecen aislados o en fascículos, el borde es también variable, ya que puede ser dentado o fimbriado. El color de los carpóforos es marrón rojizo, violeta o a veces grisáceo. El himenóforo es liso o tuberculado y concoloro con el resto del carpóforo. El contexto es delgado, fibroso o coriáceo y concoloro con el himenóforo y la superficie del carpóforo. El sistema de hifas es monomítico, las hifas generativas son fibuladas, de paredes delgadas o gruesas, marrones, suelen llevar incrustaciones de color marrón violeta o negro. Cistidios ausentes y basidios con 4 esterigmas. Las esporas son de subglobosas a anchamente elipsoidales, al igual que todas las de la familia de contorno irregular, de color marrón y a veces equinuladas.

C l a v e   d e   e s p e c i e s

1. Carpóforo estipitado, hifas generativas con paredes ligeramente gruesas. Esporas de 7-8,5 x 5-6,5 µm .... T. caryophyllea
1'. Carpóforo sesil o subestipitado, hifas generativas con las paredes

de 0,5-1,5 µm, de espesor. Esporas de 8-12 x 6-9 µm............
.... T. terrestris

Thelephora caryophyllea Fr., Syst. Mycol. 1: 430 (1821)
Sinónimos: Thelephora strigosa Fr., Syst. Mycol. 1: 433 (1821); Thelephora flabellaris Fr., Syst. Mycol. 1: 433 (1821); Thelephora radiata Fr., Epicr. pag. 535 (1838); Thelephora ambigua Pers., Mycol. Europ. 1: 112 (1822); Thelephora convoluta Vel., Novit. Mycol. pag. 167 (1939). Para una relación más detallada de sinónimos consultar trabajo de Corner (1968)

Cuerpo fructífero pileado y estipitado, el pileo tiene de 1-5 cm de diámetro, su margen es dentado y su superficie de color marrón es lisa o ligeramente pubescente, presentando fibras radiales. El pie de 0,4-1,5 x 0,3 cm, está a veces recubierto de un ligero tomento y es también de color marrón. Los carpóforos crecen en posición imbricada unos respecto a otros. El himenóforo es liso y concoloro con el resto del carpóforo. El contexto es delgado y coriáceo.

El sistema de hifas es monomítico, las hifas generativas con las paredes ligeramente gruesas y marrones, están fibuladas. Las esporas son anchamente elipsoidales, de paredes marrones y equinuladas, miden de 7-8,5 x 5-6,5 µm, a veces presentan una gota lipídica en su interior.

Habitat. - Esta especie crece fundamentalmente en suelos arenosos de bosques de coníferas.

Corología. - MADRID: Arganda, 15-12-76, leg. P. Blanco. Esta especie aparece citada en la bibliografía en Cataluña (Codina y Font Quer, 1930; Heim, Font Quer y Codina, 1934; Maire, 1937) y en el País Vasco (Cat. Micol. País Vasco, 1973)

Thelephora terrestris Fr., Syst. Mycol. 1: 431 (1821)
Sinónimos: Thelephora laciniata Fr., Syst. Mycol. 1: 431 (1821); Thelephora tristis Sacc., Fl. Ital. Crypt. Hym. pag. 1138 (1916); Thelephora minor Vel., České Houby pag. 770 (1922); Thelephora rhipidium Vel., České Houby pag. 772 (1922); Thelephora crustosa Lloyd, Myc. No-

tes 7: 1196 (1923)

Cuerpo fructífero pileado, sesil o subestipitado, el pileo tiene como máximo 6 cm de diámetro, pero como crecen los carpóforos en forma imbricada, estos pileos forman rosetas de hasta 12 cm de diámetro; la superficie del pileo es tomentosa, de color marrón oscuro, llegando con la edad incluso a negro, el margen es fimbriado y más claro que el resto del carpóforo. El himenóforo es verrugoso o liso, y de color marrón rojizo. El contexto es delgado, de hasta 1 mm de grosor, fibroso y concoloro con el carpóforo.

El sistema de hifas es monomítico, las hifas generativas son fibuladas, ramificadas en ángulo recto y con las paredes gruesas y marrones. Las esporas de color marrón rojizo a marrón violeta, son anchamente elipsoidales, de contornos irregulares y equinuladas, miden de 8-11,5 x 6-9 μm.

Habitat. - Crece en bosques de coníferas envolviendo generalmente ramas, raices, acículas y restos vegetales en general.

Corología. - AVILA: Peguerinos, 17-10-76, leg. Soc. Micol. Castellana. SEGOVIA: El Espinar, 30-5-76, leg. E. Alvarez. En la bibliografía aparece citada en Cataluña (Singer, 1947), en el Pais Vasco (Cat. Mic. Pais Vasco, 1973), en Madrid (Calonge, 1972) en Andalucia (Benito Martínez y Torres Juan, 1965) y en Tenerife (Calonge, 1974)

Género TOMENTELLA Pat., Hym. Europ. pag. 154 (1887)
Generotipo: Tomentella ferruginea (Pers. ex Pers.) Pat., Hym. Europ. pag. 154 (1887)

Cuerpo fructífero resupinado, tomentoso, membranáceo hipochnoide o aracnoide, el himenóforo es liso o granuloso. El sistema de hifas es monomítico, formado por hifas de paredes generalmente coloreadas que se encuentran suavemente entretejidas, a veces las de la zona basal van agrupadas en cordones; cistidios muy pocas veces presentes. Los basidios con 2-4 esterigmas. Las esporas coloreadas, de paredes irregulares, verrugosas o espinosas.

Clave de especies

1. Hifas basales e hifas subhimeniales iguales, es decir con el mismo color y grosor de pared.. 2
1'. Hifas basales y subhimeniales distintas, es decir con color y/o grosor de la pared diferente.. 6
2. Las hifas basales se encuentran agrupadas formando cordones...... 3
2'. Las hifas basales no se encuentran agrupadas formando cordones... 4
3. Himenio con cistidiolos claviformes, cuerpo fructífero de color marrón amarillento .... T. pilosa
3'. Himenio sin cistidiolos, cuerpo fructífero de color marrón rojizo, con el margen ancho y de color crema .... T. albomarginata
4. Cuerpo fructífero que en contacto con KOH al 10% toma una fuerte coloración verde esmeralda .... T. botryoides
4'. Cuerpo fructífero sin las características anteriores............... 5
5. Esporas anchamente elipsoidales, de 6,5-8,5 x 6-7 μm. Carpóforo constituido al principio por gránulos de color marrón naranja, que después confluyen. Vive generalmente sobre carpóforos de otros hongos .... T. mycophila
5'. Esporas de anchamente elipsoidales a globosas, 8-9 x 7,5-8,5 μm. Carpóforos constituidos al principio por flocones pubescentes de color marrón rojizo, que después confluyen, nunca vive sobre carpóforos de otros hongos............................ T. puberula
6. Hifas sin fíbulas, basidios con esterigmas muy largos, de 10-15 μm .... T. atroviolacea
6'. Hifas siempre fibuladas, esterigmas nunca tan largos 7
7. El tamaño de las células de las hifas basales igual al de las hifas subhimeniales, algunas hifas basales reunidas en cordones. Tamaño de las espinas de las esporas de 2-3 μm de longitud .... T. bryophila
7'. Las células de las hifas basales más largas que las subhimeniales, hifas basales no reunidas en cordones. Tamaño de las espinas de las esporas no superior a 1,5 μm............................. 8
8. Esporas globosas de 6-8 μm de diámetro .... T. bourdotii
8'. Esporas globosas de 9-10 μm de diámetro .... T. bresadolae

Tomentella albomarginata (Bourd. et Galz.) Larsen, Mycologia 62: 134 (1970)

Sinónimo: Tomentella porulosa Bourd. et Galz. form. albomarginata Bourd. et Galz., Bull. Soc. Myc. Fr. 40: 155 (1924)

Cuerpo fructífero resupinado, membranáceo, no de naturaleza algodonosa como las otras especies del género, sino de consistencia más bien dura, podríamos decir que fuertemente membranáceo. De color marrón rojizo oscuro, el margen es ancho, fibrilloso y de color crema claro. No cambia de color en contacto con KOH al 10%.

El sistema de hifas es monomítico, las hifas son fibuladas y de un color amarillento, las basales se encuentran a veces agrupadas formando cordones. Las esporas de contorno irregular son de anchamente elipsoidales a subglobosas, sus paredes de color marrón son espinosas y llevan una apícula lateral muy marcada, algunas de ellas llevan una gran vacuola central, miden de 7-10 x 7-8,5 μm.

Habitat. - La hemos recolectado sobre madera de Erica umbellata.

Corología. - CACERES: Subida al Pto. de Perales desde Coria, 30-3-77, leg. M. T. Tellería. (Figura 67)

Observaciones. - Especie nueva para el catálogo micológico español.

Tomentella atroviolacea Litsch., Bull. Soc. Mycol. Fr. 49: 53 (1933)

Cuerpo fructífero resupinado, membranáceo, de color marrón oscuro, sobre todo la zona del subículo, el himenóforo presenta una pruina de color grisáceo que lo recubre (detalle este observable a la lupa).

El sistema de hifas es monomítico, las hifas, carentes de fíbulas, tienen las paredes de color marrón. Los basidios son muy largos, así como los cuatro esterigmas que miden de 10-15 μm de longitud. Las esporas de subglobosas a globosas, son de color marrón, espinosas y miden de 8,5-9 x 7,5-8,5 μm.

Habitat. - La hemos recolectado sobre madera de Quercus suber.

Corología. - HUELVA: Bajada del Pto. del Cagón hacia Cotelazor, leg. M. T. Tellería. (Figura 67)

Observaciones. - Especie nueva para el catálogo micológico español, que tiene como detalle característico más importante el largo tamaño de sus esterigmas.

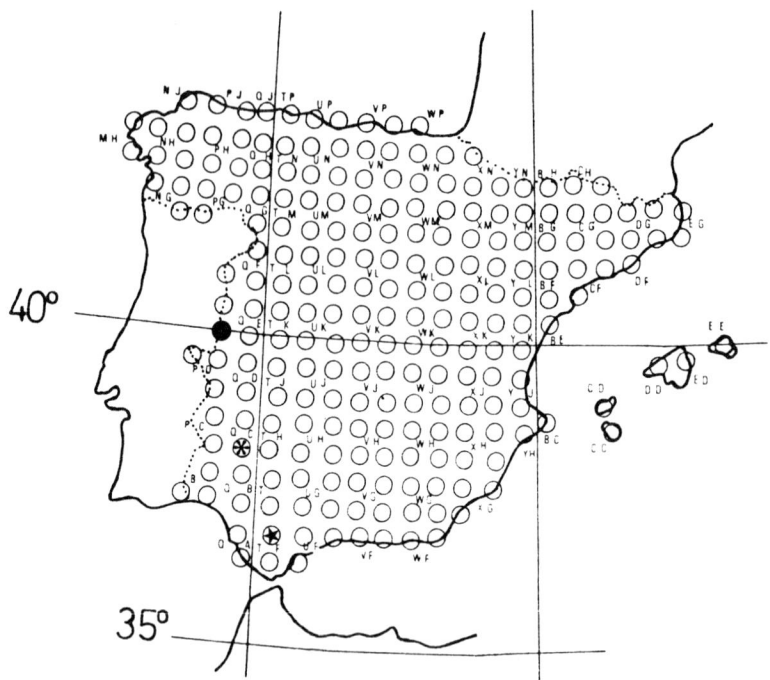

Fig. 67. Tomentella albomarginata (Bourd. et Galz.) Larsen (●)
Tomentella atroviolacea Litsch. (✶)
Tomentella botryoides (Schw.) Bourd. et Galz. (✭)

Tomentella botryoides (Schw.) Bourd. et Galz., Bull. Soc. Myc. Fr. 40: 19 (1924)

Sinónimos: **Thelephora botryoides** Schw.,Natur. Ges. Leipzig Schrift 1: 109 (1822); **Zygodesmus bicolor** Cke. et Ell., Grevillea 7:6 (1878); **Thelephora granosa** Berk. et Curt., Grevillea 1: 149 (1873); **Tomentella glandulifera** v. Höhn. et Litsch.,Ann. Mycol. 4: 290 (1906)

Cuerpo fructífero resupinado, membranáceo, suavemente unido al sustrato, de color marrón leonado, con margen similar. El himenóforo en contacto con KOH al 10% toma una fuerte coloración verde esmeralda. Al observarlo al microscopio, se ve que lo que más cambia de color es precisamente las sustancias contenidas en el interior de los basidios.

El sistema de hifas es monomítico, las hifas son fibuladas, las basales son de color amarillo marrón y las subhimeniales amarillentas. Los basidios son claviformes, y su contenido como hemos dicho anteriormente toma un bonito color verde esmeralda con KOH al 10%. Las esporas son de contorno irregular redondas, de paredes marrones y espinosas, a veces presentan gotas lipídicas en su interior, miden de 6-8 x 6-7 μm.

H a b i t a t. - Sobre madera muy podrida de Quercus ilex.

C o r o l o g í a. - CADIZ: Benamahoma, 2-10-76, leg. C. Navarro y M. T. Tellería. (Figura 67)

O b s e r v a c i o n e s. - Especie nueva para el catálogo micológico español.

Tomentella bourdotii Svrcek, Česká Mykol. 12: 76 (1958)

Cuerpo fructífero resupinado, el subículo aracnoideo tiene un color marrón muy oscuro, casi negro, el himenóforo es ligeramente granuloso, de color también marrón, pero más claro que el subículo.

El sistema de hifas es monomítico, las hifas son fibuladas y de dos tipos, las basales de paredes anchas, color marrón oscuro y fuertemente incrustadas, las subhimeniales están formadas por células cortas, son de paredes delgadas e hialinas. Los basidios son claviformes, con 4 esterigmas y sinuosos a veces. Las esporas son globosas, de color marrón grisáceo,

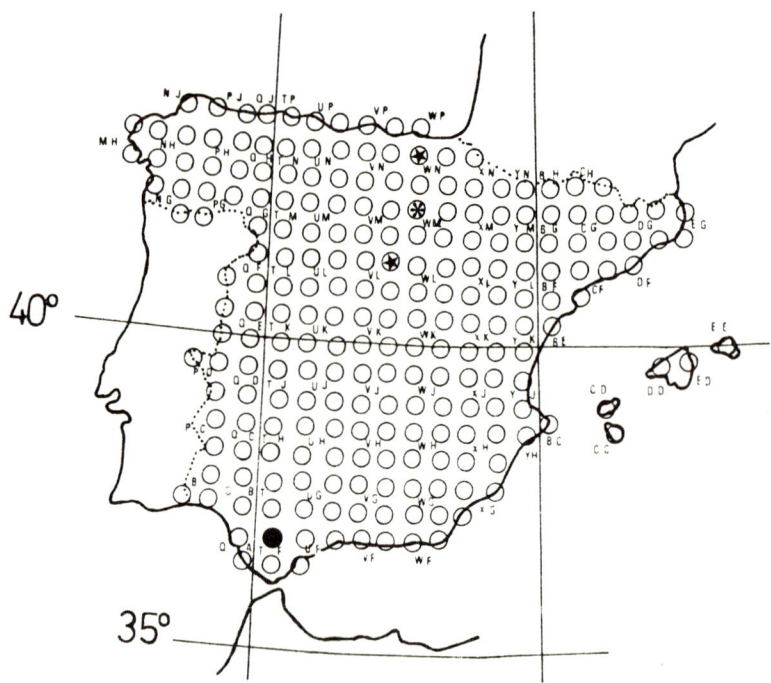

Fig. 68. Tomentella bresadolae (Brinkm. in Bres.) Bourd. et Galz. (●)
Tomentella bryophila (Pers.) Larsen (✱)
Tomentella pilosa (Burt.) Bourd. et Galz. (✶)

espinosas y llevan una apícula bien marcada, miden de 6-8 μm.

Habitat. - La hemos recolectado sobre madera de Cistus ladanifer.

Corología. - CACERES: Carretera del Pto. de Miravete a La Deleitosa, 20-2-47, leg. C. Navarro y M. T. Tellería. En la bibliografía aparece citada en Cataluña (Malençon y Bertault, 1971).

Tomentella bresadolae (Brinkm. in Bres.) Bourd. et Galz., Bull. Soc. Myc. Fr., 40: 155 (1924)

Sinónimo: Hypochnus bresadolae Brinkm. in Bres., Ann. Mycol. 1: 108 (1903)

Cuerpo fructífero resupinado, de floconoso a membranáceo, de color marrón rojizo oscuro, no toma coloración verde en presencia de KOH al 10%
El sistema de hifas es monomítico, las hifas generativas son fibuladas, las basales son de paredes gruesas, de color marrón y con células largas; las subhimeniales están formadas por células más cortas que las de las basales, son más ramificadas, sus paredes son más delgadas y de color amarillento. Las esporas son globosas, de color marrón oscuro y muy espinosas, miden de 9-10 μm y sus espinas miden de 1-1,5 μm de longitud.

Habitat. - La hemos recolectado sobre madera podrida de Abies pinsapo.

Corología. - CADIZ: Benamahoma, 2-10-76, leg. C. Navarro y M. T. Tellería. Esta especie parece ser nueva para España. (Figura 68)

Tomentella bryophila (Pers.) Larsen, Mycologia Memoir 4: 51 (1974)
Sinónimos: Sporotrichum bryophilum Pers., Mycol. Europ. 1: 78 (1822); Hypochnus subferrugineus Burt, Ann. Miss. Bot. Gard. 3: 210 (1916).

Para una relación detallada de sinónimos remitimos al trabajo de Larsen (1974)

Cuerpo fructífero resupinado, floconoso, de color rojo marrón que no cambia con la sol. de KOH al 10%.

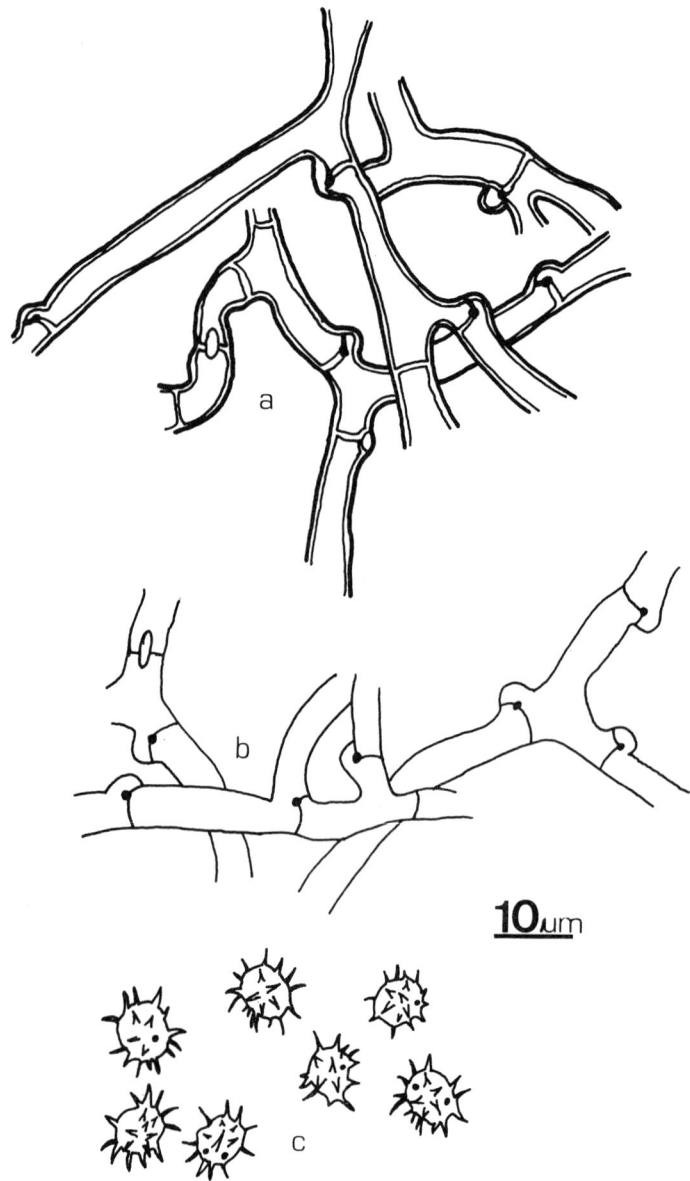

Fig. 69. Tomentella bryophila (Pers.) Larsen, a.-Hifas basales, b.-Hifas subhimeniales, c.-Esporas

El sistema de hifas es monomítico, las hifas basales son de paredes gruesas, de color marrón violeta, con abundantes fíbulas y algunas de ellas reunidas en cordones; las hifas subhimeniales son de paredes delgadas, de color marrón amarillento y también fibuladas. Los basidios de claviformes a cilíndricos con 4 esterigmas. Las esporas son globosas, de contorno irregular, paredes espinosas y de color marrón amarillento, miden de 7-10,5 μm y las espinas tienen de 2-3 μm de longitud. (Figura 69)

Habitat. - Sobre madera de Fagus sylvatica.

Corología. - SORIA: Pto. de Piqueras, 6-10-76, leg. M.T.Tellería.

Observaciones. - Especie nueva para el catálogo micológico español. (Figura 68)

Tomentella mycophila Bourd. et Galz., Bull. Soc. Mycol. Fr.40; 147(1921)

Cuerpo fructífero constituido al principio por unos gránulos de color marrón naranja, estos gránulos van confluyendo unos con otros tomando el carpóforo un aspecto membranáceo.

El sistema de hifas es monomítico, las hifas generativas son fibuladas, y tanto las basales como las subhimeniales tienen las paredes delgadas, y de color marrón claro. Las esporas son ovales, sus paredes son de color marrón claro y espinosas, miden de 6,5-8,5 x 6-7 μm. (Figura 70)

Habitat. - La hemos recolectado sobre Byssomerulius corium, que crecía sobre Quercus rotundifolia.

Corología. - CACERES: Carretera del Pto. de San Vicente a Alia, 19-2-77, leg. C.Navarro y M.T.Tellería.

Observaciones. - De la aparición de esta especie en España ya dimos cuenta en un trabajo anterior (Tellería y Calonge, 1979). Al tener ya bastante avanzada la redacción del trabajo, ha llegado a nuestras manos el estudio de Larsen (1974) sobre el género Tomentella, en el que situa a esta especie en el género Tomentellastrum Svrcek (Česká Mykol. 12, 1958) por desconocer el género y dado lo avanzado del trabajo, la dejamos incluida dentro del género Tomentella, pero haciendo la salvedad de que el nombre actual de esta especie es Tomentellastrum alutaceo-umbrinus

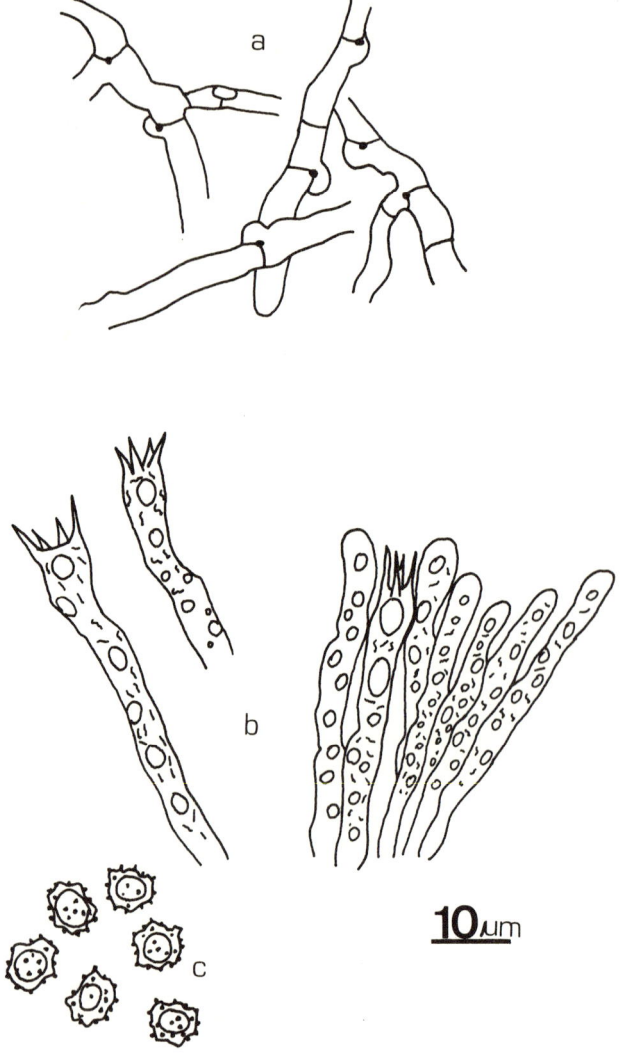

Fig. 70. Tomentella mycophila Bourd. et Galz., a.-Hifas, b.-Basidios, c.-Esporas.

(Bres.) Larsen, ya que tiene preferencia Hypochnus alutaceo-umbrinus Bres., Ann. Mycol. 1: 110 (1903) sobre Tomentella mycophila Bourd. et Galz.

Tomentella pilosa (Burt.) Bourd. et Galz., Bull. Soc. Mycol. Fr. 40: 151 (1924)

Sinónimos: Hypochnus pilosus Burt., Ann. Miss. Bot. Gard. 3: 221 (1916); Tomentella floccosa Litsch.,Österr. Bot. Zeitschr. 88: 131 (1939); Tomentella subpilosa Litsch. in Svrcek, Sydowia 14: 224 (1960)

Cuerpo fructífero resupinado, ligeramente unido al sustrato, tomentoso membranáceo de color marrón amarillento que no cambia con KOH al 10%.

El sistema de hifas es monomítico, las hifas generativas son de color marrón amarillento; las de la zona basal se encuentran agrupadas formando cordones. En la zona del himenio hay cistidiolos claviformes de color amarillento. Los basidios también claviformes llevan 4 esterigmas. Las esporas son subglobosas, marrón amarillentas y espinosas, a veces con gotas lipídicas en su interior, miden de 7-9 x 6-7 μm.

Habitat. - La hemos recolectado sobre madera de Pinus insignis y Quercus pyrenaica.

Corología. - SEGOVIA: Pto. de la Quesera, 19-9-76, leg. C. Navarro y M. T. Tellería. VIZCAYA: Orozco, 10-10-77, leg. F. D. Calonge. (Fig.68)

Observaciones. - Especie nueva para el catálogo micológico español.

Tomentella puberula Bourd. et Galz., Bull. Soc. Mycol. Fr. 40: 150 (1924)

Cuerpo fructífero formado al principio por unos flocones pubescentes que después se unen unos con otros formando así un carpóforo continuo, de color marrón rojizo, presenta su borde floconoso y grisáceo, pero que desaparece con facilidad.

El sistema de hifas es monomítico, las hifas generativas son fibuladas, subhialinas y de paredes delgadas. Los basidios con 4 esterigmas bastante largos ya que tienen una longitud de 4-6 μm. Las esporas son de anchamente elipsoidales a globosas, con el contorno irregular y la pared espi

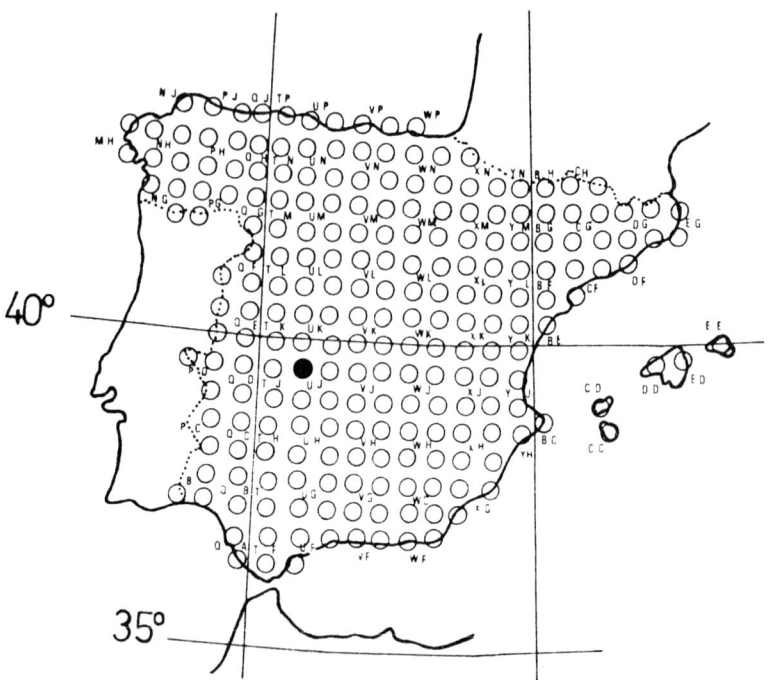

Fig. 71. Tomentella puberula Bourd. et Galz.

nosa, de color marrón grisáceo claro miden de 8-9 x 7,5-8,5 μm.

Habitat. - El material por nosotros estudiado lo hemos recolectado sobre madera de Quercus rotundifolia.

Corología. - CACERES: Carretera de Alia a Guadalupe, 19-2-77, leg. C. Navarro y M. T. Tellería. (Figura 71)

Observaciones. - Especie nueva para el catálogo micológico español.

GLOSARIO DE TERMINOS

Acantofisos: Sinónimo de acantohifidios.

Acantohifidios: Mirar hifidios.

Adnado: Adherido fuertemente al sustrato.

Afibulada: Carente de fíbulas.

Anfígeno: Adjetivo que se aplica al himenóforo para indicar que este está situado por ambas caras del carpóforo, como sucede por ejemplo en el género Clavaria.

Amiloide: Adjetivo empleado generalmente para las esporas que se tiñen de azul oscuro en presencia de un reactivo yodado (por ejem. Melzer)

Ampuloso: Hinchado.

Apícula: Pequeña proyección que presentan las esporas mediante la cual estas se unen al esterigma.

Aracnoideo: Dícese del carpóforo o margen formado por hifas suavemente entretejidas.

Asa de anastomosis: Mirar fíbula.

Asteroseta: Mirar seta.

Ateloide: Tipo de carpóforo formado por un subículo de hifas suavemente entretejidas sobre el que se asienta el himenóforo, formado por una delgada película generalmente lisa, por ejemplo en el género Athelia.

Basidio: Célula especial, característica de los Basidiomicetes, en la que se engendran los núcleos de las basidiosporas; que a su vez se forman en el exterior del basidio sostenidas por los esterigmas (Font Quer, 1956 edic. 1975).

Basidiocarpo: Nombre particular que se da a los carpóforos de los Basidiomycetes.

Bisoide: Semejante a un tejido formado por sutilísimas hebras (Font Quer, 1956 edic. 1975).

Carpóforo: Término general que designa a las fructificaciones de los hongos que portan las esporas.

Catahimenio: Himenio donde las hifas son los primeros elementos formadores y los basidios colocados a varios niveles no forman empalizada.

Cereo: Dícese de la consistencia de algunos carpóforo que recuerda a la cera.

Cianófilo: Dícese de aquella parte del carpóforo (esporas, hifas, basidios, etc.) que toma un fuerte color azul con el Azul de Lactofenol.

Ciatiforme: Dícese de los carpóforos que tienen forma de copa.

Cimbiforme : En forma de barca, equivalente a navicular.

Cistidio: Término general aplicado a todo elemento esteril de forma cónica, cilíndrica o prismática que se produce en la línea himenial o subhimenial (cistidios himeniales) o en la trama (cistidios de la trama).

Cistidiolo: Célula himenial, de aproximadamente el mismo diámetro que los basidios, pero esteril y sobresaliendo más allá de la superficie del himenio.

Clamidospora: Espora formada en el interior de una célula y que aparte de su membrana propia se encuentra recubierta por la célula madre (Font Quer, 1956 edic. 1975)

Claviforme: Con forma de clava o maza.

Concoideo: Dícese de los carpóforos cuya forma recuerda a una concha.

Concoloro: Del mismo color.

Conidio: Dícese de uno de los numerosos tipos de esporas producidas por reproducción asexual.

Conidióforo: Sustentáculo de conidios (Font Quer, 1956 edic. 1975)

Costraceo: Con forma de costra.

Coriáceo: De consistencia recia, aunque con cierta flexibilidad, como el cuero (Font Quer, 1956 edic. 1975).

Correoso: Sinónimo de coriáceo.

Contexto: Masa de hifas comprendida entre la superficie superior del carpóforo y el subhimenio.

Cuerpo fructífero: Término igual a carpóforo.

Cupuliforme: Semejante a ciatiforme.

Cutícula: Dícese de la capa esteril más externa del carpóforo. De consistencia variable, membranosa, cartilaginosa y coriácea.

Decurrente: Dícese de los poros que se adhieren al pie descendiendo poco o mucho por él.

Deleznable: Aplícase a los contextos que se transforman en polvo al estrujarlos entre los dedos.

Dendriformes: Dícese de las hifas ramificadas como las dendritas de las neuronas.

Dendrohifas: Igual que dendrohifidios.

Dendrohifidios: Mirar hifidios.

Dextrinoide: Dícese de aquella o aquellas partes del carpóro así como esporas etc. que se tiñen de color marrón oscuro en presencia de un reactivo iodado (por ejemplo Melzer)

Dicohifas: Son hifas de paredes gruesas y lumen estrecho que se encuentran dicotómicamente ramificadas.

Dicohifidios: Mirar hifidios.

Dimidiado: Dícese de los carpóforos que tienen forma semicircular.

Dimítico: Aplícase al sistema de hifas formado por dos tipos de estas: las hifas generativas y las esqueléticas, o bien generativas y envolventes.

Efuso-reflejo: (del latín effuse-reflexus) Aplícase a los carpóforos que creciendo resupinados, su borde se dobla hacia afuera, tomando

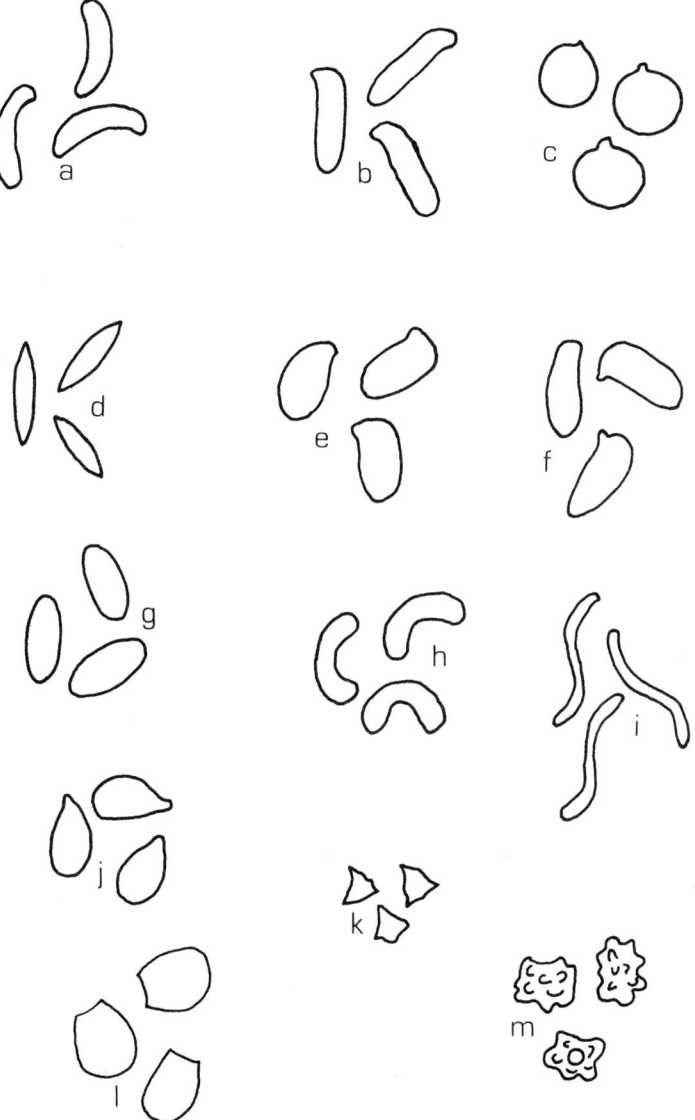

Fig. 72. Esquemas de distintos tipos de esporas: a. -Alantoides, b. -Cilíndricas, c. -Globosas, d. -Fusiformes, e. -Anchamente elipsoidales, f. -Oblongo elipsoidales, g. -Ovales, h. -Lunuladas, i. -Sigmoideas, j. -Piriformes, k. -Triangulares, l. -Truncadas, m. -Contorno irregular

aspecto de sombrerillo.

E n d o s p o r i o : Pared esporal interna de color marrón, ornamentada y típica del género Ganoderma.

E n v o l v e n t e s (hifas): Presentes o no en el carpóforo son aseptadas y extraordinariamente ramificadas, pudiendo ser estas ramificaciones de varios tipos.

E s c l e r o c i o : Dícese del cuerpo duro que se forma en condiciones desfavorables en el micelio de ciertos hongos, constituido por gran número de hifas densamente entrelazadas y revestidas de una capa protectora exterior (Font Quer, 1956, edic. 1975)

E s p í n u l a : Dícese de la espina que ornamenta la pared esporal, cuyo tamaño no sobrepasa las 3 μm de longitud.

E s p o r a : Es un germen unicelular (o pluricelular, en cuyo caso se suele considerar como una espora múltiple) destinado, sin la intervención de otra célula, a la multiplicación de la misma fase que la ha producido (Font Quer, 1956, edic. 1975; basándose en el criterio de Van Tieghem). Formas de esporas mirar figuras 72, 84

E s q u e l é t i c a s (hifas): Presentes o no en el carpóforo, tienen las paredes gruesas, hialinas o coloreadas, son generalmente largas y poco ramificadas, no presenta nunca septos, aunque a veces al secarse su protoplasma puede colapsarse dando lugar a septos casuales.

E s t e f a n o c i s t o : Estructura esteril formada por dos células, una basal en forma de copa y otra sobre ella globosa. Mirar figura 73

E s t e r i g m a : Cada uno de los sútiles divertículos en que se remata el basidio, en el ápice de los cuales se insertan sendas basidiosporas (Font Quer, 1956 edic. 1975)

E s t i p i t a d o : Dícese de los carpóforos provistos de estipe o pie, término opuesto a sesil.

E s t r a t i f i c a d o : Que crece en capas. Cuando se aplica al himenóforo, quiere expresar que este crece en capas horizontales, generalmente una por año, por ejemplo como sucede en muchas especies de Phellinus.

E u h i m e n i o : Himenio donde los basidios y sus homólogos esteriles son

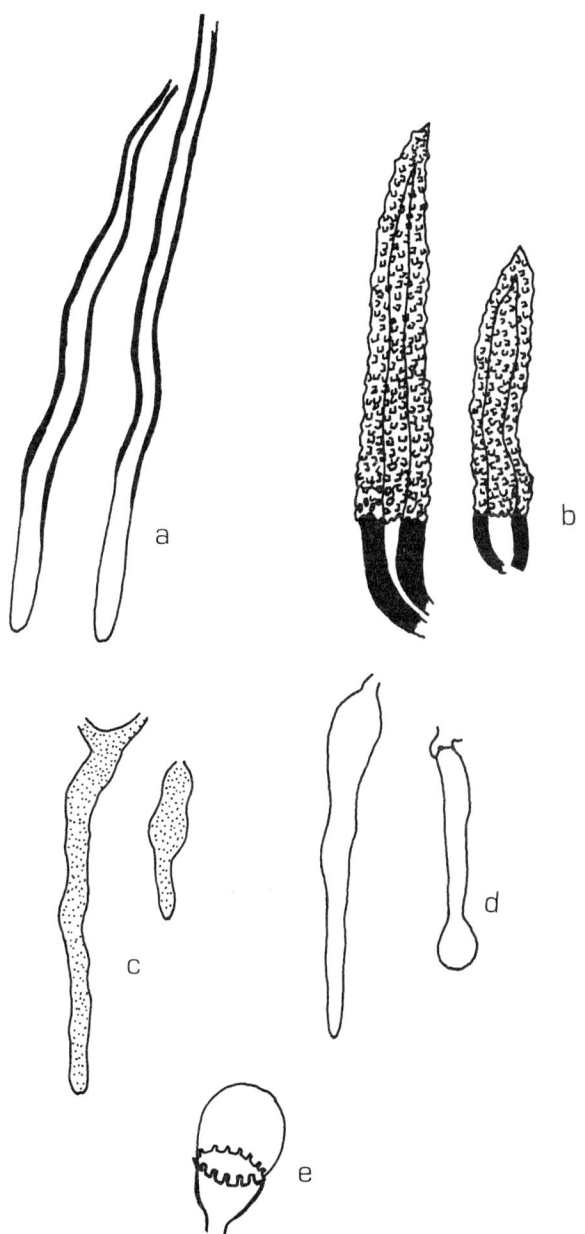

Fig. 73. Tipos de cistidios: a.-Liocistidios, b.-Lamprocistidios, c.-Gloeocistidios, d.-Leptocistidios, e.-Estefanocistidios.

los primeros elementos formadores y se encuentran formando una empalizada.

Exosporio: Pared esporal externa, hialina que cubre el endosporio en las especies del género Ganoderma.

Farináceo: Que recuerda por su aspecto a la harina.

Fasciculado: Que crece formando haces o manojos.

Fibrilloso (margen): Cuando este está formado por pequeñas fibras largas y agrupadas en fascículos.

Fibroso: Dícese de los carpóforos constituidos en su mayor parte por hifas colocadas paralelamente.

Fíbula: Divertículo que formándose en el flanco de una hifa se dirige hacia su base, encorvándose hasta ponerse en contacto con ella para formar a modo de una hebilla con su pasador, y acaba por unirse con la propia hifa (Font Quer, 1956 edic. 1975)

Fimbriado: Dividido en finas lacinias.

Flabeliforme: Dícese de los carpóforos que por su forma recuerdan a un abanico.

Floconoso: Aplícase al cuerpo fructífero resupinado en que las hifas colocadas en una delgada capa se encuentran aglomeradas en copos.

Friable: Término sinónimo de deleznable.

Furfuráceo: Cubierto de escamitas comparables al salvado

Fusiforme: En forma de huso.

Generativas (hifas): Están siempre presentes en el carpóforo y dan lugar a los otros tipos de hifas y a los basidios. Tienen las paredes delgadas, son ramificadas y siempre septadas con o sin fíbulas.

Generotipo: El tipo del nombre de un género (Cod. Inter. Nomen. Bot. 1976)

Glabro: Desprovisto de toda pilosidad.

Globoso: Esférico.

Gloeocistidios: Tipo de cistidio de forma irregular, con las paredes delgadas y abundante contenido oleoso-granular en su interior.

En fresco suelen tomar color azul oscuro o lila con la sulfovanillina.

Ver figura 73

Granular: Cubierta de gránulos.

Gránulo: Grano muy pequeño, de hasta un milímetro de diámetro.

Haplohifidios: Mirar hifidios.

Haploseta: Mirar seta.

Hidnoide: Aplícase al himenóforo formado por puas o agujas.

Hifa: Cada uno de los elementos filamentosos que constituyen el micelio y el carpóforo de los hongos.

Hifas parafisoides: Sinónimo de haplohifidios.

Hifidios: Elementos estériles producidos por hifas de la trama, que conservan su naturaleza hifal. Pueden ser haplohifidios, cuando son, no o ligeramente ramificados; dendrohifidios y dicohifidios cuando son muy ramificados; cuando tienen forma de botella y su ápice se asemeja a un cepillo reciben el nombre de acantohifidios.

Hifodontoide (hifa): Dícese de las hifas generativas que siendo fibuladas, están abundantemente ramificadas, como por ejemplo las de las especies del género Hyphodontia.

Himenio: Línea del himenóforo donde se producen las esporas; dicho de otro modo, el himenio es la parte fertil del carpóforo. Puede ser euhimenio o catahimenio.

Himenóforo: Parte del carpóforo que sostiene al himenio; por ejemplo los tubos en los poliporáceos.

Hipochnoide: Dícese del carpóforo que siendo resupinado, sus hifas están suavemente entretejidas (por ejemplo en género Tomentella).

Híspido: Cubierto de pelos rígidos y ásperos al tacto.

Imbricado: Dícese de los carpóforos que crecen disponiéndose uno sobre otro como las tejas de un tejado.

Indextrinoide: No dextrinoide.

Indiferenciables (hifas): Término aplicado a las hifas cuando estas crecen tan densamente entretejidas, que es imposible observarlas in dividualmente.

Infundibuliforme: En forma de embudo; aplícase también a aquellos pileos que se deprimen en su zona central.

Irpicoide: Dícese de aquel himenóforo en que los tubos se desgarran y forman dientes.

Laberintiformes (poros): Dícese de los poros cuando recuerdan por su aspecto a un laberinto, por ejemplo en el género Daedalea.

Lameliforme: En forma de laminita.

Lamprocistidios: Un tipo de cistidios que presentan las paredes gruesas y fuertemente incrustadas. Ver figura 73

Lanceolado: Con forma de punta de lanza.

Leñoso: Dícese de la consistencia del contexto de algunos carpóforos, que recuerda a la de la madera.

Leptocistidio: Un tipo de cistidio que presenta las paredes delgadas y generalmente sin incrustaciones. Ver figura 73

Lignícola: Dícese de las especies que se desarrollan sobre la madera.

Liocistidios: Tipo de cistidio cilíndrico o cónico, incoloro, con las paredes lisas, muy gruesas en la base y que van adelgazándose hacia el ápice, no presentando por lo general incrustaciones. Ver figura 73

Macroseta: Mirar seta.

Membranáceo: Parecido a una membrana (Font Quer, 1956 edic. 1975)

Meruloide: Dícese del himenóforo formado por pliegues que se entrecruzan unos con otros, dándole así un aspecto porado o reticulado; por ejemplo el género Merulius.

Metuloide: Dícese de los cistidios que tienen las paredes gruesas y fuertemente incrustadas; sinónimo de lamprocistidios. Ver figura 73

Moniliforme: Dícese de aquellos elementos (generalmente cistidios) que presentan hinchazones a intervalos, recordando las cuentas de un rosario.

Monomítico: Aplícase al sistema de hifas formado unicamente por hifas generativas.

Noduloso: Adjetivo empleado para designar a los carpóforos anchos, gruesos y redondeados.

Oblongo elipsoidal (espora): Dícese de las esporas que son aproximadamente dos veces más largas que anchas con los bordes redondeados. Ver figura 72

Odontoide: Dentado

Orbicular: Dícese de los carpóforos que siendo resupinados, tienen forma circular.

Ovoide: Que tiene forma de huevo.

Pileado: Provisto de pileo o sombrerillo.

Pileo: Sombrerillo.

Pirófilo: Dícese de las especies que viven sobre sustrato quemado.

Pleurobasidio: Dícese de los basidios que presentan la base bifurcada.

Podobasidio: Dícese de los basidios que presentan un pequeño pie en su base.

Porado: Provisto de poros.

Poro: Término que (aplicado a los Aphyllophorales con himenóforo tubular) indica la abertura de cualquiera de los tubos que constituyen el himenóforo.

Pruina: Revestimiento que recuerda a la escarcha o a la harina.

Pruinoso: Que tiene pruina.

Pubescente: Cubierto de pelo fino y suave.

Raduloide: Aplícase a los himenóforos dentados; sinónimo de odontoide.

Reniforme: Dícese generalmente de los pileos, esporas etc. que tienen forma de riñón.

Resupinado: Dícese del cuerpo fructífero que crece plano sobre el sustrato, con el himenóforo en la cara exterior.

Rimoso: Con resquebrajaduras y grietas.

Rizomorfos: Conjunto de hifas apretadas y resistentes que forman un cordón que recuerda a las raíces de las plantas superiores.

Rugoso: Con pliegues o arrugas no muy marcadas.

Septo: Tabique que separa dos células en una hifa.

Sesil: Dícese de los carpóforos sin estipe o pie; término opuesto a estipitado.

Setas: Ciertos elementos estériles típicos de la familia <u>Hymenochaetaceae</u>, tienen las paredes gruesas y de color marrón, que en presencia de KOH al 10% se oscurecen, su base es ventruda y el ápice es agudo recto o a veces curvado. Las hay de varios tipos: <u>haplosetas</u> cuando son sencillas, <u>asterosetas</u> cuando son ramificadas en forma de estrella. Las <u>haplosetas</u> pueden ser a su vez <u>macrosetas</u> cuando son de gran tamaño y se encuentran incluidas en la trama, y <u>setas propiamente dichas</u>, cuando son de pequeño tamaño y están en el himenio. Para Parmasto (1970), las setas son hifas esqueléticas transformadas.

Suberoso: Dícese del contexto de algunos carpóforos que por su consistencia recuerdan al corcho.

Subhimenio: Zona del himenóforo comprendida entre el himenio y la trama.

Subículo: Término empleado para designar la masa de hifas comprendida entre el himenóforo y el sustrato. En los carpóforos resupinados es un término equivalente a contexto o trama.

Terrícolas: Dícese de los hongos que se desarrollan en la tierra.

Tomento: Conjunto de hifas más o menos densamente entretejidas que recubren o forman el carpóforo de algunos <u>Aphyllophorales</u>.

Tomentoso: Cubierto de tomento.

Trama: Sinónimo de contexto.

Tuberculado: Con la superficie sembrada de pequeños bultos o hinchazones.

Tubular (himenóforo): Formado por tubos.

Ungulado: Dícese de los carpóforos que presentan forma semejante al casco de un caballo.

Urniforme (basidio): Que tiene forma de vasija.

Utriforme (basidio): Que tiene forma de odre.

Verrugoso: Cubierto de verrugas. (Figura 84)

Verrugas: Aplicado a la ornamentación de la pared esporal, es una prominencia superficial no puntiaguda de la pared de la espora de más de 1 μm de altura, y más ancha que alta.

Zonado: Adjetivo que se aplica generalmente a las superficies de los carpóforos para indicar que se encuentran divididos en áreas de distinto color, consistencia, etc.

Key to families of Aphyllophorales

1. Spores with double wall, with brown, verrucose or reticulate endosporium and with hialine and smooth exosporium................
   .... Ganodermataceae(pag. 198)
1´ Spores without these characteristics............................. 2
2. Spores with generally irregular outline (sinuose, wavy, etc.) with smooth or ornamented walls of brown to almost colourless......
   ....Thelephoraceae (pag. 369)
2´ Spores without these characteristics............................. 3
3. Hymenophore tubular, tubes arising independently, not fused throughout all their length .... Fistulinaceae (pag. 196)
3´ Hymenophore without these characteristics 4
4. Spores with thick, cyanophilous walls of brown or yellowish-green.................................. Coniophoraceae (pag. 32)
4´ Spores without these characteristics............................. 5
5. Context with xanthochroic reaction. Generative hyphae without clamps. Hymenium or context generally with haplosetae or asterosetae............................. Hymenochaetaceae (pag. 213)
5´ Species without these characteristics............................. 6
6. Fruitbody pileate or clavaroid. Spores amyloid 7
6´ Species not combining these characteristics 8
7. Positive sulfovanillin reaction in gloeocystidiae hyphae and gloeocystidia................................ Auriscalpiaceae (pag. 13)
7´ No positive sulfovanillin reaction in gloeocystidiae hyphae and gloeocystidia............................. Hericiaceae (pag. 206)
8. Fruitbody fleshy pileate and stipitate. Hymenophore dentate 9
8´ Species not combining these characteristics 10

9. Generative hyphae with clamps and smooth spores..............
   .... Hydnaceae (pag. 209)
9́. Generative hyphae without clamps and spores with smooth or
   loosely verrucose walls .... Bankeraceae (pag. 15)
10. Fruitbody infundibuliform , fleshy or membranous with wrinkled,
    smooth or more or less strongly folded hymenophore.............
    .... Cantharellaceae (pag. 18)
10́. Species not combining these characteristics 11
11. Fruitbody cup-shaped, attached to the substratum for-
    ming a small stalk at the base, sometimes several carpophores
    are laterally united giving the appearance of pseudolamellae,
    like in the Agaricales .... Schizophyllaceae (pag. 355)
11́. Species not combining these characteristics 12
12. Fruitbody stipitate , branching into wavy or flattened lobes, con
    text fleshy or cartilaginous. Spores broadly elipsoid to globose....
    .... Sparassidaceae (pag. 358)
12́. Species not combining these characteristics 13
13. Fruitbody clavaroid and erect, with simple or branched stalk.
    Hymenophore anfigenous.................. Clavariaceae (pag. 24)
13́. Species not combining these characteristics 14
14. Fruitbody effused-reflexed, resupinate or pileate, dimidiate or
    conchate. Hymenophore smooth or infrequently tuberculate. Hy
    phal system dimitic. Context zonate. Spores amyloid or non amy
    loid .... Steraceae (pag. 360)
14́. Species without these combined characteristics 15
15. Fruitbody resupinate, effused-reflexed, dimidiate or sometimes,
    stipitate. Hymenophore tubulate (edge of dissepiment sterile)irpi
    coid or lamellate. Hyphal system mono-, di- or trimitic..........
    .... Polyporaceae (pag. 250)
15́. Fruitbody resupinate, sometimes effused-reflexed. Hymenopho-
    re smooth, but also meruloid, tuberculate (edge of dissepiments
    fertile) or toothed. Hyphal system monomitic, sometimes dimitic....
    .... Corticiaceae (pag. 35)

Family Bankeraceae

Key to genera

1. Basidiocarp with fleshy and not zonate context ... Bankera (pag. 15)
1́. Basidiocarp with zonate and tough to ligneous context............
   .... Phellodon (pag. 16)

Family Cantharellaceae

Key to genera

1. Fruitbody always hollow and tubular. Hyphae without clamps........ .... Craterellus (pag. 22)
1: Fruitbody at first massive, often infundibuliform. Hyphae with clamps.................................... Cantharellus (pag. 18)

Key to species of Cantharellus

1. Fruitbody with pileus and stipe concolorous 2
1: Fruitbody with pileus and stipe not concolorous 3
2. Fruitbody and hymenophore yellowish-orange. Stipe never hollow... .... C. cibarius (pag. 19)
2: Fruitbody brown to greyish-brown with grey-ashen hymenophore. Stipe sometimes hollow..................... C. cinereus (pag. 20)
3. Hymenophore first smooth, often with soft folds. Spores 10,5–11,5 × 6,5–8 µm....................... C. lutescens (pag. 20)
3: Hymenophore with strong folds. Spores 8,5–10 × 6–7,5 µm........ .... C. tubaeformis (pag. 20)

Family Clavariaceae

Key to genera

1. Species with branched basidiocarps. Context not changing colour with 10% $Fe_2(SO_4)_3$ .... Clavaria (pag. 24)
1: Species generally clavaroid. Context turning green with 10% $Fe_2(SO_4)_3$ .... Clavariadelphus (pag. 29)

Key to species of Clavaria

1. Spores smooth, globose to subglobose......................... 2
1: Spores verrucose, cylindrical or oblong ellipsoid to broadly ellipsoid... 3
2. Basidiocarp not branched, fasciculate with smooth yellow surface.... .... Cl. fusiformis (pag. 28)

2´. Basidiocarp generally branched, not fasciculate, with rugose white surface.................................... Cl. rugosa (pag. 28)

3. Fruitbody with surface and context changing from white to green..... .... Cl. abietina (pag. 25)

3´. Species not combining these characteristics 4

4. Fruitbody yellow.. 5

4´. Fruitbody not yellow... 6

5. Species up to 10 cm long, the context changing from white to red... Cl. flava (pag. 27)

5´. Species up to 14 cm long, the context not changing colour to the curt.. .... Cl. aurea (pag. 26)

6. Fruitbody with white base, pink branches with light yellow tops. Spores oblong ellipsoid to cylindrical, 8-12 x 4-6 μm............. .... Cl. formosa (pag. 27)

6´. Fruitbody with white base, the branches pink and their tops wine red. Spores oblong ellipsoid to fusiform 13-15 x 4,5-5 μm........ .... Cl. botrytis (pag. 26)

Key to species of Clavariadelphus

1. Fruitbody clavaroid with convex top and bitter taste. Species not living under coniferous trees.............. Cl. pistillaris (pag. 30)

1´. Fruitbody clavaroid with truncate top and sweet taste. Species always living under coniferous trees....... Cl. truncatus (pag. 30)

Family Coniophoraceae

Key to species of Coniophora

1. Thin fruitbody of sulphurous to chamois colour; oval to ellipsoid spores 10-14 x 6,5-9 μm...................... C. arida (pag. 33)

1´. Brown or cream to olivaceous fruitbody which is thick and fleshy, oval spores 10-15 x 6-7 μm................. C. puteana (pag. 33)

Family Corticiaceaceae

Key to genera

1. Species with amyloid spores 2

1. Species with non-amyloid spores............................... 12
2. Species with hyphae hyaline; dextrinoid and with thick walls ....
   ....Scytinostroma (pag. 175)
2ʹ. Hyphae without these characteristics............................ 3
3. Species with bifurcate base lyocystidia,   walls of the cystidia dissolve in the solution of KOH 10%.......... Tubulicrinis (pag. 186)
3ʹ. Species without these characteristics.......................... 4
4. Species with gloeocystidia and/or acanthophyses, dendrophyses, paraphysoid hyphae 5
4ʹ. Species without these typical elements 9
5. Species with gloeocystidia...................................... 6
5ʹ. Species without gloeocystidia 8
6. Heterogeneous fruitbody consisting of two layers:the brown basal layer being formed by generative hypae with brown walls; the white subhymenial layer being formed by hyaline generative hyphae
   ....Laxitextum (pag. 129)
6ʹ. Homogeneous fruitbody not consisting of two layers; hyaline basal and subhymenial hyphae 7
7. Hymenium with acanthophyses, dendrophyses, paraphysoid hyphae and/or leptocystidia with moniliform apex....Aleurodiscus (pag. 42)
7ʹ. Hymenium without acanthophyses, dendrophyses and leptocystidia with moniliform apex .... Gloeocystidiellum (pag. 88)
8. Species without dendrophyses, but with paraphysoid hyphae or leptocystidia with moniliform apex. Species always living on dead wood .... Aleurodiscus (pag. 42)
8ʹ. Species with dendrophyses, but without paraphysoid hyphae and leptocystidia with moniliform apex. Species always living on live wood .... Dendrothele (pag. 84)
9. Fruitbody flabellate; substipitate or without stipe, with folded and greyish-green hymenophore .... Plicatura crispa (pag. 65)
9ʹ. Species without these characteristics.......................... 10
10. Subhymenial hyphae heavily swollen an basal hyphae less-swollen. Bean shaped spores oblong ellipsoid..Melzericium udicolum (pag. 133)
10ʹ. Species without these characteristics......................... 11
11. Narrowly ellipsoid to allantoid spores with thin walls............ 12
11ʹ. Ellipsoid spores with thick walls; not amyloid but with Melzer change to grey or sometimes to brown..... Leucogyrophana (pag. 132)
12. Species with allantoid spores of up to 22 x 7 μm.................
    ....Vuilleminia (pag. 190)

12: Species with narrowly ellipsoid to allantoid spores, up to 2,5 μm broad............................ Amylocorticium (pag. 45)

13. Species with large cystidia (in general more than 60 μm) and with bifurcate or multirradicate base.......................... 14

13: Species without cystidia with all these characteristics together.. 16

14. Cystidia with walls dissolving in a solution of KOH 10%........... .... Tubulicrinis (pag. 186)

14: Cystidia without walls dissolving in a solution of KOH 10%...... 15

15. Species with fusiform to sigmoid spores.. Subulicistidium (pag. 182)

15: Species with globose spores, 6-7 μm in diameter................. .... Xenasma abietis (pag. 193)

16. Species with hyphae with thick walls, changing reddish-brown with Melzer............................ Scytinostroma (pag. 175)

16: Species without these characteristics all together.............. 17

17. Species with waxy and gelatinous fruitbody, with big and claviform basidia up to 80 μm long. Species always living under the bark which is removed by the fungal growth....................... .... Vuilleminia comedens (pag. 192)

17: Species without all these characteristics together.............. 18

18. Species with dendrophyses..................................... 19

18: Species without dendrophyses................................. 23

19. Species with yellowish-brown dendrophyses (in KOH 10%) which turn violet - blue in sulphovanilline........... Cytidia (pag. 77)

19: Dendrophyses without these characteristics.................... 20

20. Species with gloeocystidia and/or lamprocystidia................. .... Peniophora (pag. 141)

20: Species without these characteristics......................... 21

21. Fruitbody blue, basidia clavate sometimes with small lateral appendages, which resemble dendrophyses. Pulcherricium (pag. 166)

21: Species without these characteristics......................... 22

22. Basidia clavate 20-50 μm long. Species always found on living trees...................................... Dendrothele (pag. 84)

22: Basidia tubular of 30-100 μm long. Species always found on dead wood................................... Laeticorticium (pag. 125)

23. Fruitbody generally closely adnate and is waxy or gelatinous, but when dry is hard and brittle, usually forming a varnish-like film. Basidia in close palisade 24

23: Fruitbody generally pelicular; membranous, coriaceous or crusty and not forming a varnish-like film when dry. Basidia not in

close palisade.. 31
24. Fruitbody with zonate context 25
24' Fruitbody with a zonate context............................... 28
25. Fruitbody with smooth or folded hymenophore 26
25' Fruitbody with folded or poroid hymenophore................... 27
26. Fruitbody cupulate, with a white felted upperside; light-brown hymenophore .... Auriculariopsis (pag. 55)
26' Fruitbody resupinate or effused-reflexed, violet-red hymenophore...................... Chondrostereum purpureum (pag. 79)
27. Hymenophore reticulately plicate, with large and irregular alveolas...................................... Merulius (pag. 134)
27' Hymenophore poroid, with small and round pores of 4-6 per mm .... Gloeoporus (pag. 197)
28. Fruitbody with a thin subuculum, covered by a hydnoid hymenophore, formed by aculei 1 - 3 mm long and yellow............... .... Mycoacia (pag. 135)
28' Species without these characteristics.......................... 29
29. Species with allantoid spores and with of up to 40 μm long and 4 μm breadth basidia.....................Dacryobolus (pag. 81)
29' Species with ellipsoid, oval or subcylindrical spores and basidia without these aforementioned characteristics.................. 30
30. Species with cystidia apically covered by stellate crystals or, sometimes, with a yellowish-brown resinous material on the apex... .... Resinicium(pag. 173)
30' Species with or without cystidia; when with cystidia, stellate crystals of yellowish-brown resinous material on the apex are absent..Phlebia (pag. 159)
31. Basidia urniform, utriform, short cylindrical or tubular 32
31' Basidia clavate; never with more that 4 esterigmata when utriform or urniform... 38
32. Species with short cylindrical pleurobasidia and with 2-7 sterigmata...................................... Xenasma (pag. 192)
32' Species without pleurobasidia................................ 33
33. Basal hyphae with thicker and sometimes broader walls than subhymenial hyphae. Short cylindrical basidia, sometimes utriform, with (2)-4-8 sterigmata................................. 34
33' Basal and subhymenial hyphae without these characteristics. Basidia urniform, utriform or cylindrical with 4-6 sterigmata... 36
34. Spores globose, with distinct apiculus and ornamented and cya

nophilous walls .... Botryohypochnus (pag. 66)

34. Spores without these characteristics all together 35

35. Basidia with 2-4 sterigmata. Spores forming secondary spores ....
.... Uthatobasidium (pag. 188)

35. Basidia with 4-8 sterigmata. Spores without secondary spores.....
.... Botryobasidium (pag. 56)

36. Species with generative hyphae with typical swelling near any clamps. Basidia urniform or cylindrical.................. 37

36. Species with generative hyphae wihtout swelling near clamps. Tubular basidia with 6 sterigmata ...... Sistotremastrum (pag. 180)

37. Species with urniform basidia and 6-8 sterigmata. Spores with smooth walls .... Sistotrema (pag. 177)

37. Species with urniform or cylindrical basidia, with 4 sterigmata Spores with smooth or ornamented walls..... Trechispora (pag. 185)

38. Species with pleurobasidia..................................... 39

38. Species without pleurobasidia 40

39. Species with thin-walled cystidia, with yellowish-brown resinous incrustations on the apex .... Coronicium (pag. 74)

39. Species with or without cystidia; when with cystidia the aforementioned incrustations are absent. Hyphae with gelatinous walls
.... Xenasma (pag. 192)

40. Species with cystidia or cystidioles........................... 41

40. Species without cystidia or cystidioles......................... 51

41. Spores with thick smooth or ornamented walls................. 42

41. Spores with thin and smooth walls 44

42. Species with metuloid cystidia and sclerotical state present (Aegerita).............................. Bulbillomyces (pag. 68)

42. Species with cystidia but no metuloid cystidia, and without sclerotical state.. 43

43. Spores with walls which change to yellowish-brown or violet-grey with Melzer .... Leucogyrophana (pag. 132)

43. Spores without these characteristics....... Hypochnicium (pag. 119)

44. Basidia up to 35 μm long 45

44. Basidia more than 35 μm long................................. 49

45. Basal hyphae with broader and generally thicker walls than subhymenial hyphae. Fruitbody with a well-developed subiculum.......
.... Phanerochaete (pag. 153)

45. Basal hyphae without these characteristics. Fruitbody without

a well-developed subiculum............................... 46

46. Spores amygdaliform or light fusiform. Thin-walled cystidia with incrustations of a yellowish-brown resinous material, which is also present in the cortex......... Coronicium gemmiferum(pag. 74)

46ʹ Species without these characteristics all together. Spores allantoid or globose 47

47. Cystidia with septa, clamp and thin walls. Pale yellow generative hyphae. Fruitbody loosely attached to the substrata and with yellowish rhizomorphs..................... Amphinema (pag. 44)

47ʹ Cystidia without septa and clamp; when clamps and septa are present they have thick walls. Fruitbody adnate and without yellowish rizomorphs.. 48

48. Spores up to 7 μm long................... Hyphodontia (pag. 113)

48ʹ Spores more than 7 μm long .... Hyphoderma (pag. 99)

49. Fruitbody red, reddish-pink, orange, violet-grey, reddish-grey or brown. Species with gloeocystidia and/or metuloid cystidia..................................... Peniophora (pag. 141)

49ʹ Fruitbody white or yellowish-cream......................... 50

50. Generative hyphae with numerous oildrops in the protoplasm. Spores broadly ellipsoid to pyriform, 10-11,5 x 4,5-5,5 μm ......
.... Cylindrobasidium evolvens(pag. 76)

50ʹ Generative hyphae without oildrops in the protoplasm. Spores ellipsoid, subglobose or allantoid, without the above mentioned characteristics.......................... Hyphoderma (pag. 99)

51. Spores with thick and smooth or ornamented walls.............. 52

51ʹ Spores with smooth thin walls............................... 54

52. Spores with smooth and dextrinoid walls......................
.... Leucogyrophana mollusca (pag. 132)

52ʹ Spores with smooth and ornamented walls, not dextrinoid 53

53. Spores globose or subglobose, 3-5 μm in diameter; walls always smooth .... Byssocorticium (pag. 69)

53ʹ Spores subgloboses, of 6-7,5 μm in diameter, with ornamented walls........................ Hypochnicium vellereum (pag. 124)

54. Species with many paraphysoid hyphae in the hymenium...........
.... Globulicium (pag. 86)

54ʹ Species without paraphysoid hyphae in the hymenium............ 55

55. Fruitbody with a clear difference (diameter and/or breadth of the walls) between basal and subhymenial hyphae................... 56

55ʹ Species without these characteristics........................ 58

56. Species always found on burned wood. Basal hyphae with many clamps and perpendicular ramifications. Spores broadly ellipsoid 6,5-9 × 4-6 μm .... Hyphoderma antracophyllum(pag. 101)

56ʼ Species without these characters all together................... 57

57. Hymenophore at first smooth, then meruloid as a rule. Tramal hyphae covered with fine crystals and ramificated at right angles. Spores cylindrical..................... Byssomerulius (pag. 71)

57ʼ Hymenophore tuberculate. Tramal hyphae without crystals and perpendicular ramifications. Spores ellipsoid ....
.... Phanerochaete tuberculata

58. Basidia longer than 35 μm 59

58ʼ Basidia up to 30 μm long 61

59. Species with generative hyphae without clamps. Hymenophore odontoid, hyphae on the apex of the aculei with incrustations.......
.... Hyphodermella (pag. 111)

59ʼ Species with generative hyphae with clamps. Hymenophore smooth, odontoid or irpicoid. Hyphae of the apex of the aculei, when present, are without incrustations....................... 60

60. Basidia with large stalk................... Radulomyces (pag. 167)

60ʼ Basidia without large stalk............... Hyphoderma (pag. 99)

61. Fruitbody pellicular is easily separable from the substrata; smooth or slightly undulate hymenophore present. Basal hyphae loosely interwoven.................................... Athelia (pag. 47)

61ʼ Fruitbody adnate, with smooth, tuberculate or odontioid hymenophore. Basal hyphae not loosely interwoven. . Hyphodontia (pag. 113)

Key to species of Aleurodiscus

1. Spores oblong ellipsoid with smooth walls, 10-11 × 5-6 μm. On Erica, Thymus, Cistus.................... A. cerusatus (pag. 42)

1ʼ Spores subglobose with verrucose walls...A. disciformis (pag. 43)

Key to species of Athelia

1. Basal and subhimenial hyphae without clamps. Spores ellipsoid 4,8-6,6 × 3-3,6 μm .... A. decipiens (pag. 50)

1ʼ Basal hyphae with clamps and subhymenial hyphae, with or without clamps 2

2. Subhymenial hyphae and base of basidia without clamps 3

2ʼ Basal and subhymenial hyphae with clamps. Spores narrowly ellip

soid to cylindrical 8-9,5 × 4-5 μm............A. fibulata (pag. 54)
3. Basidia clavate up to 30μm long and with 2 sterigmata ....
....A. arachnoidea (pag. 50)
3ʹ Basidia clavate up to 20 μm long and with 4 sterigmata............ 4
4. Spores narrowly ellipsoid with the basal part tapered, 4,8-6 ×
2,4-2,8 μm................................ A. acrospora (pag. 48)
4ʹ Spores narrowly ellipsoid with the basal part rounded 6-9 × 3-4,5
μm.......................................A. epiphylla (pag. 52)

Key to species of Botryobasidium

1. Basal hyphae with thick walls of up to 20 μm in diameter;Subhymenial
hyphae with thin walls of up to 6 μm in diameter .. B. laeve (pag. 60)
1ʹ Basal hyphae with similar diameter to subhymenial hyphae......... 2
2. Spores cymbiform, 9-11 × 5 μm with short cylindrical basidia 20
× 10 μm. Conidial state not known..........B. botryosum (pag. 58)
2ʹ Spores not cymbiform 3
3. Spores broadly ellipsoid, 6-8 × 3,5-4,5 μm. Conidial state known,
Oidium rubiginosum .... B. robustior (pag. 64)
3ʹ Spores broadly ellipsoid 8,4-10 × 3-5 μm. Conidial state not
known .... B. obtusisporum (pag. 62)

Key to species of Dacryobolus

1. Species with tuberculate hymenophore. Cystidia with thick walls
swelling in 10% KOH...................... D. karstenii (pag. 181)
1ʹ Species with odontoid hymenophore. Cystidia with thin walls, not
swelling in 10% KOH....................... D. sudans (pag. 83)

Key to species of Gloeocystidiellum

1. Spores with smooth walls.. 2
1ʹ Spores with ornamented walls................................... 5
2. Spores globose and gloeocystidia without a positive reaction to
sulfovanillina............................... Gl. citrinum (pag. 89)
2ʹ Spores broadly ellipsoid or broadly allantoid; gloeocystidia with
a positive reaction to sulfovanillina............................. 3
3. Spores broadly ellipsoid.. 4
3ʹ Spores broadly allantoid............... Gl. leucoxanthum (pag. 94)

4. Species with numerous paraphysoid hyphae in the hymenium. Spores broadly ellipsoid with numerous oildrops, 6-7 × 4-4,5 μm .... Gl. lactescens (pag. 92)

4'. Species without paraphysoid hyphae in the hymenium. Spores broadly ellipsoid without oildrops 7-10 × 4,5-5,5 μm.. Gl. luridum (pag. 94)

5. Hyphae without clamps and densely united forming a pseudoparenchyma in mature fruitbody. Spores 6-7 × 3,5-4,5 μm... Gl. karstenii (pag. 90)

5'. Hyphae with clamps, not forming a pseudoparechyma in mature fruitbody. Spores 4,5-6 × 2,5-3,5 μm....... Gl. porosum (pag. 96)

Key to species of Hyphoderma

1. Species with raduloid hymenophore, and teeth of 1 to 3 mm long... H. radula (pag. 106)

1'. Species with smooth, tuberculate or odontoid hymenophore with teeth (when odontoid hymenophore) up to 0,5 mm long 2

2. Species without cystidia and cystidioles. Basal hyphae with thick walls and ramificated at right angles. Species always found on burnt wood........................ H. antracophyllum (pag. 101)

2'. Species with cystidia or cystidioles. Basal hyphae with thin walls and not ramificated at right angles. Species not living on burnt wood... 3

3. Species with cystidioles with rounded apex, paraphysoid hyphae in the hymenium. Without cystidia. Spores cylindrical 10,8-12 × 2,5-3 μm .... H. transiens (pag. 110)

3'. Species without all these characters together.................... 4

4. Species with stephanocysts .... H. praetermisum (pag. 105)

4'. Species without stephanocysts................................. 5

5. Species with lamprocystidia up to 100 μm long. .H. puberum (pag. 106)

5'. Species without lamprocystidia..................................... 6

6. Species with cystidia having a yellow or red-brown resinous material on the apex.. 7

6'. Species with cystidia without resinous incrustations. When incrustations are present they are crystalloid 8

7. Fruitbody with pink or light brown hymenophore. Species with cylindrical cystidia and allantoid spores 11-15 × 4-5 μm............. .... H. medioburiense (pag. 103)

7'. Fruitbody with greyish-white hymenophore. Species with two type of cystidia: a fusiform without incrustations and a capitate with a resi nous brown matter usually in the context........ H. tsugae (pag. 111)

8. Cystidia cylindrical with thick walls, septa and clamps at septa and crystal incrustations. Cylindrical and oblong ellipsoid spores 7-10 × 3-4,5 μm............................. H. setigerum (pag. 109)

8." Cystidia fusiform to subcylindrical with thin walls, sometimes with globose apex and round crystalloid incrustations. Spores broadly ellipsoid 5,4-6 × 3-4 μm............ H. sambuci (pag. 108)

Key to species of Hyphodontia

1. Species with lyocystidia and allantoid spores 6-8 × 1,5 - 2 μm .... H. subalutacea (pag. 119)
1." Species without lyocystidia 2
2. Hymenophore smooth, cystidia fusiform of thin walls, oblong ellipsoid spores 4,8-6 × 2-3 μm.................. H. hastata (pag. 115)
2." Hymenophore odontoid... 3
3. Hymenophore with aculei 1 to 3 mm long...... H. quercina (pag. 118)
3." Hymenophore with aculei up to 1 mm long 4
4. Hyphae capitate present in the hymenium, sometimes with resinous substance on the apex 5
4." Hyphae with acute apex in the hymenium ...... H. crustosa (pag. 115)
5. Spores broadly ellipsoid 5-6 × 3,6-4,5 μm..... H. aspera (pag. 114)
5." Spores of cylindrical to oblong ellipsoid 4,5-6 × 2-3 μm............ .... H. nespori (pag. 117)

Key to species of Hypochnicium

1. Species with cystidia.. 2
1." Species without cystidia but with ornamented, globose spores 6-7,5 μm in diameter. With conidia .... H. vellerum (pag. 124)
2. Cystidia with thick and encrusted walls, with septa and clamps. Spores oblong ellipsoid, 5-6 × 3,5-4,2 μm .. H. polonense (pag. 120)
2." Cystidia with thin and smooth walls, without septa and clamps. Spores globose , 4,6-6 μm in diameter........................... .... H. sphaerosporum (pag. 122)

Key to species of Laeticorticium

1. Species with cystidia, spores broadly allantoid 18-20 × 5-6 μm .... L. macrosporum (pag. 126)

1. Species without cystidia. Spores broadly ellipsoid or ovate 2
2. Fruitbody violaceus with tubular basidia without basal enlargement; spores broadly ellipsoid 7-8,5 × 4-4,5 μm .... L. ionides (pag. 125)
2ʹ Fruitbody pinkish-red with tubular basidia with basal enlargement, spores broadly ellipsoid to ovate 9-16 × 5,5-10 μm. L. roseum (pag. 128)

Key to species of Mycoacia

1. Fruitbody yellow, turning red with 10% KOH. 2
1ʹ Fruitbody yellowish, not turning red with 10% KOH. Spores cylindrical to allantoid 4,2 × 2,4 μm .... M. aurea (pag. 137)
2. Hyphae of the aculei of the hymenophore strongly encrusted. Cystidioles fusiform with acute apex. .... M. fusco-atra (pag. 139)
2ʹ Hyphae of the aculei of the hymenophore loosely encrusted. Cystidioles subfusiform with obtuse apex .... M. uda (pag. 141)

Key to species of Peniophora

1. Species with dendrophysis 2
1ʹ Species without dendrophysis 4
2. Hyaline dendrophysis with crystal incrustations 3
2ʹ Brown dendrophysis without crystal incrustations ....
.... P. versiformis (pag. 150)
3. Species with subcylindrical lamprocystidia. Spores 7-9 × 2,5-3,5 μm .... P. meridionalis (pag. 146)
3ʹ Species with subglobose to claviform lamprocystidia. Spores 9-12 × 3,5-4,5 μm .... P. lycii (pag. 145)
4. Species with gloeocystidia 5
4ʹ Species without gloeocystidia 7
5. Gloeocystidia up to 200 μm long. Spores oblong-ellipsoid 7,8-10 × 3,5-4,5 μm .... P. incarnata (pag. 144)
5ʹ Gloeocystidia up to 70 μm long 6
6. Spores allantoid, 6-8 × 2-2,5 μm. Species always found on Pinus. .
.... P. pini (pag. 148)
6ʹ Spores 7,5-9 × 2-3 μm. Species never found on Pinus wood. 7
7. Species with many gloeocystidia, approximately 20 μm broad ......
.... P. nuda (pag. 146)
7ʹ Species with few gloeocystidia less than 10 μm broad 8

8. Fruitbody with grey-violet hymenophore, margin incurvate with black or dark brown underneath. The basal hyphae parallel to sustratum. Spores 7,5-10×2, 4-4 μm .... P. quercina (pag. 149)
8: Fruitbody resupinate with bluish-grey hymenophore, without basal hyphae parallel to sustratum. Spores 7,5-9×2, 5-3 μm .... P. cinerea (pag. 143)

Key to species of Phanerochaete

1. Species with cystidia with thin walls 2
1: Species with cystidia with thick walls 3
2. Fruitbody red, staining the substrata also in red. Species with rizomorphs present, concolorous with fruitbody, and living on coniferous wood .... Ph. sanguinea (pag. 156)
2: Fruitbody yellowish-white to red-brown in old specimens, does not stain the sustrata Species living on Erica, Thymus, Cistus, Buxus .... Ph. ericina (pag. 154)
3. Cystidia with acute apex. Fruitbody reddish-cream, slightly cracked to dry. Spores 5-7 × 2, 5-3, 5 μm .... Ph. laevis (pag. 156)
3: Cystidia with obtuse apex 4
4. Fruitbody with white, grey or pinkish surface and with loosely tomentum. Spores 5-8 × 2-3 μm .... Ph. velutina (pag. 158)
4: Fruitbody with white, cream to chamois, surface, without loosely tomentum. Spores 4,5-7,5 × 2,5-3 μm .... Ph. sordida (pag. 157)

Key to species of Phlebia

1. Fruitbody strongly coloured, hymenophore folded; folds may be reticulately connected. Spores cylindrical to allantoid 2
1: Species without these characteristics 3
2. Fruitbody reddish-violet, hymenophore with radial folds, margin concolorous, fimbriate. Spores 4,5-6 × 1,5-2,5 μm .... Ph. radiata (pag. 163)
2: Fruitbody yellow to reddish-brown, hymenophore with reticular folds; margin whitish. Spores 4,5-6,5 × 1,5-2 μm .... Ph. rufa (pag. 164)
3. Hymenophore smooth 4
3: Hymenophore hydnoid (under magnifying glass) 5
4. Lighty-haired fruitbody. Spores oblong ellipsoid 5-7,5 × 2,5-3,5 μm .... Ph. gigantea (pag. 160)

4ʼ Fruitbody with thickly haired surface. Spores oblong ellipsoid
3,5-5,5 × 2,5-3,5 μm...................Ph. roumegueri (pag. 164)

5. Fruitbody whitish-cream. Spores oblong ellipsoid to oval 3,5-
6 × 2-3 μm .... Ph. queletii (pag. 161)

5ʼ Fruitbody bluish-grey. Spores from oblong ellipsoid to cylindrical 3-5 × 1-2,5 μm ....Ph. hydnoides (pag. 160)

Key to species of Radulomyces

1. Hymenophore smooth 2

1ʼ Hymenophore raduloid, with irregular dispersed teeth of 1-2 mm
length ....R. molaris (pag. 171)

2. Fruitbody first appears as rounded patches, with byssoid margin,
than confluent. Spores broadly ellipsoid 7-10 × 6-8 μm............
....R. confluens (pag. 169)

2ʼ Fruitbody densely continous, without distinct margin. When dry
margin is incurvated. Spores broadly ellipsoid to globose 7-8,5
× 6-8 μm ....R. rickii (pag. 171)

Key to species of Sistotrema

1. Species without gloeocystidia 2

1ʼ Species with gloeocystidia. Basidia with 6-8 sterigmata and spores
oblong ellipsoid to subcylindrical, 4-6 × 1,5-3 μm ....
....S. coroniferum (pag. 180)

2. Fruitbody white to cream. Basidia urniform with a breadth of
4-5 μm....... .... S. comune (pag. 178)

2ʼ Fruitbody greyish-white or slightly yellowish. Basidia urniform
with a breadth of 5-7 μm...................S. brinkmanii (pag. 177)

Key to species of Trechispora

1. Spores smooth... 2

1ʼ Spores ornamented.. 3

2. Spores subglobose to oval, with oildrops and pronounced apiculus
3-5 × 2,4-4 μm...T. confinis

2ʼ Spores turbinate, 3-4 × 2-3 μm......T. subsphaerospora

3. Fruitbody sulphur-yellow to honey-yellow, changing to red-wine
with 10% KOH.. T. vaga

3ʼ Fruitbody without these characteristics 4

4. Fruitbody with poroid hymenophore, pores 0,3 to 1 mm in diameter
 .... T. mollusca
4'. Fruitbody with farinaceous or granulate hymenophore in the young
 specimens and hydnoid hymenophore in the developed specimens .....
 .... T. farinacea

Key to species of Tubulicrinis

1. Lyocystidia with the apex obtuse; fruitbody yellowish-cream. Heavily cracked when dry. Spores 8-10 × 1,8-2,5 μm ....
 .... T. glebulosus (pag. 186)
1'. Lyocystidia with the apex acute and incrusted. Spores 7-8 × 1-2
 μm .... T. subulatus (pag. 188)

Key to species of Xenasma

1. Cystidia fusiform with thick and heavily incrusted walls. Spores
 globose with a diameter of 6-8 μm. Found on coniferous wood ......
 .... X. abietis (pag. 193)
1'. Cystidia with thin but not incrusted walls. Spores broadly ellipsoid
 6-6,5 × 3-3,5 μm .... X. pruinosum (pag. 195)

Family Ganodermataceae

Key to species of Ganoderma

1. Species covered with a fine layer of resinous matter, which is easily melted in a match flame.. 2
1'. Species without this characteristic 4
2. Stipitate species........................... G. lucidum (pag. 202)
2'. Sessile species... 3
3. Context reddish-brown and with fibrous aspect. G. pfeifferi (pag. 203)
3'. Context brown and with corky aspect..............................
 .... G. resinaceum (pag. 204)
4. Surface of fruitbody with a thick crust (1-4 mm broadth). Spores
 9-12 × 6-7,5 μm........................ G. adspersum (pag. 201)
4'. Surface of fruitbody with a thin crust (0,4-1 mm broadth). Spores
 7-9 × 5-6,6 μm........................ G. applanatum (pag. 200)

Family Hericiaceae

Key to species of Hericium

1. Fruitbody formed by many branches, with coralloid aspect. Hymenophore irpicoid with aculei of 5-15 mm long, creamish-white. Spores 4-6 × 3,5-5 μm.................... H. coralloides (pag. 207)
1. Fruitbody with compact aspect. Hymenophore formed by aculei 20 mm long, yellowish-cream changing to brown if touched or when dry. Spores 5-7 × 4,5-6 μm.......... H. erinaceus (pag. 207)

Key to species of Steccherinum

1. Fruitbody with developed rhizomorphs, hymenophore red wine.......
   .... S. fimbriatum (pag. 210)
1. Fruitbody without rhizomorphs, hymenophore creamy-orange ....
   .... S. ochraceum (pag. 211)

Family Hymenochaetaceae

Key to genera

1. Species with asterosetae or strongly dextrinoid dicophysis........ 2
1. Species without these characteristics........................... 3
2. Species with asterosetas in the hymenium and context; without dichophysis. Fruitbody with smooth hymenophore..................
   .... Asterostroma (pag. 214)
2. Species with strongly dextrinoid dichophysis and without asterosetae .... Vararia (pag. 247)
3. Hymenophore tubular.. 4
3. Hymenophore smooth or tuberculate........ Hymenochaete (pag. 218)
4. Fruitbody perennial and hymenophore stratified, context corky or woody, hard when dry...................... Phellinus (pag. 234)
4. Fruitbody annual and hymenophore not stratified, context soft, when the material is dry it becomes friable 5
5. Fruitbody generally stipitate. Spores with hyaline or white walls .. 6
5. Fruitbody resupinate, effused-reflexed or sessile pileate. Spores with yellowish-brown walls .... Inonotus (pag. 223)
6. Fruitbody infundibuliform, covered with a soft tomento, 2-9 cm

diameter. Species terrestrial, without hymenial setae ....
.... Coltricia perennis (pag. 217)

6.' Lignicolous species, hymenia with or without setae. Fruitbody without the previous characteristics 7

7. Context formed by two layers, the upper layer soft and friable, the under layer hard and fibrous. Hymenophore with haplosetae ....
.... Onnia (pag. 229)

7.' Context not formed by two heterogeneous layers. Hymenium without setae, but with hyaline pseudocystidia with brown apical resinous matter .... Phaeolus (pag. 232)

Key to species of Hymenochaete

1. Fruitbody resupinate 2

1.' Fruitbody effuse-reflexed, dimidiate 3

2. Fruitbody heavily cracked when dry, the generative hyphae tightly interwoven. Setae with obtuse top .... H. corrugata (pag. 220)

2.' Fruitbody not heavily cracked when dry, the generative hyphae loosely interwoven. Setae with acute top. ... H. cinnamomea (pag. 220)

3. Fruitbody perennial, hard and rigid; margin concolorous with the rest of the carpophore .... H. rubiginosa (pag. 221)

3.' Fruitbody annual and soft; margin of carpophore yellowish-gold ....
.... H. tabacina (pag. 222)

Key to species of Inonotus

1. Species without setae; always found on wood of Tamarix ....
.... I. tamaricis (pag. 228)

1.' Species with setae, does not live on wood of Tamarix 2

2. Fruitbody always resupinate. Hymenial setae up to 45 μm long; the context setae long and straight, up to 120 μm long ....
.... I. nidus-pici (pag. 226)

2.' Fruitbody resupinate, dimidiate or effused-reflexed. Without setae in the context 3

3. Species with branched and hooked top setae in the surface of pileus ..
.... I. cuticularis (pag. 224)

3.' Species with hymenial setae only. Spores 8-12 x 6-10 μm 4

4. The surface of pileus covered with a hard and glabrous crust. Spores 8-8,5 x 7-7,5 μm .... I. dryadeus (pag. 225)

4.' The surface of pileus strongly hispid. Spores 9-12 x 6-10 μm ......

.... I. hispidus (pag. 225)

Key to species of Onnia

1. Fruitbody sessile, the hymenial setae have hooked tops ....
.... Onnia triqueter (pag. 231)
1ʹ. Fruitbody stipitate, the hymenial setae have acute and straight tops..
.... Onnia tomentosa (pag. 229)

Key to species of Phellinus

1. Fruitbody resupinate... 2
1ʹ. Fruitbody not resupinate... 5
2. Hymenium with setae and paraphysoid hyphae..................... 3
2ʹ. Hymenium with setae only.. 4
3. Paraphysoid hyphae covered with small round crystals. Spores ellipsoid 4-6 × 3-3,5 μm .... Ph. ferruginosus (pag. 238)
3ʹ. Paraphysoid hyphae without crystals. Spores subglobose 6-7 × 5-7 μm .... P. punctatus (pag. 243)
4. Spores globose 5-6 × 5-5,5 μm. Species living on wood of Salix ..
.... Ph. conchatus form. resupinatus (pag. 237)
4ʹ. Spores subglobose 4,8-5,4 × 3,6-4,2 μm. Species living on wood of Betula............................... Ph. laevigatus (pag. 240)
5. Species living on wood of coniferous. Irregular and labyrinthal pores 0,5-1 mm in diameter..................... Ph. pini (pag. 242)
5ʹ. Species not living on coniferous wood. Small, round pores, up to 0,3 mm in diameter... 6
6. Context formed by two layers, separated by a black line : the upper layer thick and soft, and the underneath layer thin, hard and of a darker colour 7
6ʹ. Context homogeneous... 8
7. Fruitbody ungulate, and with obtuse margin. Spores 3,2-4 × 2,5 -3 μm. Species living on Vitis vinifera .... Ph. ampelinus (pag. 237)
7ʹ. Fruitbody dimidiate, and with acute margin. Spores 3-5 × 2,5-4 μm. Species living on the base of shrubs of the genera Rosa, Prunus, Sorbus, Rubus .... Ph. ribis (pag. 244)
8. Species with the surface of pileus covered with a black crust, heavily cracked when dry; margin of the carpophore cinnamon colour, grey or yellow 9
8ʹ. Species with the surface of pileus without black crust............ 12

9. Fruitbody thin, up to 1 cm thick, with yellow margin. Spores subglobose 5-6 x 5-5,5 μm. Species living on wood of Salix .... Ph. conchatus (pag. 237)

9ʹ Fruitbody ungulate, 2-8 cm thick 10

10. Fruitbody concentric sulcate, the concentric zones wide, the margin of carpophore obtuse, the crust of carpophore mat. Species living on wood of Salix and Populus 11

10ʹ Fruitbody concentric sulcate, the concentric zones narrow, the margin of carpophore acute, the crust of carpophore bright. Species living on wood of Betula .... Ph. nigricans (pag. 241)

11. Dissepiments with parallel hyphae. Species with two types of setae. The hymenial setae 10-25 x 3,5-4,5 μm and the tramal setae 60-80 x 10-16 μm. Species living on Populus tremulae .... Ph. tremulae (pag. 247)

11ʹ Dissepiments with interwoven hyphae. Hymenial setae only. Species living on Salix and Populus .... Ph. igniarius (pag. 239)

12. Species living on wood of fruit trees of genera Prunus, Pirus and Malus .... Ph. pomaceus (pag. 242)

12ʹ Species not living on fruit trees, but living on wood of Quercus, Fraxinus, Populus, Fagus and Crataegus..................... 13

13. Fruitbody of very variable shape; with mosses and algae living on the surface of carpophores. Spores broadly-ellispoid 4-6 x 3,5-4,5 μm, with many setae .... Ph. torulosus (pag. 246)

13ʹ Fruitbody ungulate. Spores subglobose 6-8 x 5-8 μm. Setae few or absent .... Ph. robustus (pag. 245)

Family Polyporaceae

Key of genera

1. Hyphal system monomitic... 2

1ʹ Hyphal system dimitic or trimitic 13

2. Context formed by two layers: the upper layer cottony and lower layer fibrous 3

2ʹ Context homogeneous, without two layers....................... 4

3. Fruitbody stipitate or with a small base. With gloeocystidia in some species. Spores with thin walls .... Heteroporus (pag. 294)

3ʹ Fruitbody sessile, dimidiate or resupinate. Without gloeocistidia. Spores with thick walls.................... Spongipellis (pag. 333)

4. Species with cream or brown context, staining red-violet in KOH

solution.......................... Hapalopilus nidulans (pag. 291)
4' Context without these characteristics 5
5. Species with grey or dark brown hymenophore ....
   .... Bjerkandera (pag. 264)
5' Hymenophore without these colours 6
6. Fruitbody resupinate.. 7
6' Fruitbody not resupinate.. 9
7. Generative hyphae with clamps. Spores subglobose to oval, amyloid. Margin with rhizomorph...... Fibuloporia myceliosa (pag. 280)
7' Generative hyphae without clamps.............................. 8
8. Species with cystidia, spores subglobose to broadly ellipsoid.....
   .... Oxyporus obducens (pag. 311)
8' Species without cystidia, spores oblong ellipsoid to allantoid.....
   .... Ceriporia (pag. 266)
9. Fruitbody stipitate.. 10
9' Fruitbody sessile or dimidiate................................. 12
10. Generative hyphae without clamps. Context white when dry but dark went in contact with the air .... Meripilus (pag. 134)
10' Generative hyphae with clamps. Fruitbody without these characteristics... 11
11. Fruitbody stipitate, stipe branched, always with lateral pileus at the end of each ramification. Species lignicolous...............
    .... Grifola (pag. 284)
11' Fruitbody stipitate, stipe not branched. Species growing isolated or fascicultae. The fascicle has little fruitbodies. Species generally terricolous........................... Albatrellus (pag. 255)
12. Generative hyphae without clamps. Spores globose. Context waxen or cartilaginous when fresh. Species with orange to pinkish-brown hymenophore .... Rigidoporus ulmarius (pag. 329)
12' Generative hyphae with clamps. Spores allantoid, cylindrical or subglobose. Context and hymenophore without those characteristics .... Tyromyces (pag. 347)
13. Hyphal system dimitic 14
13' Hyphal system trimitic.. 28
14. Fruitbody resupinate or effused-reflexed...................... 15
14' Fruitbody pileate, stipitate or sessile......................... 23
15. Context with generative and skeletal hyphae................... 16
15' Context with generative and binding hyphae. When the fruitbody

is effused-reflexed, the surface is cream to brown-red ....
.... Dichomitus (pag. 277)

16. Generative hyphae of hyphodontoid type; spores smooth, broadly ellipsoid to subglose .... Schizopora (pag. 329)

16* Generative hyphae non-hyphodontoid type, spores allantoid, cylindrical or ellipsoid, when globose the walls are ornamented.... 17

17. Species with cystidia... 18

17* Species without cystidia..................................... 20

18. Context duplex: the upper layer white and loose; lower layer dense and dark................................. Trichaptum (pag. 343)

18* Species without these characteristics........................ 19

19. Species with hymenophore poroid, pale yellowish to pink. Spores broadly ellipsoid .... Junghunia nitida (pag. 306)

19* Hymenophore with round to flattened white teeth. Spores oblong ellipsoid to cylindrical 4-6 x 2-3 μm....... Irpex lacteus (pag. 302)

20. Generative hyphae without clamps, skeletal hyphae dextrinoid and spores loosely ornamented .... Heterobasidion (pag. 292)

20* Species without these characteristics........................ 21

21. Hyphae from the dissepiments strongly encrusted with crystals....
.... Incrustoporia (pag. 297)

21* Hyphae from the dissepiments not encrusted................... 22

22. Skeletal hyphae with hyaline walls and not branched. Spores allantoid, cylindrical or oblong ellipsoid .... Antrodia (pag. 259)

22* Skeletal hyphae with brown walls (dichotomously branched) and also skeletal hyphae with bright walls and no branched. Spores cylindrical.................................. Datronia (pag. 276)

23. Fruitbody stipitate, stipe central, excentric or lateral, also with a small lateral base... 24

23* Fruitbody sessile... 25

24. Fruitbody with small lateral stipe. The surface is smooth and white. Context cottony in dry material............................
.... Piptoporus betulinus (pag. 314)

24* Fruitbody with a very well-developped stipe. The surface sometimes scaly and never whitish-grey. Context fibrous..............
.... Polyporus (pag. 315)

25. Context with generative and binding hyphae 26

25* Context with generative and skeletal hyphae................... 27

26. Generative hyphae without clamps. Fruitbody lemon-yellow to orange. Spores broadly ellipsoid to subglobose . Laetiporus (pag. 306)

26'. Generative hyphae with clamps. Fruitbody white to cream. Spores cylindrical to oblong ellipsoid................ Dichomitus (pag. 277)

27. Species with cystidia, hymenophore without regular pores....... 28

27'. Species without cystidia, hymenophore with regular pores....... 29

28. Cystidia with crystalline incrustations on the apex. Hymenophore violet to reddish-brown.................... Trichaptum (pag. 343)

28'. Cystidia, when incrustated, are of resinous material. Hymenophore ochre to amber-brown .... Gloeophyllum trabeum (pag. 287)

29. Skeletal hyphae with dextrinoid and cyanophilous walls. Spores with ornamented walls.................. Heterobasidion (pag. 292)

29'. Skeletal hyphae without dextrinoid and cyanophilous walls. Spores with smooth walls 30

30. Context up to 0,3 cm thick. Spores 7-14 x 3-4 μm.............. .... Antrodia albida (pag. 260)

30'. Context up to 0,5 cm thick. Spores 5-6,6 x 1,5-2 μm .... Ischnoderma (pag. 304)

31. Spores truncate, with thick and dextrinoid walls .... Perenniporia (pag. 312)

31'. Spores without these characteristics......................... 32

32. Context white, cream or pink................................ 33

32'. Context brown or orange..................................... 37

33. Species with cystidia and violet hymenophore; reddish-brown when dry......................... Trichaptum biformis (pag. 345)

33'. Species without cystidia, hymenophore not violet............... 34

34. Hymenophore lamellate or labyrinthal and sometimes irpicoid 35

34'. Hymenophore without these characteristics 36

35. Hymenophore lamellate, context without a black line under surface of fruitbody............................. Lenzites (pag. 308)

35'. Hymenophore labyrinthal, context with a black line under surface of fruitbody .... Cerrena (pag. 269)

36. Fruitbody perennial, with surface glabrous and hymenophore stratified .... Fomitopsis (pag. 281)

36'. Fruitbody annual, with surface not glabrous and hymenophore not stratified .... Trametes (pag. 337)

37. Hymenophore labyrinthal.. 38

37'. Hymenophore non-labyrinthal................................... 39

38. Species with catahymenium, spores broadly ellipsoid 5,5-7,5 x 2,5-3,5 μm....................... Daedalea quercina (pag. 272)

38. Species with euhymenium...39
39. Species with cystidia of thin and hyaline walls and sometimes with incrustation............................Gloeophyllum (pag. 285)
39' Species without cystidia. Spores cylindrical 7-12 × 2-3,5 µm......
......................................Daedalopsis (pag. 274)
40. Exagonal pores of 1-3 mm in diameter.........Hexagonia (pag. 296)
40' Round pores of up to 2 mm in diameter..........................41
41. Context reddish-orange...................Pycnoporus (pag. 327)
41' Context brown..42
42. Fruitbody annual, hymenophore not stratified...................43
42' Fruitbody perennial, hymenophore stratified. The surface glabrous, whitish-grey to black...................Fomes (pag. 280)
43. Fruitbody with surface loosely tomentose to hispid. Context fibrous Spores oblong-ellipsoid to cylindrical 8-15 × 3-5,5 µm............
...................................Coriolopsis gallica (pag. 271)
43' Fruitbody with surface glabrous. Context suberous. Spores cylindrical 7-12 × 2-3,5 µm....................Daedalopsis (pag. 274)

Key to species of Albatrellus

1. Generative hyphae with clamps 2
1' Generative hyphae without clamps............................... 3
2. Pileus grey to blackish-brown. Fruitbody growing isolated in little groups. Spores non-amyloid 8-11 × 5,5-7µm...A. pes-caprae (pag. 285)
2' Pileus cream, apricot or orange. Fruitbody fasciculate, in fascicles of 5-10 fruitbodies. Spores loosely amyloid 4-5x3,4µm. A. confluens(pag. 256)
3. Pileus yellowish-green. Spores loosely amyloid 5,5-8 × 4,5-5,5 µm...
....A. cristatus (pag. 257)
3' Pileus white or cream, changing to light brown. Stipe with the base orangish-violet. Spores strongly amyloid 3,5-5 × 2,5-3,5 µm
.....................................A. subrubescens (pag. 258)

Key to species of Antrodia

1. Species usually living on gymnosperms wood, sometimes on angiosperms wood 2
1' Species living on angiosperms wood. Fruitbody resupinate, sometimes effused-reflexed. Pores round or irregular. Spores 7-14 × 3-6 µm.......................................A. albida (pag. 260)
2. Fruitbody cream in the young material and yellowish-brown in the developed material. Pores 0,2-0,5 mm in diameter. Spores cylin

drical 6-9 × 2,5-4 μm .... A. serialis (pag. 261)

2ʹ Fruitbody sulphur-yellow in the young material and cream in the developed material. Generative hyphae with amyloid walls. Spores allantoid 3-6 × 1-1,5-(2) μm .... A. xantha (pag. 262)

Key to species of Ceriporia

1. Fruitbody red-violet in the young material and red-brown in the developed material, spores 6-7,5 × 1,8-2,4 μm... C. purpurea (pag. 266)

1ʹ Fruitbody cream, orange or cinnamon colour; spores 3,5-4,5 × 1,5 -2 μm...................................... C. viridans (pag. 267)

Key to species of Fomitopsis

1. Fruitbody at first ungulate, later cylindrical, the surface at first greyish-white and later brown. Spores broadly ellipsoid 4-5,5 × 3-4 μm. Context with many crystals .... F. officinalis (pag. 282)

1ʹ Fruitbody effused-reflexed or dimidiate, the surface or fruitbody at first yellowish, later red and finally black, with a crust of resinous matter. Spores oblong ellipsoid 6-8 × 3,5-4 μm. Species very common .... F. pinicola (pag. 283)

Key to species of Gloeophyllum

1. Hyphal system trimitic. Spores cylindrical 2

1ʹ Hyphal system dimitic. Spores of cylindrical to oblong ellipsoid..... .... G. trabeum (pag. 287)

2. Species with lamellate hymenophore. Hymenial cystidia with thick and yellowish-brown walls. Spores cylindrical 8-12 × 3-4 μm. Species always living on coniferous wood ..... G. abietinum (pag. 285)

2ʹ Species with labyrinthal or dedaloid hymenophore. Hymenial cystidia with thin and hyaline walls. Spores cylindrical 10-13 × 3-4 μm. Species living on coniferous and deciduous wood............. .... G. sepiarum (pag. 286)

Key to species of Incrustoporia

1. Fruitbody perennial, tubes up to 10 mm long .... I. stellae (pag. 300)

1ʹ Fruitbody annual, tubes up to 2 mm long......................... 2

2. Hymenophore with an average of 6-8 pores per mm, with hymenial cystidioles. Spores cylindrical to allantoid 4-6 × 1-1,2 μm. Species

living on coniferous wood .... I. subincarnata (pag.   )

2⁝ Hymenophore with an average of 4-6 pores per mm, without hymenial cystidioles 3

3. Spores allantoid 2-4 × 1-1,5 μm. Species with rhizomorphs and found on deciduous wood .... I. alutacea (pag. 298)

3⁝ Spores cylindrical 5-7 × 2-3 μm . Species generally without rhizomorphs. Mediterranean species living on Acacia, Arbutus, Quercus ilex, Cistus, Erica, Rosmarinus etc. ....
.... I. percandida (pag. 298)

Key to species of Polyporus

1. Fruitbody with strongly branched stipe. Each branch with a central pileus. Pores 0,5-0,8 mm in diameter. Spores cylindrical to oblong ellipsoid 7-10 × 3-4 μm .... P. umbellatus (pag. 325)

1⁝ Fruitbody without these characteristics 2

2. Either all the stipe or only its base is covered with a black or dark brown crust 3

2⁝ Stipe without these characteristics 7

3. All stipe with a dark crust. Pileus reddish-brown, round, infundibuliform and ondulate. Pores 0,2-0,3 mm in diameter. Spores oblong ellipsoid to cylindrical 6,5-8 × 3-4 μm ..... P. melanopus (pag. 322)

3⁝ Only stipe's base has a black crust 4

4. Species with a big fruitbody, up to 40 cm in diameter. The pileus surface yellowish brown and with many dark-brown squamae. Pores 1-2 × 0,5-1,5 mm in diameter. Spores oblong-ellipsoid 10-15 × 4-5,5 μm .... P. squamosus (pag. 324)

4⁝ Species without all these characteristics together 5

5. Species living on the found, with a long rizomorph linked to gramineae roots. Angulous or alveolar pores 0,5-1 × 0,2-0,5 mm in diameter .... P. rhizophilus (pag. 323)

5⁝ Species living on wood and without rizomorph. Round pores 0,1-0,3 mm in diameter... 6

6. The pileus surface cream-chamois. The interior wall of black crust hyphae is amyloid. Spores cylindrical 7,5-8,5 × 3,5-4 μm ....
.... P. varius (pag. 326)

6⁝ The pileus surface dark brown. The interior wall of black crust hyphae is non-amyloid. Spores oblong-ellipsoid 5-9 × 3-4 μm ....
.... P. badius (pag. 319)

7. Meridional species, living on Cistus and Rosmarinus. Stipe generally with a long rizomorph .... P. meridionalis (pag. 323)

7. Species without these characteristics 8
8. Spores 10-14 × 4-5,5 μm. Pileus chamois colour with dark brown squamae , 1-5 cm in diameter. Stipe hispid, with dark brown hairs .... P. lentus (pag. 321)
8'. Spores 5-9 × 1,8-3,5 μm 9
9. Species with rhomboidal pores, 1,2 × 0,7-1 mm. Fruitbody with hispid surface. Spores oblong-ellipsoid 7-9 × 2,5-3 μm .... P. arcularius (pag. 317)
9'. Species with pores non rhomboidal and up to 1,5 mm in diameter .. 10
10. Species with angular pores 0,3-1,2 × 0,6-1 mm. Spores cylindrical 6-8 × 1,9-3 μm .... P. brumalis (pag. 319)
10'. Species with very small pores, 0,05-0,2 mm in diameter, spores cylindrical 5-6 × 1,8-2,5 μm .... P. ciliatus (pag. 321)

Key to species of Schizopora

1. Species with pores of 0,2-1 mm in diameter. Spores broadly ellipsoid to subglobose 4-5,5 × 3-3,5 μm. Fruitbody annual, hymenophore not stratified .... S. paradoxa (pag. 330)
1'. Species with pores 0,1-0,2 mm in diameter. Spores subglobose 3,5-4,5 × 2,5-3,5 μm. Fruitbody perennial, hymenophore stratified .... S. phellinoides (pag. 331)

Key to species of Spongipellis

1. Fruitbody resupinate, effused-reflexed or pileate. Hymenophore irpicoid to hydnoid. Spores 5-7 × 4,5-6 μm. S. pachyodon (pag. 334)
1'. Fruitbody pileate, sessile and dimidiate. Hymenophore tubulate. Spores 6,5-9 × 5-7 μm .... S. spumeus (pag. 336)

Key to species of Trametes

1. Species with a context from 1 to 3 cm thick 2
1'. Species with a context up to 1 cm thick 3
2. Fruitbody from 5 to 12 cm in length. With pores 0,4-2 × 0,4-0,8 mm, elongated to labyrinthiform. Spores 4-5 × 2-3 μm .... T. gibbosa (pag. 338)
2'. Fruitbody from 3 to 7 cm in length. With round pores, 0,3-1 mm in diameter. Spores 9-12 × 3-3,5 μm .... T. trogii (pag. 341)
3. Fruitbody very thin, 1-5 mm in breadth (context and tubes) 4

3ʺ Fruitbody with 7-10 mm in breadth (context and tubes)............ 5
4. The pileus with sulcate surface and a small basic hump. Context
of 1-4 mm in breadth .... T. zonatella (pag. 342)
4ʺ The pileus with smooth surface of variable colour; yellowish-
brown, blue or black. Context of 0,5-1,5 mm in breadth..........
.... T. versicolor (pag. 342)
5. The fruitbody surface hispid and concentrically zonate. Context
with aniseed scent in fresh fruitbodies. Spores 5,5-7 × 1,5-2,5
μm... T. hirsuta (pag. 339)
5ʺ The fruitbody conchate and with a loosely tomentose surface. Spo
res 4,5-7,5 × 2-3 μm..................... T. pubescens (pag. 340)

Key to species of Trichaptum

1. Species always living on coniferous wood. Hyphal system dimitic
and context heterogeneous 2
1ʺ Species always living on deciduous wood. Hyphal system trimitic
and homogeneous. Spores oblong ellipsoid to cylindrical 5-7 ×
2-3 μm...................................... T. biformis (pag. 345)
2. Species with poroid hymenophore. Fruitbody 1-3 × 0,7-2 × 0,1-
0,2 cm. Spores 6,5-8 × 3-4 μm............T. abietinus (pag. 344)
2ʺ Species with irpicoid hymenophore. Fruitbody 2-4 × 1-3 × 0,1-
0,3 cm. Spores 5-8 × 2,5-3,5 μm.... T. fusco-violaceus (pag. 346)

Key to species of Tyromyces

1. Fruitbody changes colour when dry 2
1ʺ Fruitbody do not change colour................................. 3
2. Fruitbody white, changing to greenish-blue when touched or when
dry...T. caesius (pag. 348)
2ʺ Fruitbody white, changing to reddish-brown when touched or when
dry..T. fragilis (pag. 353)
3. Spores allantoid. Fruitbody pileate, sessile and dimidiate. Con
text 2-3 cm breadth .... T. lacteus (pag. 354)
3ʺ Spores cylindrical, oblong-ellipsoid or broadly-ellipsoid 4
4. Subhymenial generative hyphae heavily branched, almost arbo-
rescent. Spores cylindrical 4-5,5 × 2,5-3 μm...................
.... T. chioneus (pag. 349)
4ʺ Generative hyphae without the aforementioned characteristics.
Spores broadly ellipsoid or oblong ellipsoid 5

5. Fruitbody pseudopileate, context 0,3-2 mm thick. Spores oblong ellipsoid to cylindrical 3,5-5 × 2-2,5 μm... T. floriformis (pag. 351)

5'. Fruitbody sessile, context 1-5 cm thick. Spores broadly ellipsoid 4-7,5 × 3-6,5 μm .... T. fissilis (pag. 350)

Family Steraceae

Key to genera

1. Species with thick walled cystidia , which are brown and heavily incrusted. Spores oblong ellipsoid, non-amyloid and cyanophilous .... Lopharia (pag. 363)

1'. Species without thick walled cystidia............................ 2

2. Species with odontoid or strongly tuberculate hymenophore; spores cyanophilous and non-amyloid............... Cystostereum (pag. 361)

2'. Species with smooth or loosely tuberculate hymenophore; spores non cyanophilous and amyloid or non-amyloid .... Stereum (pag. 364)

Key to species of Stereum

1. Hymenophore, in fresh material, exuding a red liquid............. 2

1'. Species without these characteristics........................... 4

2. Hymenophore stratified and rugose. Spores 8-11 × 3-4 μm......... .... S. rugosum (pag. 367)

2'. Hymenophore smooth and non-stratified. Spores up to 9 μm long... 3

3. The pileus surface is grey. Species always lives on coniferous wood .... S. sanguinolentum (pag. 368)

3'. The pileus surface is reddish-brown. Species never living on coniferous wood............................ S. gausapatum (pag. 365)

4. Fruitbody flabellate and pseudostipitate. Spores 5,5-6,5 × 2,5-3 μm, with amyloid walls................... S. insignitum (pag. 366)

4'. Fruitbody resupinate, effused-reflexed or pileate, sessile. Spores 4-8 × 2,5-3,5 μm, non-amyloid .... S. hirsutum (pag. 366)

Family Thelephoraceae

Key to genera

1. Fruitbody resupinate... 2

1. Fruitbody pileate, sessile or stipitate........................... 3
2. Species with cystidia with thick and septated walls ....
   .... Kneiffiella (pag. 372)
2. Species with or without cystidia which when present, are simple and
   not septated. Hyphae and spores coloured ..... Tomentella (pag. 377)
3. Hymenophore smooth or tuberculate.......... Thelephora (pag. 375)
3. Hymenophore hydnoid or poroid................................. 4
4. Hymenophore poroid......................... Boletopsis (pag. 370)
4. Hymenophore hydnoid.. 5
5. Fruitbody coriaceous........................ Hydnellum (pag. 371)
5. Fruitbody fleshy............................ Sarcodon (pag. 374)

Key to species of Thelephora

1. Fruitbody stipitate, generative hyphae with relatively thick walls.
   Spores 7-8,5 x 5-6,5 µm............... T. caryophyllea (pag. 376)
1. Fruitbody sessile or substipitate, generative hyphae with walls
   0,5-1,5 µm thick. Spores 8-12 x 6-9 µm....T. terrestris (pag. 376)

Key to species of Tomentella

1. Basal and subhymenial hyphae with same colour and breadth of
   wall... 2
1. Basal and subhimenial hyphae with different colour and/or breadth
   of wall 6
2. The basal hyphae twined into thread 3
2. The basal hyphae not twined into thread 4
3. Species with hymenial clavate cystidioles; fruitbody yellowish-
   brown .... T. pilosa (pag. 387)
3. Species without hymenial cystidioles, fruitbody reddish-brown,
   with a wide, cream coloured margin........................
   .... T. albomarginata (pag. 378)
4. Fruitbody brown, changing to emerald-green with 10% KOH ....
   .... T. botryoides (pag. 381)
4. Fruitbody without these characteristics 5
5. Spores broadly ellipsoid 6,5-8,5 x 6-7 µm. Fruitbody at first
   formed by orange-brown granules which later fuse. Species gene
   raly living on fruitbodies of other fungi....... T. mycophila (pag. 385)
5. Spores broadly ellipsoid to globose 8-9 x 7,5-8 µm.Fruitbody at

first formed by pubescent and reddish-brown floceus which have fused after converging. Species never living on fruitbody of other fungi .... T. puberula (pag. 387)

6. Hyphae without clamps, sterigma very long, 10-15 μm............
.... T. atroviolacea (pag. 379)

6.′ Hyphae with clamps, without long sterigmata..................... 7

7. Basal and subhymenial hyphae with cells of the same size. Sometimes basal hyphae intertwine to form threads. The spinules of the spores are 2-3 μm long................ T. bryophila (pag. 383)

7.′ The cells of basal hyphae are longer than those of the subhymenial hyphae. The basal hyphae do not form threads. The spinules of the spores are up to 1,5 μm long 8

8. Spores globose, 6-8 μm in diameter .... T. bourdotii (pag. 381)

8.′ Spores globose, 9-10 μm in diameter ...... T. bresadolae (pag. 383)

BIBLIOGRAFIA

Agerer, R. - 1978 - Cyphelloide Pilze aus Teneriffa. Nova Hedwigia 30: 295-341

Ainsworth, G. C. - 1971 - Dictionary of the fungi - Commonwealth Mycological Institute, Kew, Surrey.

Amo y Mora, M. - 1870 - Flora criptogámica de la Península Ibérica.

Aranzadi, T. - 1897 - Setas u hongos del Pais Vasco. Madrid.

Aranzadi, T. - 1905 a - Catálogo de hongos observados en Cataluña - Bol. Real Soc. Esp. Hist. Nat. 5: 495-499

Aranzadi, T. - 1905 b - Lista de hongos del Empalme (Gerona) recibidos en Noviembre de 1905 - Bol. Real Soc. Esp. Hist. Nat. 5: 499-501

Aranzadi, T. - 1908 - Hongos observados en Cataluña durante el otoño de 1907 - Bol. Real Soc. Esp. Hist. Nat. 8: 351-356

Beltrán Tejera, E. - 1974 - Catálogo de los Polyporales del Archipiélago Canario - Vieraea 3 (1-2): 118-132

Benito Martínez, J. - 1930 - Algunos datos acerca de hongos que viven sobre matriz vegetal y principalmente leñosa - Bol. Real Soc. Esp. Hist. Nat. 30: 323-327

Benito Martínez, J. - 1931 - Hongos parásitos y saprófitos de las plantas leñosas de España - Bol. Real Soc. Esp. Hist. Nat. 31: 39-44

Benito Martínez, J. - 1942 - El Fomes annosus Fr. (Trametes radiciperda Hart.) en España - Anales Jard. Bot. Madrid 3: 23-49.

Benito Martínez, J. & Guinea, E. - 1931 - Nueva aportación a la micoflora española - Bol. Real Soc. Esp. Hist. Nat. 31: 211-220.

Benito Martínez, J. & Torres Juan, J. - 1965 - Enfermedades de las coníferas españolas. Anales Inst. Forest. Invest. Exp. 88: 1-77.

Boidin, J. - 1958 - Heterobasidiomycetes saprophytes et Homobasidiomycetes resupines. IV. Les Peniophora section Coloratae Bourd. et Galz. a dendrophyses - Bull. Soc. Mycol. Fr. 74 (4): 436-481.

Bondartsev, A. S. - 1971 - The Polypores of the European USSR and Caucasia - Wiener Bindery Lid., Jerusalem. (Traducción al inglés de la obra escrita en 1953).

Bondartsev, A. S. & Singer, R. - 1941 - Zur Systematik der Polyporaceen. Ann. Mycol. 39: 43-65.

Bourdot, H. & Galzin, A. - 1928 - Hymenomycetes de France. Heterobasidiés, Homobasidiés Gymnocarpes. - Verlag von J. Cramer 3301 Lehre (Reprint 1969).

Calonge, F.D. - 1970 a - Estudios sobre hongos I. Algunos ejemplares colectados en Madrid y sus alrededores - Anales Inst. Bot. A. J. Cavanilles 26: 15-36.

Calonge, F.D. - 1970 b - Estudios sobre hongos II. Contribución al catálogo de las provincias de Madrid y Segovia - Anales Inst. Bot. A. J. Cavanilles 27: 5-28.

Calonge, F.D. - 1972 - Estudios sobre hongos III. Aportación al catálogo de las provincias de Madrid y Segovia - Anales Inst. Bot. A. J. Cavanilles 28: 5-34.

Calonge, F.D. - 1973 - Estudios sobre hongos IV. Aportación al catálogo de las provincias de Madrid y Segovia - Anales Inst. Bot. A. J. Cavanilles 30: 19-32.

Calonge, F.D. & Zugaza, A. - 1973 - Catálogo de hongos presentados en la I Exposición de Madrid del 1-5 Noviembre de 1972 - Anales Inst.

Bot. A. J. Cavanilles 30: 33-35.

Calonge, F. D. - 1974 - Hongos de Tenerife colectados durante la III reunión de Botánica Criptogámica - Anales Inst. Bot. A. J. Cavanilles 31 (1): 19-26.

Calonge, F. D. ; Ryvarden, L. & Tellería, M. T. - 1976 - Nota sobre los Aphyllophorales espafioles I - Lagascalia 6 (1): 7-21.

Calonge, F. D. ; Abella, G. & Tellería, M. T. - 1980 - Contribución al conocimiento de las comunidades naturales de Guadalajara. Vol. Esp. Coloquio sobre Edafología y Biogeográfica. (en prensa).

Carballal, R. - 1974 - Macromicetes de Guadalajara - Anales Inst. Bot. A. J. Cavanilles 31 (1): 27-28.

Catálogo Micológico del Pais Vasco - 1973 - Munibe 25 (1): 55-65.

Código Internacional de Nomenclatura Botánica - 1976 - Ed. Blume. Madrid.

Codina, J. & Font Quer, P. - 1930 - Introducció al l'etude dels macromicets de Catalunya - Cavanillesia 3: 100-189.

Coleman, L. C. - 1927 - Structure of spore wall in Ganoderma. Bot. Gaz. 83: 48-60

Colmeiro, M. - 1889 - Enumeración y revisión de las plantas de la península Hispano-Lusitana e Islas Baleares. Madrid.

Cool, C. - 1925 - Contribution a la Flore Mycologique des Iles Canaries Med. Rijksherb. Leiden 51: 1-4.

Corner, E. J. H. - 1953 - The constitution of Polypores. I - Phytomorphology 3: 152-167.

Corner, E. J. H. - 1966 - A monograph of Cantharelloid fungi - Oxford Univ. Press.

Corner, E. J. H. - 1968 - A monograph of Thelephora (Basidiomycetes) - Nova Hedwigia 27: 1-109.

Cuatrecasas, J. - 1929 - Notas micológicas - Mem. Real Soc. Esp. Hist. Nat. 15: 23-30

Christiansen, M. P. - 1960 - Danish resupinate fungi, part. II. Homobasidiomycetes - Dansk Bot. Arkiv 19 (2): 57-308.

David, A. & Romagnesi, H. - 1972 - Contribution a l'etude des Leucopores français et description d'une espèce nouvelle: Leucoporus meridionalis nov. sp. - Bull. Soc. Mycol. Fr. 88 (3-4): 293-303.

Domanski, S. - 1972 - Fungi. Polyporaceae I (resupinate), Mucronoporaceae I (resupinate) - Translated from Polish U. S. Depart. of Comerc. Nat. Tech. Infor. Serv. Sprinfield Virginia (Edición polaca 1965).

Domanski, S. & Orliez, A. - 1966 - Dichomitus campestris (Quél.) comb. nov. in Poland. Act. Soc. Bot. Polon. 35: 627-636.

Domanski, S.; Orlos, H. & Skirgiello, A. - 1973 - Fungi. Polyporaceae II (pileatae), Mucronoporaceae II (pileatae) Ganodermataceae, Bondartzewiaceae, Boletopsidaceae, Fistulinaceae - Translated from Polish, U. S. Depart. of Comerc., Nat. Tech. Infor. Serv., Sprinfield Virginia (Edición polaca, 1967)

Donk, M. A. - 1933 - Revision der Niederlandischen Homobasidiomycetae - Aphyllophoraceae II - Med. Bot. Mus. Univ. Utrecht 9: 1-278.

Donk, M. A. - 1964 - A conspectus of the families of Aphyllophorales - Persoonia 3 (2): 199-324.

Donk, M. A. - 1974 - Check list of European Polypores - North Holland Publishing Co.

Eriksson, J. - 1950 - Peniophora Cke., section Coloratae Bourd. et Galz. - Symb. Bot. Upsal. 10: 1-76.

Eriksson, J. - 1958 - Studies in the Hetero and Homobasidiomycetes. Aphyllophorales in Muddus National Park in North Sweden - Symb. Bot. Upsal. 16: 1-172.

Eriksson, J. & Ryvarden, L. - 1973 - The Corticiaceae of North Europe vol. 2 - Fungiflora. Oslo.

Eriksson, J. & Ryvarden, L. - 1975 - The Corticiaceae of North Europe vol. 3 - Fungiflora. Oslo.

Eriksson, J. & Ryvarden, L. - 1976 - The Corticiaceae of North Europe vol. 4 - Fungiflora. Oslo.

Eriksson, J. & Ryvarden, L. - 1978 - The Corticiaceae of North Europe vol. 5 - Fungiflora. Oslo.

Font Quer, P. - 1956 - Diccionario de Botánica - Ed. Labor. Barcelona (5ª reimp. 1975)

Font Quer, P. - 1961 - El Dioscorides renovado - Ed. Labor. Barcelona (3ª edición, 1976)

Fries, E. - 1821 - Systema Mycologicum I. Lundae

Fries, E. - 1828 - Elenchus Fungorum I. II. Lundae

García Bona, L.M. & López Fernández, M.L. - 1973 - Algunos basidio y ascomicetes del Monte San Cristobal (Navarra) - Anales Est. Exp. Aula Dei 12 (1-2): 65-67.

García Bona, L.M. - 1978 - Contribución al conocimiento de la flora micológica de Navarra I. - Anales Est. Exp . Aula Dei 14 (1-2): 8-71

García Rollán, M. - 1971 - Contribución al conocimiento de las setas de la provincia de Orense y sus posibilidades de aprovechamiento - Alimentaria 8 (39): 3-25.

García Rollán, M. - 1976 - Hongos de la madera - Publ. de Extensión Agraria. Ministerio de Agricultura.

Gonzalez Fragoso, R. - 1883 - Flora de la provincia de Sevilla. Madrid.

Guinea, E. - 1929 a - Nuevos datos para la flora macromicetológica del Guadarrama - Bol. Real Soc. Esp. Hist. Nat. 29: 413-418

Guinea, E. - 1928 b - Novedades de Basidiomycetes macroscópicos para la flora española – Mem. Real Soc. Esp. Hist. Nat. 15: 367-374.

Heim, R. ; Font Quer, P. & Codina, J. – 1934 – Fungi Iberici. Observations sur la Flore Mycologique Catalane – Treball. Mus. Cienc. Nat. Barcelona 15 (3): 3-141.

Hernández Pacheco, E. – 1901 – Datos para la flora micológica de los alrededores de Córdoba – Bol. Real Soc. Esp. Hist. Nat. 1: 131-133.

Jacquin, N. J. – 1776 – Florae Austriae. vol. I-V.

Jaquinot, C. – 1960 – Contribucion a l'etude de quelques espèces affines de la serie des Igniaries I. – Phellinus robustus Karst., Ph. hartigii Allesch et Schum., Ph. fulvus (Scop.) Pat. – Bull. Soc. Mycol. Fr. 76: 83-104.

Jülich, W. – 1972 – Monographie der Athelieae (Corticiaceae, Basidiomycetes) – Willdenowia 7: 1-283.

Jülich, W. – 1974 – The genera of the Hyphodermoideae (Corticiaceae) – Persoonia 8: 59-97.

Karsten, P. A. – 1881 – Enumeratio Boletinearum et Polyporearum Fennicarum. Rev. Mycol. 3(9): 16-21.

Kotlaba, F. & Pouzar, Z. – 1965 – Spongipellis litschaneri Loh wag a Tyromyces kmetii (Bres.) Bond. et Sing., dva vzácné bělochoreše v Československu. Česká Mykol. 19 (2): 69-78.

Kotlaba, F. & Pouzar, Z. – 1971 – Ganoderma adspersum (S. Schulz) Donk, a species resembling Ganoderma applanatum (Pers. ex S. F. Gray) Pat. – Ceská Mykol. 25: 88-102.

Lacoizqueta, J. M. – 1885 – Catálogo de plantas que crecen espontáneamente en el Valle de Vertizarana. Criptógamas – Anales Real Soc. Esp. Hist. Nat. 14: 185-238.

Larsen, M. L. – 1974 – A contribution to the taxonomy of the genus Tomentella. Mycologia Memoir 4: 1-145.

Lázaro e Ibiza, B. – 1904 – Notas micológicas. Primera serie – Mem.

Real Soc. Esp. Hist. Nat. 2: 339-362.

Lázaro e Ibiza, B. - 1907 - Notas micológicas. Segunda serie. Mem. Real Soc. Esp. Hist. Nat. 5: 1-47.

Lázaro e Ibiza, B. - 1912 - Notas micológicas. Tercera serie. Mem. Real Soc. Esp. Hist. Nat. 7 (4): 287-341.

Lázaro e Ibiza, B. - 1916a- Los Polyporaceos de la flora Española. Rev. Real Acad. Cienc. Exact. Fisic. Nat. Madrid 14: 427-464; 480-524; 574-592; 655-680; 734-759; 833-866.

Lázaro e Ibiza, B. - 1916b- Los Polyporaceos de la Flora Española. Rev. Real Acad. Cienc. Exact. Fisic. Nat. Madrid 15: 87-120; 137-184; 209-232; 269-307.

Lázaro e Ibiza, B. - 1917a- Los Polyporaceos de la Flora Española. Rev. Real Acad. Cienc. Exact. Fisic. Nat. Madrid 15: 369-384.

Lázaro e Ibiza, B. - 1917b- Los Polyporaceos de la Flora Española. Imprenta Renacimiento, Madrid.

Losa España, M. - 1942 - Aportación al estudio de la flora micológica española - Anales Inst. Bot. A. J. Cavanilles 2: 87-142.

Losa Quintana, J.M. - 1974 - Macromicetes del bosque de Quercus robur L. - Anales Inst. Bot. A. J. Cavanilles 31 (1): 185-197.

Lowe, J.L. - 1975 - Polyporaceae of North America: The genus Tyromyces - Mycotaxon 2 (1): 1-82.

Maas Geesteranus, R.A. - 1975 - The terrestrial Hydnums of Europe. North-Holland Publis. Company. Amsterdam-London.

Macrae, R. - 1967 - Pairing incompatibility and other distinctions among Hirchioporus (Polyporus) abietinum, H. fusco-violaceus and H. laricis - Canad. Jour . Bot. 45: 1371-1398.

Maire, R., Codina, J. & Font Quer, P. - 1933 - Fungi catalaunici. Contributions a l'etude de la Flore Mycologique de la Catalogne - Treball. Mus. Cienc. Nat. Barcelona 15: 3-116.

Maire, R. - 1937 - Fungi catalaunici. Contribution a l'etude de la Flore Mycologique de la Catalogne - Inst. Bot. de Barcelona 3 (4): 3-123.

Malençon, G. - 1968 - Contribution a la flore Mycologique de l'Andalousie - Collec. Bot. 7 (2) nº 40: 707-725.

Malençon, G. & Bertault, R. - 1971 - Champignons de la Peninsule Iberique - Act. Phytotax. Barc. 8: 5-97.

Malençon, G. & Bertault, R. - 1972 - Champignons de la Peninsule Ibérique IV - Les Isles Baleares - Act. Phytotax. Barc. 11: 1-64.

Malençon, G. & Bertault, R. - 1976 - Champignons de la Peninsula Ibérique V - Catalogne, Aragón, Andalousie - Act. Phytotax. Barc. 19: 1-67.

Maublanc, M.A. - 1936 - Rapport sur la session général de la Societé Mycologique de France, tenue â Barcelona du 19 au 27 octobre 1935 - Bull. Soc. Mycol. Fr. 52: 17-32.

Mayor, M.; García-Prieto, O.; Andrés, J.; Carbo, R. & Martínez, G. - 1973 - Aportaciones al estudio de los hongos en las provincias de León y Oviedo (I) - Rev. Facul. Cienc. Oviedo 14 (1): 211-225.

Mayor, M.; García-Prieto, O.; Adrés, J.; Carbo, R. & Martínez, G. - 1974 - Aportaciones al estudio de los hongos en las provincias de León y Oviedo - Rev. Facul. Cienc. Oviedo 15 (1): 3-20.

Muñoz Medina, J.M. & Serrano Sánchez, A. - 1947 - Notas micológicas para la Flora Andaluza - Bol. Real Soc. Esp. Hist. Nat. 45: 511-516.

Niemelä, T. - 1975 - On Fennoscandian Polypores. IV. Phellinus igniarius, Ph. nigricans and Ph. populicola n. sp. - Ann. Bot. Fennici 12: 93-122.

Nobles, M.K. - 1967 - Conspecificity of Basidioradulum (Radulum) radula and Corticium hydnans - Mycologia 59 (2): 192-211.

Parmasto, E. - 1968 - Conspectus Systematis Corticiacearum - Tartu.

Parmasto, E. - 1970 - The Lachnocladiaceae of the Soviet Union -Acad. Scien. Estonian Inst. Zoology and Botany. Tartu.

Patouillard, M. N. - 1889 - Le genre Ganoderma - Bull. Soc. Mycol. Fr. 5: 64-80.

Pearson, A. A. - 1931 - Hongos de Sant Pere de Vilamajor. Contribucion al estudio de la micología catalana - Cavanillesia 4: 20-33.

Pilát, A. - 1930 - Monographie der europäischen Steracen - Hedwigia 70 : 10-132.

Pilát, A. - 1936-1942 - Atlas Champignons de l'Europe. Prague.

Pouzar, Z. - 1966 a - Studies in the taxonomy of the Polypores, I. Česká Mykol. 20: 171-177.

Pouzar, Z. - 1966 b - Studies in the taxonomy of the Polypores, II. - Fol. Geob. Phytotax. 1: 356-375.

Pouzar, Z. - 1971 - Notes on taxonomy and nomenclature of Ischnoderma resinosum (Fr.) Karst. and I. benzoicum (Wahlenb.) P. Karst. (Polyporaceae) - Česká Mykol. 25 (1): 15-21

Pouzar, Z. - 1972 a - Amyloidity in Polypores I. The genus Polyporus Mich. ex Fr. - Česká Mykol. 26 (2): 82-90.

Pouzar, Z. - 1972 b - Contribution to the knowledge of the genus Albatrellus (Polyporaceae). I. A conspectus of species of the North temperature zone - Česká Mykol. 26 (4): 194-200.

Pouzar, Z. & Jechová, V. - 1967 - Botryobasidium robustior sp. nov. a perfect state of Oidium rubiginosum (Fr.) Linder - Česká Mykol. 21 (2): 69-73.

Reid, D. A. - 1965 - A monograph of stipitate Steroid fungi - Beih. zur Nova Hedwigia 18: 1-382.

Ruiz de Gaona y Oñaiticia - 1954 - Catálogo de setas y hongos de las cercanías de Tolosa, recogidos en 1949 - Bol. Real Soc. Esp. Hist. Nat. 52: 89-113.

Ryvarden, L. – 1972 a – A critical checklist of the Polyporaceae in Tropical East Africa – Norw. Jour. Bot. 19 (3-4): 229-238.

Ryvarden, L. – 1972 b – Studies on the Aphyllophorales of the Canary Islans with a note on the Genus Perenniporia Murr. – Norw. Jour. Bot. 19 (2): 139-144.

Ryvarden, L. – 1973 – Some genera of resupinate Polypores with a note on Aleurodiscus norvegicus sp. nov. – Norw. Jour. Bot. 20 (1): 7-11.

Ryvarden, L. – 1974 – Studies in the Aphyllophorales of the Canary Islands II. Some species new to the Islands – Cuad. Bot. Canar. 20: 3-8.

Ryvarden, L. – 1976 a – The Polyporaceae of North Europe vol. 1 – Fungiflora. Oslo.

Ryvarden, L. – 1976 b – Studies in the Aphyllophorales of the Canary Islands 3. Some species from western Islands. – Cuad. Bot. Canar. 26/27: 29-40.

Ryvarden, L. – 1978 – The Polyporaceae of North Europe. vol. 2 – Fungiflora. Oslo.

Ryvarden, L. & Calonge, F.D. – 1976 – Type-studies in the Polyporaceae V. Species described by Lázaro e Ibiza – Nova Hedwigia 27: 155-164.

Saccardo, P.A. – 1888 – Silloge Fungorum. vol. VI.

Singer, R. – 1947 – Champignons de la Catalogne. Espéces observées en 1934 – Collect. Bot. 1 (14) fasc. III: 199-246.

Sobrado Maestro, C. – 1909 – Datos para la flora micológica gallega – Bol. Real Soc. Esp. Hist. Nat. 9: 491-497.

Steyaert, R.L. – 1967 – Considerations generales sur le genre Ganoderma et plus specialement sur les especies europeennes. – Bull. Soc. Roy. Belgique 100: 189-211.

Talbot, P.H.B. – 1973 – Aphyllophorales I. General characteristics:

Telephoroid and Cupuloid families - The Fungi IV B: 327-349

Tellería, M.T. - 1979 - Bulbillomyces Jül., (Corticiaceae, Aphyllophorales) género nuevo para España - Bol. Soc. Brot. 53: 85-88

Tellería, M.T. - 1980 - Contribución al estudio del género Trechispora (Aphyllophorales, Basidiomycetes) en España Peninsular - Act. Bot. Malacitana (en prensa)

Tellería, M.T.; Moreno, G. & Calonge, F.D. - 1975 - Algunos hongos españoles que viven sobre sustrato leñoso - Bol. Est. Cent. Ecol. 8: 29-38.

Tellería, M.T., Calonge, F.D.; de la Torre, M. & Moreno, G. - 1976 - Tyromyces fissilis (Bert. & Curt.) Donk, nuevo para España peninsular - Bol. Soc. Mycol. Cast. 1: 27-29.

Tellería, M.T. & Calonge, F.D. - 1977 - El género Phellinus (Aphyllophorales, Basidiomycetes) en España - Anales Inst. Bot. A. J. Cavanilles 34 (1): 59-70.

Tellería, M.T.; Calonge, F.D. & Verde Millán, L. - 1978 - Contribución al estudio del género Albatrellus S.F. Gray emend. Pouz. en España - Bol. Soc. Micol. Cast. 3: 48-53.

Tellería, M.T. & Calonge, F.D. - 1979 - Algunos Aphyllophorales que viven sobre carpóforos de otros hongos - Bol. Soc. Micol. Cast. 4: 30-34.

Torre de la, M.; Moreno, G.; Tellería, M.T. & Calonge, F.D. - 1976 - Aportación al conocimiento de los hongos pirófilos de España - Bol. Est. Cent. Ecol. 5 (10): 21-31.

Torres Juan, J. - 1963 - Los hongos del alcornoque en España I - Anales Inst. Forest. Inv. Exp. 8: 145-152.

Torres Juan, J. - 1965 - Los hongos del alcornoque en España II - Anales Inst. Forest. Inv. Exp. 10: 199-204.

Torres Juan, J. - 1967 - Los hongos del alcornoque en España III - Anales Inst. Forest. Inv. Exp. 12: 207: 214

Torres Juan, J. - 1968 - Los hongos del Alcornoque en España IV - Anales Inst. Forest. Inv. Exp. 13: 139-144.

Webb, P.B. & Berthelot, S. - 1836 - Histoire Naturelle des Iles Canaries.

Wildpret, W. & Beltrán, E. - 1974 - Contribución al estudio de la flora micológica del Archipielago Canario - Anales Inst. Bot. A. J. Cavanilles, 31 (1): 5-18.

Wright, J.E. & Calonge, F.D. - 1973 - The location of Lazaro e Ibiza's collections of Polyporaceae - Taxon 22 (2-3): 267-270.

Indice de Táxones

abietina Pers. ex Fr. , Clavaria 25
abietina Bull. ex Fr. , Daedalea 285
abietina (Dicks. ex Fr.)Karst. , Hansenia 344
abietina (Bull. ex Fr.)Fr. , Lenzites 285
abietina (Bull. ex Fr.)Karst. , Lenzitina 285
abietina (Dicks. ex Fr.)Pilát, Trametes 344
abietina var. fusco-violacea (Ehrenb. ex Fr.)Pilát, Trametes 346
abietinellum Murrill,Gloeophyllum 286
abietinum (Bull. ex Fr.)Karst., Gloeophyllum 285, 286, 287
abietinus (Dicks. ex Fr.)Quél. , Coriolus 344
abietinus (Dicks. ex Fr.)Donk, Hirchioporus 344
abietinus Dicks. ex Fr. , Polyporus 344
abietinus (Dicks. ex Fr.)Fr. , Polystictus 344
abietinus (Dicks. ex Fr.)Ryv. , Trichaptum 344, 347
abietis Bourd. et Galz. , Peniophora 193, 195
abietis (Bourd. et Galz.)Telleria, Xenasma 37, 193, 194
Abortiporus Murrill 294
acanthoides Fr. , Polyporus 294
Acantophysellum Parm. 42
Acantophysium (Pilát)Cunn. 42
acerinum var macrosporum Bres. , Corticium 126

acrospora Jül. , Athelia 48, 49, 50
adspersum (Schulz.)Donk, Ganoderma 201
adspersus Schulz. , Polyporus 201
adusta (Fr.)Karst. , Bjerkandera 265
adustus(Fr.)Pilát, Gloeoporus 265
adustus (Fr.)Quél. , Leptoporus 265
adustus Fr. , Polyporus 264, 265
Aegerita Pers. ex Fr. 68
aegerita v. Höhn. et Litsch. , Peniophora 68
aemulans Karst. , Peniophora 144
affinis (Burt)Erikss. , Membranicum 156
affinis Burt , Peniophora 156
alba Láz. -Ibiza, Mensularia 284
Albatrelloideae Pouz. 290
Albatrellus S. F. Gray emend.Pouz. 251, 255, 289
albellus Peck, Polyporus 349
albellus (Peck)Bond. et Sing. , Tyromyces 349
albescens Láz. -Ibiza, Ungulina 281
albida (Fr.)Donk, Antrodia 253, 260, 261
albidaFr. ex Fr. , Daedalea 260
albida (Fr. ex Fr.)Fr. , Lenzites 260
albida (Fr. ex Fr.)Bourd. et Galz. , Trametes 260
albida var. serpens (Fr. ex Fr.)Pilát Trametes 261
albidus (Fr. ex Fr.)Bond. , Coriolelus 260
albogriseus Peck, Fomes 282

albomarginata (Bourd. et Galz.)Larsen, Tomentella 378, 380
albosordecens (Romell)Bourd. et Galz., Phaeolus 350
albosordecens Romell, Polyporus 350
Aleurodiscus Rabenh. ex Schroet. 36, 42, 89, 125
alnicola (Bourd. et Galz.)Jül., Athelia 54
alutacea (Lowe)Reid, Incrustoporia 297, 298, 299
alutacea Lowe, Poria 298
alutaceo-umbrinus Bres., Hypochnus 387
alutaceo-umbrinum (Bres.)Larsen, Tomentellastrum 385
alliacea (Quél.)Lemke, Dendrothele 85, 86
alliaceum Quél., Corticium 86
ambigua Pers., Thelephora 376
Amphinema Karst. 40, 44
ampelinus (Bond.)Bond. et Sing. ex Sing., Phellinus 235, 236, 237
amorpha Fr., Thelephora 42
amorphus (Fr.)Schroet., Aleurodiscus 42
ampla (Lév.)Maire, Auriculariopsis 56
ampla Lév., Cyphella 55, 56
Amylocorticium Pouz. 36, 45
Amyloporia Bond. et Sing. ex Sing. 259, 264
anceps (Peck)Parm., Coriolellus 278
anceps Peck, Polyporus 278
annosa (Fr.)Karst., Fomitopsis 293
annosa (Fr.)Pat., Ungulina 293
annosus (Fr.)Cke., Fomes 293
annosus (Fr.)Bref., Heterobasidion 293
annosus Fr., Polyporus 293, 293
anomala (Pers. ex Fr.) Donk, Cyphelopsis 355, 356
anomala Pers. ex Fr., Solenia 355
antracophyllum Bourd., Corticium 101
antracophyllum (Bourd.)Jül., Hyphoderma 40, 100, 101
Antrodia Karst., 252, 259, 264, 276, 277

apalum (Berk. et Br.)Massee, Asterostroma 214
apalum Berk. et Br., Corticium 214
Apoxona Donk 296
applanatum (S. F. Gray)Pat., Ganoderma 199, 200
applanatus S. F. Gray, Polyporus 200
arachnoidea (Berk.)Jül., Athelia 48, 49, 50
arachnoideum Berk., Corticium 50
arcularius (Batsch. ex Fr.)Ames, Favolus 317
arcularius (Batsch. ex Fr.)Quél., Leucoporus 317
arcularius var. scabellus Bourd. et Galz., Leucoporus 319
arcularius var. strigosus Bourd. et Galz., Leucoporus 317
arcularius (Batsch. ex Fr.)Karst., Polyporellus 317
arcularius form. grisues Pilát, Polyporellus 320
arcularius ssp. strigosus (Bourd. et Galz.)Pilát, Polyporellus 317
arcularius Batsch. ex Fr., Polyporus 317
argillaceum v. Höhn. et Litsch., Gloeocystidiellum 103
arida (Fr.)Karst., Coniophora 33
arida Fr., Thelephora 33
aspera Fr., Grandinia 114
aspera (Fr.)Erikss., Hyphodontia 114, 116
asserculorum Secr., Daedalea 285
Asterostroma Massee 176, 213, 214
Asterostromoideae Donk 213
atenuata (Karst.)Cke., Poria 306
atenuata Peck var. subincarnata Peck Poria 301
Athelia Pers. emend. Donk 41, 47
atroviolacea Litsch., Tomentella 378 379, 380
atrovirens (Fr.)Bond. et Sing. ex Sing., Byssocorticium 69
atrovirens Fr., Thelephora 69
aurantio-carnescens Henn., Poria 267
aurea Schaeff. ex Fr., Clavaria 25, 26

aurea (Fr.)Erikss., Mycoacia 136, 137, 141
aureum Parm., Botryobasidium 58
aureum Fr., Hydnum 137
aureum Fr., Oidium 57, 58
Auriculariopsis Maire 38, 55, 56
Auriscalpiaceae Maas G. 12, 13
Auriscalpium S. F. Gray 13
auriscalpium L. ex Fr., Hydnum 13
auriscalpium (L. ex Fr.)Quél., Leptodon 13
auriscalpium (L. ex Fr.)Karst,Pleurodon 13
australe (Fr.)Pat., Ganoderma 199, 200, 201
australis Fr., Polyporus 201
badia Pers. ex S. F. Gray, Grifola 319
badius (Pers. ex S. F. Gray)Schw., Polyporus 316, 318, 319
bakeri Murrill,Pyropolyporus 245
Bankera Coker et Beers ex Pouz. 15
Bankeraceae Donk 12, 15
Basidioradulum Nobles 108
benzoicum (Wahelenb. ex Fr.)Karst., Ischnoderma 304, 305
betulina Murril Fomitoporella 240
betulina (L . ex Fr.) Fr., Lenzites 308
betulina (Bull. ex Fr.)Quél., Placodes 314
betulina (L. ex Fr.)Pilát, Trametes 308
betulina (L. ex Fr.)Pat., Ungulina 314
betulinus Bull. ex Fr., Polyporus 314
betulinus (Bull. ex Fr.,)Karst., Piptoporus 252, 314
bicolor Fr., Hydnum 173, 175
bicolor (Fr.)Lentz , Laxitextum 130, 131
bicolor (Fr.)Parm., Resinicium 174, 175
bicolor (Fr.)Fr., Stereum 131
bicolor Pers. ex Fr., Thelephora 129, 131
bicolor Cke. et Ell., Zygodesmus 381
biennis (Bull. ex Fr.)Sing., Abortiporus 294

biennis Bull. ex Fr., Daedalea 294
biennis (Bull. ex Fr.)Láz.-Ibiza, Heteroporus 294
biennis (Bull. ex Fr.)Pilát, Phaeolus 294
biennis (Bull. ex Fr.)Fr., Polyporus 294
biformis Fr. ex Kl., Polyporus 345
biformis (Fr. ex Kl.)Pilát, Trametes 345
biformis (Fr. ex Kl.)Ryv., Trichaptum 253, 344, 345
bispora (Schroet.)Donk, Athelia 50
bisporum Schroet., Hypochnus 50
bisporus (Schroet.)v. Höhn.et Litsch, Corticium 50
Bjerkandera Karst. emend. Murrill, 251, 264
bolaris Pers., Thelephora 163
Boletopsis Fayod 369, 370
bombacina Pers., Athelia 55
bombycina Karst., Kneiffiella 372, 373
bombycina Sommerf.,Thelephora 119
bombycina (Karst.)Erikss., Tomentella 372
bombycina (Karst.)Bourd. et Galz., Tomentellina 372
bombycinum (Sommerf.)Karst., Corticium 119
bombycinum (Sommerf.)Erikss., Hypochnicium 119
Bondarzewia Sing. 255
borealis Erikss., Tubulicrinis 188
Botryobasidium Donk 39, 56, 66, 190
Botryohypochnus Donk 38, 66
botryoides Schw., Thelephora 38
botryoides (Schw.)Bourd. et Galz., Tomentella 378, 380, 381
botryosum(Bres.)Erikss., Botryobasidium 58, 59, 60, 61
botryosum Bres., Corticium 60
botrytis Pers. ex Fr., Clavaria 25, 26
bourdotii Svrcek, Tomentella 378, 381
bresadolae Brinkm. in Bres., Hypochnus 383
bresadolae Bourd. et Galz., Poria 266
bresadolae (Brinkm. in Bres.)Bourd. et Galz., Tomentella 378, 382, 383

brinkmanii Bres., Grandinia 177
brinkmanii (Bres.)Erikss., Sistotrema 177
brumalis Pers. ex Fr., Polyporus 317, 319, 321
brumalis form. subarcularius Donk, Polyporus 319
bryophila (Pers.)Larsen, Tomentella 378, 382, 383, 384
bryophilum Pers., Sporotrichum 383
Bulbillomyces Jül. 39, 68, 120
bulgaricus Pilát, Leptoporus 278
bulliardi Fr., Trametes 275, 276
Byssocorticium Bond. et Sing., 40, 69
byssoides (Pers. ex Fr.)Erikss., Amphinema 44, 45
byssoides (Pers. ex Fr.)Bres., Coniophorella 44
byssoides Pers. ex Fr., Thelephora 44
Byssomerulius Parm. 41, 71
caerulea Fr., Thelephora 166
caeruleum (Fr.)Parm., Pulcherricium 166
caesia (Schrad. ex Fr.)Karst., Bjerkandera 348
caesium Bres., Corticium 145
caesius (Schrad. ex Fr.)Quél., Leptoporus 348
caesius Schrad. ex Fr., Polyporus 348
caesius (Schrad. ex Fr.)Murrill, Tyromyces 348
calcea var. glebulosus Fr., Thelephora 186
callosa (Fr.) Cke., Poria 262
callosus Fr., Polyporus 262
Caloporus Quél. 255
calotrix (Pat.)Donk, Tubulicrinis 188
campestris (Quél.)Bond., Coriolellus 277
campestris (Quél.)Domański, Dichomitus 278
canadiensis Burt., Hypochnus 372
candicans Erikss., Botryobasium 60
candida Pers. ex Fr., Aegerita 69
Cantharellaceae Schroet., 12, 18
cantharelloides Murrill, Chanterel 19
Cantharellus Fr. 18
cantharellus Pers., Murulius 19

carneus Karst., Xerocarpus 149
carnosum Pat., Ganoderma 199
Cartilosoma Kotl. et Pouz. 259
caryophyllea Fr., Thelephora 375, 376
castanicola Láz.-Ibiza, Polystictoides 342
caucasica Parm., Athelia 52
caudicinus (Scop.)Karst., Polypilus 307
caudicinus (Scop.)Schroet., Polyporus 307
cebennense (Bourd.)Pouz., Amylocorticium 46, 47
cebennense Bourd., Corticium 47
centrifugum ssp. bisporum (Schroet.) Bourd. et Galz., Corticium 50
ceratoniae Láz.-Ibiza, Pseudofomes 246
Ceriporia Donk 251, 266
Cerrena S. F. Gray 253, 269
cerussatum Bres., Corticium 42
cerusatus (Bres.)v. Höhn. et Litsch., Aleurodiscus 42, 43
Chaetoporus Karst 305
chakasskensis Pilát, Poria 267
chioneus Fr. ex Fr., Polyporus 347, 349
chioneus (Fr. ex Fr.)Karst., Tyromyces 348, 349, 350
Chondrostereum Pouz. 79
cibarius Fr., Cantharellus 18, 19
cibarius (Fr.)Quél., Craterellus 19
ciliata Fr., Thelephora 149
ciliatus Fr. ex Fr., Polyporus 317, 321
cinctulum Quél., Corticium 152
cinerea Fr., Daedalea 269
cinerea (Fr.)Cooke, Peniophora 142, 143, 144, 148, 153
cinerea Fr., Thelephora 143
cinerea Pers., Thelephora 145
cinereum (Fr.)Fr., Corticium 143
cinereus Fr., Cantharellus 19, 20
cinereus (Fr.)Quél., Craterellus 20
cinereus Pers., Merulius 20
cinnabarina Schw., Phlebia 163
cinnabarina (Jacq. ex Fr.)Fr., Trametes 327

cinnabarinus Jacq., Boletus 328
cinnabarinus (Jacq. ex Fr.)Quél.,
    Phellinus 327
cinnabarinus (Jacq. ex Fr.)Sacc.,
    Polystictus 327
cinnabarinus Jacq. ex Fr., Polyporus 327
cinnabarinus (Jacq. ex Fr.)Karst.,
    Pycnoporus 327
cinnamomea (Pers.)Bres., Hymenochaete 218, 219, 220, 221, 222
cinnamomea Pers., Thelephora 220
circinata (Fr.)Karst., Onnia 232
circinatus Fr., Polyporus 232
citriforme Christ., Uthatobasidium 190
citrina Pers., Thelephora 89
citrinum (Pers.)Donk, Gloeocystidiellum 89
citrinus Plan. ex Pers., Polyporus 397
Clavaria Vaill. ex Fr. 24
Clavariaceae Chev., 12, 24, 206
Clavariadelphus Donk 10, 24, 29
Coltricia S. F. Gray 216
comedens Nees ex Fr., Thelephora 190, 192
comedens (Nees ex Fr.)Maire, Vuilleminia 37, 192
comune Fr., Schizophyllum 355, 357
comune Erikss., Sistotrema 177, 178, 179
conchatus (Pers. ex Fr.)Quél., Phellinus 235, 237
conchatus Pers. ex Fr., Polyporus 237
conchatus form. resupinatus Pilát, Phellinus 235
conchoides Mont., Gloeoporus 97
confinis (Bourd. et Galz.)Liberta, Trechispora
confluens (Alb. et Schw. ex Fr.)Kotl. et Pouz., Albatrellus 256
confluens (Alb. et Schw. ex Fr.) Karst., Polypilus 256
confluens Alb. et Schw. ex Fr., Polyporus 256
confluens (Fr. ex Fr.)Crist., Radulomyces 168, 169, 170
confluens (Alb. et Schw. ex Fr.)Bond. et Sing., Scutiger 256
confluens Fr., Sistotrema 177
confluens Fr. ex Fr., Thelephora 167, 169
confragosa Bolt. ex Fr., Daedalea 274, 275, 276
confragosa (Bolt. ex Fr.)Schroet., Daedalopsis 274
confragosa form. bulliardii (Fr.) Donk, Daedalopsis 276
confragosa var. confragosa, Daedalopsis 275, 276
confragosa form. rubescens (Alb. et Schw. ex Fr.)Donk, Daedalopsis 275, 276
confragosa var. tricolor (Bull. ex Fr.)Bond., Daedalopsis 275, 276
confusus Donk, Ochroporus 238
Coniophora DC. ex Merat 32
Coniophoraceae Ulbr. 11, 32
Coniophorella Karst. 32
connata Láz. -Ibiza, Lenzites 308
contiguus Fr., Polyporus 243
contorta Fr., Phlebia 163
convoluta Vel., Thelephora 376
coralloides (Scop. ex Fr.)Quél., Dryodon 207
coralloides (Scop. ex Fr.)S. F. Gray Hericium 207
coralloides Scop. ex Fr., Hydnum 206, 207
Coriolelus Murrill 259, 277
Coriolopsis Murrill 270
Coriolus sect. Oxyporus Bourd. et Galz. 311
corium (Fr.)Parm., Byssomerulius 72, 73, 385
corium Fr., Merulius 71, 73
cornucopioides Fr., Cantharellus 23
cornucopioides (Fr.)Pers., Craterellus 22
coronatus (Rostk.)Bourd. et Galz., Melanopus 321
coronatus Rostk., Polyporus 321
Coronicium Erikss. et Ryv. 39, 74
coroniferum v. Höhn. et Litsch., Gloeocystidiellum 180
coroniferum (v. Höhn. et Litsch.) Donk, Sistotrema 177, 179, 180

corrugata Fr., Grandinia 111, 112
corrugata (Fr.)Lév., Hymenochaete 218, 220, 221
corrugata (Fr.)Erikss. et Ryv., Hyphodermella 112
corrugata (Fr.)Bourd. et Galz., Odontia 112
corrugata Fr., Thelephora 220
corticale Bull. ex Quél., Corticium 149
Corticiaceae Herter 9, 12, 32, 35, 42, 97, 131, 176, 206, 360, 361
coryolicola Láz.-Ibiza, Polystictus 342
Craterellus Pers. 18, 22
cremeum Bres., Corticium 157
cremeum (Bres.)Erikss., Membranicum 157
crinigera Fr., Hexagonia 296
crispa (Fr.)Rea, Plicatura 36, 165
crispa Wulf. ex Fr., Sparassis 358
crispa Fr., Trogia 165
cristatus (Pers. ex Fr.)Kotl. et Pouz., Albatrellus 256, 257
cristatus (Pers. ex Fr)Quél., Caloporus 257
cristatus Pers. ex Fr., Polyporus 257
cristatus (Pers. ex Fr.)Bond. et Sing., Scutiger 257
cruentus Pers., Polyporus 262
crustacea (Jungh.) Ryv., Junghunia 305
crustacea Jungh., Laschia 305
crustosa (Fr.)Erikss., Hyphodontia 114, 115
crustosa Lloyd, Thelephora 376
crustosum Fr., Hydnum 115
cupreolaccatum (Kalchbr.)Igmandy, Ganoderma 203
cupreolaccatus Kalchbr. in Wettst., Polyporus 203
cuticularis (Bull. ex Fr.)Karst., Inonotus 223, 224
cuticularis Bull. ex Fr., Polyporus 224
cyathoides(Scw. ex Fr.)Quél., Polyporus 322
Cylindrobasidium Jül. 76

Cyphelopsis Donk 355
Cytidia Quél. 37, 55, 77
Cytidiella Pouz. 56
Cytostereum Pouz. 361
Dacryobolus Fr. emend. Oberw. 38, 81
Daedalea Fr. 272
Daedalopsis Schroet. 254, 274
dalmaticus Pilát, Leptoporus 278
Datronia Donk 252, 276
decipiens (v. Höhn. et Litsch.)Erikss Athelia 48, 50, 51, 53
decipiens v. Höhn. et Litsch., Corticium 52
decolorans Karst., Corticium 153, 158
deformis Schrad. ex Fr., Irpex 330
Dendrocorticium Larsen et Gilbers., 125
Dendrothele v. Höhn. et Litsch. 36, 37, 84, 125
diademiferum (Bourd. et Galz.)Donk Sistotrema 178
Dichantharellus Corner 176
Dichomitus Reid 6, 252, 253, 277
Dichopleuropus Reid 176
diminuens Berk. et Curt., Corticium 176
Diplomitoporus Domański 259
Diplonema Karst. 44
disciformis (Fr.)Pat., Aleurodiscus 42, 43
disciformis Fr., Thelephora 43
distortus (Schw.)Murrill, Abortiporus 295
distortus Schw., Boletus 294
dolosus Pers., Polyporus 344
donkii Domański, Fibuloporia 280
dryadeus (Pers. ex Fr.)Murrill, Inonotus 224, 225
dryadeus Pers. ex Fr., Polyporus 225
Dryodon Karst. 206
edulis Sacc., Cantharellus 19
elegans Fr., Polyporus 326
ellisii Massee, Peniophora 150
epiphylla Pers., Athelia 47, 48, 50, 52, 54, 55
epiphylla (Pers.)Fr., Thelephora 52

epiphyllus (Pers.)Wallr., Hypochnus 52
ericina Bourd., Peniophora 154
ericina (Bourd.)Telleria, Phanerochaete 153, 154, 155
erinaceus (Bull. ex Fr.)Quél., Dryodon 207
erinaceus (Bull. ex Fr.)Pers., Hericium 207
erinaceus Bull. ex Fr., Hydnum 207
euporus (Karst.)Bond. et Sing., Chaetoporus 306
euporus (Karst.)Karst., Physiosporus 306
euporus Karst., Polyporus 306
eupora (Karst.)Cke., Poria 306
europaeum Steyaert, Ganoderma 201
evolvens (Fr.)Jül., Cylindrobasidium 40, 76
evolvens Fr., Thelephora 76
exagonoides Fr., Trametes 271
extenuata Dur. et Mont., Polyporus 271
extenuata (Dur. et Mont.)Domański, Trametella 271
fallax Pers., Thelephora 144
farinacea (Pers. ex Fr.)Liberta, Trechispora 185
farinosa Bres., Kneiffia 68
farinosus (Bres.)Jül., Bulbillomyces 68
favescens Schw., Polyporus 260
favescens (Schw.)Cke., Poria 260
ferruginea (Pers.)Pat., Tomentella 377
ferrugineum (Fr. ex Fr.)Karst., Hydnellum 371, 372
ferrugineum Fr. ex Fr., Hydnum 371
ferruginosa v. Höhn. et Litsch., Tomentellina
ferruginosus (Schard. ex Fr.)Pat., Phellinus 234, 238, 244
ferruginosus Schard. ex Fr., Polyporus 238
Fibroporia Parm. 259
fibulata Christ., Athelia 48, 54
Fibuloporia Bond. et Sing. ex Sing. 278
fimbriatum Pers. ex Fr., Hydnum 210
fimbriatum (Pers. ex Fr.) Bourd. et Galz. Mycoleptodon, 210
fimbriatum (Pers. ex Fr.) Erikss. Steccherinum 210
fissilis (Berk. et Curt.)Pilát, Leptoporus 350
fissilis Berk. et Curt., Polyporus 350
fissilis (Berk. et Curt.) Murrill, Spongipellis 350
fissilis (Berk. et Curt.)Donk, Tyromyces 336, 337, 348, 350
Fistulina Bull. ex Fr. 196
Fistulinaceae Lotsy 11, 196
flabellaris Fr., Thelephora 376
flabelliformis Pers., Polyporus 324
flaccida var. betulina Quél., Lenzites 308
flava Tournef. ex Fr., Clavaria 25, 27
flavovirens Berk. et Rav., Polyporus 257
flavus Karst., Polyporus 262
floccipes Rostk., Polyporus 321
floccosa Litsch., Tomentella 387
floriformis (Quél. in Bres.)Quél., Coriolus 351
floriformis (Quél. in Bres)Bourd. et Galz., Leptoporus 351
floriformis(Quél. in Bres.)Polyporus 351
floriformis (Quél. in Bres.)Bond et Sing., Tyromyces 348, 351
fomentarius (L. ex Fr.)Fr., Fomes 281
fomentarius L. ex Fr. Polyporus 280, 281
Fomes (L. ex Fr.)Fr., 254, 280, 304
Fomitopsis Karst. 254, 281, 292
forquignonii Quél., Coriolus 321
formosa Pers. ex Fr., Clavaria 25, 27
fragilis (Fr.) Karst., Bjerkandera 353
fragilis (Fr.)Quél., Leptoporus 353
fragilis Fr., Polyporus 353
fragilis (Fr.)Donk, Tyromyces 348, 352, 353
fraxinea (Fr.)Ryv., Perenniporia 313
fraxineus Fr., Polyporus 313
frondosa (Dicks. ex Fr.)S. F. Gray, Grifola 290, 291

frondosus (Dicks. ex Fr.)Quél. Caloporus 290
frondosus Dicks. ex Fr. , Polyporus 289, 290
frondosus (Dicks. ex Fr.)Karst. , Polypilus 290
fuligineo-alba (Schum. ex Fr.)Pouz., Bankera 15
fuligineo-album Schum. ex Fr. , Hydnum 15
fulvus Bres. , Fomes 242
fusca Láz. -Ibiza, Scalaria 243
fuscatus Láz. -Ibiza, Fomes 282
fuscoatra (Fr.)Donk, Mycoacia 137, 138, 139, 140, 141
fuscoatrum Fr. , Hydnum 135, 139
fusco-violaceus (Ehrenb. ex Fr.) Donk, Hirschioporus 346
fusco-violaceus Ehrenb. ex Fr. , Hydnum 346
fusco-violaceus (Ehrenb. ex Fr.)Fr. Irpex 346
fusco-violaceus (Ehrenb. ex Fr.) Ryv. , Trichaptum 344, 346, 347
fuscus Láz. -Ibiza, Polystictoides 293
fusiformis Sow. ex Fr. , Clavaria 25, 28
fusisporus Schroet. , Hypochnus 188 190
fusisporus (Schroet.)Donk, Uthatobasidium 190, 191
gallica (Fr.)Ryv. , Coriolopsis 254, 271
gallicus Fr. , Polyporus 271
Ganoderma Karst. emend. Pat. , 198
Ganodermataceae Donk, 11, 198
ganodermicus Láz. -Ibiza, Fomes 313
gausapatum Fr. , Stereum 365
gemmiferum (Bourd. et Galz.)Erikss. et Ryv. , Coronicium 39, 74, 75
gemmiferum Bourd. et Galz. , Corticium 74
geotropus Cke. , Polyporus 329
gibbosa Pers. ex Pers. , Daedalea 338
gibbosa (Pers. ex Pers.)Bond. et Sing. , Pseudotrametes 338
gibbosa (Pers. ex Pers.)Fr. , Trametes 337, 338
gigantea (Pers. ex Fr.)Pilát, Grifola 310
gigantea (Fr.)Donk, Phlebia 160
gigantea Fr. , Thelephora 160
giganteus (Pers. ex Fr.)Kotl. et Pouz. Fabellopilus 310
giganteus (Pers. ex Fr.)Karst. , Meripilus 310
giganteus Pers. ex Fr. , Polyporus 309, 310
giganteus (Pers. ex Fr.)Donk, Polypilus 310
gilvus (Schw.)Pat. , Phellinus 246
glandulifera v. Höehn. et Litsch. , Tomentella 381
glebulosum (Fr.)Bres. , Corticium 186
glebulosus (Fr.)Donk, Tubulicrinis 186, 187
Globulicium Hjortst. 40, 42, 86
Gloeocystidiellum Donk emend. Donk 36, 42, 88, 89, 131, 145, 176, 206
Gloeophyllum Karst. , 254, 285
Gloeoporus Mont. , 38, 97
Gloiodon Karst. 13
Goosensia Heim 18
graminicum Henn. , Corticium 176
granosa Berk. et Curt. , Thelephora 381
greschikii Bres. , Poria 262
Grifola S. F. Gray emend. Kotl. et Pouz. 251, 255, 289, 290, 310
grisea Láz. -Ibiza, Bulliardia 269
griseo-cana (Bres.)Bourd. et Galz. , Dendrothele 84
griseo-canum Bres. , Corticium 84
griseus Láz. -Ibiza, Fomes 281
guttulatus (Peck)Murrill, Tyromyces 354
Hapalopilus Karst. 9, 291
hariotii Bres. , Corticium 108
hartigii (Allesch. et Schnabl.)Bond. Phellinus 245, 246
hastata (Litsch.)Erikss. , Hyphodontia 113, 115, 116
hastata Litsch. , Peniophora 115
hepatica Schaeff. ex Fr. , Fistulina 196
hepaticus (Schaeff. ex Fr.)Sacc. , Ceriomyces 196
hepaticus (Schaeff. ex Fr.)Pers. , Hypodrys 196

Hericiaceae Donk 12, 131, 206
Hericium Pers. ex S.F. Gray 206
Heterobasidion Bref. 252, 253, 292
Heteroporus Láz.-Ibiza emend. Donk 3, 250, 294
Hexagonia Fr., 254, 296
hiemale Laurilia, Corticium 86, 88
hiemale (Laurilia)Hjortst., Globulicium 87, 88
Hirschioporus Donk 343
hirsuta (Wulf. ex Fr.)Karst., Hansenia 339
hirsuta Schaeff. ex Murrill, Sesia 286
hirsuta Willd. ex Fr., Thelephora 366
hirsuta (Wulf. ex Fr.)Pilát, Trametes 338, 339
hirsutum (Schaeff. ex Murrill)Murrill Gloeophyllum 286
hirsutum (Willd. ex Fr.)Fr. Stereum 365, 306
hirsutus (Wulf. ex Fr.)Quél., Coriolus 339
hirsutus Wulf. ex Fr., Polyporus 339
hirsutus (Wulf. ex Fr.)Fr., Polystictus 339
hirtus (Quél.)Donk, Albatrellus 255
hispida Láz.-Ibiza, Lenzites 308
hispida Bagl., Trametes 271
hispida ssp. trogii (Berk.)Bourd. et Galz., Trametes 341
hispidus (Bull. ex Fr.)Karst., Inonotus 224, 225
hispidus Bull. ex Fr., Polyporus 223 225
holophaeus Mont., Polyporus 233
Hydnaceae Chev., 12, 209
Hydnellum Karst., 15, 369, 371
hydnoides Cooke. et Massee, Peniophora 161
hydnoides (Cooke.et Massee)Christ., Phlebia 160
hydrolyps Schroet., Cantharellus 20
Hymenochaetaceae Donk 6, 9, 11, 176, 213, 233
Hymenochaete Lév., 214, 218
Hymenochaetoideae Donk 213
Hypochnicium Erikss. 39, 100, 119 120

Hyphoderma Wallr. emend. Donk 40, 41, 99, 108, 112, 113, 120, 133
Hyphodermella Erikss. et Ryv. 41, 111
Hyphodontia Erikss. 40, 41, 100, 113
igniarius form. quercus Bond., Fomes 245
igniarius form. tremulae Bond., Fomes 247
igniarius (L. ex Fr.)Quél., Phellinus 235, 239, 240, 241, 247
igniarius form. betulae Bond., Phellinus 241
igniarius form. nigricans (Fr.)Bond, Phellinus 241
igniarius ssp. nigricans (Fr.)Bourd. et Galz., Phellinus 241
igniarius form. resupinatus Bres., Phellinus 240
igniarius L. ex Fr., Polyporus 239
imbricatum L. ex Fr., Hydnum 374
imbricatum (L. ex Fr.)Karst., Sarcodon 374
incarnata (Pers. ex Fr.)Bres., Kneiffia 144
incarnata (Pers. ex Fr.)Karst., Peniophora 142, 144, 149
incarnata Pers. ex Fr., Thelephora 144
incarnatum (Pers. ex Fr.)v. Höhn. et Litsch., Corticium 144
incostans Karst., Physisporus 267
Incrustoporia Domański 252, 297
infundibuliformis var. tubaeformis Maire, Cantharellus 21
Inonotus Karst. 214, 223
insignitum Quél., Stereum 365, 366
intermedius Rostk., Polyporus 317
investiens Schw., Radulum 247
investiens (Schw.)Karst., Vararia 247
ionides Bres.ex Brinkm., Corticium 125
ionides (Bres. ex Brinkm.)Larsen et Gilberst., Dendrocorticium 125
ionides (Bres.ex Brinkm.)Donk, Laeticorticium 125
Irpex Fr. 301
Irpicoporus Murrill 336

isabellina Fr., Thelephora 66
isabellinus (Fr.)Erikss., Botryohypochnus 65, 66, 67
Ischnoderma Karst. emend. Donk, 253 304
Jaapia Bres. 32
juglandis Schaeff. ex Pers., Polyporus 324
Junghunia Corda emend. Ryv. 305
karstenii (Bres.)Oberw. ex Parm., Dacryobolus 81, 82
karstenii (Bourd. et Galz.)Donk, Gloeocystidiellum 89, 90, 91
karstenii Bourd. et Galz., Gloeocystidium 90
karstenii Bres., Stereum 81
Kneiffiella Karst. 369, 372
laccatum (Kalchbr.)Bourd. et Galz., Ganoderma 203
laccatus Kachbr. in Wettst., Polyporus 203
Lachnocladiaceae Reid 176, 213
Lachnocladium Lév. emend. Corner 176
laciniata Fr., Thelephora 376
laciniatus Vel., Polyporus 330
lactea (Fr.)Karst., Bjerkandera 354
lactea (Fr. ex Fr.)Pilát, Trametes 302
lactescens (Berk.)Boid., Gloeocystidiellum 89, 91, 92
lactescens Berk. in Smith., Thelephora 92
lacteum Fr., Hydnum 301, 302
lacteus (Fr.)Fr., Irpex 252, 302, 303
lacteus (Fr.)Murill, Irpicoporus 302
lacteus (Fr.)Quél., Leptoporus 354
lacteus Fr., Polyporus 354
lacteus (Fr.)Murill, Tyromyces 348 350, 354
Laeticorticium Donk 37, 125, 176
Laetiporus Murrill 253, 306
laeve (Erikss.)Parm., Botryobasidium 58, 60, 63, 64
laevigatus (Fr.)Bourd. et Galz., Phellinus 235, 240
laevigatus Fr., Polyporus 240

laevis (Fr.)Burt in Peck, Peniophora 156
laevis (Fr.)Erikss. et Ryv., Phanerochaete 154, 155, 156
laevis Fr., Thelephora 156
lacciniata Murrill, Fomitiporia 243
lapponicus Litsch., Aleurodiscus 43
Laricifomes Kotl. et Pouz. 282
laricis Jacq. ex Murrill, Fomes 282
lateritia Pers., Thelephora 144
latissima Fr., Daedalea 269
Laxitextum Lentz 36, 89, 129, 206
lenis (Karst.)Ryv., Antrodia 301
lenis form. chakasskensis (Pilát)Bond Amyloporia 267
lenis form. chakasskensis (Pilát) Pilát, Poria 267
Lentinellus Karst., 13
Lentinus Fr. 315
lentus Berk. in Smith, Polyporus 316 321
Lenzites Fr. 253, 308
Leptoporus Quél. 304
Leucofomes Kotl. et Pouz. 328
Leucogyrophana Pouz. emend. Parm., 32, 36, 39, 132
Leucolenzites Falck 308
leucomelas Pers., Polyporus 370
leucomelas Láz.-Ibiza, Polystictoides 313
leucophaeum (Mont.)Pat., Ganoderma 200
leucoxanthum Bres., Corticium 94
leucoxanthum (Bres.)Boid., Gloeocystidiellum 89, 93, 94
lichneus Láz.-Ibiza, Fomes 284
lindheimerii Berk. et Curt., Polyporus 271
lineatus (Pers.)Ryv., Rigidoporus 328
linhartii (Kalchbr.)Igmandy, Ganoderma 201
linhartii Kalchbr., Polyporus 201
lirellosa Kalchr. et MacOwan, Lopharia 363
livescens Karst., Grandiniella 157
longisporum (Pat.)Parm., Subulicystidium 183, 184
longisporum Pat., Hypochnus 182, 183
Lopharia Kalchbr. et MacOwan. emend Boid., 360, 363

loricatus Pers., Polyporus 237
lucidum (W. Curt. ex Fr.)Karst., Ganoderma 199, 200, 202, 204
lucidum ssp. resinaceum (Bond.) Bourd. et Galz., Ganoderma 202, 204
lucidum ssp. typicum Maire, Ganoderma 202
lucidum ssp. valesiacum (Bourd.) Bourd. et Galz., Ganoderma 202
lucidus (W. Curt. ex Fr.)Sacc., Fomes 202
lucidus (W. Curt. ex Fr.)Quél., Placodes 202
lucidus W. Curt. ex Fr., Polyporus 198, 202
luridum Bres., Corticium 94
luridum (Bres.)Boid., Gloeocystidiellum 89, 94
lutescens Erikss. et Ryv., Byssocorticium 70, 71
lutescens Fr., Cantharellus 19, 21
lutescens Fr., Craterellus 21
lycii (Pers.)v. Höhn. et Litsch., Peniophora 142, 145, 152
lycii Pers., Thelephora 145
macrospora (Bourd. et Galz.)Christ., Athelia 54
macrospora (Bres.)Lemke, Dendrothele 126
macrosporum (Bres.)Lemke, Aleurocorticium 126
macrosporum (Bres.)Bres., Corticium 126
macrosporum (Bres.)Erikss. et Ryv., Laeticorticium 125, 126, 127
marcucciana Bagl. et de Not., Hexagona 296
marginata (Pers. ex Fr.)Pat., Ungulina 283
marginatus (Pers. ex Fr.)Gill., Fomes 283
marginatus Pers. ex Fr., Polyporus 283
maxima Brot. ex Fr., Daedalea 233
medioburiense (Burt)Donk, Hyphoderma 101, 102, 103
medioburiense Burt, Peniophora 103
medulla-panis (Jacq. ex Fr.)Donk, Perenniporia 312

mellita Bourd. in Lloyd, Poria 266
melanopus (Pers. ex Fr.)Bourd. et Galz., Melanopus 322
melanopus (Pers. ex Fr.)Pilát, Polyporellus 322
melanopus Pers. ex Fr., Polyporus 313, 322
Melzericium Hauersl. 133
membranacea DC. ex Merat, Coniophora 32
membranaceum form. stenodon Pers., Hydnum 137
Membranicum Erikss. 153
meridionalis David, Leucoporus 323
meridionalis Boid., Peniophora 142, 146, 152
meridionalis (David)Telleria, Polyporus 316, 318, 323
Meripilus Karst. 251, 290, 309, 310
merismoides Fr., Phlebia 163
Merulius Fr. 38, 97, 134
micronegas Mont., Polyporus 328
minor Láz. -Ibiza, Hexagonia 273
minor Vel., Thelephora 376
molare Chaill ex Fr., Hydnum 171
molaris (Chaill ex Fr.)Christ., Radulomyces 169, 171
mollis Sommerf. ex Fr., Daedalea 276
mollis (Sommerf. ex Fr.)Donk, Datronia 276
mollis (Pers. ex Fr.)Kotl. et Pouz., Tyromyces 354
mollusca (Fr.)Bond. et Sing. ex Sing. Fibuloporia 280
mollusca (Fr.)Pouz., Leucogyrophana 40, 132
mollusca (Fr.)Liberta, Trechispora 185
molluscus Fr., Merulius 132
molluscus Fr., Polyporus 280
Mucronoporus Ell. et Ev. 229
murraii (Berk. et Curt.)Pouz., Cytostereum 361
murraii Berk. et Curt., Thelephora 361
muscicola Bres., Corticium 178
muscicola (Pers.)Lundell in Lundell et Nannf., Sistotrema 178
mutabilis Quél. ex Sacc. Daedalea 287

myceliosa (Peck)Pouz., Anomoporia 280
myceliosa (Peck)Domański, Fibuloporia 251, 279, 280
myceliosa Peck, Poria 280
Mycoacia Donk 38, 135
mycophila Bourd. et Galz., Tomentella 378, 385, 386, 387
Mycoleptodon Pat. 210
nespori (Bres.)Erikss. et Hjortst. Hyphodontia 114, 116, 117
nespori Bres., Odontia 117
nidulans (Fr.)Karst., Hapalopilus 251, 291
nidulans (Fr.)Karst., Inonotus 291
nidulans Fr., Polyporus 291
nidus-pici Pilát ex Pilát, Inonotus 223, 226, 227
niger (Fr. ex Fr.) Quél., Calodon 17
niger (Fr. ex Fr.)Karst., Phellodon 17
nigricans (Fr.)Karst., Phellinus 235, 239, 240, 241
nigricans Quél., Placodes 245
nigricans Fr., Polyporus 241
nigroporus Láz.-Ibiza, Fomes 200
nigro-zonata Láz.-Ibiza, Bulliardia 269
nigrum Fr. ex Fr., Hydnum 16, 17
nitida (Dur. et Mont.)Donk Apoxona 296
nitida Dur. et Mont., Hexagonia 296
nitida (Pers. ex Fr.)Ryv., Junghuhnia 252, 306
nitida (Dur. et Mont.)Pilát, Trametes 296
nitidum (Dur. et Mont.)Domański, Scinidium 296
nitidus (Pers. ex Fr.)Donk, Chaetoporus 306
nitidus Pers. ex Fr., Polyporus 306
nivea Jül., Athelia 54
nivea Láz.-Ibiza, Ungulina 281
nivea (Fr.) Karst., Plicatura 165
niveocremeum v. Höhn. et Litsch. Corticium 182
niveocremeum (v. Höhn. et Litsch.) Erikss., Sistotremastrum 181, 182

niveus Fr., Merulius 165
nouljae Romell, Polyporus 267
nuda (Fr.)Bres., Peniophora 142, 144, 146, 147, 148, 153
nuda Fr., Thelephora 146
obducens (Pers.)Donk, Oxyporus 251 311
obducens Pers., Polyporus 311
obducens (Pers.)Pouz., Rigidoporus 311
obliquiformis Murrill, Fomitiporia 243
obliquum Schrad. ex Fr., Hydnum 330
obscura Pers., Thelephora 143
obtusisporum Erikss., Botryobasidium 58, 62, 63
ochraceum Pers. ex Fr., Hydnum 210, 211
ochraceum (Pers. ex Fr.) Pat. Mycoleptodon 211
ochraceum (Pers. ex Fr.)S. F. Gray Steccherinum 210, 211
ochroleucum Bres. in Torrend, Asterostrema 215, 216
ochrosporus Burt., Craterellus 23
officinale (Vill. ex Fr.)Donk, Agaricum 282
officinalis (Vill. ex Fr.)Neum., Fomes 282
officinalis (Vill. ex Fr.)Bond. et Sing., Fomitopsis 282
officinalis (Vill. ex Fr.)Kotl. et Pouz. Laricifomes 282
officinalis Vill. ex Fr., Polyporus 282
officinalis (Vill. ex Fr.)Pat., Ungulina 282
Onnia Karst. 214, 229
orbiculare var. mollaris (Chaill ex Fr.)Quél., Radulum 171
ostreatum Láz.-Ibiza, Ganoderma 202
ovata Jül., Athelia 54
Ovinus (Lloyd)Torrend 255
ovinus (Fr.)Kotl. et Pouz., Albatrellus 255
ovinus Fr., Polyporus 255
Oxyporus (Bourd. et Galz.)Donk emend. Bond. et Sing. 311, 329
pachyodon Pers., Hydnum 334

pachyodon (Pers.)Quél. , Irpex 334
pachyodon (Pers.)Kotl. et Pouz. , Irpicoporus 334
pachyodon (Pers.)Fr. , Sistotrema 334
pachyodon (Pers.)Kotl. et Pouz. , Spongipellis 334
pachyodon (Pers.)Pilát, Trametes 334
pallidofulva Murrill, Sesia 287
pallidula Bres. , Gonatobotrys 113
pannocinctus (Romell)Erikss. , Gloeoporus 97, 98
pannocinctus Romell, Polyporus 97
Panus Fr. 315
papillosa v. Höhn. et Litsch. , Dendrothele 84
paradoxa (Schrad. ex Fr.)Donk, Schizopora 330
paradoxum Schrad. ex Fr. , Hydnum 330
paradoxus (Schrad. ex Fr.)Fr. , Irpex 330
parvula Láz.-Ibiza, Ungulina 284
peckii Kalch. in Peck. , Trametes 271
pectinatus Quél. , Phellinus 244
Pelloporus Quél. 216
penetrans Cke. et Massee, Corticium 176
Peniophora Cooke emend. Donk 37, 40, 141
percandida (Malen. et Bertault)Ryv. , Incrustoporia 298
percandida Malen. et Bertault, Poria 298
Perenniporia Murrill 252, 312
perennis (L. ex Fr.)Murrill, Coltricia 214, 217
perennis L. ex Fr. , Polyporus 216, 217
pergamenea Pers. , Thelephora 160
pergameneus (Fr.)Bond. et Sing. , Hirchioporus 345
pergameneus Fr. , Polyporus 345
perrottetii Lév. , Trametes 343
perrottetii (Lév.)Ryv. , Trichaptum 343
pes-caprae (Pers. ex Fr.)Pouz. , Albatrellus 265, 258

pes-caprae (Pers. ex Fr.)Pilát, Caloporus 258
pes-caprae Pers. ex Fr. , Polyporus 258
pes-caprae (Pers. ex Fr.)Bond. et Sing. , Scutiger 258
pfeifferi Bres. in Pat. , Ganoderma 199, 200, 203, 204
Phaeolus Pat. 214, 232
Phanerochaete Karst. emend. Donk 39, 153
phellinoides Pilát, Poria 331
phellinoides (Pilát)Domański, Schizopora 330, 331, 332
Phellinus Quél. 214, 223, 234
Phellodon Karst. 15, 16
Phlebia Fr. emend. Donk 38, 79, 81, 97, 159
picipes Fr. , Polyporus 319
Piloderma Jül. 71
pilosa (Burt.)Bourd. et Galz. , Tomentella 378, 382, 387
pilosus Burt. , Hypochnus 387
pini Fr. , Daedalea 242
pini (Schleich. ex Fr.)Boid. , Peniophora 142, 148, 149
pini (Fr.)Ames, Phellinus 235, 242
pini (Schleich. ex Fr.)Karst. , Sterellum 148
pini (Schleich.ex Fr.)Fr. , Stereum 148
pini Schleich.ex Fr. , Thelephora 148
pini (Schleich. ex Fr.)Karst. , Xerocarpus 148
pinicola Láz.-Ibiza, Daedalopsis 242
pinicola (Sw. ex Fr.)Cke. , Fomes 283
pinicola (Sw. ex Fr.)Karst. , Fomitopsis 282, 283
pinicola (Sw. ex Fr.)Pat. , Placodes 283
pinicola Sw. ex Fr. , Polyporus 281, 283
Piptoporus Karst. 314
pistilaris (Fr.)Donk, Clavariadelphus 29, 30
Pleurotus (Fr.)Kummer 315
Plicatura Peck 165
Podoserpula Reid 32

Pogomyces Murrill 296
poligonioides (Karst.)Donk, Laeticorticium 126
polonense (Bres.)Donk, Hyphoderma 120
polonense (Bres.)Strid, Hypochnicium 110, 120, 121, 123
polonensis Bres., Kneiffia 120
polymorfus (Rostk)Bond. et Sing., Inonotus 228
Polyporaceae Corda 6, 9, 12, 97, 113, 198, 209, 232, 250, 302, 324
Polyporus Mich. ex Fr. 253, 255, 315
Polystictus Fr. 216
polyzona (Pers.)Ryv., Coriolopsis 271
polyzonus Pers., Polyporus 271
pomaceus (Pers.)Maire, Phellinus 235, 242
pomaceus Pers., Polyporus 242
populicola Láz.-Ibiza, Ungulina 281
populinus (Schum. ex Fr.)Donk, Oxyporus 311
populinus Schum. ex Fr., Polyporus 311
porioides Láz.-Ibiza, Trametes 339
poripes (Fr.)Murrill, Grifola 257
poripes Fr., Polyporus 257
porosum Berk. et Curt., Corticium 88, 96
porosum (Berk. et Curt.)Donk, Gloeocystidiellum 89, 95, 96
portentosa (Berk. et Curt.)Cunningh. Vararia 176
portentosum Berk. et Curt., Corticium 175, 176
portentosum (Berk. et Curt.)Donk, Scytinostroma 176
portentosum (Berk. et Curt.)v. Höhn. et Litsch., Stereum 176
porulosa Bourd. et Galz. form. albomarginata Bourd. et Galz., Tomentella 378
praetermissum Karst., Corticium 105
praetermissum (Karst.)Bres., Gloeocystidium 105
praetermissum (Karst.)Erikss. et Strid, Hyphoderma 100, 104, 105

protracta Fr., Trametes 287
pruinatum (Bres.)Erikss., Botryobasidium 62
pruinatum var. laeve Erikss., Botryobasidium 60
pruinosum (Pat.)Donk, Xenasma 193 194, 195
prunicola Láz.-Ibiza Fomes 242
prunicola Láz.-Ibiza, Pseudofomes 243
prunorum Láz.-Ibiza, Hemidiscia 242
Pseudocraterellus Corner 18
pseudoobducens Pilát, Poria 333
Pseudoxenasma Larsen et Hjorst. 193
pubera (Fr.)Sacc., Peniophora 106
pubera Fr., Thelephora 106
puberula Bourd. et Galz., Tomentella 378, 387, 388
puberum (Fr.)Wallr., Hyphoderma 101, 106
pubescens (Schum. ex Fr.)Quél., Coriolus 340
pubescens (Schum. ex Fr.)Karst., Hansenia 340
pubescens (Schum. ex Fr.)Pat., Leptoporus 340
pubescens Schum. ex Fr., Polyporus 340
pubescens (Schum ex Fr.)Pilát, Trametes 338, 340
Pulcherricium Parm. 37, 166
punctatus (Fr.)Pilát, Phellinus 253, 243
punctatus Fr., Polyporus 243
purpurea (Fr.)Donk, Ceriporia 266
purpurea Fr., Thelephora 79
purpureum (Fr.)Pouz., Chondrostereum 38, 79
purpureus Fr., Polyporus 266
puteana (Schum. ex Fr.)Karst., Coniophora 33
puteana Schum. ex Fr., Thelephora 33
Pycnoporus Karst. 6, 254, 327
pyriforme (Christ.)Jül., Athelia 52
queletii (Bourd. et Galz.)Parm., Metulodontia 161

queletii Bourd. et Galz., Odontia 161
queletii (Bourd. et Galz.)Christ.,
 Phlebia 160, 161, 162
quercina L. ex Fr., Daedalea 254,
 272
quercina (Fr.)Erikss., Hyphodontia
 114, 118
quercina (L. ex Fr.)Karst., Lenzites 273
quercina (Pers. ex Fr.)Cke., Peniophora 142, 149
quercina Pers. ex Fr., Thelephora
 141, 149
quercina (L. ex Fr.)Pilát, Trametes
 273
quercina Láz.-Ibiza, Ungulina 201
quercinum Fr., Hydnum 118
radiata Fr., Phlebia 159, 163
radiata Fr., Thelephora 376
radiciperda Hartig., Trametes 293
radiosa Fr. ex Pers., Thelephora 89
radula (Fr.)Nobles, Basidioradulum
 106
radula (Fr.)Donk, Hyphoderma 100,
 106, 107
radula Fr., Hydnum 106
raduloides Pilát, Irpex 302
Radulomyces Christ. emend. Parm.
 41, 167
ramosisimus Schaeff. ex Schroet.,
 Polyporus 325
repandum (L. ex Fr.)S. F. Gray, Dennum 209
repandum L. ex Fr., Hydnum 209
resinaceum Boud. in Pat., Ganoderma, 199, 200, 202, 204
resinaceum (Boud.)Sacc., Fomes
 204
Resinicium Parm. 38, 173
resinosum (Fr.)Karst., Ischnoderma
 305
resinosus (Fr.)Schroet., Ochroporus 305
resinosus Fr., Polyporus 304, 305
resinosus Romell, Polyporus 283
rhipidium Vel., Thelephora 376
rhizophilus Pat., Melanopus 324
rhizophilus (Pat.)Sacc., Polyporus
 316, 323
rhodellus Fr., Polyporus 267
rhodospora Wakef., Asterostromella
 249
rhodospora (Wakef.)Cunn., Vararia
 248, 249
rhombiporus Pers., Polyporus 317
ribesianus Pers., Polyporus 244
ribis (Fr.)Quél., Phellinus 235, 237,
 244
ribis Fr., Polyporus 244
rickii Bres., Corticium 171
rickii (Bres.)Christ., Radulomyces
 169, 171, 172
Rigidoporus Murrill 311, 328, 329
rimicolum Karst., Corticium 192
rimicolum (Karst.)Donk, Xenasma 192
robinsoniae Murrill, Pyropolyporus
 245
robustior Pouz. et Jech., Botryobasidium 58, 63, 64
robustus Karst., Fomes 245
robustus (Karst.)Bourd. et Galz.,
 Phellinus 237, 245, 246
roburneus Quél., Placodes 245
rosea Pers. ex Fr., Thelephora 125,
 128
roseum (Pers. ex Fr.)Donk, Laeticorticium 79, 125, 128
roseocremeum (Bres.)Donk, Hyphoderma 103
roumeguerii Bres., Corticium 164
roumeguerii (Bres.)Donk, Phlebia
 160, 164
rubescens Alb. et Schw. ex Fr., Trametes 275, 276
rubiginosa (Dicks.)Lev., Hymenochaete 218, 221
rubiginosum (Schrad.)Bres., Ganoderma 200
rubra Láz.-Ibiza, Friesia 282
rubriporus Quél., Phellinus 234, 246
rude Pers., Sistotrema 171
rufa (Pers. ex Fr.)Christ., Phlebia
 134, 159, 164
rufescens Láz.-Ibiza, Bulliardia 342
rufescens Pers. ex Fr., Polyporus
 295
rufus Pers. ex Fr., Merulius 164
rugosa Bull. ex Fr., Clavaria 25, 28
rugosa Pers. ex Fr., Thelephora 367

rugosum (Pers. ex Fr.)Fr., Stereum 365, 367
rutilans (Pers. ex Fr.)Murrill, Hapalopilus 291
rutilans (Pers. ex Fr.)Quél., Inodermus 291
rutilans (Pers. ex Fr.)Pat., Phaeolus 291
salicina (Fr.)Burt., Cytidia 78, 79, 129
salicina Fr., Thelephora 77, 79
salicina Bres., Trametes 260
salicum Pers., Athelia 54
sambuci (Pers.)Jül., Hyphoderma 101, 108
sambuci Pers., Thelephora 108
sanguinea (Fr.)Pouz., Phanerochaete 153, 156
sanguinea Fr., Thelephora 156
sanguinolentum (Alb. et Schw. ex Fr.) Fr., Stereum 365, 368
Sarcodon Quél. ex Karst. 15, 369, 374
scalaria Láz.-Ibiza, Boudiera 242
scalaris Pers., Polyporus 262
Scenidium (Kl.)Kunt. 296
Schyzophyllaceae Quél. 12, 355
Schizophyllum Fr. 355
Schizopora Vel. emend. Donk 113 252, 329
schweinitzii (Fr.)Pat., Phaeolus 233
schweinitzii Fr., Polyporus 232, 233
Scutiger Paul. ex Murrill 255
Scytinostroma Donk 35, 37, 175, 176 213
selectus Karst., Polyporus 262
senanderi (Litsch.)Donk, Sistotrema 180
sepiaria Wulf. ex Fr., Daedalea 286
sepiaria (Wulf. ex Fr.)Fr., Lenzites 286
sepiarium (Wulf. ex Fr.)Karst., Gloeophyllum 285, 286, 287
sepium Berk., Trametes 260
serialis (Fr.)Donk, Antrodia 260, 261
serialis (Fr.)Murrill, Coriolellus 261
serialis Fr., Polyporus 261

serialis (Fr.)Karst., Pycnoporus 261
serialis (Fr.)Fr., Trametes 261
serpens (Fr. ex Fr.)Karst., Antrodia 260, 261
serpens (Fr. ex Fr.)Bond., Coriolellus 261
serpens Fr. ex Fr., Daedalea 259, 260
Serpula Pers. ex S. F. Gray 32
setigera Fr., Thelephora 99, 109
setigerum (Fr.)Donk, Hyphoderma 101, 108, 109, 122
similis Pouz., Albatrellus 258
simulans Blonski, Polyporus 345
Sistotrema Fr. emend. Donk 39, 177
Sistotremastrum Erikss. emend. Oberw. 39, 177, 180
sistotremoides Schroet., Ochroporus 233
sordecens (Karst.)Karst., Amphinema 44
sordecens Karst., Diplonema 44
sordida (Karst.)Erikss. et Ryv., Phanerochaete 154, 157
sordidum Karst., Corticium 157
spadicea (Fr.)Boid., Lopharia 363
spadicea Fr., Thelephora 363
Sparassidaceae Herter 12, 358
Sparassis Fr. ex Fr. 358
speciosus (Batt.)Murrill, Laetiporus 306, 307
sphaerospora v. Höhn. et Litsch., Peniophora 122
sphaerosporum (v. Höhn. et Litsch.) Erikss., Hypochnicium 120, 122, 123
spongiosus Fr., Polyporus 233
Spongipellis Pat. 250, 333, 336, 347
spumeus (Sow. ex Fr.)Pilát, Leptoporus 336
spumeus Sow. ex Fr., Polyporus 333, 336
spumeus (Sow. ex Fr.)Pat., Spongipellis 334, 335, 336, 337, 351
squalens (Karst.)Bond. et Sing., Coriolellus 278
squalens (Karst.)Reid, Dichomitus 277, 278
squalens (Karst.)Sacc., Polyporus 278

squalens Karst., Trametes 277,278
squamosus (Huds. ex Fr.)Ames, Favolus 324
squamosus (Huds. ex Fr.)Pat., Melanopus 324
squamosus (Huds. ex Fr.)Karst., Polyporellus 324
squamosus Huds. ex Fr., Polyporus 315,316,324
Steccherinaceae Parm. 209,302,361
Steccherinum S. F. Gray 139,209, 210
stellae (Pilát ex Pilát)Domański, Incrustoporia 297,299,300
stellae Pilát ex Pilát, Poria 300
stenodon (Pers.)Bourd. et Galz., Acia 137
stenodon (Pers.)Donk, Mycoacia 137
stenodon (Pers.)Bres., Odontia 137
stephensi Berk. et Br., Polyporus 260
Steraceae Pilát 12,209,360
Stereum Pers. ex S. F. Gray 6,79, 361,364
strigosa Fr., Thelephora 376
suaveolens (Scop. ex Fr.)Karst., Hydnellum 371
suaveolens Scop. ex Fr., Hydnum 371
suaveolens Fr., Polyporus 337
suaveolens (Fr.)Fr., Trametes 337
subabrupta Bourd. et Galz., Odontia 361
subabruptum (Bourd. et Galz.)Erikss. et Ryv., Cytostereum 361,362
subalutacea (Karst.)Erikss., Hyphodontia 113, 119
subalutaceum Karst., Corticium 119
subarcularius (Donk)Bond., Polyporus 320
subargillaceum Litsch., Gloeocystidiellum 103
subcoronatum v. Höhn. et Litsch., Corticium 56
subferrugineus Burt, Hypochnus 383
subganodermica Láz. -Ibiza, Ungulina 200
subincarnata (Peck)Domański, Incrustoporia 297, 301

subincarnata (Peck)Murrill, Poria 301
subpilosa Litsch. inSvrcek, Tomentella 387
subrubescens (Murrill)Pouz., Albatrellus 256, 258
subrubescens Murrill, Scutiger 258
subsphaerospora (Litsch.)Liberta, Trechispora 185
subsulphureum (Karst.)Pouz., Amylocorticium 45
subsulphureum Karst., Corticium 45
subsquamosa (Fr.)Kotl. et Pouz., Boletopsis 370
subsquamosus Fr., Polyporus 370
subulata Bourd. et Galz., Peniophora 188
subulatus (Bourd. et Galz.)Donk, Tubulicrinis 186, 188, 189
Subulicisticium Parm. 37, 182
subzonata Láz. -Ibiza, Ungulina 281
sudans (Fr.)Fr., Dacryobolus 81, 83
sudans Fr., Hydnum 81,83
suecicum Litsch. ex Erikss., Sistotremastrum 180,182
Suillosporium Pouz. 32
sulphurea (Bull. ex Fr.)Pilát, Grifola 307
sulphureus (Bull. ex Fr.)Murrill, Laetiporus 307
sulphureus (Bull. ex Fr.)Quél., Leptoporus 307
sulphureus Bull. ex Fr., Polyporus 307
sulphureus (Bull. ex Fr.)Donk, Tyromyces 307
syringae (Karst.)Karst., Peniophora 146
tabacina (Sow. ex Fr.)Lév., Hymenochaete 220, 222
tabacina Sow. ex Fr., Thelephora 218 222
tamaricis (Pat.)Maire, Inonotus 223 228
tamaricis Pat., Xanthochrous 228
terrestris Fr., Thelephora 375, 376
Thelephoraceae Chev. 11,15, 369
Thelephora Fr. 369, 375
thujae Burt., Peniophora 108
tiliae Pers., Thelephora 143

Tomentella Pat. 9, 369, <u>377</u>, 385
Tomentellastrum Svrcek 385
Tomentellina v. Höhn. et Litsch. 372
tomentellum (Bres.)Erikss. , Amphinema 45
tomentosa (Fr.)Murrill, Coltricia 229
tomentosa (Fr.)Karst. , Onnia <u>229</u> 230
tomentosus (Fr.)Ell. et Ev. , Mucronoporus 229
torulosus (Pers.)Bourd. et Galz. , Phellinus 234, 237, <u>246</u>
torulosus Pers. , Polyporus 246
trabea (Pers. ex Fr.)Bond. et Sing. , Coriolopsis 287
trabea Pers. ex Fr. , Daedalea 287
trabea (Pers. ex Fr.)Fr. , Lenzites 287
trabea (Pers. ex Fr.)Bres. , Trametes 287
trabeum (Pers. ex Fr.)Murrill, Gloeophullum 253, 285, <u>287</u>, 288
trabeus (Pers. ex Fr.)Kotl. et Pouz. , Phaeocoriolellus 287
Trametella Pinto-Lopes 271
Trametes Fr. emend. Kotl. et Pouz. 6, 254, 337
transiens (Bres.)Parm. , Hyphoderma 100, 110
transiens Bres. , Odontia 110
Trechispora Karst. emend. Liberta 39, <u>185</u>
tremellosus Fr. , Merulius <u>134</u>
tremulae (Bond.)Bond. et Borisov. , Phellinus 235, 240, <u>247</u>
Trichaptum Murrill 252, 253, <u>343</u>
tricolor Bull. ex Fr. , Lenzites 275, 276
triqueter (Lentz)Imaz. in Ito, Onnia 229, <u>231</u>
tristis Sacc. , Thelephora 376
trogii (Berk.)Bond. et Sing. , Funalia 341
trogii (Berk.)Domański, Trametella 341
trogii Berk. in Trog. , Trametes 337, <u>341</u>
truncata Quél. , Clavaria 29, 30
truncatus (Quél.)Donk, Clavariadelphus 29, 30

tschulymica (Pilát)Domański, Incrustoporia 300
tsugae Burt, Corticium 111
tsugae (Burt)Erikss. , Hyphoderma 101, 107, <u>111</u>
tubaeformis Fr. , Cantharellus 19, <u>21</u>
tubaeformis (Fr.)Quél., Craterellus 21
tubaeformis Secr. , Merulius 21
tuberculata (Karst.)Parm. , Phanerochaete 41
tuberosa Láz. -Ibiza, Ungulina 245
Tubulicrinis Donk 9, 35, 36, <u>186</u>
tulipiferae Schw. ex Fr. , Irpex 302
turkestanica (Pilát)Bond. , Amyloporia 267
turkestanica Pilát, Poria 267
Tyromyces Karst. 251, <u>374</u>
uda (Fr.)Donk, Mycoacia 137, <u>141</u>
udicolum (Bourd.)Malec, et Bertault, Amylocorticium 133
udicolum Bourd. , Corticium 133
udicolum (Bourd.)Hauersl. , Melzericium 36, <u>133</u>
udum Fr. , Hydnum 141
ulmarius Sow. ex Fr. , Polyporus 329
ulmarius (Sow. ex Fr.)Imaz. , Rigidoporus 251, 311, <u>329</u>
umbellata (Pers. ex Fr.)Pilát, Grifola 325
umbellatus Pers. ex Fr. , Polyporus 291, 316, <u>325</u>
umbellatus (Pers. ex Fr.)Bond. et Sing. , Polypilus 325
umbrinus Fr. , Polyporus 238
undatus Láz. -Ibiza, Fomes 201
ungulatus Láz. -Ibiza, Fomes 245
ungulatus var. pinicola Neum. , Fomes 283
unicolor (Bull. ex Fr.)Murrill, Cerrena <u>269</u>, 276
unicolor (Bull. ex Fr.)Pat. , Coriollus 269
unicolor Bull. ex Fr. , Daedalea 269
unicolor (Bull. ex Fr.)Cke. , Trametes 269
unita (Pers.)Murrill, Perenniporia 312
unitus Pers. , Polyporus 312
ustalis Vel. , Polyporus 319
uthatobasidium Donk 38, <u>188</u>

vaga (Fr.)Liberta,Trechispora 185
valesiacum Boud., Ganoderma 199, 202
Vararia Karst. 176,213,214,247
varius (Pers. ex Fr.)Pat., Melanopus 326
varius Pers. ex Fr., Polyporus 316, 326
varius (Pers. ex Fr.)Karst., Polyporellus 326
vellereum Ell. et Crag., Corticium 124
vellereum (Ell. et Crag.)Parm., Hypochnicium 40, 120, 123, 124
velutina D C. ex Pers., Athelia 158
velutina Láz-Ibiza,Bulliardia 341
velutina (Fr.)Karst., Hansenia 340
velutina (D C. ex Fr.)Karst., Phanerochaete 154, 158
velutina D C. ex Fr., Thelephora 158
velutinus (Fr.)Quél., Coriolus 340
velutinus Fr., Polyporus 340
velutinus (Fr.)Cke., Polystictus 340
vernicosa Láz.-Ibiza,Mensularia 204
versicolor (L. ex Fr.)Quél., Coriolus 342
versicolor (L. ex Fr.)Karst., Hansenia 342
versicolor L. ex Fr., Polyporus 342
versicolor (L. ex Fr.)Fr., Polystictus 342
versicolor (L. ex Fr.)Pilát, Trametes 337, 342
versiforme Berk. et Curt. in Berk., Stereum 150
versiformis (Berk. et Curt.)Bourd. et Galz., Peniophora 142, 150, 151
versiporus Pers., Polyporus 330
versiporus (Pers.)Bond., Xylodon 330
versiporus var. microporus Komar., Xylodon 333
versiporus var. phellinoides (Pilát) Domański, Xylodon 331
versiporus var. pseudoobducens (Pilát.) Domański, Xylodon 333

villosus Pers., Merulius 21
violaceolivida (Sommerf.)Massee, Peniophora 79, 129, 142, 144, 148, 152
violaceolivida Sommerf., Thelephora 152
violascens (Fr.)Pouz., Bankera 16
violascens Fr., Hydnum 16
violascens (Fr.)Quél., Sarcodon 16
violaceum Pers., Sistotrema 346
violaceus (Pers.)Quél., Irpex 346
virescens Láz.-Ibiza,Bulliardia 338
viridans (Berk. et Br.) Donk, Ceriporia 266, 267, 268
viridans Berk. et Br., Polyporus 266, 267
viridans (Berk. et Br.) Cke., Poria 267
viticola Láz.-Ibiza, Poria 243
viticola (Schw.)Cke., Poria 243
Vuilleminia Maire 36, 190
vulgare S. F. Gray, Auriscalpium 13
vulgaris S. F. Gray, Cantharellus 19
vulgaris Fr., Polyporus 301
xantha (Fr.)Bond. et Sing., Amyloporia 262
xantha (Fr.)Ryv., Antrodia 260, 262, 263
Xanthochrous Pat. 216
xanthopus Pers., Merulius 21
xanthus Fr., Polyporus 262
Xenasma Donk 38, 39, 133, 192
Xylodon Karst. 330
zonata (Nees ex Fr.)Karst., Hansenia 342
zonata (Nees ex Fr.)Pilát., Trametes 342
zonatella Ryv., Trametes 337, 342
zonatus (Nees ex Fr.)Quél., Coriolus 342
zonatus Nees ex Fr., Polyporus 342
zonatus (Nees ex Fr.)Fr., Polystictus 342

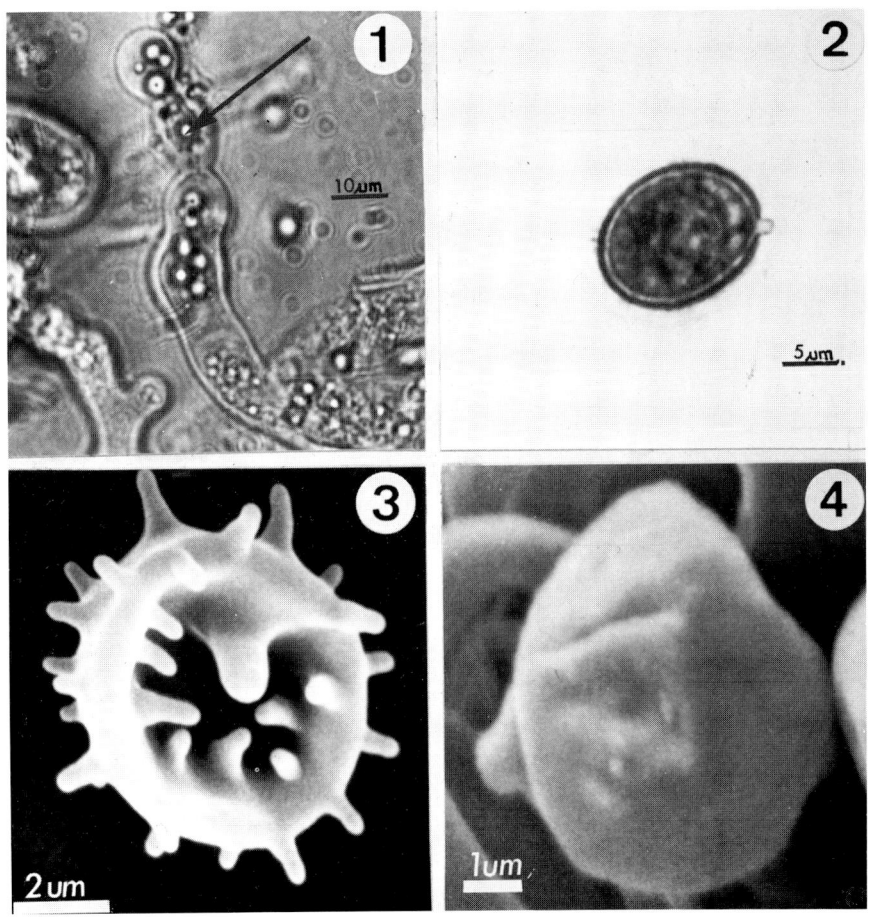

Fig. 74. <u>Aleurodiscus disciformis</u> (Fr.)Pat., 1.-cistidio con el ápice moniliforme; 2.-espora. <u>Botryohypochnus isabellinus</u> (Fr.)Erikss., 3.-espora. <u>Gloeocystidiellum citrinum</u> (Pers.)Donk, 4.-espora

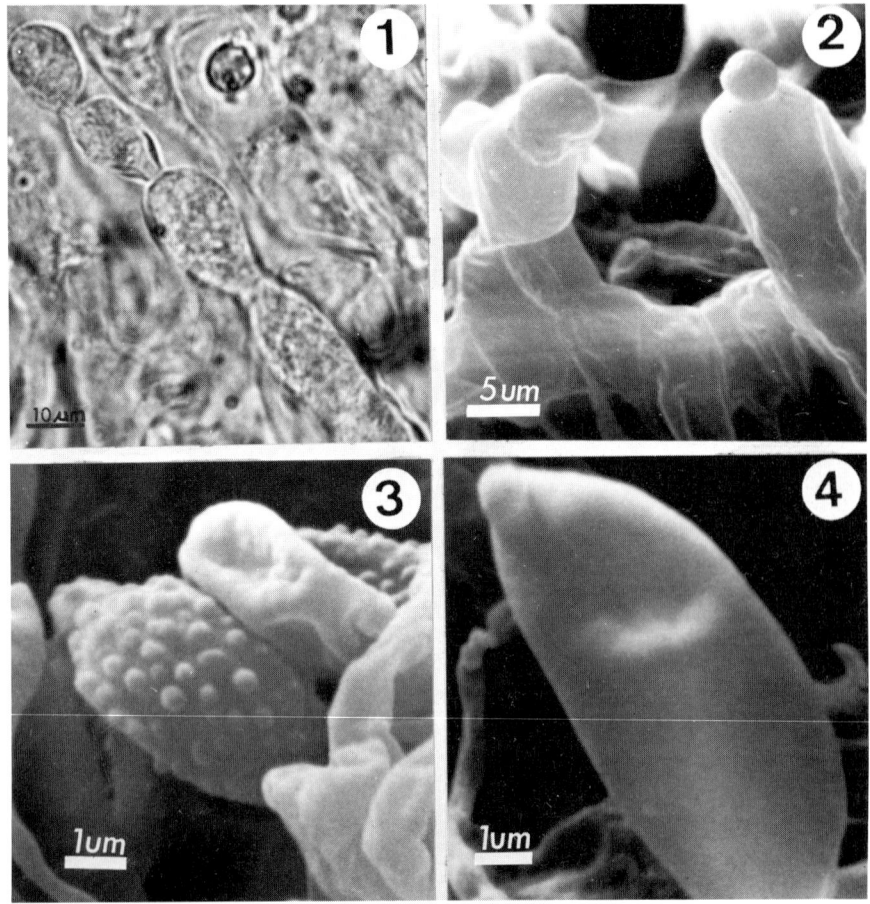

Fig. 75. Gloeocystidiellum leucoxanthum (Bres.)Boid., 1.-gloeocistidio con el ápice moniliforme. Gloeocystidiellum luridum (Bres.)Boid., 2.-gloeocistidio; 3.-espora. Gloeocystidiellum porosum (Berk. et Curt.)Donk, 4.-espora

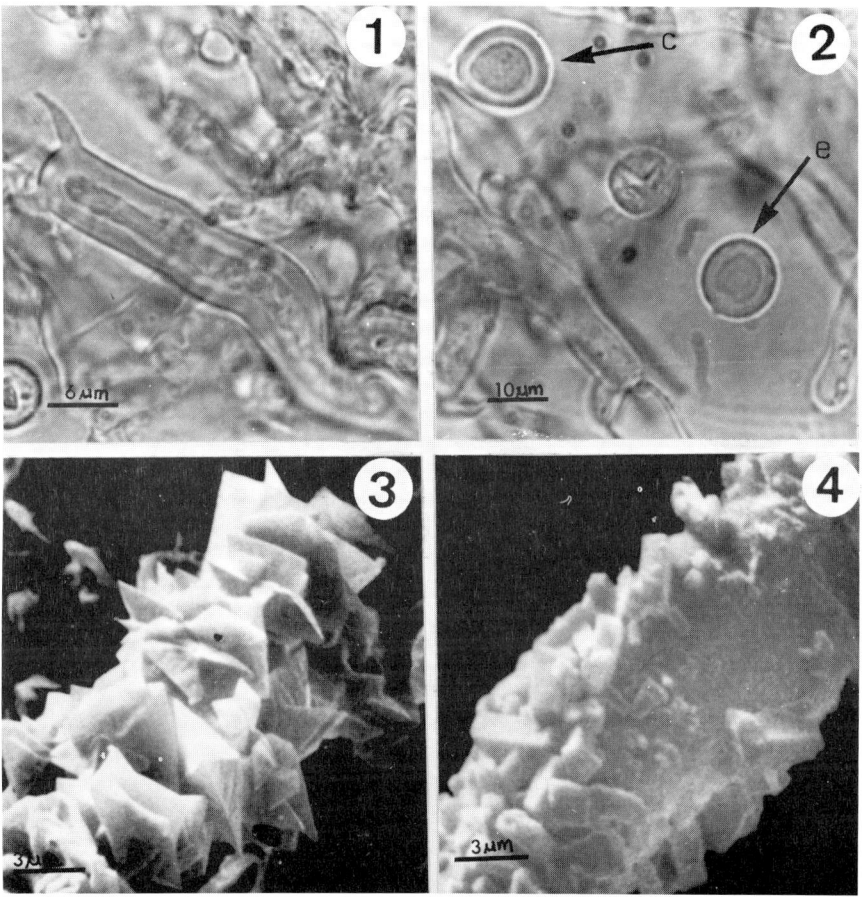

Fig. 76. <u>Hypochnicium vellereum</u> (Ell. et Crag.)Parm., 1.-basidio; 2.-espora (e), conidio (c). <u>Hyphoderma setigerum</u> (Fr.)Donk, 3.-detalle del cistidio. <u>Hypochnicium polonense</u> (Bres.)Strid, 4.-detalle de cistidio

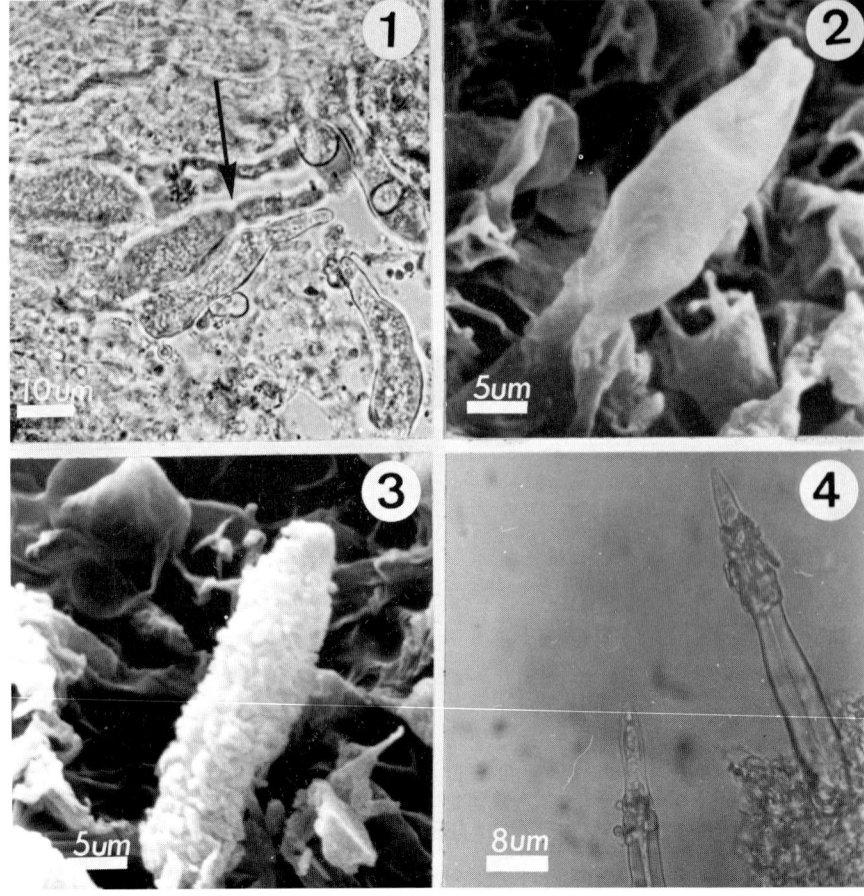

Fig. 77. Peniophora incarnata (Pers. ex Fr.)Karst., 1,2. -gloeocistidios 3.-cistidio metuloide. Tubulicrinis subulatus (Bourd. et Galz.)Donk, 4.-liocistidios con el ápice agudo y con incrustaciones cristalinas

Fig. 78. Ganoderma australe (Fr.)Pat., 1, 2. -esporas. Ganoderma lucidum (W. Curt. ex Fr.)Karst., 3. -esporas. Ganoderma resinaceum Boud. in Pat., 4. -esporas

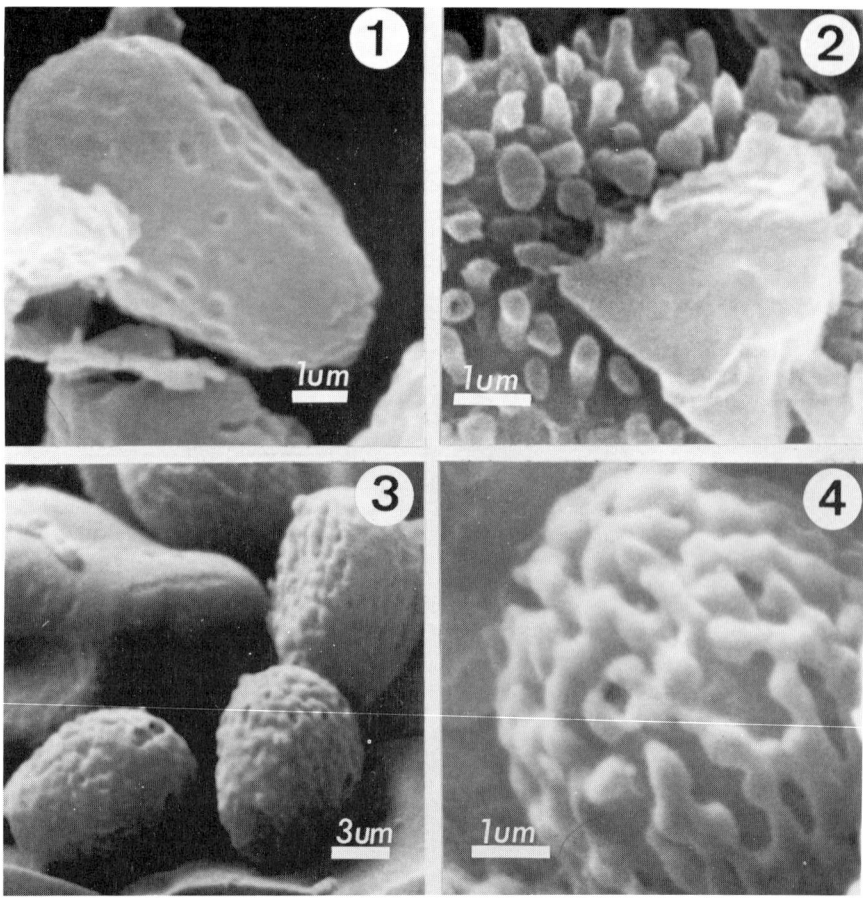

Fig. 79. Ganoderma applanatum (S. F. Gray)Pat., 1.-espora; 2.-detalle del endosporio. Ganoderma pfeifferii Bres. in Pat., 3.-esporas; 4.-detalle del endosporio

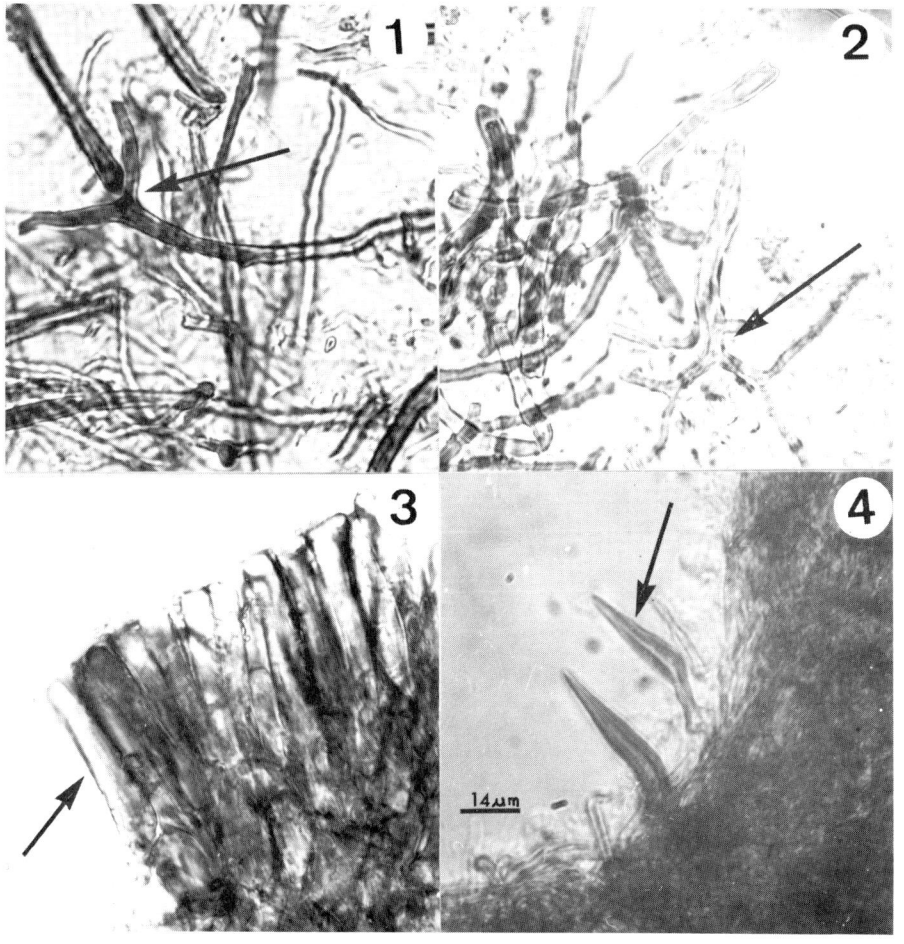

Fig. 80. Estructuras cuticulares de 1.-<u>Ganoderma australe</u> (Fr.)Pat. con hifas esqueleticas poco ramificadas, 2.-<u>Ganoderma applanatum</u> (S.F. Gray)Pat., con hifas esqueleticas muy ramificadas, 3.-<u>Ganoderma lucidum</u> (W. Curt. ex Fr.)Karst., primera capa de hifas colocadas em densa empalizada. <u>Phellinus torulosus</u> (Pers.)Bourd. et Galz., 4.-setas

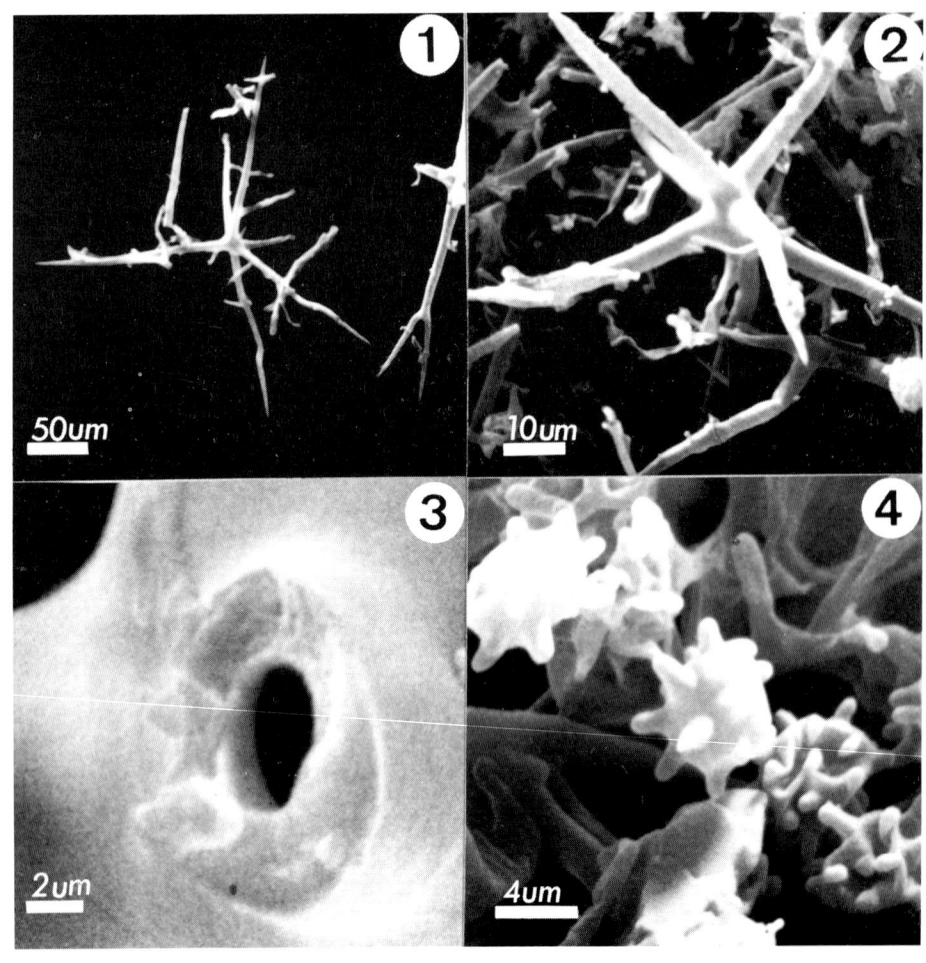

Fig.81. <u>Asterostroma ochroleucum</u> Bres. in Torrend, 1,2.-asteroseta; 3.-detalle de asteroseta; 4.-esporas

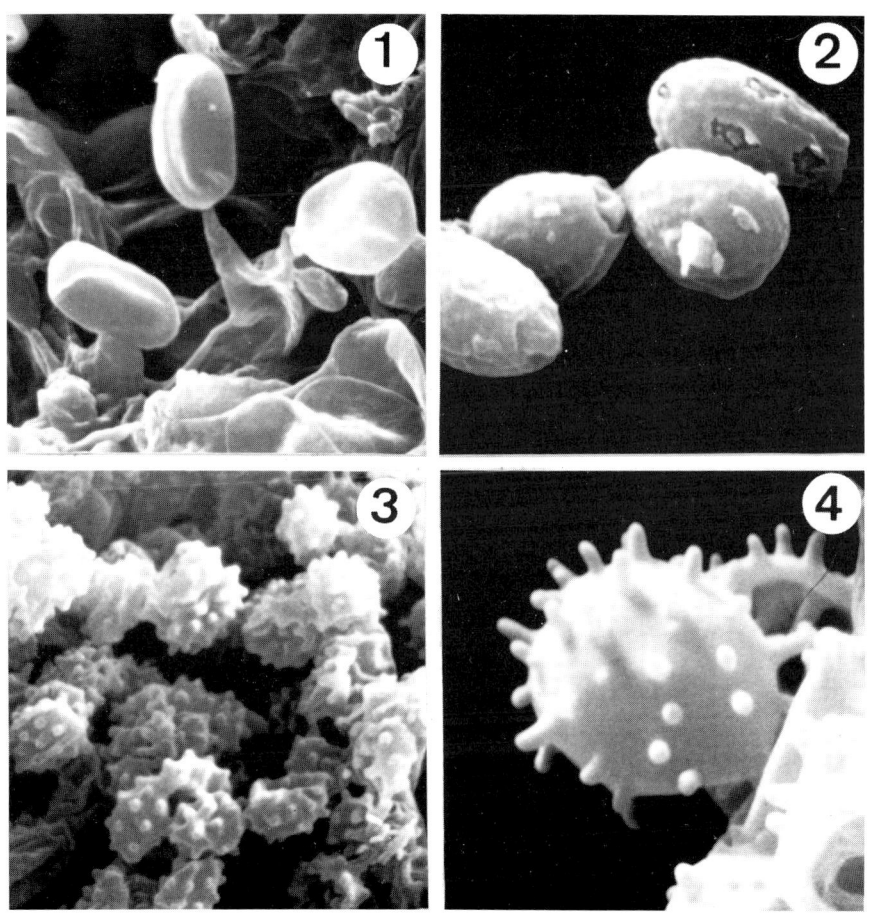

Fig. 82. Tipos de pared esporal 1.-lisa; 2.-tipo Ganoderma 3.-verrugosa; 4.-bacular

DATE DUE

Looking at Transportation

Looking at Submarines

Cliff Lines

The Bookwright Press
New York · 1984

Looking at Transportation

Looking at Cars
Looking at Submarines
Looking at Trucks

This book is based on an original text by Commander Richard Compton-Hall

First published in the United States in 1984 by
The Bookwright Press, 387 Park Avenue South,
New York NY 10016

First published in Great Britain in 1984 by
Wayland (Publishers) Ltd
49 Lansdowne Place, Hove
East Sussex BN3 1HF, England

© Copyright 1984 Wayland (Publishers) Ltd

ISBN 0-531-03810-6
Library of Congress Catalog Card Number: 84-70773

Printed in Italy by G. Canale & C.S.p.A., Turin

Contents

The first submarines   4
Ships shaped like cigars   10
How a submarine works   16
Submarines at war   23
Minisubmarines   27
Submarines and nuclear power   31
Escape   35
Life in a submarine   38
Under the ice sea   44
Submarines used by companies   51
Ideas for the future   58

Glossary   62
Index   63

The first submarines

More than two thousand years ago
people dreamed about ships that
could travel underwater.
There is a story that
Alexander the Great was lowered
to the seabed in a glass barrel.
This is an artist's idea of
Alexander's visit to the seabed.

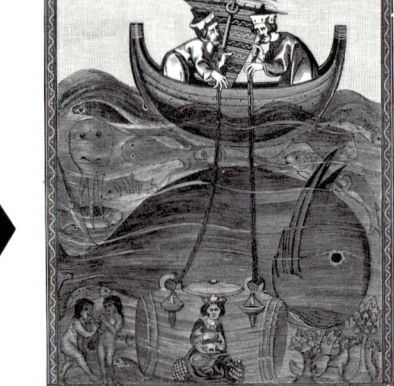

Until recent times the sea was thought to be
a strange place full of fantastic creatures.
Although people wanted to explore under the sea,
ships that could travel underwater were invented
for a different reason.
They were built to use in wartime to
sink enemy ships and make secret voyages.

In 1580, when Elizabeth I was queen of England,
a carpenter called William Bourne had the idea of
making a submarine.
The Queen's Navy turned down the idea and
the submarine was never built.

This wooden submarine was built over 300 years ago. It was meant to be powered by a clockwork paddle but the paddle was not strong enough to move it.

In 1776 the people of America were fighting the British because they were tired of the British ruling their country. They had very few warships, and British ships closed their ports at Boston and New York so they could not move supplies to and from the ports.

An American invented a small submarine called the *Turtle*, which could put bombs under the British ships.
All the parts of the *Turtle* were worked by one man.

He sat inside the *Turtle* turning propellers to
make it move.
He had a drill for making a hole in an enemy ship.
Gunpowder was attached to the drill and
a clock could be set to explode the gunpowder
when the *Turtle* had got away.
One night Sergeant Lee of the American Army took
the *Turtle* out into New York Harbor.
He pedaled the propeller with his feet and
breathed air through tubes.
He moved the *Turtle* under HMS *Eagle*, the most
important ship in the British fleet.
He then tried to drill a hole into the
wooden bottom of the warship.

This is a drawing made at the time of Sergeant Lee
trying to drill a hole into HMS *Eagle*.
The drawing is different from the one on page 5
because the artist had never seen the *Turtle*.

Lee could not make a hole for the drill to stick in.
The *Turtle* was spotted by the British and
they chased it in boats.
Sergeant Lee blew up the gunpowder.
The explosion did no damage but it helped
the *Turtle* to escape.
The *Turtle* had failed but the Americans
won the war and the British went home.

This is George Washington.
He was the American general
who won the war against
the British.
He thought the idea of using
the *Turtle* was very clever.

Nearly one hundred years later the Civil War
broke out in America.
It was between the Northern States (the Union) and the
Southern States (the Confederacy).
In 1864 a fleet of Union ships was in the
Confederate harbor at Charleston, South Carolina.
The Confederates sent an iron submarine called the
Hunley to attack a Union warship.
A torpedo was used to blow up the ship and the
Hunley became the first submarine to sink an enemy ship.
Unfortunately the explosion sank the *Hunley* too.

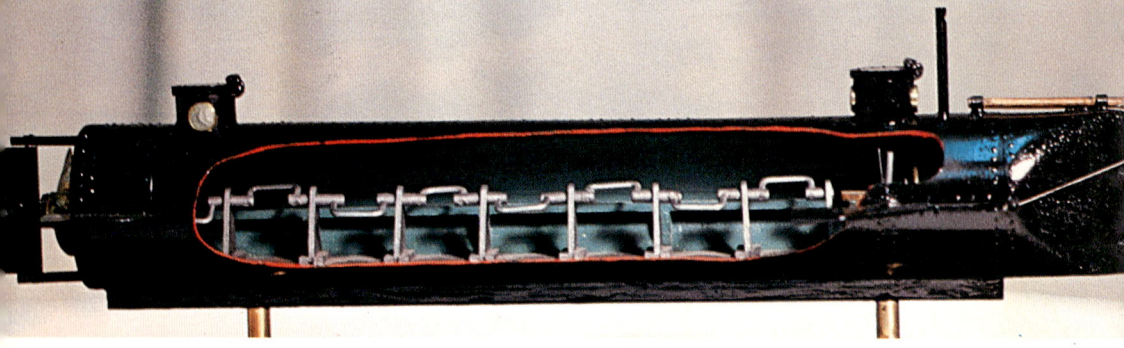

This small submarine was built in Liverpool, England, in 1879.

An American engineer called Simon Lake made
a submarine that could be used for peaceful work.
It was called the *Argonaut* and it ran along the seabed
on wheels.
A diver could enter and leave the ship
while it was underwater.
Simon Lake gave a party for newsmen while
the *Argonaut* was on the seabed.
He also took the first underwater photographs.

Everyone was thinking of ships to fight wars and
they were not interested in Lake's invention.
The first submarine designed to sink ships at sea was
made by an American called John Philip Holland.
His invention changed the navies of the world.
People in many countries would suffer
because submarines were invented.

Ships shaped like cigars

In 1897 the first submarine was launched for the
United States Navy.
It was named the *Holland* after its inventor.
It was short and shaped like a cigar.
This shape is the best one for traveling underwater.
Other navies copied the design of the *Holland* but
the British Navy wanted nothing to do with submarines.
The officers thought submarines did not fight fairly,
and that only weak countries would want to use them.
A few were built to find out how dangerous they were.

Here is John Philip Holland standing
in the submarine he designed.
He is called the father of modern
submarines because his was the
first one to be used by a navy.

This is the first submarine to be built for the British Navy.
It was built in 1901 and it had the same design as
the one Holland had made for the United States Navy.

John Philip Holland designed his submarine to
sink British warships.
He thought that this would help Ireland, the country
he was born in, to become free from Great Britain.
However, he did not mind selling his design
to the British.
Five submarines were built for the British Navy.

This is the second submarine to be built for the British Navy.

The first submarines were about the size of a subway car.
There was one propeller, which was turned by a
gasoline engine when the ship was on the surface.
Beneath the water an electric engine was used.
Its electricity was stored in batteries.
There was a crew of seven men who had
very little room in which to move around.
Tests were made to see if the crew could live
without supplies of fresh air.
Men were put in a sealed room with a doctor.
They were able to keep healthy without fresh air.
Later, special filters were used to take away the
dangerous gases in the stale air.

During one test two crews spent the night in
a submarine that was being built.
The air stayed good but the men did not spend
a happy night.
One man took his flute with him because
he thought the others would get bored.
Unfortunately he played it all night.
Everyone on board hated flutes from that night on.

A lot has been learned about living in small spaces
from life in submarines.
Submarines were even used to test how astronauts would
feel in a spacecraft.

By 1910 submarines had changed a great deal.
This one is much longer and thinner than
the one Holland built.
It is seen entering Portsmouth harbor in England where
there is still a large submarine base.

White mice were kept in early British submarines.
They warned of dangerous gases.

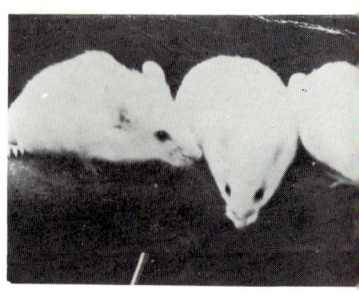

The sailors liked to have the mice as pets.
The mice warned of gasoline fumes by squeaking.
Gasoline fumes were very dangerous.
They made the crew act as though they were drunk and sometimes the fumes exploded.

Here is a British submarine being attacked by German planes during World War I (1914–1918).
A submarine caught on the surface was an easy target for aircraft.

After 1908 submarines were fitted with engines that burned diesel fuel instead of gasoline.
Diesel fuel is a heavy oil that is much safer than gasoline.
Diesel-engine submarines could stay at sea longer and travel farther because they could carry more fuel.

A few days after World War I started in 1914 a German submarine sank three British cruisers in an hour.
Over 1,100 sailors lost their lives.
Large battleships were no longer safe.
A submarine could sink them and then vanish under the sea.

These men are on a German submarine.
They are watching a British ship that they have hit with a torpedo.

How a submarine works

Modern submarines work very much
like those that Holland built.
A submarine must be very strong
to withstand the weight of the water.
The best shape would be a ball but
because it must travel fast
under water it is shaped like a cigar.
Submarines are made of steel,
which is strong but not too heavy.

A submarine must be able to hover under water,
neither sinking nor rising to the surface.
It does this when it weighs exactly the same as
the water it pushes out of the way.
If it becomes heavier it will sink and
if it becomes lighter it will rise.

Around the main body of the submarine
there are large tanks.
These tanks have holes in the bottom to
let the water in and out and
they have smaller holes called vents at the top.
The submarine also carries steel bottles of air.

This is how a submarine dives and comes to the surface.
1. On the surface: the vents are shut and
   the tanks are full of air.
2. Diving: the vents are open and water enters the tanks.
3. Hovering underwater: the tanks are full of water.
4. Coming to the surface: the vents are shut and air from
   steel bottles forces the water out of the tanks.
5. Reaching the surface: the last of the water
   is blown out by a large fan.

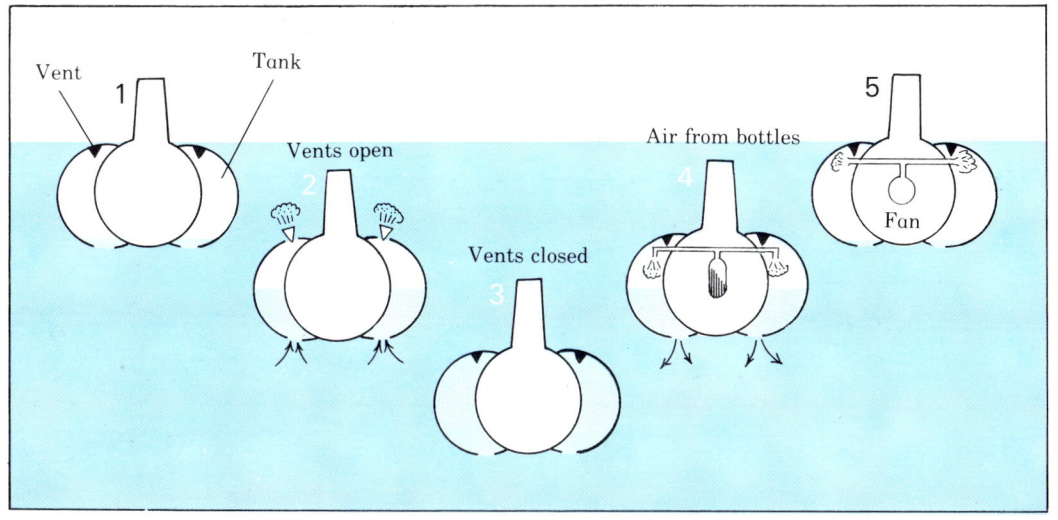

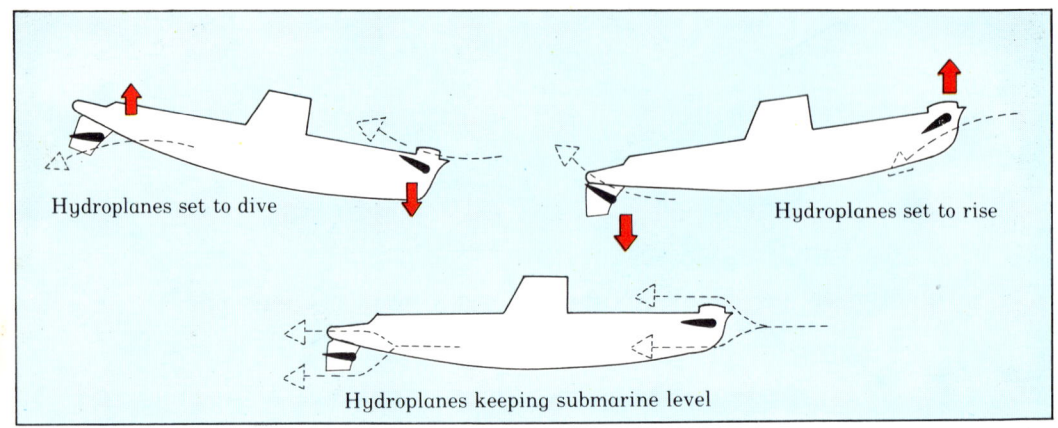

In many ways a submarine is steered like an aircraft.
Hydroplanes are used to make it dive or rise and
a rudder steers it to the left or right.
The hydroplanes and the rudder are both worked with
a joystick like the one in an aircraft.

When it is underwater a submarine is always changing
its weight as its stores and fuel are used up and so
the amount of water in the tanks must also be changed.
An officer must keep the submarine level at
the right depth.
This is known as trimming.

This nuclear submarine
is firing a missile.
To do this it must hover
without moving at all.

This man is steering a nuclear submarine with a joystick.

Trimming is done by pumping water in or out of the tanks.
The hydroplanes can also help to keep the submarine level.

The deeper a submarine goes the greater the weight of the water pressing on it.
The crew do not feel the ship going deeper.
They only know it is going down by the slope of the floor and by the dial that shows depth.
A special tank is flooded when the submarine needs to dive quickly.

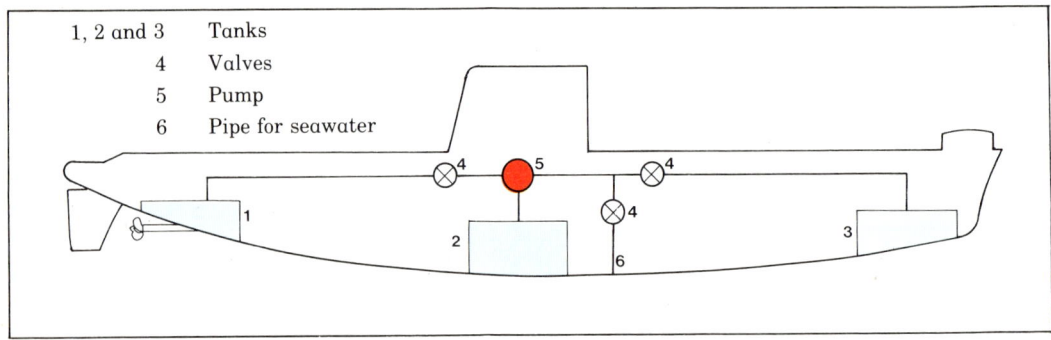

These are the parts of a submarine that are used for trimming.

All the controls are together in a control room with two periscopes.
The captain can quickly see what is happening in the ship and on the surface.

This submarine is taking in air through the pipe (snorkel) on the right.
The periscope is on the left.

A diesel submarine uses electricity from its battery
when it is below the surface.
At a very slow speed the battery will work the engine
for about two and a half days.
The battery is always looked after carefully.
If it runs out of power and goes dead
the submarine is helpless.
In World War I (1914–1918) submarines had to
come to the surface every day.
Fresh air was needed for the crew and for running the diesel
engine and charging the battery.
During World War II (1939–1945) enemy aircraft
looking for submarines made it dangerous for them to surface.

This nuclear submarine is diving.

The Germans invented a long tube called a snorkel, which could be raised above the water.
The tube sucked in air for the engine.
Now snorkels are fitted to all diesel submarines and there is less risk that they will be spotted.
With good supplies of food and oil a diesel submarine can stay underwater for about two months.
Nuclear submarines can stay below much longer because they do not need air for their engines.
Submarines under the sea may be safer than ships on the surface.

This submarine is passing under Tower Bridge in London, England.

Submarines at war

This is the German Admiral Doenitz. He sent German submarines to sink British and American ships during World War II.

Great Britain does not grow enough food or make all the goods needed by its people.
Cargo ships bring food and goods from overseas.

In the two world wars the Germans tried to sink as many of these ships as possible.
Between 1939 and 1945 nearly 3,000 ships carrying goods were sunk.
At one time they were being sunk faster than new ones could be built.
Great Britain became very short of food, gasoline and other goods needed to fight the war.

This British plane is attacking a British submarine during World War II.
Submarines have been sunk by mistake by aircraft from their own country.

Many German submarines (U-boats) were sunk too. British aircraft were always hunting for submarines so the U-boats came up to charge their batteries at night when they could not be spotted.
Then radar was invented.
The boats showed up as dots on a small screen and aircraft with radar could spot submarines and sink them even when it was dark.

This torpedo is being loaded onto a British submarine during World War II.

British and American submarines sank many enemy ships. They kept the German and Italian armies in North Africa short of fuel and other goods. Many Japanese ships were also sunk by American submarines.

This ship has been hit by a torpedo from a submarine.

Here is a nuclear submarine on the surface.

A modern submarine can also carry enough nuclear missiles to destroy many cities.
The United States, Great Britain, Russia and France have submarines carrying nuclear missiles.
At this moment over twenty of these submarines are underwater in various parts of the world.
If they fired their missiles millions of people would be killed.

Minisubmarines

This man is the captain of a British minisubmarine called an X-craft.
X-craft were used during World War II.
They each carried four men.

The tiny X-craft were like the first submarine made by John Philip Holland.
They did not carry torpedoes.
Instead they carried explosives or mines.
The mines were made to stick to the bottom of enemy ships.
A diver could leave the X-craft to
place the mines in position.
He could also cut through the steel nets that were put across ports to keep submarines out.

This German battleship was called the *Tirpitz*.
In 1943 six X-craft set out to damage the *Tirpitz*.
Only two X-craft reached the battleship.
They put huge mines under it.
When they exploded they did so much damage that
the *Tirpitz* never went to sea again.

An X-craft was towed by another submarine
until it was close to the enemy ship.
Both submarines stayed underwater in the daytime.
When the X-craft had finished its work
it had to join up with the other submarine.

Living on an X-craft was not very comfortable.
Most jobs took about three days and during that time
the four men lived in a tiny metal box.
There was no real cooking stove so the crew
lived mainly on orange juice and apples.

This diver is cutting a hole in a steel net so that
his X-craft can pass through.
The diver can get back into the submarine through the
small opening near the front of the X-craft.

Not all submarines are owned by navies.
This small submarine is used by a company
for underwater work.
It was built using many of the ideas of
the X-craft.

The tiny X-craft were powerful and cheap to make.
They sank many ships during World War II.
X-craft are not used in peacetime and
the last of them was taken out of service
in 1957.
But many small commercial submarines have
been built using the ideas of the X-craft.
They are used by companies for work below
the surface of the oceans.

Submarines and nuclear power

Everything in the world is made up of
tiny pieces called atoms.
When atoms are split into even smaller pieces
power is made.
This is called nuclear power and it is made
in a special engine called a nuclear reactor.
A nuclear reactor can be put into a submarine
to make all the power the submarine needs.

This submarine is driven by nuclear power.
It can stay underwater for many months.

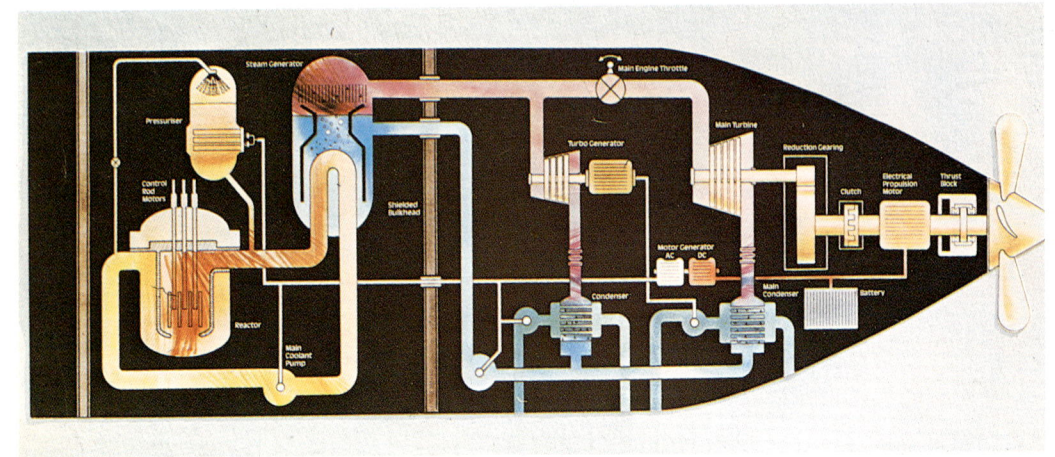

This is the reactor of a nuclear submarine.

When the atoms are split, a lot of heat is made, which heats water in nearby pipes.
These hot pipes turn more water into steam and this power is used to drive a motor.
The motor turns the large propeller, which pushes the submarine along.

This picture shows the inside of a nuclear submarine.

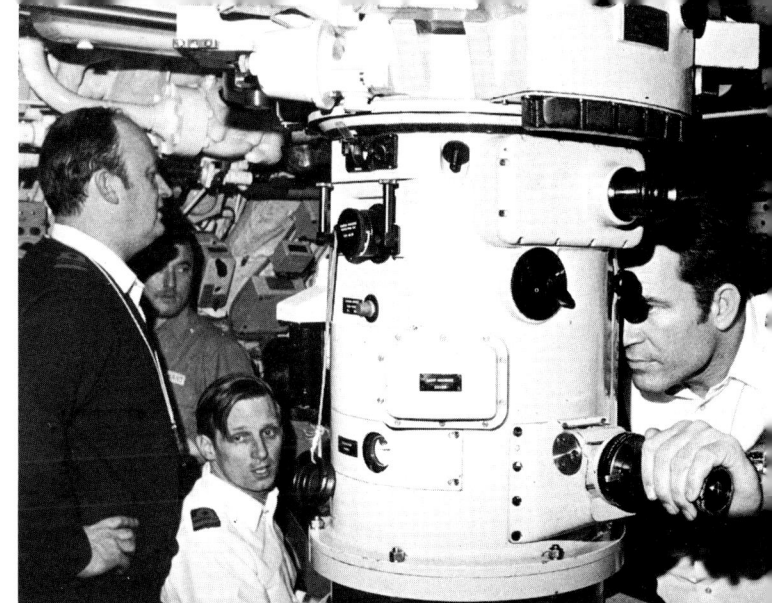

The captain of a submarine is looking into the periscope.
He can move it around by the handle he is holding.
The crew in the control room are ready for action.
They have very little space to work in.

The power made in a nuclear submarine's reactor
comes from small pieces of uranium.
If these pieces were all put together
they would be about as big as a golf ball.
With these small uranium pieces a nuclear
submarine can travel over 96,000 km (60,000 miles).

Here is part of the control room
in a nuclear submarine.

Nuclear submarines are more comfortable
than diesel submarines.
They can be made very large, which means
there is more space on board.
The nuclear power is used to make fresh air and
fresh water.
The air in a nuclear submarine is very pure.
It is made from seawater.
Seawater is also changed into fresh water.

Escape

The first men to escape from a submarine were Germans.
Their boat was called *Le Plongeur-Marin* and
it got stuck on the bottom of the sea in 1851.
Corporal Bauer and his two crewmen could not open the
hatch to get out because of the weight of the water on it.
Bauer knew that the only way to open the
hatch was to flood the submarine with water.
When the boat was nearly full of water
he was able to open the hatch.
The three men escaped and reached the surface safely.

This is a diagram of the submarine *Le Plongeur-Marin*.

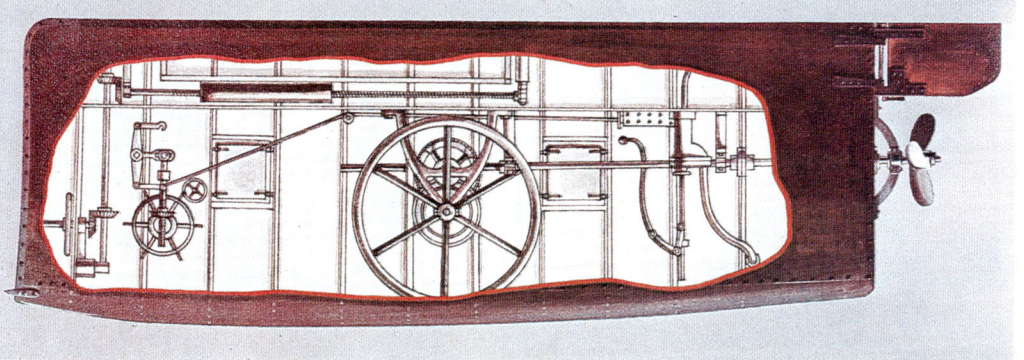

People coming to the surface from deep down must breathe on the way up.
Special escape masks were invented using oxygen for them to breathe.
Unfortunately many died because bubbles of nitrogen formed in their blood as they came up.
This was caused by the rapid change in pressure as they came from the depths to the surface.
There were other dangers too.
If a man reached the surface he might die of cold before he could be rescued.

These men are escaping from HMS *Thetis* in 1939.
The *Thetis* was a new submarine.
She sank near Liverpool and 99 men died.

This is a special rescue submarine being carried on
the back of an American nuclear-powered submarine.
It is called a Deep Submergence Rescue Vehicle (DSRV).
DSRVs are used to rescue people from submarines
that are trapped over 190 meters (625 feet) down.
At that depth the weight of the water
would kill anyone who left the submarine.
A DSRV can fix itself to the escape hatch and
the submarine's crew can climb inside to safety.

At less than 190 m (625 ft)
an escape suit is used.
The escaper is sealed inside
and he breathes the air that
is in the suit with him.

This man is wearing an escape suit.
He is coming to the surface from
the bottom of an escape training tank.

Life in a submarine

For months at a time the crew on a
submarine never see daylight.
They must live in a steel shell that
has no windows.
But the crew soon learn to
make the best of their crowded home.

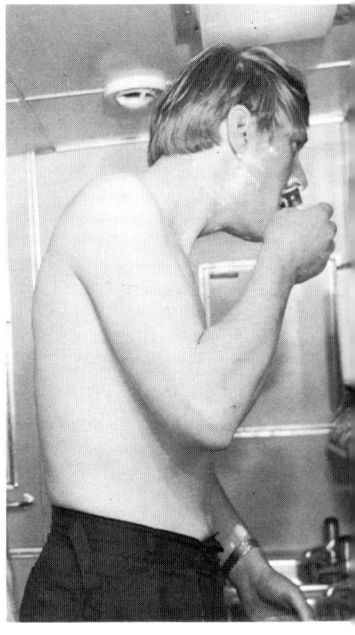

A submarine at sea must have
everything it needs on board.
If anything goes wrong the crew must
be able to fix it on the spot.

The crew must learn to live together.
The safety of the ship depends on everyone on board.
Each member of the crew knows that the worst thing to
do is to let the other sailors down.

These are the controls that would be used
to fire missiles from a nuclear submarine.
The picture was taken on a British Polaris submarine.

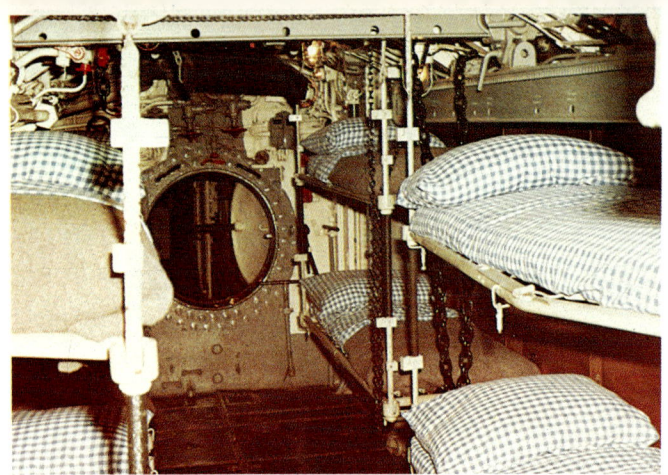

These are the bunk beds in a World War II German submarine.

In World War II, American submarines were much larger than British ones and there was more space for each person on board.
In British submarines two men used the same bed.
One man slept while the other was on duty.
Then they changed places while the bed was still warm.

Here is the sleeping area in a modern American nuclear submarine.

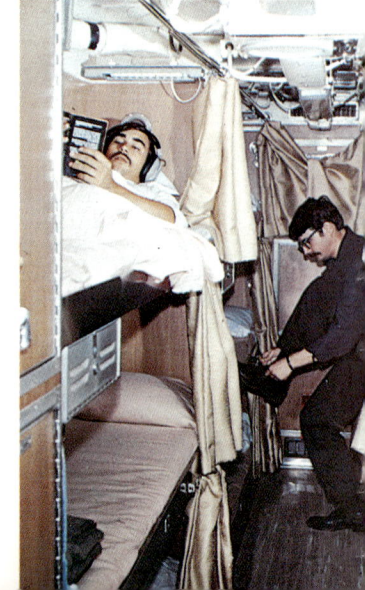

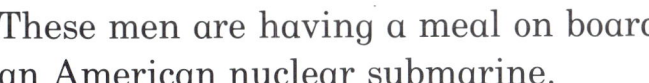

These men are having a meal on board
an American nuclear submarine.

During World War II
few submarines had a professional cook and
meals were often very strange.
Bread was taken on board at the beginning of a patrol
and it soon began to go green with mold.
The cook then had to bake some more.
Water was very scarce and the cook's hands were
as dirty as everyone else's.
But they became clean as he made the bread.
When the crew saw the cook's clean hands
they knew they would have fresh bread to eat.

These American crewmen are working at
the control panels of a nuclear submarine.

Submarines are much more comfortable today
than they were during the war.
There is plenty of water for everyone.
The food is much better too, and
there are lots of choices on the menu.

This cook is making
an omelet for
the crew of a
modern submarine.

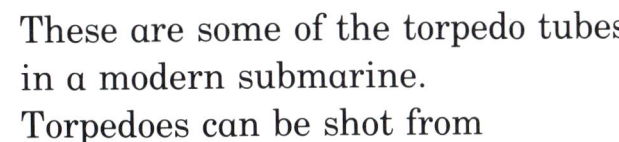
These are some of the torpedo tubes in a modern submarine. Torpedoes can be shot from the tubes toward enemy ships.

The man in the light shirt is the commanding officer of an American nuclear submarine.
He is discussing tactics with one of his officers.

Under the ice sea

There is one part of the ocean that ships on
the surface cannot reach.
It is the sea of floating ice that
surrounds the North Pole.

This submarine is on the surface in cold northern seas.
Spray from the seawater has turned to thick ice
on the rails and other parts of the submarine.

Over 300 years ago this man, Bishop John Wilkins, had the idea of sending a boat under the North and South poles. He did not know that the South Pole is on land. It is not a mass of floating ice like the North Pole.

In 1930 an American submarine tried to reach the North Pole under the ice.
It carried drills to bore through the ice so that air could reach the submarine.
The boat did not get very far and the drills did not work.

The first submarine to pass under the North Pole did so in August 1958.
The American nuclear-powered submarine *Nautilus* found a sheet of ice 7.5 meters (25 ft) thick above her at the North Pole.
There was plenty of room for the submarine although it could not surface.
Away from the North Pole the sea was not very deep.
The ice nearly reached the bottom leaving very little room for the *Nautilus*, and it was difficult for her to find a way out to the open sea.

This diesel submarine is cruising beneath the ice near the North Pole.

After the *Nautilus*'s adventure, submarines tried to break through the ice to reach the surface.
In places the ice is very thin and there are even pools of open water.
In 1959 another American submarine, the *Skate*, broke through the ice at the North Pole.
She was lucky because she found a small pool where the ice was very thin.

These pools are not very easy to find.
Instruments and the periscope can help but
finding a pool is a matter of luck.
When a hole in the ice is found the submarine must
stop below it and then come up slowly.
There is no need for nuclear submarines to surface
through the ice but submarines with diesel engines
must come up every 80 km (50 miles) to suck in air.
The batteries can then be charged and fresh air can
be taken into the submarine.

These are parts of a diesel submarine sticking out
of the ice that floats at and around the North Pole.

A British submarine, HMS *Grampus*, was the first diesel boat to go a long way under the ice. The man on the right was the captain of the *Grampus* when it went under the ice.

The *Grampus* was able to find pools of water where it could surface.
Some of the holes were too small and the submarine became badly dented.

These crewmen are posing in front of their nuclear submarine after it had pushed through ice at the North Pole.

Even nuclear submarines are in danger under the ice.
A fire may break out on board or
the large propeller may be damaged by ice.
The equipment needed to show direction may break down.
If this happens the submarine is lost and
may not be able to find a way out.

This officer is using an instrument to see if
the ice is radioactive.

This nuclear-powered submarine has come to the surface at the North Pole.

During both world wars submarines were used to carry gold and other valuable cargoes secretly. Many of these boats were sunk in the open oceans. If they had been able to make part of their trip under the ice they would have been safer.
If secret voyages are made in the future, going under the ice would help to keep them more secret.

In peacetime oil might be carried on underwater barges beneath the ice.
The barges could be towed from the oilfields in the cold north by nuclear submarines.
Submarines carrying passengers or goods might also travel under the ice.

Submarines used by companies

Not all submarines are fighting ships belonging to the navies of the world. Some are used to carry out work underwater for private enterprises, such as oil companies that take oil from under the seabed.

 This submarine is owned by a company.
It is being lifted on to a ship after exploring the seabed.

Many oilfields have been found under the sea. Minisubmarines and diving equipment are used by oil companies for underwater work.

This diver is watching a DSRV on its way down to help a submarine that is in trouble.

The air around us presses on our bodies but we don't notice it and it does not harm us.
If we go under the sea, the water also presses on us.
It presses more the deeper we go.
Deep down, the weight of water is enough to squeeze the air out of our bodies.
To prevent this, a diver must breathe air that has been squeezed too.
The air is said to be "compressed."
It is pumped down to the diver through a tube or carried in strong metal bottles on the diver's back.

This is a special house which can be put on the seabed. Divers can live and work in houses like this.

If divers come up to the surface too quickly, nitrogen bubbles are formed in their blood. This is very painful and can kill a diver. If divers come up slowly they will be safe.

These divers are inside an underwater house. They can work at the bottom of the sea and then return to the house instead of going back up to the surface.

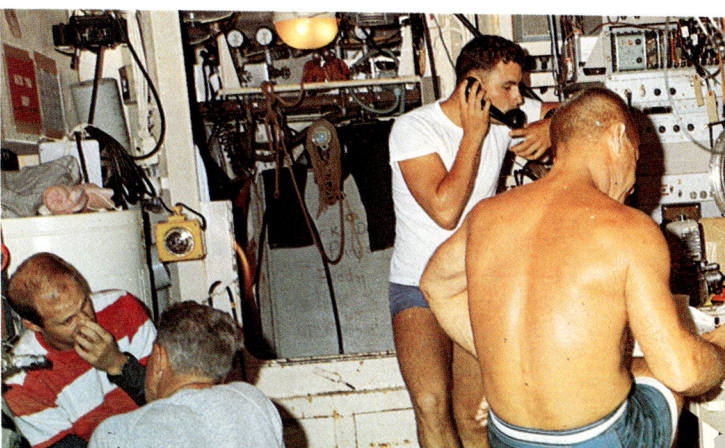

This is an oil drilling platform in the North Sea. Oil companies use small submarines and divers. They can do many important jobs, such as checking and repairing underwater pipelines.

This diver is working with an underwater drill.

This machine is called a minisubmersible.
It is on the seabed 305 m (1,000 ft) below the surface. It has powerful lights but it cannot do all the jobs a diver can do.

Deep-sea diving is a very dangerous job.
There is less risk when a minisubmersible is used but there are disadvantages too.
Although they have tools on the outside that can be operated by the people inside, the tools cannot do all the jobs a diver can.
Minisubmersibles have electric batteries but when these are dead they must be charged up on the surface by the "parent" boat.

This picture of the seabed was taken from a minisubmersible. The sea creatures are starfish.

One kind of boat, the Tours 80, has been built like the wartime X-craft minisubmarines. It has a diesel engine and it does not need a parent ship on the surface. It can carry five people and can stay underwater for three days. Divers can enter and leave the Tours 80 to work outside, and there is a robot arm too. There are folding beds, an oven and a telephone on board.

Robot boats with no one on board are also being used.
They have robot arms fitted to them and
they can carry TV cameras and instruments that
pick up sounds.
On the surface there is a control ship which
picks up messages and pictures from the robot boat.
The information is fed into a computer and
the robot boat is then told what to do.

There are over 100 minisubs owned by private companies.
Most of them are robots with no one on board.
In time submarines will be invented that will make
those of today look out-of-date.

57

Ideas for the future

These men are catching tuna fish.
More fish could be caught if
fishermen went to parts of the
oceans they do not visit now.

We know very little about the oceans.
They have not been explored as the land has.
The number of people in the world gets larger every
year and more food is needed to feed them.
There are plenty of fish in the sea but
we do not always know where they are.
An American submarine discovered that tuna fish near
the islands of Hawaii were swimming very deep.
The fishermen did not know they were there.
They could have caught many more if their nets had
been deeper down instead of near the surface.

This kind of submarine is used to find out more about fish.
It can find out where they live in large numbers and where they feed.
This will help fishermen to catch more fish.

Fish can be kept on farms.
These are usually in shallow water close to the shore.
Here is a Japanese fish farmer with one of his catch.

59

This submersible is being lifted out of the water
after working on an oil pipeline.
The lights in the distance are on an oil rig.

There are valuable metals on the seabed and
in seawater itself.
Seawater also contains valuable chemicals that
can be taken out and used.
Under the seabed there are large amounts of oil,
gas and coal that can give us the energy we need.

Many people have wasted money trying to find
these riches under the sea.
What we need are maps of the seabed and what is there.
These could be made by submersibles.

Modern submersibles with powerful lights, TV cameras
and other instruments can explore the seabed.
The boats and machinery are very expensive and only
rich countries can afford to use them.
If the riches in the sea could be shared
with the poor countries of the world
everyone would be better off.
Submarines should be used to make life better
for everyone.

These women selling food in an African market would
not be so poor if their country had more of
the riches in the oceans.

Glossary

Battery A device that stores electricity.
Diesel fuel A heavy oil which is burned in some engines. It is safer to use than gasoline.
Filter Something that cleans liquids or gases that pass through it.
HMS This is short for "Her (or His) Majesty's Ship," and is put before the name of a ship in the British Navy.
Hatch A strong metal door on the outside of a submarine.
Hydroplanes Parts of a submarine that are used to make it go up or down under water. They look like short aircraft wings.
Joystick The control lever that is used for steering a submarine.
Mine An explosive that can be placed under a ship.
Missile A rocket packed with explosives. Missiles can be fired from submarines.
Nuclear reactor The container in which atoms are split to make heat which is then used to drive a motor.
Periscope A tube with mirrors inside it, which allows a person in a submarine under water to see what is happening on the surface.
Radar A device used for finding out where an object is, even though the object cannot be seen by eye.
Radioactive A word describing something that gives off dangerous rays known as radiation.
Rudder A movable flap at the rear of a submarine. It is used to steer the submarine left or right.
Snorkel A tube through which air can be sucked down into a submarine when it is under water.
Submersible A boat that can stay underwater for only a short time. Some submersibles have no engine and are lowered down from a ship on the surface.

Index

Alexander the Great 4
Argonaut 9

Bauer, Corporal 35
Bourne, William 4

divers 51, 52, 53, 54, 55
Doenitz, Admiral 23

Eagle 6

fish farms 59
food 29, 41, 42, 58, 59

Grampus 48

Holland, John Philip 9, 10, 11, 13, 16
Hunley 8

Lake, Simon 9
Lee, Sergeant 6, 7

mice 14
minisubmarines 28, 29, 30, 51, 56, 57
minisubmersibles 55, 56, 60, 61
missiles 18, 26, 29, 62

Nautilus 45
North Pole 44, 45, 46, 47, 48, 49
nuclear submarines 18, 19, 21, 26, 31, 32, 33, 34, 37, 40, 41, 42, 43, 45, 47, 48, 50

periscope 20, 33, 47, 62

radar 24, 62

Skate 46
snorkel 20, 22, 55, 62
steering 18, 19, 62

Thetis 36
Tirpitz 28
torpedoes 8, 15, 25, 27, 43
Tours 80 56
trimming 18, 19, 20
Trout 50
Turtle 5, 6, 7, 8

uranium 33

Washington, George 8
Wilkins, Bishop John 45

X-craft 27, 28, 29, 30, 56

63

Picture acknowledgments

The illustrations in this book were supplied by: J. D. Batchelor 61; British Petroleum 54 (top); Corlett Consultants 56 (bottom); InterSub Services 30, 51, 55, 60; The Mansell Collection 23; Mary Evans Picture Library 4, 5 (bottom), 6, 45; Peter Newark's Western Americana 8; The Royal Navy Submarine Museum, HMS Dolphin, Hampshire 5 (top), 7, 8 (bottom), 9, 10 (top and bottom), 12, 13, 14 (top and bottom), 15, 16, 17, 18 (top and bottom), 19, 20 (top and bottom), 21, 22, 24, 25 (top and bottom), 26, 27, 28, 29, 31, 33, 34, 35, 36, 37 (bottom), 38, 39, 40 (top), 42 (bottom), 43 (top), 44, 46, 47, 48 (top and bottom), 49, 50; Seaphot 58 (by Jesus N. Perez), 59 (by Flip Shulke); U.S. Naval Photographic Center, Naval Station, Washington, D.C. 37, 40 (bottom), 41, 42, 43, 52, 53 (top and bottom), 56 (top), 59 (top); Woods Hole Oceanographic Institute 57; Zefa *front cover.*